巢湖流域水生态功能分区研究
Aquatic Eco-function regions of Chaohu Basin

高俊峰 张志明 黄 琪 蔡永久等 著

科学出版社
北 京

内 容 简 介

本书在对巢湖流域河流、湖泊、水库等水体水生态全面调查的基础上，分析了水生态产生的自然地理基础和水生态功能演化的驱动机制，提出了巢湖流域一级~四级水生态功能分区的指标体系和分区方案，分析阐明了各分区的自然地理、水生态和水环境时空特征和分异规律及存在的问题，评价揭示了各分区生态服务功能、水生态健康和底栖动物完整性。本研究成果可为巢湖流域水质改善，水生态恢复、保护与管理提供科学依据。

本书可以作为管理部门、科研院所、高等院校，以及相关企业、机构的流域生态学、环境学、地理学、水文学等专业和领域的管理、科研、教学、规划等工作的参考书。

图书在版编目 (CIP) 数据

巢湖流域水生态健康研究／高俊峰等著 . —北京：科学出版社，2017.5
ISBN 978-7-03-052768-4

Ⅰ.①巢… Ⅱ.①高… Ⅲ.①巢湖–流域–水环境–生态环境–环境功能区划–研究 Ⅳ.①X321.254.301.3

中国版本图书馆 CIP 数据核字（2017）第 102598 号

责任编辑：刘 超／责任校对：张凤琴
责任印制：张 伟／封面设计：无极书装

科学出版社 出版
北京东黄城根北街 16 号
邮政编码：100717
http://www.sciencep.com

北京京华虎彩印刷有限公司 印刷
科学出版社发行 各地新华书店经销

*

2017 年 5 月第 一 版 开本：787×1092 1/16
2017 年 5 月第一次印刷 印张：22 1/4
字数：516 000

定价：188.00 元
（如有印装质量问题，我社负责调换）

前　言

由于受日益加剧的人类活动的强烈影响，流域水环境恶化、水生态系统不断退化。流域水生态功能分区是在流域水生态系统空间差异特征分析的基础上，利用气候、水文、土体利用、土壤、地形、植被、水质、水生生物等要素建立分区指标，结合人类活动影响来划分的。水生态功能分区是水环境管理技术体系的一环。水生态功能分区在大尺度上可以反映水生态系统的特征差异，为确定水环境质量基准和标准提供依据；在小尺度上可以体现河流水体功能差异，为水质目标的确定、环境容量的计算、分区管理提供科学依据。

巢湖流域是我国经济发展速度较快的地区之一。在经济快速发展过程中，人类活动对巢湖流域水生态系统产生了显著的影响，导致其水生态系统受到了不同程度的破坏，水质污染严重，直接影响到人们的生活和健康，制约了当地社会经济的可持续发展。开展巢湖流域水生态功能分区，并在此基础上开展面向水质目标的水生态管理，实现污染负荷的消减，促进巢湖流域水生态系统向良性方向发展，实现人类与自然的和谐发展，具有十分重要的现实意义。

全书共 10 章，第 1 章阐述了流域水生态功能分区的背景、概念、内涵、国内外现状，以及有相关分区的区别和联系。第 2 章从巢湖流域地质地貌、水文、气候、土壤、植被、水系结构等方面，分析阐述了水生态产生和发展的自然地理基础；第 3 章从水体沉积物重金属、污染排放、社会经济发展和土地利用变化等方面，阐明水生态功能变化的驱动机制；第 4 章分析阐明巢湖流域水生态功能分区分级指标筛选的依据，并进行了各分级的指标筛选；第 5 章提出巢湖流域水生态功能分区方案，包括各级分区指标体系、分区方法、分区结果验证，以及分区编码和命名；第 6 章从自然地理、水生态和水环境等方面分析了一级～三级水生态功能区的特征、分异规律及存在的问题；第 7 章针对河段和湖泊、水库，分析阐明了不同类型水生态功能区的特征；第 8 章评价了各分区生态服务功能，阐明了服务功能空间差异和分布规律；第 9 章评价了各分区水生态健康，阐明了巢湖流域水生态健康空间差异、影响因素和分布规律；第 10 章对巢湖流域大型底栖动物完整性进行评价和空间差异分析。

本书的总体框架和内容由中国科学院南京地理与湖泊研究所的高俊峰构思和设计。第 1 章由高俊峰撰写，第 2 章由张志明（中国科学院南京地理与湖泊研究所）、高俊峰、蔡永久（中国科学院南京地理与湖泊研究所）撰写，第 3 章由张志明、蔡永久、高永年（中国科学院南京地理与湖泊研究所）、赵海霞（中国科学院南京地理与湖泊研究所）撰写，第 4 章由张志明、蔡永久、高俊峰撰写，第 5 章由高俊峰、张志明撰写，第 6 章由张志明、高俊峰、蔡永久撰写，第 7 章由张志明、蔡永久、夏霆（南京工业大学）、严云志（安徽师范大学生命学院）、温新利（安徽师范大学生命学院）、刘坤（安徽师范大学生命学院）撰写，第 8 章由张志明撰写，第 9 章由黄琪（江西师范大学）撰写，第 10 章由黄琪、张又（中国科学院南京地理与湖泊研究所）撰写。全书由高俊峰统稿和定稿。赵洁、张展赫等整理了部分数据与参考文献，并绘制了部分图件。

本内容的研究和出版得到水体污染控制与治理科技重大专项子课题"巢湖流域水生态功能三级四级分区研究"（编号：2012ZX07501002-008）、"巢湖湖滨带与圩区缓冲带生态修复技术与工程示范"（编号：2012ZX07103003-04-01）的支持。

本研究和书稿撰写过程中，到多方面的关心与支持。在此谨向为本研究工作提供帮助与指导的单位、专家、学者，参与本工作但未列出名字的其他专家、学者和研究生，表示衷心感谢！

本书虽力求反映巢湖流域水生态系统时空特征和变化状况，评价水生态健康状态和影响因素，但由于条件所限，书中不妥之处请广大读者批评指正。

高俊峰

2016 年 12 月

目　　录

Contents

第1章 水生态功能分区的概念及其与现有分区的关系[①]

1.1 水生态功能分区背景

1.1.1 分区在地学研究和社会发展领域产生过重大影响

分区是地学领域重要的研究分支，是地理学及其相关研究领域的研究热点之一。地学分区的结果在学科发展和社会进步方面发挥了巨大的作用。例如，19世纪俄国地理学家道库恰耶夫（В. В. Докучаев）的土壤分区（1856年）与20世纪初德国气候学家柯本（W. Köppen）的气候分区（1900年），是地学界最早的经典分区成果。黄秉维先生的综合自然区划对认识我国地带性和非地带性自然规律认识起到重要指导作用（黄秉维，1958，1959），郑度院士的生态地理区划则是生物多样性研究空间分异的基础（郑度等，2008）。

俄国自然地理学家和土壤学家道库恰耶夫在1856年建立了土壤和成土因素之间的发生学关系学说，从历史发生的观点研究土壤形成，认为土壤与自然地理条件及其历史的发展紧密联系。其创立成土因素和土壤地带性学说，指出土壤是在母质、气候、生物、地形和时间五种因素相互作用下所形成的一个有发展历史的自然体，土壤的分布和气候、植被等表现出地理分布的规律性，呈现出地带性规律，提出土壤剖面研究法和土壤制图方法（Докучаев，1883，1892）（图1-1）。道库恰耶夫的学说在俄国防治草原的土壤干旱中起到了重要作用，他根据俄罗斯不同的自然条件和经济条件，采取综合农业和森林土壤改良措施，结合河川整治、峡谷和沟壑调整及分水岭草原地带的兴修水利等进行国土整治。俄国目前的黑钙土带高大防护林就是在这种思想指导下推行的结果。他的学术思想影响到地理学、森林学、土壤学、水文地质学、动力地质学等相关学科的发展（龚子同，2013）。

德国气候学家柯本于1931年创立了气候分区理论，其以气温和降水为指标，参照自然植被的分布状况，将全球气候分为5个大类12个亚类。5个指标分别为：最热月温度、最冷月温度、温度年较差、降水量和可能蒸散。5个大类分别为：热带多雨气候（A）、干燥气候（B）、温暖湿润气候（C）、寒冷气候（D）和极地气候（D）。12个亚类分别为：

---

① 本章由高俊峰撰写、统稿、定稿。

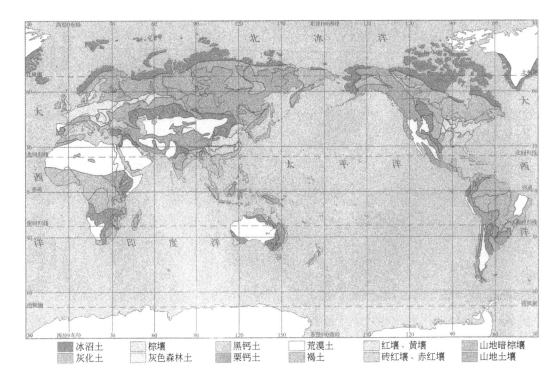

冰沼土	棕壤	黑钙土	荒漠土	红壤、黄壤	山地暗棕壤
灰化土	灰色森林土	栗钙土	褐土	砖红壤、赤红壤	山地土壤

图 1-1　世界土壤分布图

热带雨林气候（Af）、热带季风气候（Am）、热带疏林气候（Aw），草原气候（BS）、沙漠气候（BW）、温暖夏干气候（Cs）、温暖冬干气候（Cw）、温暖常湿气候（Cf）、寒冷常湿气候（Df）、寒冷冬干气候（Dw）、苔原气候（ET）和冰原气候（EF）。柯本气候分类是经验气候分类法的典型代表，是地学界里流传最广的一个气候分类方案。其主要意义在于发现了与主要植物群落分布界限大体一致的气候分区界限，用温度、雨量及其简单的组合和季节性变化特征来描述和命名植被分布的气候类型，标准严格，简单明了，界限明确，应用便利，适用广泛。其最大的缺点是干燥气候划分标准的依据不足，也未考虑垂直地带性对温度与降水分类的影响（Köppen，1931，1936）（图 1-2）。

黄秉维先生认为区划是地理学的传统工作和重要研究内容，是区域性的综合工作。20 世纪 50 年代末黄秉维主编的《中国综合自然区划（初稿）》，根据自然界的现代特征，提出中国综合自然区划方案，按照地表自然界的相似性与差异性将中国划分成不同区域，揭示并完整表达了中国地域分异的自然地带性，探讨了自然综合体的特征及其发生、发展与分布的规律性（黄秉维，1958，1959）（图 1-3）。黄先生的综合自然区划对于我国宏观地带性的规律的认识，因地制宜地组织农业生产、保护环境、灾害防御都有很大的作用。

郑度院士等认为地表是由各自然地理要素组成、具有内在联系、相互制约的统一整体，一个自然地理要素的地域变化往往影响其他要素的地域变化，从而导致不同区域自然地理环境的差异。他根据温度、水分、地貌、土壤和作物种植等指标，提出中国生态地理

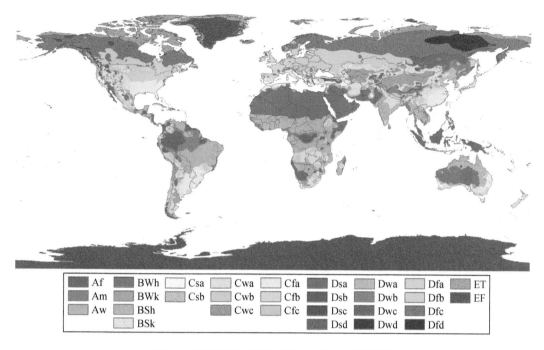

图 1-2　基于柯本分类体系的全球的气候分类图

资料来源：Peel et al.，2007

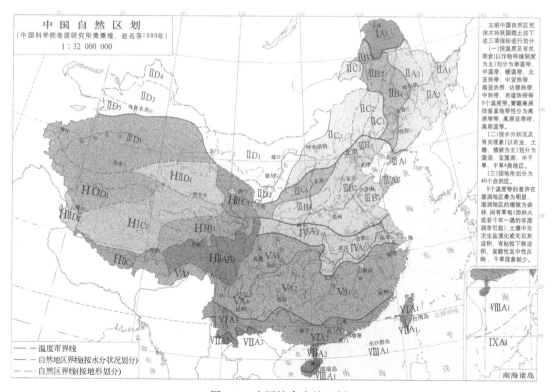

图 1-3　中国综合自然区划

资料来源：黄秉维，1965

区域系统的新方案（郑度等，2008）（图1-4）。

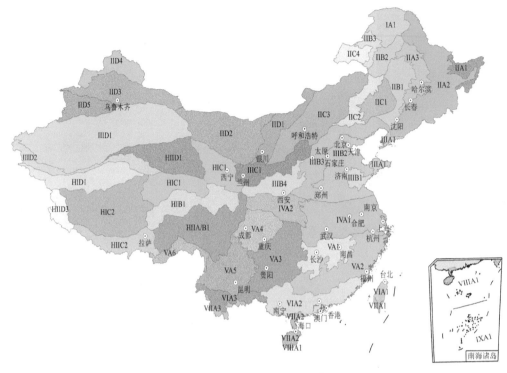

图1-4　中国生态地理区域

资料来源：郑度等，2008

1.1.2　开展水生态功能分区的目的

按照尊重流域生态系统完整性的科学治理规律，开展水生态功能分区，为"山水林田湖"一体化的管理服务；统筹协调水环境改善、生态功能保护、水资源优化利用与地方社会经济发展，为建立以保证流域生态系统健康完整为最终目标的分阶段、分类型、分区域的流域精细化治理体系提供技术支撑。通过建立流域水生态环境功能分区体系，切实落实地方政府对环境质量负责的法律要求，明确治理目标、指标、任务和责任人。

1.1.3　水生态功能分区的意义

1）基于水生态分区的流域水环境管理是流域水环境管理的趋势。

20世纪80年代以来，以水生态分区为基础实施流域水环境管理的理念在国际上获得了广泛的认可。其中，美国以生态系统管理为理念，采用土地利用、土壤、自然植被和地形等指标，综合水生态系统完整性评价和生态需水，在充分反映水体的生态环境特性基础上，开展流域水生态分区。欧盟在2000年颁布的"欧盟水政策管理框架"中，提出要以水生态区为基础确定水体的参考条件，根据参考条件评估水体的生态状况，最终确定以生态保护和恢复为目标的淡水生态系统保护原则。流域水生态分区可代表流域不同特征区域生态系统的类型，也可反映出流域不同区域社会经济发展与水环境的相互影响和作用，因此，流域水生态分区管理成为流域水环境综合管理的发展趋势，也是流域水环境管理的基础（高俊峰和高永年，2012）。

2）流域水生态功能分区是建立我国新型水环境管理的基础。

开展流域水生态功能分区研究是实现流域水环境"分区、分类、分级、分期"管理的基础（孟伟等，2007a，2007b，2011）。基于分区的水质标准体系是污染物总量控制技术体系的基础，也是建立水体功能与保护目标的主要依据。在水生态功能与控制单元划分的基础上，逐步实现从目标总量控制向基于流域控制单元水质目标的容量总量控制的转变。水生态功能分区及在此基础上面向水环境管理的控制单元划分和日最大负荷量确定，是一种新的更为科学的环境管理手段，不仅有助于流域水环境管理和水生态功能恢复，同时可为类似流域的水生态功能分区和水质目标管理提供借鉴。还可为流域的生态承载力分析、生态需水核算、水质控制单元划分及其信息管理积累经验，进而向全国推广（高永年和高俊峰，2010；高永年等，2012；高俊峰和高永年，2012）。

3）已有工作基础不能满足面向水生态系统保护的水质目标管理技术要求。

我国虽已完成全国水环境功能区划的工作，但从生态管理的角度出发，水环境功能区划并不是基于区域水生态系统特征所建立的，缺乏对区域水生态功能的考虑，难以在其基础上建立体现区域差异的水质标准体系，不能满足面向水生态系统保护的水质目标管理的技术要求。因此，应当结合流域自然环境、社会经济特点与环境管理需求，建立适宜于流域水生态分区理论与方法体系，制定水生态分区方案，指导水环境的科学管理，特别是区域监测点的选择、营养物基准制定以及区域范围内受损水生态系统恢复标准的制定，为水质目标管理技术体系的建立奠定基础（高俊峰和高永年，2012）。

4）水生态功能分区有助于丰富流域生态功能区划和目标管理的理论与方法，对同类水生态和环境管理具有示范作用。

水生态功能分区作为一种新的管理单元，可以为流域水环境管理冲突的解决提供重要条件。按照流域分级管理模式，在维持水生态系统自身需求的前提下，综合考虑水生态系统和人类对水质、水量的需求，权衡水生态和社会经济子系统的构成与相互反馈，通过利益相关者的共同协商来维系、保护和恢复水环境与水生态系统的完整性，对地下水、地表水、湿地、水生态系统进行统筹规划、设计、实施和保护，制订综合性的流域水污染防治措施，便于协调并解决流域管理问题。一定程度上有利于缓解部门之间、人类需求与生态需求之间的矛盾，有利于从上到下贯彻环境保护和管理的目标和措施，合理地管理分区内的环境资源，提高流域水环境与水资源管理的效率（高俊峰和高永年，2012）。

1.2　水生态功能分区的概念与内涵

1.2.1　分区的概念

水生态功能区是指具有相对一致的水生态系统组成、结构、格局、过程、功能的水体及影响其的陆域。水生态功能分区是在研究流域水生态系统结构、过程和功能的空间分异规律基础上，按照一定的原则、指标体系和方法进行区域的划分。

水生态系统具有很强的地域性，地区差异十分明显，按区内相似和区际差异来划分水生态功能区，可以反映流域水生态系统的特征、空间分布规律及其与自然因素的相应关系。流域水生态功能分区为保护生态和环境，维持水生生物及其栖息环境的健康，合理开发利用水资源，实现水污染的控制、治理和预防，进行水生态管理目标，制定措施方案等提供科学依据。

1.2.2 分区层级体系

水生态系统由多个层次等级体系组成，在不同的空间尺度中，其结构与功能具有不同的相互依存关系。水生态系统发生过程的多层次性，形成了结构的多等级，因而，水生态功能分区也是多层次的，具有一定的等级体系。水生态功能分区还需满足不同级别行政管理部门宏观指导与分级管理的需要，这就要求分区是多等级的。在湖泊型流域，根据实际情况将其划分为 4 个等级的水生态功能区，由上到下分别将其命名为水生态区、水生态亚区、水生态子区和水生态功能区（图 1-5）。

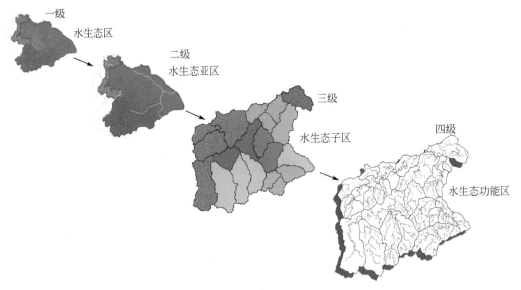

图 1-5 水生态功能分区的层级体系
资料来源：高俊峰和高永年，2012

1.2.3 分区原则

分区原则是进行流域水生态分区的依据和准则，在分区过程中起指导性作用，其合理与否直接关系到分区结果的正确性与可信度，为此，在依据水生态系统原理进行流域水生态分区时遵循以下基本共性原则。

1）区内相似性原则。同一分区内的水生态系统在格局、特征、功能、过程及服务功能等方面相近，具有最大的相似特性。

2）区间差异性原则。同一级别不同分区间的水生态系统在格局、特征、功能、过程及服务功能等方面具有最大的差异。由于受自然条件和社会经济发展状况的影响，不同分区之间水生态系统表现出特定的区域特征。

3）等级性原则。水生态功能分区具有明显的尺度特征，在不同空间尺度上对水生态系统进行分区，形成不同等级的分区方案，高等级分区包含低等级分区，低等级分区依赖于高等级分区的存在，水生态系统过程与格局之间的关系取决于尺度大小，低层次非平衡过程可以被整合到高层次稳定过程中，这是逐级划分或合并的理论基础。

4）综合性与主导性原则。水生态功能分区是以特定区域的水生态系统的综合特征为基础，必须全面考虑构成水生态系统的各组成成分的自身格局特征，以及由其组成的水生态系统综合特征的相似性和差异性。

5）共轭性原则。同一级别分区之间边界不相交，相邻分区边界之间既不重复也不留有间隙、无缝拼接，在空间上具有连续性，任何一个水生态功能区都是一个完整的个体，不存在彼此分离和重叠的部分。

1.3　相关分区辨析

1.3.1　主体功能分区

主体功能区是在工业化城镇化快速推进、空间结构急剧变动的时期，为有效解决国土空间开发中的突出问题，应对未来诸多挑战而推进的。

主体功能区规划将我国国土空间分为以下主体功能区：按开发方式，分为优化开发区域、重点开发区域、限制开发区域和禁止开发区域；按开发内容，分为城市化地区、农产品主产区和重点生态功能区；按层级，分为国家和省级两个层面（图1-6）（中国新闻网，2016）。

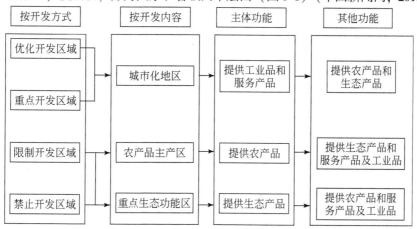

图 1-6　主体功能区划分类及功能

优化开发区域、重点开发区域、限制开发区域和禁止开发区域，是基于不同区域的资源环境承载能力、现有开发强度和未来发展潜力，以是否适宜或如何进行大规模、高强度工业化及城镇化开发为基准划分的。

城市化地区、农产品主产区和重点生态功能区，是以提供主体产品的类型为基准划分的。城市化地区是以提供工业品和服务产品为主体功能的地区，也提供农产品和生态产品；农产品主产区是以提供农产品为主体功能的地区，也提供生态产品、服务产品和部分工业品；重点生态功能区是以提供生态产品为主体功能的地区，也提供一定的农产品、服务产品和工业品。

优化开发区域是经济比较发达、人口比较密集、开发强度较高、资源环境问题更加突出，从而应该优化进行工业化城镇化开发的城市化地区。

重点开发区域是有一定经济基础、资源环境承载能力较强、发展潜力较大、集聚人口和经济条件较好，从而应该重点进行工业化城镇化开发的城市化地区。优化开发和重点开发区域都属于城市化地区，开发内容总体上相同，开发强度和开发方式不同。

限制开发区域分为两类：一类是农产品主产区，即耕地较多、农业发展条件较好，尽管也适宜工业化城镇化开发，但从保障国家农产品安全及中华民族永续发展的需要出发，必须把增强农业综合生产能力作为发展的首要任务，从而应该限制进行大规模高强度工业化城镇化开发的地区；另一类是重点生态功能区，即生态系统脆弱或生态功能重要，资源环境承载能力较低，不具备大规模高强度工业化城镇化开发的条件，必须把增强生态产品生产能力作为首要任务，从而应该限制进行大规模高强度工业化城镇化开发的地区。

禁止开发区域是依法设立的各级各类自然文化资源保护区域，以及其他禁止进行工业化城镇化开发、需要特殊保护的重点生态功能区。国家层面禁止开发区域，包括国家级自然保护区、世界文化自然遗产、国家级风景名胜区、国家森林公园和国家地质公园。省级层面的禁止开发区域，包括省级及以下各级各类自然文化资源保护区域、重要水源地及其他省级人民政府根据需要确定的禁止开发区域。

各类主体功能区，在全国经济社会发展中具有同等重要的地位，只是主体功能不同，开发方式不同，保护内容不同，发展首要任务不同，国家支持重点不同。对城市化地区主要支持其集聚人口和经济，对农产品主产区主要支持其增强农业综合生产能力，对重点生态功能区主要支持其保护和修复生态环境。

主体功能区区划根据自然条件适宜性开发的理念，不同的国土空间，自然状况不同。海拔很高、地形复杂、气候恶劣及其他生态脆弱或生态功能重要的区域，并不适宜大规模高强度的工业化城镇化开发，有的区域甚至不适宜高强度的农牧业开发。否则，将对生态系统造成破坏，对提供生态产品的能力造成损害。因此，必须尊重自然、顺应自然，根据不同国土空间的自然属性确定不同的开发内容。

区划区分主体功能的理念。一定的国土空间具有多种功能，但必有一种主体功能。从提供产品的角度划分，或者以提供工业品和服务产品为主体功能，或者以提供农产品为主体功能，或者以提供生态产品为主体功能。在关系全局生态安全的区域，应把提供生态产品作为主体功能，把提供农产品和服务产品及工业品作为从属功能，否则，就可能损害生态产品的生产能力。例如，草原的主体功能是提供生态产品，若超载过牧，就会造成草原退化沙化。在农业发展条件较好的区域，应把提供农产品作为主体功能，否则，大量占用耕地就可能损害农产品的生产能力。因此，必须区分不同国土空间的主体功能，根据主体功能定位确定开发的主体内容和发展的主要任务。

区划根据资源环境承载能力开发的理念。不同国土空间的主体功能不同，因而集聚人口和经济的规模不同。生态功能区和农产品主产区由于不适宜或不应该进行大规模高强度的工业化城镇化开发，因而难以承载较多的消费人口。在工业化城镇化的过程中，必然会有一部分人口主动转移到就业机会多的城市化地区。同时，人口和经济的过度集聚及不合理的产业结构也会给资源环境、交通等带来难以承受的压力。因此，必须根据资源环境中的"短板"因素确定可承载的人口规模、经济规模以及适宜的产业结构。

区划实行控制开发强度的理念。我国不适宜工业化城镇化开发的国土空间占很大比重。平原及其他自然条件较好的国土空间尽管适宜工业化城镇化开发，但这类国土空间更加适宜发展农业，为保障农产品供给安全，不能过度占用耕地推进工业化城镇化。由此决定了我国可用来推进工业化城镇化的国土空间并不宽裕。即使是城市化地区，也要保持必要的耕地和绿色生态空间，在一定程度上满足当地人口对农产品和生态产品的需求。因此，各类主体功能区都要有节制地开发，保持适当的开发强度。

区划倡导调整空间结构的理念。空间结构是城市空间、农业空间和生态空间等不同类型空间在国土空间开发中的反映，是经济结构和社会结构的空间载体。空间结构的变化在一定程度上决定着经济发展方式及资源配置效率。从总量上看，目前我国的城市建成区、建制镇建成区、独立工矿区、农村居民点和各类开发区的总面积已经相当大，但空间结构不合理，空间利用效率不高。因此，必须把调整空间结构纳入经济结构调整的内涵中，把国土空间开发的着力点从占用土地为主转到调整和优化空间结构、提高空间利用效率上来。

区划推进提供生态产品的理念。人类需求既包括对农产品、工业品和服务产品的需求，也包括对清新空气、清洁水源、宜人气候等生态产品的需求。从需求角度，这些自然要素在某种意义上也具有产品的性质。保护和扩大自然界提供生态产品能力的过程也是创造价值的过程，保护生态环境、提供生态产品的活动也是发展。总体上看，我国提供工业品的能力迅速增强，提供生态产品的能力却在减弱，而随着人民生活水平的提高，人们对生态产品的需求在不断增强。因此，必须把提供生态产品作为发展的重要内容，把增强生态产品生产能力作为国土空间开发的重要任务。

1.3.2　水环境功能分区

水环境功能区是根据水域使用功能、水环境污染状况、水环境承受能力（环境容量）、社会经济发展需要以及污染物排放总量控制的要求，划定的具有特定功能的区域。水环境功能区划分是根据水资源的自然属性（资源条件、环境状况和地理位置）及社会属性（水资源开发利用现状及社会发展对水质和水量的需求等），按一定的指标和标准，对各流域水系水体的使用功能进行划分，并合理确定其水质保护目标，以保证水资源开发利用发挥最佳的经济、社会、环境效益。

区划对象涵盖各主要河流、湖泊和水库。包括流域的干流、一级支流、二级支流，重要的三级支流，重要的跨省、跨市河流及边界水污染纠纷频发的河流全部纳入区划范围；对二级支流及市内骨干河流按水资源开发利用程度和水污染现状，基本纳入区划范围；对城镇的主要饮用水水源地、工业用水、农业灌溉用水水源地，重要的鱼类洄游场地及流经较大城镇的河流，大、中型工矿企业区取水水源地均纳入区划范围（图1-7）。

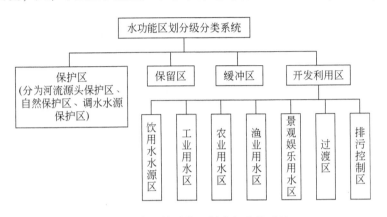

图1-7 水环境功能区划分级分类系统

地表水环境功能区划是环境规划的基础，也是环境规划的重要组成部分。水环境功能区的划分是为了对水域实行分类管理，把不同的环境目标体现于对不同水环境功能的保护，即以保护地表水环境、合理管理和利用水资源为最终目的。流域水环境功能区划旨在实现地表水环境分区分类管理，便于水环境目标管理和污染物总量控制，为流域社会发展和经济开发活动提供科学依据，为流域工业布局、产业结构的调整提供指导意见。通过划分不同的水环境功能区，实施"高功能水域高标准保护，低功能水域低标准保护"的原则。水环境功能区划依据社会、经济发展的需要和不同地区在环境结构、环境状态和使用功能上的差异，对相应区域进行合理划定，其主要目的是保护环境、发展经济。水环境功能区的划分与流域的水资源开发利用相关，同时水环境功能区的划分还通过输入响应关系和功能区可达性分析与流域地方社会经济发展、建设规划、地方环境保护规划和主要污染物总量减排规划等密切联系，是水环境保护工作上下关联、水陆衔接的中心环节。

地表水环境功能区分类设一级类目，根据《中华人民共和国水污染防治法》和《地表水环境质量标准（GB 3838—2002）》的规定要求分为9类，即自然保护区、饮用水源保护区、渔业用水区、工业用水区、农业用水区、景观娱乐用水区、混合区、过渡区和保留区（图1-7）。

地表水环境功能区类别采用以面分类法为主、线分类法为辅的混合分类法进行分类。功能区划的基本工作方法为：基础资料收集、综合分析评价、定性定量判断、功能目标确定。根据《地表水功能区划技术纲要》及《地表水环境质量标准（GB 3838—2002）》的有关要求，在详细调查和分析水域现状使用功能和潜在功能、社会经济发展、水环境状况、污染源分布等有关资料的基础上，提出功能区划分方案。

1.4　水生态功能分区的国内外现状

生态区（ecoregion）的概念最早由加拿大林业生态学家 Orie Loucks 提出（Loucks，1962），之后在 1967 年，Crowley（1967）对生态区概念做了进一步界定，同时根据气候、植被大尺度因子差异划分了加拿大的生态区。这也是最早的一份国家级生态区划方案。根据 Crowley 的生态区划分方法，美国林业局（U. S. Department of Agriculture Forest Service）的 Bailey 先后制定了美国全境（Bailey，1976，1994）、北美（Bailey and Cushwa，1981；Bailey，1997）及全球（Bailey，1989）的陆地生态区划分方案，并对美国生态区进行了等级划分。划分的生态区被定义为在生态系统中或者生物体和它们生存的环境之间相互联系的、相对同质的陆地单元。虽然 Bailey 在划分中采用了多个陆地下垫面的特征指标，但在同一层级的生态区划分上仍主要采用单一指标。

随着河流与水生态保护工作的开展和深入，20 世纪 70 年代末，美国国家环境保护局（U. S. Environmental Protection Agency）的管理者和研究者逐渐意识到，采用单一的指标方法得到的生态分区，容易造成在一些地区有显著生态系统差异的区域无法被识别出来（Omernik，1995）。这样的分区显然无法满足环境管理的要求。美国国家环境保护局的 Omernik 尝试对已有的分区方法进行改进，并于 1987 年提出了生态区划方案（Omernik，1987），该方案使用了土地利用、自然植被、土壤和地形 4 个自然特征指标。这一分区方案目前仍是美国国家环境保护局发布的生态区划的基础。

随着生态与环境保护问题受到重视，以及生态区为资源的可持续开发利用和环境管理提供保障的重要意义得到认可，美国多个政府部门和组织均结合自身管理经验提出了大空间尺度的生态区划方案，包括美国国家环境保护局（Omernik，1987）、美国林业局（Bailey，1997）、大自然保护协会（The Nature Conservancy）（1997）、世界野生生物基金会（World Wildlife Fund）（Olson et al.，1998），以及联合国粮食及农业组织（Food and Agriculture Organization of the United Nations，FAO）（FAO，2001）。其中影响较大的是前面提到的美国国家环境保护局提出并发布的生态区划。联邦自然资源机构（Federal Natural Resource Agencies）牵头，统一美国现有的各类生态分区方案（McMahon et al.，2001）。就分区体系而言，美国国家环境保护局已完成并发布了全国三级和四级水生态分区体系，目前正在开展五级分区工作。在较小的地理空间尺度（如州一级）上做了若干生态区划研究的尝试（Albert，1995；Nigh and Schroeder，2002）。

美国国家环境保护局还联合加拿大及墨西哥的环境管理部门制定了统一的北美洲生态区划，并由环境合作委员会（Commission for Environmental Cooperation）在 1997 年发布。其划分标准主要依据美国国家环境保护局的生态区划思想。美国的生态区划研究最为深入，无论从研究工作开展的广度还是深度上均领先于其他国家，其他一些国家在水生态区研究和管理方面对其进行借鉴，如澳大利亚（Davies，2000）便主要依据美国所提出的生态区划开展生态区划相关研究。

生态区的划分有助于我们理解地球表面的复杂性，识别地区间的差异性。生态区这一概念既融合了关于"生态系统"的生态学概念，也含有"区域"这一地理学概念

（Loveland and Merchant，2004）。北美生态分区侧重从地理特征及空间角度去划分。也有生态区划分从生态角度和概念出发，如 Abell 等（2008）基于淡水鱼类物种的组成、分布及生态与进化模式（ecological and evolutionary patterns），提出了一个全新的世界生态地理区划，即世界淡水生态区划图。该图及附属的相关生物种群数据，为制定全球及区域性的保护发展规划提供了有用的基础工具和逻辑框架。

总体上看，欧洲生态区研究的文献报道并不多见。但近年来，特别是在欧盟水框架指令（Water Framework Directive 2000/60/EC，WFD）首次发布与管理政策相关的欧洲生态区总体方案后，生态区研究在欧洲各国日益受到重视。WFD 方案来自于 Illies 1978 年发布的欧洲水生态分区图，该方案主要根据淡水生物，尤其是水生无脊椎动物的分布及地区特有优势物种的差异性，将欧洲划分为 25 个区（Illies，1978；Zogaris et al.，2009）。

在 WFD 方案框架下，Wasson 等（2002）率先对法国进行了水文生态区（hydro-ecoregions）划分，划分依据主要包括地质（岩性结构和硬度）、地形（高程和坡度）和气候（降水量和气温）特征。划分方法是通过地理信息系统（geographic information system，GIS）空间分析对各特征参数图层进行叠加，基于预先建立的分区要素重要性排序和专家判别分类规则，通过目视方法进行生态区划分和界限的调整，该方法最终将法国分为 22 个水生态区。

Schroeder 和 Pesch（2007）则将自然植被类型、高程、土壤质地和气候（包括降水、蒸发、气温和辐射）作为分类特征指标，利用分类和分类回归树（classification and regression trees，CART）这一分类决策树技术，对以上选取的多特征指标进行分类和归并，以此得到德国的生态区划方案，共 21 个区。

希腊学者 Zogaris 等（2009）通过对本国 23 个流域鱼类群系分类特征的研究，划分了可描述淡水物种区系分布的生态区，并指出 WFD 的生态区图在这一区域存在着不一致性和错误，需要对边界进行进一步调整，以使最终的欧洲生态区划可有效服务于水生态系统研究和水环境管理。

荷兰的 Klijn 等（1995）在对现有生态区概念和划分方法进行对比与借鉴后，以母质层、地貌、地下水、地表水、土壤、植被和动物区系因子作为荷兰生态区的分类特征指标，通过结合专家经验识别的主观判定方法制作了荷兰的生态区划方案。该方案共分为 6 个生态区，其中包括 4 个陆地类型及 2 个水体类型的生态区。

西班牙的河流生态地貌特征分类系统由生态区、流域、河片和河段组成，它包括决定流域和动力学特征的主要景观组成因素（地质、地形、气候）及控制河流生物群落的主要因素（河道形态、水流形式、河床形态和河岸带植被）。

我国全国性区划方案主要有中国淡水鱼类分布区划（李思忠，1981）、中国水文区划（熊怡和张家桢，1995）、中国生态区划（傅伯杰等，2001）、中国水功能区划、中国生态地理区划（Zheng，1999；郑度等，2005）、中国湿地资源的生态功能及其分区（赵其国和高俊峰，2007）、中国生态功能区划。

中国淡水鱼类分布区划中，李思忠（1981）首次全面论述了中国淡水鱼类动物的自然地理分布特征，并依照淡水鱼类区系的差异将中国划分为 5 大区 21 亚区，结合自然地理背景阐明了各区淡水鱼类特征及异同。

　　中国水功能区划则是根据水资源自然条件功能要求，在相应水域按其主导功能划定并执行特定质量标准，以满足水资源合理开发和有效保护的要求。

　　中国生态功能区划是在全国生态调查的基础上，通过分析区域生态特征、生态系统服务功能与生态敏感性空间分异规律后提出的，其目标主要是为环境保护与管理服务，用于明确各类生态功能区的主导生态服务功能以及生态保护目标。全国生态功能一级区共有 3 类 31 个，包括生态调节功能区、产品提供功能区与人居保障功能区。生态功能二级区共有 9 类 67 个，三级区共有 216 个。

　　20 世纪 80 年代以来，随着改善生态系统和可持续发展的呼声高涨，我国生态区划研究发展迅速（郑度等，2005）。郑度（Zheng，1999）率先提出了中国生态地域划分的原则和指标体系，并构建了中国生态地理区域系统，共划分了 11 个温度带、21 个干湿地区和 48 个自然区。

　　中国生态区划（傅伯杰等，2001）则在充分考虑了生态敏感性、自然生态地域、生态系统服务功能等要素基础上，将全国划分为 3 个生态一级区，13 个二级区和 57 个三级区，特别考虑生态环境的脆弱性并对生态环境敏感区域进行划分是该方案的特色。

　　而在流域尺度上，系统开展水生态区划研究的较少，以往主要针对流域水生态系统的部分要素开展了一些区划研究，如反映流域地貌（中国科学院自然区划工作委员会，1959）、水文（熊怡和张家桢，1995）及水体功能（尹民等，2005）分布特征的区划研究。由于以上研究并不是真正意义的水生态分区，因此有必要结合我国水生态系统的实际特点开展工作，以此为生态环境管理提供技术支持。在这一背景下，孟伟等（2007a，2007b）在 GIS 技术支持下建立了流域水生态分区的指标体系和分区方法，完成了辽河流域的一级、二级水生态分区，并总结了辽河流域水生态系统特征及其所面临的生态环境问题，对水生态分区在流域管理中的应用进行了探讨。在湖泊型流域的水生态分区方面，高俊峰和高永年（2012）以太湖流域为案例，深入探讨了太湖流域水生态功能分区等级体系、方法体系和指标体系。以上区划方面的研究，无论是在理论层面还是技术层面，都为我国的流域水生态功能区划工作的开展提供了重要的基础。

　　我国流域水生态功能分区工作始于 2008 年。在水体污染控制与治理重大科技专项的总体框架下，监控预警主题下设了水生态功能分区的工作内容。2008～2011 年，课题组进行了辽河、太湖、赣江流域一级～三级水生态功能分区工作，松花江、海河、淮河、东江、黑河、滇池、洱海、巢湖进行了一级～二级水生态功能分区工作。在全流域综合调查的基础上，分别研究设计了水生态功能分区目的、指标体系、分区方法，形成了不同级别的流域水生态功能分区方案。2012～2015 年，进行了辽河、太湖、赣江流域四级水生态功能分区工作，松花江、海河、淮河、东江、黑河、滇池、洱海、巢湖进行了三级～四级水生态功能分区工作。至此，在重点研究的八大流域，即松花江流域、海河流域、淮河流域、东江流域、黑河流域、滇池流域、洱海流域和巢湖流域；示范流域，即太湖流域、辽河流域和赣江流域，统一形成了一级～四级水生态功能分区方案。在此基础上，为配合环境保护部建立新型水环境管理的需要，划分出松花江、辽河、海河、黄河、淮河、长江、珠江、东南诸河、西南诸河、西北诸河流域的三级水生态环境功能分区。其中长江流域水生态环境功能区由中国科学院南京地理与湖泊研究所主导完成。

参 考 文 献

傅伯杰，陈利顶，刘国华 . 1999. 中国生态区划的目的、任务及特点 . 生态学报，19（5）：591-595.

傅伯杰，刘国华，陈利顶 . 2001. 中国生态区划方案 . 生态学报，21（1）：1-6.

傅伯杰，刘国华，孟庆华 . 2000. 中国西部生态区划及其区域发展对策 . 干旱区地理，23（4）：289-297.

高俊峰，高永年 . 2012. 太湖流域水生态功能分区研究 . 北京：中国环境科学出版社 .

高永年，高俊峰，陈炯峰，等 . 2012. 太湖流域水生态功能三级分区 . 地理研究，31（11）：1942-1951.

高永年，高俊峰 . 2010. 太湖流域水生态功能分区 . 地理研究，（1）：111-117.

龚子同 . 2013. B. B 道库恰耶夫——土壤科学的奠基者 . 土壤通报，44（5）：1266-1269.

环境保护部 . 2009. 地表水环境功能区类别代码 . 北京：中国环境科学出版社 .

黄秉维 . 1958. 中国综合自然区划草案，科学通报，（18）：594-602.

黄秉维 . 1959. 中国综合自然区划的初步草案 . 地理学报，24（4）：348-365.

黄祥飞 . 2000. 湖泊生态调查观测与分析 . 北京：中国标准出版社 .

黄艺，蔡佳亮，吕明姬，等 . 2009a. 流域水生态功能区划及其关键问题 . 生态环境学报，18（5）：1995-2000.

黄艺，蔡佳亮，郑维爽，等 . 2009b. 流域水生态功能分区以及区划方法的研究进展 . 生态学杂志，28（3）：542-548.

江苏省水利厅，江苏省环境保护厅 . 2003. 江苏省地表水（环境）功能区划 .

李思忠 . 1981. 中国淡水鱼类的分布区划 . 北京：科学出版社 .

李文华，欧阳志云，赵景柱 . 2002. 生态系统服务功能研究 . 北京：气象出版社 .

孟伟，张远，张楠，等 . 2011. 流域水生态功能分区与质量目标管理技术研究的若干问题 . 环境科学学报，31（7）：1345-1351.

孟伟，张远，郑丙辉 . 2007a. 辽河流域水生态分区研究 . 环境科学学报，27（6）：911-918.

孟伟，张远，郑丙辉 . 2007b. 水生态区划方法及其在中国的应用前景 . 水科学进展，18（2）：293-300.

谢高地，鲁春霞，甄霖，等 . 2009. 区域空间功能分区的目标、进展与方法 . 地理研究，28（3）：561-570.

熊怡，张家桢 . 1995. 中国水文区划 . 北京：科学出版社 .

阳平坚，郭怀成，周丰，等 . 2007. 水功能区划的问题识别及相应对策 . 中国环境科学，27（3）：419-422.

杨勤业，郑度，吴绍洪 . 2002. 中国的生态地域系统研究 . 自然科学进展，12（3）：287-291.

尹民，杨志峰，崔保山 . 2005. 中国河流生态水文分区初探 . 环境科学学报，25（4）：423-428.

张静怡，何惠，陆桂华 . 2006. 水文区划问题研究 . 水利水电技术，37（1）：48-52.

赵其国，高俊峰 . 2007. 中国湿地资源的生态功能及其分区 . 中国生态农业学报，15（1）：1-4.

浙江省水利厅和浙江省环境保护局 . 2005. 浙江水环境功能区划 .

郑度，葛全胜，张雪芹，等 . 2005. 中国区划工作的回顾与展望 . 地理研究，24（3）：330-344.

郑度等 . 2008. 中国生态地理区域系统研究 . 北京：商务印书馆 .

郑乐平，乐嘉斌，瞿书锐 . 2010. 国外水生态区评价对我国的启示 . 水资源保护，26（3）：83-86.

中国科学院自然区划工作委员会 . 1959. 中国综合自然区划 . 北京：科学出版社 .

中国新闻网 . 2016. 国务院印发《全国主体功能区规划》（全文）. http：//www.chinanews.com/gn/2011/06-09/3099774.shtml. ［2016-12-20］

周丰，刘永，黄凯，等 . 2007. 流域水环境功能区划及其关键问题 . 水科学进展，18（2）：216-222.

Abell R，Thieme M L，Revenga C，et al. 2008. Freshwater ecoregions of the world：A new map of biogeographic units for freshwater biodiversity conservation. Bioscience, 58: 403-414.

Albert D A. 1995. Regional Landscape Ecosystems of Michigan, Minnesota, and Wisconsin. General Technical Report NC-178. Minnesota: USDA Forest Service, North Central Forest Experiment Station.

Bailey R G, Cushwa C T. 1981. Ecoregions of North America FWS/OBS-81/29. Washington D C: U. S. Fish and Wildlife Service, Scale 1 : 12 000 000.

Bailey R G. 1976. Map: Ecoregions of the United States. Utah: USDA Forest Service, Scale 1 : 7 500 000.

Bailey R G. 1983. Delineation of ecosystem regions. Environmental Management, 7 (4): 365-373.

Bailey R G. 1989. Ecoregions of the Continents (rev.) . Washington, DC: USDA Forest Service, Scale 1 : 30 000 000.

Bailey R G. 1994. Map: Ecoregions of the United States (rev.) . Washington, DC: USDA Forest Service, Scale 1 : 7 500 000.

Bailey R G. 1997. Map: Ecoregions of North America (rev.) . Washington, DC: USDA Forest Service, Scale 1 : 15 000 000.

Bailey R G. 2004. Identifying ecoregion boundaries. Environmental Management, 34 (1): S14-S26.

Bailey R G. 2014. Ecoregions. second edition. Berlin: Springer.

Davies PE. 2000. Development of a national river bioassessment system, AUSRIVAS in Australia//Wright JF, Sutcliffe DW, Furse MT, eds. Assessing the Bioligical Quality of Fresh Waters RIVPACS and other Techniques. Cumbria, UK: Freshwater Biolofical Association.

Crowley J. 1967. Biogeography in Canada. Canadian Geographer, 11: 312-326.

Food and Agriculture Organization of the United Nations. 2001. Global mapping in Global forest resources assessment 2000. Rome: FAO Forestry Paper 140, Food and Agriculture Organization of the United Nations, 321-331.

Gao Y N, Gao J F, Chen J F, et al. 2011. Regionalizing aquatic ecosystems based on the river subbasin taxonomy concept and spatial clustering techniques. Inter J Env Res Pub Heal, 8 (11): 4367-4385.

Köppen W. 1931. Grundriss der Klimakunde. Berlin: Walter de Gruyter.

Köppen W. 1936. Das Geographische System der Klimate. Handbuch der Klimatologie. Beilin: Gebr Borntraeger, Beilin.

Loucks O L. 1962. A Forest Classification for the Maritime Provinces. Maritimes: Rolph-Clark-Stone.

McMahon G, Gregonis S M, Waltman S W, et al. 2001. Developing a spatial framework of common ecological regions for the conterminous United States. Environmental Management, 28 (3): 293-316.

National Wetlands Working Group. 1986. Canada's wetlands, map folio. Ottawa: Energy, Mines and Resources Canada, Two maps at 1: 7. 5 million scale.

Olsen D M, Dinerstein E. 1998. The Global 2000: A representative approach to conserving the Earth's most biologically valuable ecoregions. Conservation Biology, 12: 502-515.

Olson D M, Dinerstein E, Canevari P, et al. 1998. Freshwater Biodiversity of Latin America and the Caribbean: A Conservation Assessment. Washington D C: Biodiversity Support Program.

Omernik J M. 1987. Ecoregions of the conterminous United States. Annals of the Association of American Geographers, 77: 118-125.

Omernik J M. 1995. Ecoregions: a spatial framework for environmental management//Davis W S, Simon T P. Biological Assessment and Criteria: Tools for Water Resource Planning and Decision Making. Florida: Lewis Publishing.

Unmack P J. 2001. Biogeography of Australian freshwater fishes. Journal of Biogeography, 28: 1053-1089.

U. S. Environmental Protection Agency. Level Ⅲ and IV Ecoregions of the Continental United States. http：// www. epa. gov/wed/pages/ecoregions/level_Ⅲ_iv. htm. 2011-06-21.

Wasson J G, Chandesris A, Pella H, et al. 2002. Typology and reference conditions for surface water bodies in France-the hydro-ecoregion approach//Symposium "Typology and ecological classification of lakes and rivers" Finnish Environment Institute. Hull：Helsinki, Finland.

Wiken, E B 1986. Terrestrial ecozones of Canada. Hull：Ecological Land Classification Series No. 19. Environment Canada, Que：26 and map.

Wiken, E B, Rubec, C D A, Ironside C. 1993. Canada terrestrial ecoregions. National atlas of Canada, 5 th edition. (MCR 4164). Canada Centre for Mapping, Energy, Mines and Resources Canada, and State of the Environment Reporting. Environment Canada, Ottawa, Ontario. Map at 1：7. 5 million scale.

Winfried S, Roland P, Gunther S. 2006. Identifying and closing gaps in environmental monitoring by means of metadata, ecological regionalization and geostatistics using the UNESCO biosphere reserve rhoen (Germany) as an example. Environmental Monitoring and Assessment, (1-3)：461-488.

Zhang T, Ramakrishnon R, Livny M B. 1996. An efficient data clustering method for very large databases// Proceedings of the ACM SIGMOD Conference on Management of Data. Montreal, Canada.

Докучаев В В. 1883. Русский чернозем. С. Петербургъ.

Докучаев В В. 1892. Наши степи ：прежде и теперь. С. Петербургъ.

第 2 章 巢湖流域水生态产生的基础[①]

2.1 地 质 地 貌

基本地貌形态类型反映地貌内外营力的过程所形成的基本形态，内营力基本过程为构造上升和沉降，外营力基本过程是侵蚀、搬运和堆积。平原、山地反映形成地貌的内外营力最基本类型和经受内、外力地貌过程的不同。例如，山地是地壳上升区形成的地貌，遭受侵蚀、搬运是其最基本的外营力；平原为地壳相对稳定或沉降区的产物，搬运堆积为其主要外营力过程。地貌分类的方案很多，如按照形态、按成因，或者按形态成因、按多指标等进行分类。描述地貌形态的指标多种多样，其中，海拔及起伏度是最基本的形态指标（周成虎等，2009a）。

我国开展的地貌区划研究工作已超过 70 年，主要以地形为主要依据（李四光和张文佑，1953；周廷儒等，1956；中国科学院地理研究所，1959；沈玉昌，1961；沈玉昌等1982；李炳元等，2013）。目前国内外比较认可按形态和成因相结合的原则和方法进行分类（沈玉昌等，1982；中国科学院地理研究所，1987；周成虎等，2009a，2009b；Cheng et al.，2011a，2011b）。然而各种分类对形态或成因所依据的标准不同，提出的分类方案也会有很大差异。国内外的地貌分类方法大体上分为以下几类（高玄彧，2004）：①以绝对高程对地貌基本形态进行分类，以相对高程或是切割深度作为第二级分类指标；②以相对高程对地貌进行分类；③同时考虑绝对高程和相对高程对地貌进行分类。

基本地貌形态类型主要是由地面坡度、起伏高度和海拔高度三个基本指标逐级划分（周成虎等，2009a）：①根据地表坡度组合划分成平原和山地两种；②按切割程度和起伏高度将平原和山地分别划分为 7 种基本地貌形态。中国陆地基本地貌类型即根据上述 7 个基本地貌形态及其 4 个地貌面海拔等级组合成 25 个基本地貌形态类型。依据湖泊型流域特点，在中国陆地基本地貌类型划分体系的基础上，得出流域基本地貌类型划分体系（表 2-1）。

表 2-1 基于形态或成因流域地貌类型划分体系

类型	海拔 起伏度	低海拔 （<1000m）	中海拔 （1000~3500m）	高海拔 （3500~5000m）	极高海拔 （>5000m）
平原	平原（<40m）	低海拔平原	中海拔平原	高海拔平原	极高海拔平原
丘陵	丘陵（40~200m）	低海拔丘陵	中海拔丘陵	高海拔丘陵	极高海拔丘陵

---

① 本章由张志明、高俊峰、蔡永久撰写，高俊峰统稿、定稿。

续表

类型	海拔 起伏度	低海拔 （<1000m）	中海拔 （1000～3500m）	高海拔 （3500～5000m）	极高海拔 （>5000m）
山地	小起伏山地 （200～500m）	小起伏低山	小起伏中山	小起伏高山	小起伏极高山
	中起伏山地 （500～1000m）	中起伏低山	中起伏中山	中起伏高山	中起伏极高山
	大起伏山地 （1000～2500m）	—	大起伏中山	大起伏高山	大起伏极高山
	极大起伏山地 （>2500m）	—	—	极大起伏高山	极大起伏极高山

资料来源：修改自周成虎等，2009a。

　　巢湖流域地处我国江淮丘陵地带，四周有银屏山、冶父山、大别山等低山丘陵环绕，地势呈西高东低、中间低洼平坦的情形（图2-1）。巢湖流域坡度与高程具有高度一致性，西部高程高的地区坡度也大，东部地势平缓的地区坡度很小（图2-2）。

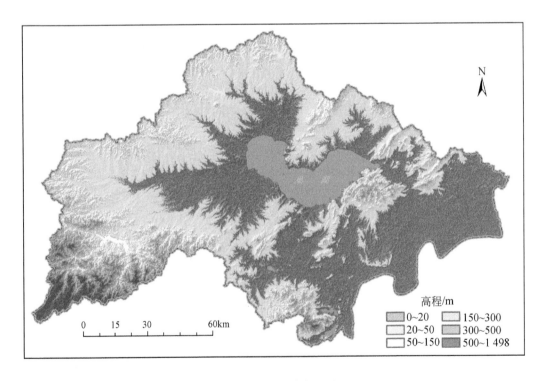

图2-1　巢湖流域高程图

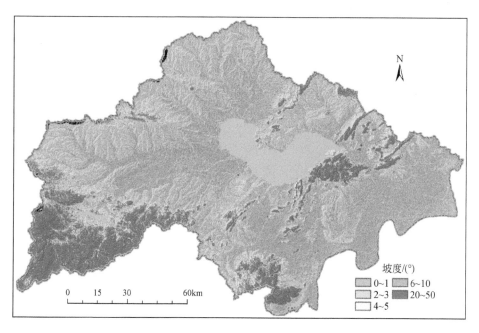

图 2-2　巢湖流域坡度图

根据表 2-1 湖泊型流域基本地貌类型划分体系，将巢湖流域地貌类型三大类六小类：三大类为平原、丘陵和山地；六小类分为低海拔平原、低海拔丘陵、小起伏低山、中起伏低山、中起伏中山和大起伏中山等（图 2-3）。其中，低海拔平原主要分布在巢湖环湖带、杭埠河中下游及流域东南部；低海拔丘陵主要分布在巢湖环湖带的外围，以流域西部和北部最

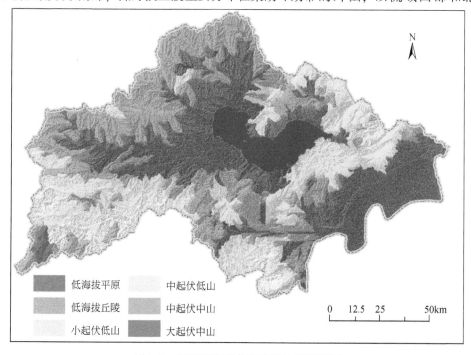

图 2-3　基于形态的巢湖流域地貌类型图

多；小起伏低山主要分布于巢湖流域西南部和巢湖东部、南部等区域；中起伏低山主要分布于巢湖流域西南部、南部等区域；中起伏中山和大起伏中山主要分布于巢湖流域西南部。

巢湖流域不同地貌类型所占面积如表 2-2 所示。巢湖流域三种类型地貌基本各占约三分之一。平原面积为 4660.63km^2，占流域面积的 35.12%；丘陵面积为 4042.54km^2，占流域面积的 30.47%；山地面积为 4566.67km^2，占流域面积的 34.41%。其中，小起伏低山面积为 3455.64km^2，占流域面积的 26.04%；中起伏低山面积为 767.55km^2，占流域面积的 5.78%；中起伏中山面积为 231.72km^2，占流域面积的 1.75%；大起伏中山面积为 111.76km^2，占流域面积的 0.84%。低海拔平原面积 4660.63km^2，占流域面积的 35.12%；低海拔丘陵面积 4042.54km^2，占流域面积的 30.47%。

表 2-2 基于形态或成因巢湖流域地貌类型统计

一级地貌类型	面积/km^2	比例/%	二级地貌类型	面积/km^2	比例/%
平原	4660.63	35.12	低海拔平原	4660.63	35.12
丘陵	4042.54	30.47	低海拔丘陵	4042.54	30.47
山地	4566.67	34.41	小起伏低山	3455.64	26.04
			中起伏低山	767.55	5.78
			中起伏中山	231.72	1.75
			大起伏中山	111.76	0.84

通过以上分析可以看出，巢湖湖体被平原环绕，平原外围环绕着丘陵等地貌类型，丘陵向外是山地地貌类型。整体上看，巢湖流域地貌类型具有由内向外，存在较明显的湖体—平原—丘陵—山地的地貌类型圈层结构分布特性（图 2-1 和图 2-3）。

2.2 气　候

2.2.1 温度

生物正常的生命活动一般是在相对狭窄的温度范围内进行的。温度是对生物影响最为明显的环境因素之一。温度影响生物的生长、发育，极端温度会伤害到生物。温度对生物的作用可分为最低温度、最适温度和最高温度，即生物的三基点温度。当环境温度在最低和最适温度之间时，生物体内的生理生化反应会随着温度的升高而加快，代谢活动加强，从而加快生长发育速度；当温度高于最适温度后，参与生理生化反应的酶系统受到影响，代谢活动受阻，势必影响生物正常的生长发育。当环境温度低于最低温度或高于最高温度，生物将受到严重危害，甚至死亡。不同生物的三基点温度是不一样的，即使是同一生物不同的发育阶段所能忍受的温度范围也有很大差异。生物对温度的适应是多方面的，包括分布地区、物候的形成、休眠及形态行为等。极端温度是限制生物分布的最重要条件（孙儒泳等，1993）。

温度低于一定数值，生物便会受害，这个数值称为临界温度。在临界温度以下，温度越低生物受害越重。低温对生物的伤害可分为寒害和冻害两种。寒害是指温度在 0℃ 以上对喜温生物造成的伤害。冻害是指 0℃ 以下的低温使生物体内（细胞内和细胞间）形成冰晶而造成的损害。植物在温度降至冰点以下时，会在细胞间隙形成冰晶，原生质因此而失水破损。极端低温对动物的致死作用主要是体液的冰冻和结晶，使原生质受到机械损伤、蛋白质脱水变性。昆虫等少数动物的体液能忍受 0℃ 以下的低温仍不结冰，这种现象称为过冷却。过冷却是动物避免低温的一种适应方式（孙儒泳等，1993）。

温度超过生物适宜温区的上限后就会对生物产生有害影响，温度越高对生物的伤害作用越大。高温可减弱植物光合作用，增强呼吸作用，使植物的这两个重要过程失调；破坏植物的水分平衡，促使蛋白质凝固、脂类溶解，导致有害代谢产物在体内的积累。高温对动物的有害影响主要是破坏酶的活性，使蛋白质凝固变性，造成缺氧、排泄功能失调和神经系统麻痹等。高温限制生物分布的原因主要是破坏生物体内的代谢过程和光合呼吸平衡，其次是植物因得不到必要的低温刺激而不能完成发育阶段（孙儒泳等，1993）。

生物在生长发育过程中，必须从环境中摄取一定的热量才能完成某一阶段的发育，且各个发育阶段所需要的总热量是一个常数。一般采用 ≥10℃ 的积温来表示活动温度总和，简称积温。积温是研究温度与生物有机体发育速度之间关系的一种指标，从强度和作用时间两个方面表示温度对生物有机体生长发育的影响。

巢湖流域多年平均气温范围为 7.5~16.1℃，气温高值区位于巢湖流域东南部，气温低值区位于流域西南部、南部和巢湖市周围山区（图 2-4）。其中，低海拔平原区平均气温为 15.59℃，低海拔丘陵区平均气温为 15.53℃，小起伏低山区平均气温为 15.29℃，中起伏低山区平均气温为 14.34℃，中起伏中山区平均气温为 12.70℃，大起伏中山区平均气温为 11.56℃。

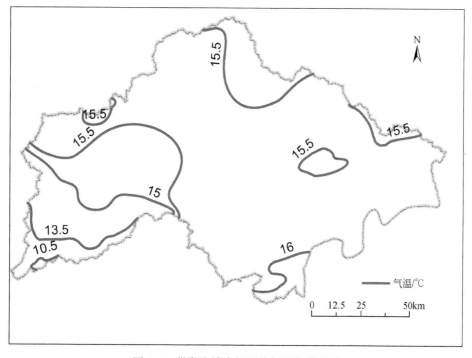

图 2-4　巢湖流域多年平均气温等值线图

巢湖流域≥10℃积温范围为2475~5189℃，低值区位于流域西南部山区，高值区位于东部及北部地势平坦的平原区（图2-5）。其中，低海拔平原区平均气温≥10℃积温为4977℃，低海拔丘陵区为5037℃，小起伏低山区为4983℃，中起伏低山区为4538℃，中起伏中山区为4113℃，大起伏中山区为3839℃。

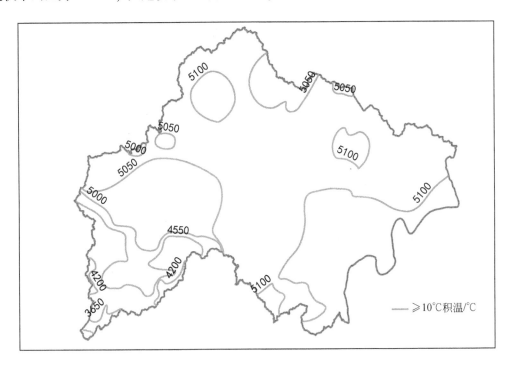

图2-5 巢湖流域≥10℃积温等值线图

2.2.2 太阳辐射

太阳辐射是驱动地球大气圈、水圈、冰雪圈、岩石圈和生物圈五大圈层运作的重要能源，对地球气候的形成、变化及生物资源的分布起着决定性的作用。太阳辐射的生态效应主要体现在：辐射是生物与外界进行能量交换的主要形式，太阳辐射被作物截获后大部分转化为热能，用于蒸腾及维持作物的体温来保持各代谢过程以适宜的速率进行；光合作用是作物将光能转化为化学能生产的基础；太阳辐射的数量（强度）和光谱成分（光质）对作物的生长和发育的调整起着重要作用；紫外线、X射线等波长很短的高能量辐射对生物有杀伤作用，特别是它们能改变遗传物质的结构引起突变（孙儒泳等，1993；孙成渤，2014）。

巢湖流域多年太阳辐射总量范围为4488.24~5409.14MJ/m²，太阳辐射量高值区位于巢湖流域西南部和南部部分地区，太阳辐射量低值区位于流域北部和东部（图2-6）。其中，低海拔平原区平均太阳辐射量为4627.00MJ/m²，低海拔丘陵区平均太阳辐射量为4653.80 MJ/m²，小起伏低山区平均太阳辐射量为4701.83 MJ/m²，中起伏低山区平均太阳辐射量为 4950.95 MJ/m², 中起伏中山区平均太阳辐射量为 5126.41 MJ/m², 大起伏中山区平均太阳辐射量为 5229.44 MJ/m²。巢湖流域不同地貌类型的多年平均太阳辐射量随着海拔的增加而增加。

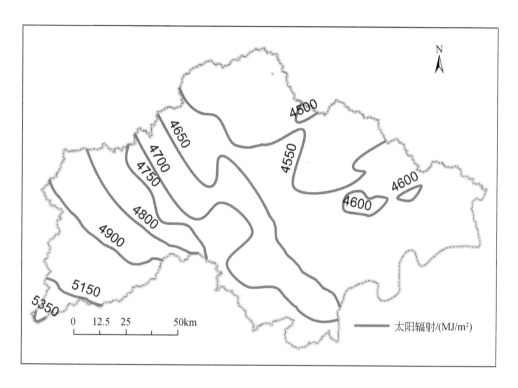

图 2-6 巢湖流域多年平均太阳辐射量等值线图

2.2.3 降水

水是生命之源，是组成生物最重要的一种物质；水是影响生物数量、质量和分布的主要环境因子；水是构成生物体的组成部分，使生物保持一定的形态；水也是光合作用的主要原料，维持生物的体温；水还是养分的溶剂，使得生物可以有效吸收。

水量的多少一般以降水量的多少来表示。

巢湖流域属于亚热带湿润季风气候区，巢湖流域降水量分布特点为南高北低，南部及西南部山丘区降水量较高，北部及东部平原区降水量较低，多年平均降水量约为 1215mm（中国河湖大典编委会，2010）。将巢湖流域多年平均降水量的最高三分之一作为降水量高值区，将巢湖流域多年平均降水量的最低三分之一作为降水量低值区，中间的三分之一作为降水量中值区。巢湖流域多年平均降水量高值（1237.91~1282.43mm）区面积约为 4569.21km²，占流域总面积的 32.50%；巢湖流域多年平均降水量中值（1210.83~1237.91mm）区面积约为 4991.64km²，占流域总面积的 35.51%；巢湖流域多年平均降水量低值（1173.14~1210.83mm）区面积约为 4497.53km²，占流域总面积的

31.99%（图2-7）。

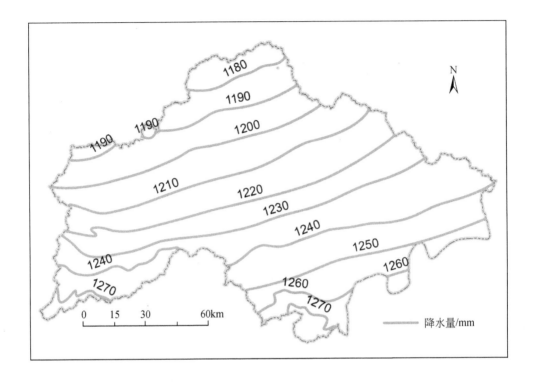

图2-7　巢湖流域多年平均降水量等值线

巢湖流域多年平均降水量高值区内，地貌类型多样，低海拔平原占比最高，为38.33%，其次是小起伏低山，为24.40%，低海拔丘陵、中起伏低山、中起伏中山和大起伏中山所占比例依次为17.00%、12.75%、5.07%和2.45%。巢湖流域多年平均降水量中值区内，低海拔平原占比最高，为40.84%，其次是小起伏低山，为38.71%，低海拔丘陵和中起伏低山分别为16.75%和3.70%。巢湖流域多年平均降水量低值区内，低海拔丘陵占比最高，为54.02%，其次是低海拔平原，为36.89%，小起伏低山为9.08%，中起伏低山和中起伏中山有零星分布。

2.3　土壤与植被

2.3.1　土壤

巢湖流域土壤类型主要有人为土、半水成土、淋溶土和初育土四个土纲（图2-8），其中，人为土面积为8340.47km²，占整个流域面积的59.33%，主要分布在环巢湖周围及流域东部的平原区。半水成土面积为416.24km²，占整个流域面积的2.96%，主要分布在流域沿长江和杭埠河河岸带附近。淋溶土面积为2967.98km²，占整个流域面积的

21.11%，主要分布在流域西南部、南部和巢湖市周围山地，以及流域西部丘陵。初育土面积为 1394.42km²，占整个流域面积的 9.92%，其主要分布流域西南部、北部和巢湖市周围山地，流域南部山地和西部丘陵有零星分布。

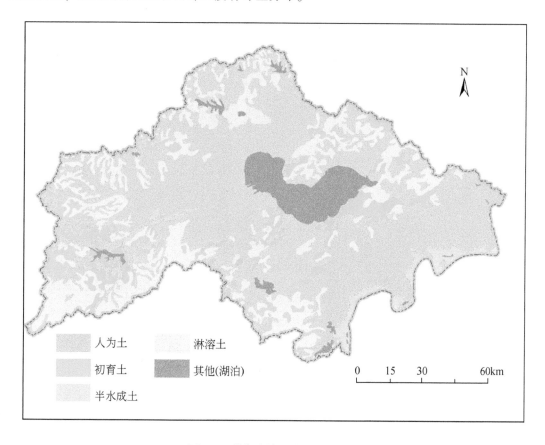

图 2-8　巢湖流域土壤类型分布图

2.3.2　植被

根据 2010 年遥感图像解译结果，巢湖流域植被类型主要包括林地和草地，其空间分布如图 2-9 所示。巢湖流域植被面积为 2348.19km²，占整个流域面积的 16.70%。其中林地面积为 1791.95km²，占整个流域面积的 12.75%，主要分布在流域西南部和南部山区，巢湖市周围有零星分布；草地面积为 556.24km²，占整个流域面积的 3.95%，主要分布在巢湖市山丘区及流域西南和南部山区。

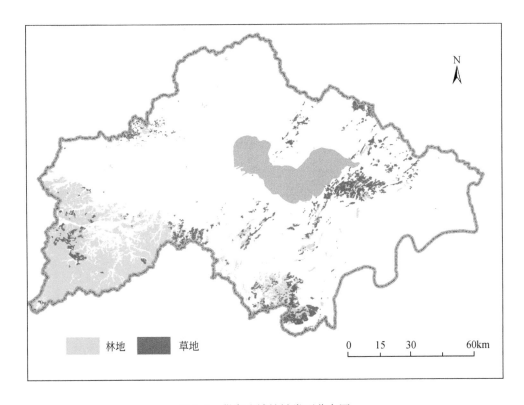

林地　　草地　　　　　0　15　30　60km

图 2-9　巢湖流域植被类型分布图

2.4　水　　文

巢湖流域水资源丰富，多年平均径流量为 59.2 亿 m³，51% 的径流量集中在汛期 5～8 月（中国河湖大典编委会，2010）。巢湖闸上年均入湖水量为 34.9 亿 m³，最大为 1991 年的 89.4 亿 m³，最小为 1978 年的 7.9 亿 m³；年均出湖水量为 30 亿 m³，最大为 1991 年的 85 亿 m³，最小为 1978 年的 1 亿 m³。由于巢湖流域暴雨主要集中在汛期 5～8 月，除长江洪水顶托倒灌外，流域内洪水由暴雨形成。1954 年发生全流域性大暴雨，且遭遇长江历史最高洪水位，致使巢湖最高水位达到 12.93m；1991 年连续两次发生大暴雨，暴雨量级大，持续时间长，但长江水位相对较低，巢湖最高洪水位为 12.71m，历史大洪水的年份还有 1849 年和 1931 年（安徽省水利志编辑室，2010）。

为防御江洪倒灌侵袭和发展蓄水灌溉，20 世纪 60 年代先后兴建了裕溪闸防洪工程和巢湖闸蓄水工程。历史上巢湖与长江自然沟通，江湖之间水量交换频繁，巢湖流域水旱灾害也十分严重。长江干流大水年份或丰水期，因江水顶托或倒灌，明显抬高巢湖洪水位，一旦巢湖流域发生暴雨，易造成巢湖流域洪水泛滥；但在长江干流枯水年份或枯水期，江水长时间低于巢湖湖底，巢湖经常干枯，对巢湖生态环境造成破坏，周边用水也极为困难。在建闸控湖前，巢湖与长江水量交换频繁，一方面巢湖流域易发生大面积水旱灾害，另一方面由于汛期江水经常入湖，也有利于维持巢湖自然开放性水域生态系统的平衡；建闸后，在发挥巨大的防洪减灾和灌溉供水效益的同时，江水入湖水量和巢湖蓄水位也发生了很大变化，成为了人工控制下的半封闭水域。

由观测资料分析，巢湖闸建成前，长江入巢湖水量多年平均为 13.6 亿 m³，人工控湖后，巢湖变为了半封闭湖泊，一般年份江水不再入巢湖，江水年均入湖水量由控湖前的 13.6 亿 m³ 缩减为 1.7 亿 m³。

2.4.1　径流量

巢湖周围分布有 9 条主要入湖河流，分别为杭埠河、南淝河、派河、兆河、十五里河、塘西河、白石天河、双桥河、柘皋河，还有一条出湖河流为裕溪河。1959 年和 1969 年先后建巢湖闸以调节巢湖之水，建裕溪闸以拒江潮倒灌，两闸内形成渠化河流。巢湖周围河流呈向心状分布，其中杭埠河、派河、南淝河、白石天河 4 条河流占流域径流量的 90% 以上。杭埠河年径流量最多，为 19.23 亿 m³，占入湖总水量的 55.1%。南淝河年径流量为 3.8 亿 m³，占入湖总水量的 10.9%。派河径流量为 1.75 亿 m³，占入湖总水量的 5.0%。白石天河年径流量为 3.28 亿 m³，占入湖总水量的 9.4%。兆河年均径流量为 1.47 亿 m³，占入湖总水量的 4.2%。柘皋河年径流量为 1.5 亿 m³，占入湖总水量的 4.3%。十五里河年均径流量为 0.31 亿 m³，占入湖总水量的 0.9%。塘西河年均径流量为 0.15 亿 m³，占入湖总水量的 0.4%。双桥河年均径流量为 0.07 亿 m³，占入湖总水量的 0.2%。其他区间，年入湖水量为 3.34 亿 m³，占入湖总水量的 9.6%（表2-3）。地表径流的年补给水量一般为 20 亿~30 亿 m³，最大年补给水量为 51 亿 m³（1954 年），年平均总水量为 39.8 亿 m³，其汛期与诸河降水季节大致相吻合，多出现在 5~8 月。

表 2-3　巢湖流域主要入湖河流河道年平均径流量

河流名称	杭埠河	南淝河	派河	白石天河	柘皋河	兆河	十五里河	塘西河	双桥河	区间	合计
入湖水量/亿 m³	19.23	3.8	1.75	3.28	1.5	1.47	0.31	0.15	0.07	3.34	34.9
入湖水量比重/%	55.1	10.9	5	9.4	4.3	4.2	0.9	0.4	0.2	9.6	100

2.4.2　径流深

巢湖流域内涉及合肥市的面积超过一半（行政区划调整后，合肥所占巢湖流域的面积达到 52.7%），同时考虑数据的可获得性，选取合肥市各区县径流深进行分析。合肥市区、长丰县、肥东县、肥西县、巢湖市、庐江县各行政区多年径流深分别为 325.2mm、232.7mm、233.7mm、280.4mm、410.9mm、450.3mm（图2-10）。合肥多年平均径流深分布有南高北低的特征，其中径流深最大的庐江县位于合肥最南部，而多年平均径流深最低的长丰县位于合肥的最北部，与巢湖流域降雨量有着类似的空间分布特征。

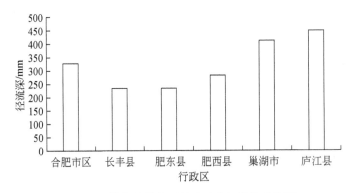

图 2-10　巢湖流域主要行政区多年平均径流深

2.5　水　　系

巢湖流域水系主要支流发源于大别山区，自西向东流注入并流经巢湖，由裕溪河进入长江。以巢湖为中心，四周河流呈放射状注入（中国河湖大典编委会，2010；安徽省水利厅水利志编辑室，2010；张志明等，2015）。巢湖流域可分为巢湖闸上和巢湖闸下两大片。巢湖闸上集水面积为 9153.0km²，南淝河、杭埠河、派河、兆河、十五里河、塘西河、白石天河、柘皋河、双桥河等支流呈辐射状注入巢湖（图 2-11），其中杭埠河是入湖水量最大的支流；巢湖闸下流域面积为 4333.0km²，裕溪河、西河、清溪河、牛屯河分洪道等支流将巢湖与长江沟通。巢湖流域主要湖泊有巢湖、黄陂湖、枫沙湖和竹丝湖；主要大中型水库有龙河口水库、董铺水库、大房郢水库、大官塘水库、蔡塘水库、张桥水库等。

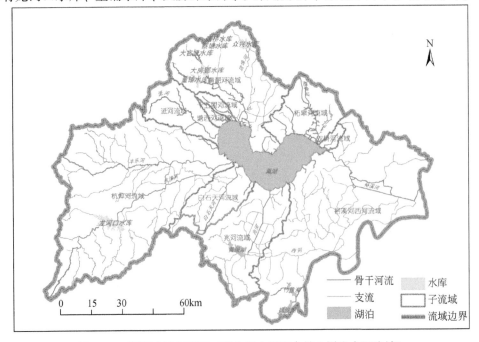

图 2-11　巢湖流域水系图（部分短小河流合并入周边大河流域）

2.5.1　河流

2.5.1.1　南淝河

南淝河源于江淮分水岭大潜山余脉长岗南麓，肥西县长岗乡邓店村西侧。流域面积为1464.0km²，跨合肥市区、肥西县、长丰县、肥东县。南淝河河长为70.0km，东南流向，高程由河源区的43m下降到河口区的5m左右（图2-12），河道宽度为20～150m。南淝河流经地表的平均坡度为0.6°，最大坡度为2.5°。其中，河源至合肥市亳州路桥为上游，长为38km；亳州路桥至屯溪路桥为中游，长为5.5km；屯溪路桥至施口为下游。长为26.5km。南淝河主要一级支流有7条，左岸有四里河、板桥河、史家河、二十埠河、店埠河、长乐河6条支流，右岸仅有二里河1条支流（表2-4）。其中流域面积大于100km²的有四里河、板桥河、二十埠河和店埠河（安徽省水利厅水利志编辑室，2010）。南淝河现状整体水质为劣Ⅴ类，属于重度污染，以10.9%的入湖水量产生了21%～32%污染物，主要污染物类型为氨氮、总氮、总磷和高锰酸盐指数（王书航等，2011），是巢湖主要的污染负荷来源地之一。

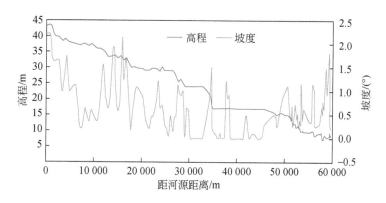

图2-12　南淝河高程与坡度

表2-4　巢湖流域主要出入湖河流特征统计

序号	河流名称	集水区面积/km²	河道长度/km	平均坡度/(°)
1	南淝河	1 464.0	70.0	0.84
2	派河	584.6	60.0	0.84
3	杭埠河	4 150.0	145.5	3.48
4	白石天河	577.0	34.5	0.86
5	兆河	504.0	34.0	0.66
6	柘皋河	518.24	35.2	0.85
7	十五里河	111.25	27.0	0.72

续表

序号	河流名称	集水区面积/km²	河道长度/km	平均坡度/(°)
8	塘西河	50.0	12.7	0.80
9	双桥河	27.0	4.5	1.13
10	区间河流	1 167.2	—	—
11	裕溪河（巢湖闸下游）	4 333.0	61.7	0.81
	入湖河流	9 153.0	—	—
	出湖河流	4 333.0	—	—
	总计	13 486	485.1	—

资料来源：安徽省水利厅编辑室，2010。

2.5.1.2　派河

派河源于肥西县江淮分水岭枣林岗及紫蓬山脉北麓。东南向流，自枣林岗经城西桥、三官庙、上派镇、中派河，于下派河注入巢湖。派河流域集水区面积为 584.6km²，河道长度为 60.0km，东南流向，高程由河源区的 50m 下降到河口区的 10m 左右（图 2-13），平均坡度为 0.84°，且沿程坡度变化较剧烈。派河支流共 8 条，流域面积均小于 100km²，其中右岸有梳头河、王老堰河、倪大堰河 3 条支流，左岸有滚子河、岳小河、斑鸠堰河、祁小河、古埂河 5 条支流。三官庙以上为山丘区，地面高程为 25~65m，三官庙以下为低丘区，地面高程为 15~25m，下游靠近巢湖为狭长的平原圩区，地面高程为 7.5~15m。派河现状水质为劣 V 类水，水质为重度污染，是巢湖主要的污染负荷来源之一。以 5% 的入湖水量产生了 12%~14% 的污染物，主要污染物类型为总氮和总磷（王书航等，2011）。

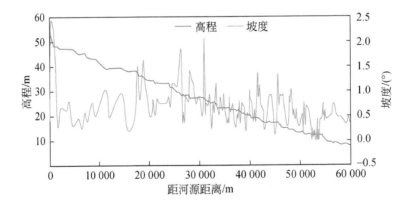

图 2-13　派河高程与坡度

2.5.1.3 杭埠河

杭埠河古称龙舒水、南溪，清代称前河、巴洋河。杭埠河干流发源于岳西县境内大别山区的猫耳尖，自西南向东北流经舒城县龙河口、马家河口至将军垱，下经庐江县境广寒桥与丰乐河相汇入巢湖。杭埠河流域集水区面积为 4150.0km²，河道长度为 145.5km，东北流向，高程由河源区的 900m 下降到河口区的 5m 左右，河道平均高程为 235m（图 2-14），平均坡度为 3.48°，且沿程坡度变化剧烈，上游尤其明显。流域内以山丘区为主，其中山区占 35.1%，丘陵区占 53.6%，平原圩区占 11.3%。杭埠河以晓天河为主源，流域面积 100km² 以上的一级支流有 6 条：左岸有丰乐河、毛坦厂河；右岸有河棚河、龙潭河、孔家河、清水河。杭埠河现状水质为Ⅲ类，以 55.1% 的入湖水量产生 5%～32% 的污染物，主要污染物类型为高锰酸盐指数（王书航等，2011）。杭埠河水量最丰、水质较好，是巢湖流域最大的入湖支流和最重要的清水来源。

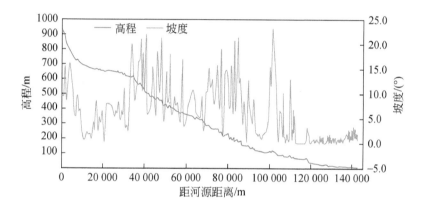

图 2-14　杭埠河高程与坡度

2.5.1.4 白石天河

白石天河位于庐江县北部，发源于庐江县汤池镇牛王寨，马槽河是其上源。现白石天河起自广寒桥，东南流，右纳丘陵区天桥河、金牛河、石头河等小支流来水；至石头，向下折东北流，至金墩圩北，右纳罗埠河来水；至白山北，穿圩区折北流，至南坝折东流，于吴家圩注入巢湖。白石天河流域集水区面积为 577.0km²，河道长度为 34.5km，高程由河源区的 37m 下降到河口区的 10m 左右（图 2-15），白石天河流经地表的平均坡度为 0.5°，最大坡度为 1.9°，中下游地表非常平缓。白石天河自小河沿至罗埠河口为上游段，长为 20km，由西向东流，河道弯曲狭窄，其间汇入的主要支流有金牛河、罗埠河。罗埠河口至巢湖为下游段，长为 14.5km。整个流域分为低山、丘陵和圩区三类地形，面积分别为总面积的 37.6%、45.1%、17.3%。白石天河现状水质为Ⅲ～Ⅳ类水，水质较好，是巢湖主要的清水来源之一，以 9.4% 的入湖水量产生了 1%～7% 的污染物，主要污染物类型为高锰酸盐指数（王书航等，2011）。

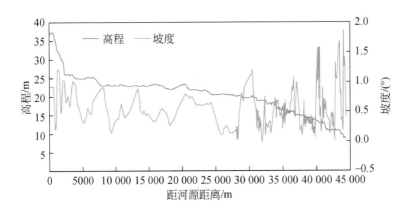

图 2-15　白石天河高程与坡度

2.5.1.5　兆河

兆河又名塘串兆河，属人工河道。从西河上游的缺口开始，承黄陂湖来水，向东北经塘串河口，穿过白湖农场至姥山颈，北流至夏公咀，左纳盛桥河，折东北经沐集镇，于马尾河口注入巢湖。兆河流域集水区面积为 504.0km²，河道长度为 34.0km，北偏东流向，高程由河源到河口变化不明显，地势平坦（图 2-16）。兆河流经地表的平均坡度为 0.2°，最大坡度为 1.4°，大部分地表非常平缓。兆河地跨庐江县、居巢区和白湖农场。流域北侧为巢湖、裕溪河，东南与西河相接，西侧与白石天河流域为邻。兆河在缺口附近上承黄陂湖，下连西河，北以兆河闸与巢湖相通，是巢湖、西河的排洪通道，也是巢湖引江灌溉供水通道。兆河现状水质为 Ⅲ ～ Ⅳ 类，水质为轻度污染。兆河以 4.2% 的入湖水量产生了 2% ～ 12% 的污染物，主要污染物类型为高锰酸盐指数（王书航等，2011），主要污染源为城镇生活污水和工业废水，以及未来庐南重工业园区带来的环境压力。

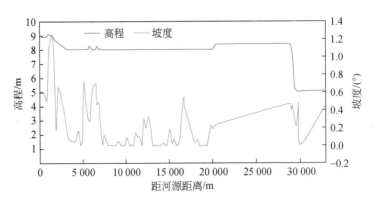

图 2-16　兆河高程与坡度

2.5.1.6　柘皋河

柘皋河源于巢湖市清涧乡太子山东麓，上游有三条小支流汇于柘皋镇附近，河床由此渐宽，至杭家渡又汇入夏阁河，向南注入巢湖。柘皋河流域集水区面积为 518.2km²，河道长度为 35.2km，南偏东流向。柘皋河流经地表的高程在河源处有陡降，最大高程为 95m，入湖河口最小高程为 5m，平均高程为 20m。柘皋河流经地表的平均坡度为 0.7°，最大坡度为 12.4°，中下游地表较缓（图 2-17）。整个流域丘陵区占 92%，平原圩区占 8%。柘皋河现状为 Ⅲ ～ Ⅳ 类水，水质为轻度污染。柘皋河以 4.3% 的入湖水量产生了 1% ～7% 的污染物，主要污染物类型为高锰酸盐指数、总氮和总磷（王书航等，2011），主要污染源为农业面源、富磷山体开采造成的磷污染和城镇污水污染，除此之外，柘皋河还存在行洪断面偏小、堤防低矮单薄的问题。

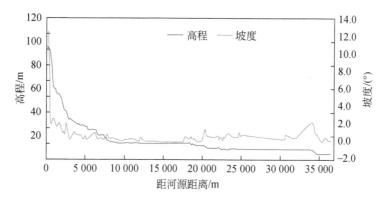

图 2-17　柘皋河高程与坡度

2.5.1.7　十五里河

十五里河位于合肥市西南郊，发源于大蜀山东南麓，自西北流向东南，穿过合肥市蜀山区和包河区，流经蜀山、姚公、烟墩、骆岗、晓星、义城等乡镇，在同心桥处汇入巢湖。十五里河流域集水区面积为 111.0km²，河道长度为 27.0km，东南流向。十五里河流经地表的高程在河源处有陡降。河源处最大高程为 33m，入湖河口最小高程为 6m，平均高程为 12m。十五里河流经地表的平均坡度为 0.5°，最大坡度为 1.8°，中下游地表非常平缓（图 2-18）。十五里河为合肥市西南部的主要行洪通道之一。十五里河现状水质为劣 Ⅴ 类水，属重度污染，十五里河以 0.9% 的入湖水量产生了 6% ～43% 的污染物，主要污染物类型为氨氮和总氮（王书航等，2011），是巢湖主要的污染负荷来源之一。

2.5.1.8　塘西河

塘西河由西北向东南流经合肥市经济技术开发区和滨湖新区，在义城镇附近汇入巢湖。塘西河流域面积约为 50.0km²。河道长度为 12.7km，东南流向。塘西河流经地表的高程处于平缓下降状态。河源处最大高程为 23m，入湖河口最小高程为 5m，平均高程为 13m。塘西河流经地表的平均坡度为 0.6°，最大坡度为 1.9°，地表平缓（图 2-19）。横埠

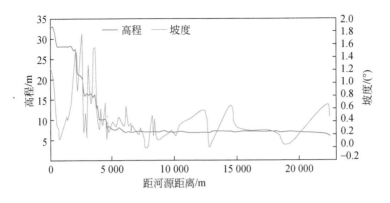

图 2-18　十五里河高程与坡度

以上为丘陵岗地区,以下为圩区。汛期受巢湖水位顶托,下游易受洪涝灾害。塘西河现状水质为劣 V 类,属重度污染,是巢湖主要的污染负荷来源之一。

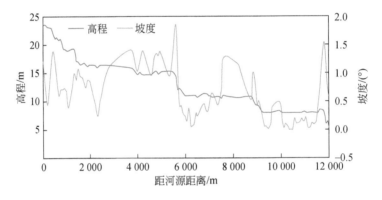

图 2-19　塘西河高程与坡度

2.5.1.9　双桥河

双桥河流域面积为 76.0km²,主要位于巢湖市区,是巢湖市区重要的景观河道。双桥河流域集水区面积约为 27.0km²,河道长度为 4.5km,西南流向。双桥河流经地表的高程平缓下降。河源处最大高程为 94m,入湖河口最小高程为 6m,平均高程为 23m。双桥河流经地表的平均坡度为 1.5°,最大坡度为 3.8°,地表较平缓(图 2-20)。双桥河现状水质为劣 V 类,属重度污染。双桥河以 0.2% 的入湖水量产生了 1% ~ 2% 污染物,主要污染物类型为氨氮(王书航等,2011)。双桥河污染物来源复杂且含量较高,上游来水主要污染源为城镇生活污水和工业废水,部分边坡的农业灌溉用水也对水质造成影响。

2.5.1.10　裕溪河

裕溪河由巢湖闸上承巢湖来水,下注长江。河道全长为 61.7km。其中巢湖闸至裕溪闸为 57.4 km,裕溪闸至河口为 4.3 km(安徽省水利厅水利志编辑室,2010)。流域面积

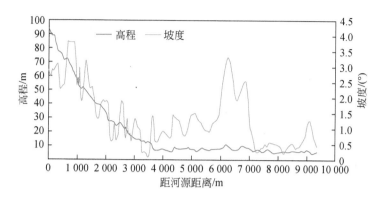

图 2-20　双桥河高程与坡度

（巢湖闸下游）为 4333km²，流域面积大于 100km² 的支流有西河、清溪河、黄陈河。裕溪河东南流向，高程由河源到河口变化不明显，地势平坦（图 2-21），平均坡度为 0.81°，且沿程坡度变化较小。裕溪河巢湖闸下段全年、汛期和非汛期水质均值为 Ⅳ 类；裕溪闸上段主要为 Ⅱ ~ Ⅲ 类。

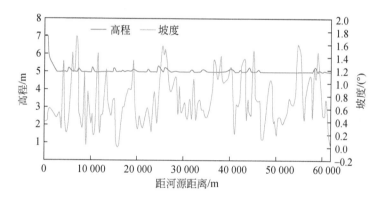

图 2-21　裕溪河高程与坡度

2.5.2　湖泊

巢湖流域面积在 20km² 以上的湖泊有 4 个，分别为巢湖、黄陂湖、枫沙湖和竹丝湖。

2.5.2.1　巢湖

巢湖是安徽省第一大湖，全国五大淡水湖之一，中国重要湿地。巢湖湖水主要靠地面径流补给，水位为 8.37m 时，湖长为 61.7km。最大湖宽为 20.8km，面积为 769.55km²，最大水深为 3.77m，平均水深为 2.69m（姜加虎等，2009，高俊峰和蒋志刚，2012；张志明等，2015）。以中庙—姥山岛—庙嘴子一线为界，湖面可划分东西两个半湖。西半湖水面面积约为 248.0km²，湖底高程在 5.5m 以上；东半湖水面面积约为 531.0km²，湖底高程在 5.0m 左右。湖中流速为 0.02~0.07m/s，最大流速约为 0.62 m/s；且东半湖大于西半湖，姥山至中庙一线出现最大流速（安徽省水利厅水利志编辑室，2010）。

巢湖水位达到 13m 时，湖岸线长约为 181km，容积为 48.1 亿 m³（安徽省地方志编委会，1999）。巢湖闸建立以前，1956~1960 年月平均最低水位为 6.64m（2 月），月平均最高水位为 8.96m（8 月），月平均水位为 7.71m（图 2-22）。当长江水位高于巢湖时，江水经裕溪河倒灌进入巢湖，多年平均倒灌量为 9.1 亿 m³，建闸后，20 世纪 80 年代初月平均最低水位为 7.86m（2 月），月平均最高水位为 10.12m（7 月），月平均水位为 8.77m，水位波动明显（图 2-22）。进入 21 世纪后水文波动变缓，2008~2009 年月平均最低水位为 8.43m（4 月），月平均最高水位为 9.30m（11 月），月平均水位为 8.94m，2011~2012 年月平均最低水位为 8.46m（6 月），月平均最高水位为 9.55m（9 月），月平均水位为 9.07m。多年平均长江倒灌入湖水量为 2.0 亿 m³。因此，巢湖水位变化过程随巢湖闸的调控发生了根本改变，为减轻防洪压力和发展蓄水灌溉，人工调控巢湖水位，汛期洪水位较控湖前下降 2~3m，枯水季水位抬高 2~3m。冬春季水位抬高，汛期水位降低，水位波动幅度明显减小。

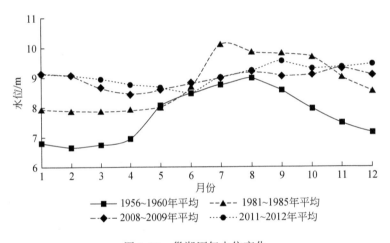

图 2-22　巢湖历年水位变化

2.5.2.2　黄陂湖

黄陂湖位于西河上游，庐江县城东南约 8km，流域面积为 598km²，流域内大部分为山丘区。入湖主要支流有苏家河、中塘河、东大河、扁担河、黄泥河、瓦洋河、马坝河和失槽河 8 条河流，其中最大的两条上游支流为黄泥河和瓦洋河（安徽省水利厅水利志编辑室，2010；中国河湖大典编委会，2010）。下游向东分流入西河，向北分流经兆河入巢湖。黄陂湖东西平均长为 8.8km，南北平均长为 2.4km，湖底高程为 8.5~9.0m。水位 10m 时，面积为 37.9km²（庐江县地方志编纂委员会，1993）；当达到设计洪水位 12m 时，黄陂湖最大面积为 42.5km²，容积为 1.38 亿 m³。由于围湖造田及入湖泥沙淤积的影响，使湖面积缩小约三分之一。到 20 世纪末期，正常水位 10.5m 时，湖面由 38.8km² 缩小为 26.6km²，相应容量变为 0.45 亿 m³（巢湖地区简志编纂委员会，1995）。

2.5.2.3　枫沙湖

枫沙湖又名沙湖，流域面积为 433km²，地貌主属低山丘陵区，湖四周多圩区。湖水位为 11.0m 时，水面面积为 21.4km²，蓄水量为 0.63 亿 m³；水位为 13.0m 时，水面面积为 25.8km²，蓄水量为 1.14 亿 m³。湖周主要涉水建筑物为一闸一站，为控制枫沙湖水位而建，设计流量为 272m³/s（安徽省水利厅水利志编辑室，2010；中国河湖大典编委会，2010）。

2.5.2.4　竹丝湖

竹丝湖位于无为县境内，因明清时期周围居民用竹枝插标为界，分块捕捞鱼虾而得名。湖盆为长江故道长期积水淤积而成，流域面积为 91.4km²，地势西部高、东部低，有源出三官山东麓的溪流入湖。湖水出湖后经竹丝湖闸入横埠河，于土桥南经梳妆台闸注入长江。当水位为 10.0m 时，水面积为 11.15m²，蓄水量为 0.19 亿 m³（安徽省水利厅水利志编辑室，2010；中国河湖大典编委会，2010）。

2.5.3　水库

巢湖流域有主要水库七座，包括大（二）型水库三座，中型水库四座，总库容为 14.79 亿 m³。其中，大（二）型水库主要有龙河口水库、董铺水库和大房郢水库，总库容分别为 9.03 亿、2.49 亿和 1.84 亿 m³。中型水库主要有众兴水库、大官塘水库、蔡塘水库和张桥水库，总库容分别为 0.99 亿、0.10 亿、0.21 亿和 0.13 亿 m³（表 2-5）。

表 2-5　巢湖流域主要水库统计表

水库名称	水库类型	集水区面积/km²	洪水位/m	总库容/亿 m³	兴利库容/亿 m³	所属水系
龙河口水库	大（二）型	1120.0	72.64	9.03	5.16	杭埠河
董铺水库	大（二）型	207.5	31.50	2.49	0.75	南淝河
大房郢水库	大（二）型	184.0	30.74	1.84	0.64	南淝河
众兴水库	中型	114.0	46.38	0.99	0.62	南淝河
大官塘水库	中型	21.0	46.45	0.10	0.06	南淝河
蔡塘水库	中型	26.0	45.73	0.21	0.10	南淝河
张桥水库	中型	34.4	45.06	0.13	0.07	南淝河

资料来源：安徽省水利厅编辑室。

2.6　水生态现状

课题组 2013 年 4 月和 7 月对巢湖流域水环境和水生态进行两次调查，分别代表平水期和丰水期。样点布设考虑巢湖流域地面高程、河网密度、土地利用类型、人类干扰等因素，样点分布覆盖流域内巢湖出入湖河流、主要湖泊和重要水库，在流域内共布设

191个样点（图2-23），包括湖库点位42个，河流点位149个。调查内容包括浮游植物、着生硅藻、大型底栖动物、水生高等植物、鱼类。其中鱼类调查工作量较大，选择其中67个点位开展调查（图2-24），鱼类调查时间为4月和10月。

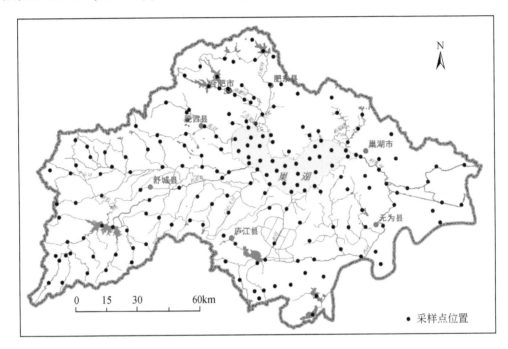

图2-23 巢湖流域水生态调查样点分布图

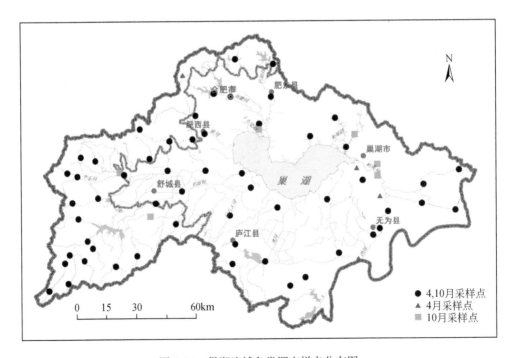

图2-24 巢湖流域鱼类调查样点分布图

2.6.1 浮游植物

巢湖流域平水期采集到浮游植物 6 门 43 科 125 属 240 种（含变种）。各门藻类种属数依次为蓝藻门 19 属 33 种、硅藻门 37 属 71 种、金藻门 8 属 13 种、隐藻门 2 属 4 种、裸藻门 7 属 28 种、绿藻门 53 属 91 种。按种类数统计绿藻门明显占优，其次为硅藻门和蓝藻门。按全流域统计，巢湖流域各采样点物种数差异较大，各样点平均物种数为 16 种，最大值为 34 种。统计在全流域各样点出现率大于 10% 的物种共有 31 种，其中梅尼小环藻（*Cyclotella meneghiniana*）出现率最高，为 56.08%，小球藻（*Chlorella vulgaris*）、尖尾蓝隐藻（*Chroomonas acuta*）及啮蚀隐藻（*Cryptomonas erosa*）的出现率在 30% 以上，总体上平水期高出现率物种以中等耐污物种的比例较高。

巢湖流域丰水期采集到浮游植物 7 门 46 科 123 属 276 种（含变种）。各门藻类种属数依次为蓝藻门 18 属 38 种、硅藻门 32 属 80 种、甲藻门 3 属 3 种、金藻门 6 属 10 种、隐藻门 2 属 4 种、裸藻门 8 属 32 种、绿藻门 54 属 109 种。按种类数统计绿藻门明显占优，其次为硅藻门和蓝藻门。各样点平均物种数为 24 种，最大值为 57 种。出现率大于 10% 的物种共有 35 种，其中梅尼小环藻出现率最高为 71.73%，颗粒直链藻（*Melosira granulata*）、微小色球藻（*Chroococcus minutus*）、尖针杆藻（*Synedra acus*）尖尾蓝隐藻、啮蚀隐藻和具尾蓝隐藻（*Chroomonas caudata*）的出现率也在 30% 以上。出现率高的物种中耐污物种的比例较高。与平水期相比，丰水期总物种数及各采样点平均物种数均增加。

用优势度指数确定浮游植物优势种。结果显示平水期全流域有优势物种 6 种，其中水华鱼腥藻（*Anabaena flos-aquae*）优势度最高，其次为尖尾蓝隐藻，丰水期全流域优势物种也为 6 种，其中铜绿微囊藻（*Microcystis aeruginosa*）优势度最高，其次为颗粒直链藻（*Melosira granulata*），平水期和丰水期共有优势物种为 3 种，两个季节的优势物种主要为耐污种（表 2-6）。

表 2-6 巢湖流域平水期和丰水期浮游植物优势物种（优势度指数）

优势种	平水期	丰水期
湖生卵囊藻 *Oocystis lacustris*	0.011	
尖尾蓝隐藻 *Chroomonas acuta*	0.025	
颗粒直链藻 *Melosira granulata*		0.02
梅尼小环藻 *Cyclotella meneghiniana*	0.013	0.011
啮蚀隐藻 *Cryptomonas erosa*	0.011	
水华鱼腥藻 *Anabaena flos-aquae*	0.043	0.011
铜绿微囊藻 *Microcystis aeruginosa*		0.023
微小色球藻 *Chroococcus minutus*		0.01
小球藻 *Chlorella vulgaris*	0.01	0.014

平水期巢湖流域浮游植物平均密度为 269.73 万个/L，最大值为 2322.56 万个/L（位于巢湖湖体），最小值为 2.48 万个/L（位于杭埠河丰乐河流域）。流域浮游植物平均生物量为 2.97mg/L，最大值为 18.42mg/L（位于西河裕溪河流域），最小值为 0.004mg/L（位于杭埠河丰乐河流域）。蓝藻门、硅藻门、金藻门、隐藻门、裸藻门和绿藻门 6 类平均密度分别为 118.73 万个/L、28.46 万个/L、1.05 万个/L、30.87 万个/L、8.65 万个/L 和 81.96 万个/L，密度百分比分别为 44.02%、10.55%、0.39%、11.45%、3.21% 和 30.39%。其中蓝藻门和绿藻门密度占较明显优势，金藻门密度最小。各类群平均生物量分别为 0.14mg/L、1.84mg/L、0.004mg/L、0.12mg/L、0.45mg/L 和 0.42mg/L，生物量百分比分别为 4.85%、61.81%、0.13%、3.88%、15.08% 和 14.23%，其中以硅藻门占明显优势，其次为裸藻门和绿藻门，金藻门生物量最小。

丰水期流域浮游植物平均密度为 620.88 万个/L，密度最大值为 3477.07 万个/L（位于柘皋河夏阁河流域），最小值为 4.96 万个/L（位于杭埠河丰乐河流域）。流域浮游植物平均生物量为 10.15mg/L，最大值为 46.05mg/L（位于巢湖湖体），最小值为 0.002mg/L（位于杭埠河丰乐河流域）。蓝藻门、硅藻门、甲藻门、金藻门、隐藻门、裸藻门和绿藻门平均密度分别为 370.3 万个/L、96.99 万个/L、1.63 万个/L、1.18 万个/L、11.04 万个/L、17.85 万个/L 和 121.89 万个/L，密度比分别为 59.64%、15.62%、0.26%、0.19%、1.78%、2.88% 和 19.63%，蓝藻门密度占较明显优势，其次为绿藻门，金藻门密度最小。各类群平均生物量分别为 0.69mg/L、4mg/L、0.74mg/L、0.005mg/L、0.05mg/L、1.87mg/L 和 2.79mg/L，所占百分比分别为 6.8%、39.39%、7.3%、0.05%、0.51%、18.46% 和 27.49%，其中以硅藻门占较大优势，其次为绿藻门和裸藻门，金藻门生物量最小。

平水期各采样点 Shannon-Wiener 指数均值为 1.73，最大值为 2.97；Margalef 指数均值为 1.06，最大值为 2.15；Pielou 指数均值为 0.78，最大值为 0.99；Simpson 指数均值为 0.28，最大值为 0.96。丰水期各采样点 Shannon-Wiener 指数均值为 2.18，最大值为 3.38；Margalef 指数均值为 1.52，最大值为 3.42；Pielou 指数均值为 0.7，最大值为 0.97；Simpson 指数均值为 0.22，最大值为 0.74。流域内各采样点间四个浮游植物生物指数分布也存在较大差异，丰水期 Shannon-Wiener 指数和 Margalef 指数均值均变大，Pielou 指数和 Simpson 指数值变小，表明丰水期流域浮游植物物种多样性程度要优于平水期，但物种均匀性程度略有降低。

2.6.2 着生硅藻

平水期定量样品共鉴定出着生硅藻 2 纲 6 目 10 科 34 属 166 种。其中中心纲为圆筛藻目 1 目，羽纹纲包括无壳缝目、拟壳缝目、双壳缝目、单壳缝目和管壳缝目 5 目。双壳缝目物种最多为 83 种，管壳缝目和无壳缝目分别为 28 和 26 种，其余类别相对较少。流域内各采样点物种数差异较大，各样点平均物种数为 16.06 种，最大值为 39 种。出现率大于 10% 的物种共有 31 种，其中极细微曲壳藻（*Achnanthes minutissima*）出现率最高为 57.24%，钝脆杆藻（*Fragilaria capucina*）、扁圆卵形藻（*Cocconeis placentula*）以及喙头舟形藻（*Navicula rhynchocephala*）出现率也大于 50%。

丰水期共鉴定出着生硅藻 2 纲 7 目 11 科 38 属 181 种，其中中心纲包括圆筛藻目与盒形藻目 2 目，羽纹纲包括无壳缝目、拟壳缝目、双壳缝目、单壳缝目和管壳缝目 5 目。各样点平均物种数为 9.95 种，最大值为 45 种。出现率大于 10% 的物种共有 29 种，其中极细微曲壳藻出现率最高为 66.39%，钝脆杆藻和尖顶异极藻（*Gomphonema augur*）出现率也在 50% 以上。两个季节高出现率物种中，耐污能力较强的物种比例较高。与平水期相比，丰水期总体物种数更多，但各采样点平均物种数变低。

平水期全流域有优势物种 10 种，其中极细微曲壳藻优势度最高，其次为钝脆杆藻和扁圆卵形藻，羽纹脆杆藻（*Fragilaria pinnata*）和喙头舟形藻优势度值也较高。丰水期有优势物种 7 种，也以极细微曲壳藻优势度最高，其次为钝脆杆藻，披针形曲壳藻（*Achnanthes lanceolata*）、尖顶异极藻（*Gomphonema augur*）和肘状针杆藻（*Synedra ulna*）优势度值也较大，两季节优势种均为耐污性较强的种类。两次调查的共有优势物种为 5 种，有 2 个优势物种不同，为梅尼小环藻（*Cyclotella meneghiniana*）和细长菱形藻（*Nitzschia gracilis*）（表 2-7）。

表 2-7　巢湖流域平水期和丰水期着生硅藻优势物种（优势度指数）

优势种	平水期	丰水期
扁圆卵形藻 *Cocconeis placentula*	0.03	
钝脆杆藻 *Fragilaria capucina*	0.036	0.064
喙头舟形藻 *Navicula rhynchocephala*	0.02	
极细微曲壳藻 *Achnanthes minutissima*	0.055	0.085
尖顶异极藻 *Gomphonema augur*	0.011	0.031
梅尼小环藻 *Cyclotella meneghiniana*		0.01
披针形曲壳藻 *Achnanthes lanceolata*	0.013	0.034
披针形舟型藻 *Navicula lanceolata*	0.01	
细长菱形藻 *Nitzschia gracilis*		0.01
纤细异极藻 *Gomphonema gracile*	0.019	
羽纹脆杆藻 *Fragilaria pinnata*	0.023	
肘状针杆藻 *Synedra ulna*	0.01	0.021

平水期着生硅藻平均密度为 8.85 万个/cm²，流域内各采样点密最大值为 59.02 万个/cm²，最小值为 0.11 万个/cm²。平均生物量为 0.4mg/cm²，最大值为 4.81mg/cm²，最小值为 0.0005mg/cm²。圆筛藻目、无壳缝目、拟壳缝目、双壳缝目、单壳缝目和管壳缝目的平均密度分别为 0.3 万个/cm²、2.6 万个/cm²、0.08 万个/cm²、3.17 万个/cm²、2.32 万个/cm² 和 0.35 万个/cm²，密度百分比分别为 3.38%、29.68%、0.89%、35.82%、26.28% 和 3.95%。其中双壳缝目、无壳缝目和单壳缝目密度占较明显优势，拟壳缝目密度最小。各类群平均生物量分别为 0.01mg/cm²、0.02mg/cm²、0.0002mg/cm²、0.3mg/cm²、

0.03mg/cm^2 和 0.04mg/cm^2，生物量百分比分别为 2.18%、3.87%、0.06%、75.76%、8.53% 和 9.6%。其中以双壳缝目占明显优势，拟壳缝目生物量最小。

丰水期着生硅藻平均密度为 5.29 万个/cm^2，最大值为 58.89 万个/cm^2，最小值为 0.08 万个/cm^2。平均生物量为 0.22mg/cm^2，最大值为 3.17mg/cm^2，最小值为 0.001mg/cm^2。圆筛藻目、盒形藻目、无壳缝目、拟壳缝目、双壳缝目、单壳缝目和管壳缝目平均密度分别为 0.33 万个/cm^2、0.01 万个/cm^2、1.33 万个/cm^2、0.13 万个/cm^2、1.62 万个/cm^2、1.15 万个/cm^2 和 0.7 万个/cm^2，密度百分比分别为 6.36%、0.22%、25.21%、2.49%、30.66%、21.74% 和 13.32%。其中双壳缝目、无壳缝目和单壳缝目密度占较明显优势，盒形藻目密度最小。各类群平均生物量分别为 0.02mg/cm^2、0.004mg/cm^2、0.009mg/cm^2、0.001mg/cm^2、0.14mg/cm^2、0.006mg/cm^2 和 0.04mg/cm^2，生物量比分别为 7%、1.72%、4.27%、0.41%、65.31%、2.74% 和 18.54%。其中以双壳缝目占明显优势，其次为管壳缝目，拟壳缝目生物量最小。

平水期各采样点 Shannon-Wiener 指数均值为 2.1，最大值为 3.33。Margalef 指数均值为 1.27，最大值为 3。Pielou 指数均值为 0.82，最大值为 0.98。Simpson 指数均值为 0.2，最大值为 0.7。丰水期各采样点 Shannon-Wiener 指数均值为 1.84，最大值为 3.18。Margalef 指数均值为 0.87，最大值为 3.31。Pielou 指数均值为 0.89，最大值为 0.99。Simpson 指数均值为 0.23，最大值为 0.69。与平水期相比，丰水期的 Shannon-Wiener 指数和 Margalef 指数均值均变小，Pielou 指数和 Simpson 指数总体相差不大，表明平水期着生硅藻物种多样性程度要优于丰水期。

2.6.3 大型底栖动物

平水期共采集到底栖动物 215 种（表 2-8）。节肢动物门种类最多，共采集到 172 种，分属于 12 个目，其中双翅目种类最多（70 种，主要为摇蚊科幼虫 56 种），蜻蜓目和毛翅目分别 37 种和 22 种，蜉蝣目 16 种，其他昆虫种类较少。软体动物共采集到 31 种，双壳纲和腹足纲分别 13 种和 18 种。环节动物门种类较少，共 12 种。从全流域调查结果看，出现率超过 10% 的种类共有 27 种，其中环节动物门 3 种，节肢动物门 12 种（昆虫纲 10 种），腹足纲和双壳纲分别有 8 种和 3 种。铜锈环棱螺的出现率最高，达到 66.8%；霍甫水丝蚓、椭圆萝卜螺、苏氏尾鳃蚓的出现率也较高，分别为 46.4%、45.3% 和 44.2%。

表 2-8 巢湖流域平水期和丰水期底栖动物物种组成

门	纲	目	平水期	丰水期
环节动物门	寡毛纲		4	3
	多毛纲		1	1
	蛭纲		7	5

门	纲	目	平水期	丰水期
	甲壳纲		6	5
		鞘翅目	7	10
		双翅目	70	38
		蜉蝣目	16	13
		半翅目	4	5
节肢动物门	昆虫纲	鳞翅目	3	2
		广翅目	2	2
		蜻蜓目	37	21
		襀翅目	5	1
		毛翅目	22	9
		合计	166	101
软体动物门	双壳纲		13	8
	腹足纲		18	13
总计			215	136

　　丰水期共采集到底栖动物 136 种。节肢动物门种类最多，共采集到 106 种，分别属于 11 目，其中双翅目种类最多（38 种，主要为摇蚊科幼虫 29 种），蜻蜓目、蜉蝣目和毛翅目分别 21 种、13 种和 9 种，其他昆虫种类较少。软体动物共采集到 21 种，双壳纲和腹足纲分别 8 种和 13 种。环节动物门种类较少，共 9 种。铜锈环棱螺的出现率最高，达到 57.0%；负子蝽科、锯齿新米虾、椭圆萝卜螺、苏氏尾鳃蚓、黄色羽摇蚊和霍甫水丝蚓的出现率也较高，分别为 39.8%、37.1%、30.6%、27.4%、27.4% 和 25.8%。出现率大于 10% 的有 19 种，分析发现，4 月和 7 月出现率较高的种类均为耐污能力较强的种类。

　　底栖动物密度组成呈现出显著的空间差异，腹足纲密度在平原区河流大部分样点占据优势，在大部分样点的密度所占比重高于 75%。寡毛纲主要在城市河道（南淝河、派河、白石天河庐江县城监测点）及巢湖湖体（主要是西半湖和北部湖区）占据优势，其在南淝河监测点密度所占比重接近 100%，在南淝河入湖口区域密度所占比例也超过 80%。双翅目（主要是摇蚊幼虫）占优势的点位主要位于巢湖湖体和平原区河流。清洁种类蜉蝣目（Ephermerida）、襀翅目（Plecoptera）及毛翅目（Trichoptera）（简称 EPT）主要在西部及南部等山区丘陵区溪流占据优势，其中蜉蝣目比重较高，毛翅目次之，襀翅目在各样点比重较低。耐污类群寡毛纲的出现率高达 61.0%，其中密度低于 100 个/m^2 的占 74.8%，主要分布平原区河流和巢湖湖体。寡毛纲均值和中值分别为 1655 个/m^2 和 1.57 个/m^2。双壳纲的出现率为 40.1%，其中密度低于 10 个/m^2 的点位占 67.1%。双壳纲平均密度和最高值分别为 5.01 个/m^2 和 131.4 个/m^2。双壳纲主要分布于平原区河流，在山区溪流、城市河道、巢湖湖体中很少出现。腹足纲出现率为 79.7%，密度平均值、中值、最大值分别为 75.1 个/m^2、22.3 个/m^2、1200 个/m^2，腹足纲空间格局差异并不明显，广泛分布于平原区河流，其在源头溪流、南淝河、巢湖湖体基本未采集到。双翅目的出现率为 84.1%，其中密度低于 60 个/m² 的点位占 80.4%。双翅目密度平均值和最大值分别为 78.6 个/m² 和 2400 个/m²，其高值主要出现在巢湖湖体和城市河道的样点。密度大于 1000 个/m² 有 4 个，均出现在巢湖周围。其他水生昆虫中蜉蝣目和毛翅目的空间分布格局基本一致，高值均出现在西部丘陵山区、南部丘陵山区等溪流样点。蜻蜓目出现率较高（43.41%），其中 22.5% 的点位密度低于 10 个/m²，蜻蜓目广泛分布于山区和平原的河流，表明其对水环境的适应性相对较强。

巢湖流域各水系的底栖动物总密度也有较大差异。整体而言，平水期南淝河（10 312.8 个/m²）和十五里河（11 506.7 个/m²）的平均密度均较高，远高于其他水系。白石天河的平均密度最小，仅有 52.1 个/m²。丰水期南淝河的平均密度最大，为 152.7 个/m²，柘皋河（104.8 个/m²）次之，白石天河的平均密度仍最小，但较平水期有所提高。其他水系的密度相对于平水期均有所降低。各水系的优势种差异明显，平水期杭埠河的优势种数量最多（11 种），其中铜锈环棱螺占主要优势，其次是河蚬、扁蜉属和椭圆萝卜螺。十五里河的优势种数量最少，仅有一种，即霍甫水丝蚓，说明十五里河水系中霍甫水丝蚓占有绝对优势的地位。南淝河的优势种有三种，为霍甫水丝蚓、铜锈环棱螺和苏氏尾鳃蚓）。丰水期杭埠河的优势种数量最多（10 种），其中铜锈环棱螺占主要优势，其次是锯齿新米虾、扁蜉属、椭圆萝卜螺和纹石蛾属。十五里河的优势种数量较平水期增多，但也仅有两种，分别为负子蝽科和霍甫水丝蚓。南淝河的优势种仍有三种，霍甫水丝蚓和铜锈环棱螺仍是南淝河的优势种，铜锈环棱螺、锯齿新米虾和负子蝽科是大部分水系的优势种。

底栖动物物种多样性呈现显著的空间差异，平水期 Shannon-Wiener 指数均值为 1.44，最大值为 2.68，其在西部丘陵区及部分东部平原区河流较高，在巢湖湖体较低。Margalef 指数均值为 2.06、最大值为 5.46，其空间格局与 Shannon-Wiener 指数基本一致，高值出现在西部丘陵区和南部平原区，低值主要出现在巢湖湖体和北部平原区河流。Simpson 指数的均值为 0.62，最大值为 0.9。Pielou 指数的均值为 0.64，最大值为 1.0。Simpson 和 Pielou 指数的分布呈现出南高北低的趋势，高值在西南部的丘陵区、南部平原区和巢湖湖体均有出现。丰水期巢湖流域的多样性跟平水期相比稍有变化。Shannon-Wiener 指数均值为 1.20，最大值为 2.68，其在西部丘陵区及南部平原区河流较高，部分东部平原区河流居中，而巢湖湖体最低。Simpson 指数均值为 1.52、最大值为 4.85，其均值相对于平水期明显减小，Simpson 指数的均值在西部丘陵区最高、巢湖湖体次之、东部平原区最低。Margalef 指数的均值为 1.52，最大值为 4.85，比平水期明显增大。Pielou 指数的均值为 0.66，最大值为 1.0，相对于平水期变化很小，但分布特征变化很大，高值在巢湖湖体、西部丘陵区及东部平原区均有出现。

2.6.4 高等水生植物

平水期和丰水期高等水生植物调查样点分别为 168 个和 180 个两次调查共发现巢湖流域水生植物 43 科 85 属 123 种（含种下分类阶元），其中蕨类植物有 5 科 6 属 6 种，被子植物 38 科 79 属 117 种。在被子植物中双子叶植物 25 科 39 属 63 种，单子叶植物 13 科 40

属 54 种（表 2-9）。从巢湖流域水生植物种类组成的空间分布格局来看，巢湖流域的东部平原区水生植物种类最多，其中平水期共发现 30 科 51 属 63 种，丰水期共发现 35 科 54 属 72 种。巢湖湖滨带水生植物种类最少，其中平水期共发现 16 科 25 属 31 种，丰水期共发现 19 科 29 属 35 种。西部丘陵区局域中间水平，平水期发现 28 科 52 属 64 种，丰水期共发现 27 科 46 属 58 种。

表 2-9　巢湖流域水生植物种类统计

种类	科	属	种
蕨类植物	5	6	6
被子植物	38	79	117
双子叶植物	25	39	63
单子叶植物	13	40	54
合计	43	85	123

在巢湖流域 43 科水生植物中，含 10 种以上的水生植物大科有 3 个，即禾本科 18 属 19 种、蓼科 2 属 12 种，莎草科 5 属 10 种；含 5~9 种的较大科有 5 个，即十字花科 6 种、毛茛科 5 种，菱科 5 种，菊科 5 种，眼子菜科 5 种。以上 8 科仅占总科数的 18.6%，但含种数高达 67 种，占总种数的 54.4%，大多数种类是水生植被的优势种或建群种，在巢湖流域水生植物区系中起主导作用。含 2~4 种的小型科共有 15 科，占总科数的 34.9%；单种科共有 20 科，占总科数的 46.5%；小型科和单种科共有 35 科，占总科数的 81.4%，但含种数仅为 56 种，只占总种数的 45.6%（表 2-9）。

平水期各样点水生植物生物量差异较大（0~3043 g/m²），各样点水生植物平均生物量为 640.4 g/m²，其中生物量大于 2000 g/m² 的样点有 4 个，占总样点数的 2.38%；生物量小于 500 g/m² 的样点共有 89 个，占总样点数的 52.98%。平水期西部丘陵区内海拔较高的样点的生物量相对较低，主要分布在一些山区的溪流，较大的挺水植物如芦苇、藕草等很少，因此生物量也就较小。东部平原区的一些溪流内水生植物生物量也相对较小。总体上巢湖湖滨带各样点的水生植物生物量较高，很多区域分布有生物量较高的芦苇等挺水植物。丰水期各样点水生植物生物量差异更大（0~6613.5 g/m²），其中生物量大于 2000 g/m² 的样点有 39 个，占总样点数的 21.67%；生物量小于 500 g/m² 的样点共有 58 个，占总样点数的 32.22%。丰水期各样点水生植物平均生物量是 1284.3 g/m²，较平水期各样点水生植物平均生物量多一倍，这与水生植物在夏季处于生长旺盛期有关，各种水生植物生物量一般在夏季达到最大值。丰水期生物量空间分布格局与平水期类似。

平水期和丰水期高等水生植物丰富度指数的平均值分别为 5.940 和 6.527；Shannon-Wiener 指数的平均值分别为 1.486 和 1.523，与平水期相比，丰水期各样点物种丰富度指数和 Shannon-Wiener 指数的平均值略高一些，但 Simpson 优势度指数和 Pielou 均匀度指数的平均值要较平水期略低一点。总体而言丰水期各样点水生植物物种多样性要高一些。空间格局方面，西部丘陵区各样点的物种多样性相对高一些，店埠河-南淝河流域和巢湖湖滨带的物种多样性相对低一些，在南淝河的采样点位没有发现水生植物，仅有喜旱莲子草，物种多样性很低。

2.6.5 鱼类

巢湖流域调查共发现鱼类 60 种，隶属 17 科 8 目，其中湖泊和河流鱼类分别 41 种和 47 种，鲤科鱼类 35 种，占全部物种数的 58.3%。鰲（*Hemiculter leucisculus*）、斑条鱊（*Acheilognathus taenianalis*）和鲫（*Carassiu sauratus*）等为研究区域内的优势物种。就河流鱼类而言，每样点的平均物种数 5.64±2.83 种。鰲（*Hemiculter leucisculus*）、斑条鱊（*Acheilognathus taenianalis*）和鲫（*Carassius auratus*）的出现频率均大于 40%，且重要值指数也均大于 100%，属常见种及优势种。宽鳍鱲（*Zacco platypus*）、红鳍原鲌（*Cultrichthys erythropterus*）、彩石鳑鲏（*Rhodeus lighti*）、麦穗鱼（*Pseudorasbora parva*）、黑鳍鳈（*Sarcocheilichthys nigripinnis*）、亮银鮈（*Squalidus nitens*）、棒花鱼（*Abbottina rivularis*）、鲤（*Cyprinus carpio*）、中华花鳅（*Cobitis sinensis*）、泥鳅（*Misgurnus anguillicaudatus*）、切尾拟鲿（*Pseudobagrus truncatus*）、中华沙塘鳢（*Odontobutis sinensis*）、黄鲴（*Hypseleotris swinhonis*）、吻虾虎鱼（*Ctenogobius* spp.）和乌鳢（*Ophicephalus argus*）15 种鱼类的出现频率为 10% ~ 40%，属于偶见种；其中，宽鳍鱲、红鳍原鲌、彩石鳑鲏、麦穗鱼、黑鳍鳈、亮银鮈、棒花鱼、鲤、中华花鳅、泥鳅、中华沙塘鳢、黄鲴和吻虾虎鱼的重要值指数较高（IVI>10%），属相对重要种；另外切尾拟鲿和乌鳢这 2 种的重要值指数较低（IVI<10%），属不重要种。其余 29 种的出现频率均小于 10%，属稀有种，且重要值指数也极低，除短须鱊和福建小鳔鮈（IVI>10%，属相对重要种）外，其他种类的重要值指数均小于 10%，属不重要种。

巢湖流域河流鱼类每样点的平均密度和生物量分别为 0.0084 个/m² 和 0.0257g/m²。4 月和 10 月每样点鱼类个体数最高的为 348 尾和 455 尾，最小为 2 尾和 1 尾；密度最高的为 0.8286 个/m² 和 0.4643 个/m²，最小为 0.0001 个/m² 和 0.0006 个/m²；生物量最高为 15.5957 g/m² 和 6.2565 g/m²，最小为 0.0005 g/m² 和 0.0019 g/m²。整体来看，同东部地区相比，西部地区的鱼类个体数、密度和生物量（10 月的生物量在东部地区较高）较高。4 月和 10 月河流鱼类的个体数分别为 31.74±48.97 尾和 60.89±64.82 尾，其密度分别为（0.049±0.123）个/m² 和（0.062±0.096）个/m²，生物量分别为（0.866±2.503）g/m² 和（0.635±1.364）g/m²，总体上 10 月的鱼类数量稍高于 4 月。

4 月和 10 月的鱼类 Shannon-Wiener 指数分别为 0.50±0.19 和 0.56±0.19，Simpson 优势度指数分别为 0.59±0.18 和 0.61±0.17，Pielou 均匀度指数分别为 0.76±0.17 和 0.72±0.60，Margalef 指数分别为 1.36±0.59 和 1.47±0.60。配对 t 检验分析结果显示，10 月鱼类多样性指数、优势度指数和丰富度指数均显著高于 4 月（$P<0.05$），但其均匀度指数却显著低于 4 月（$P<0.05$）。总体而言，西部地区的鱼类多样性相对较高，东部地区的则相对较低。

参 考 文 献

安徽省地方志编委会.1999. 安徽省志·山湖志·巢湖志. 北京：方志出版社.

安徽省水利厅. 1998. 安徽水旱灾害. 北京：中国水利水电出版社.

安徽省水利厅水利志编辑室. 2010. 安徽河湖概览. 武汉：长江出版社.

巢湖地区简志编纂委员会. 1995. 巢湖地区简志. 合肥：黄山书社.

程维明, 周成虎, 柴慧霞, 等. 2009. 中国陆地地貌基本形态类型定量提取与分析. 地球信息科学学报, 11 (6)：725-736.

程维明, 周成虎. 2014. 多尺度数字地貌等级分类方法. 地理科学进展, 33 (1)：23-33.

董昭礼. 2009. 合肥·六安·巢湖·淮南及桐城发展报告. 北京：社会科学文献出版社.

窦鸿身, 姜加虎. 2003. 中国五大淡水湖. 合肥：中国科学技术大学出版社.

范成新, 汪家权, 羊向东, 等. 2012. 巢湖磷本地影响及其控制. 北京：中国环境科学出版社.

高俊峰, 蒋志刚. 2012. 中国五大淡水湖保护与发展. 北京：科学出版社.

高玄彧. 2004. 地貌基本形态的主客分类法. 山地学报, 22 (3)：261-266.

郭青山. 1999. 合肥市水利志. 合肥：黄山书社.

何进知, 魏巍. 2008. 董铺和大房郢水库水质评价及保护措施. 水文, 28 (4)：95-96.

姜加虎, 窦鸿身, 苏守德. 2009. 江淮中下游淡水湖群. 武汉：长江出版社.

李炳元, 潘保田, 程维明, 等. 2013. 中国地貌区划新论. 地理学报, 68 (3)：291-306.

李炳元, 潘保田, 韩嘉福. 2008. 中国陆地基本地貌类型及其划分指标探讨. 第四纪研究, 28 (4)：535-543.

李四光. 张文佑. 1953. 中国地质学. 上海：正风出版社.

庐江县地方志编纂委员会. 1993. 庐江县志. 北京：社会科学文献出版社.

沈玉昌, 苏时雨, 尹泽生. 1982. 中国地貌分类、区划与制图研究工作的回顾与展望. 地理科学, 2 (2)：97-104.

沈玉昌. 1961. 论地貌区划的原则与方法. 地理, (8)：33-41.

水利部长江水利委员会. 1999. 长江流域地图集. 北京：中国地图出版社.

水利部长江水利委员会. 2002. 长江流域水旱灾害. 北京：中国水利水电出版社.

孙成渤. 2014. 水生生物学 (第2版). 北京：中国农业出版社.

孙儒泳, 李博, 诸葛阳, 等. 1993. 普通生态学. 北京：高等教育出版社.

王书航, 姜霞, 金相灿. 2011. 巢湖入湖河流分类及污染特征分析. 环境科学, 32 (10)：2834-2839.

王耀武, 陈昌新, 王宗观, 等. 1999. 巢湖流域暴雨洪水特征分析. 水文, 4：50-52.

吴开亚. 2008. 巢湖流域环境经济系统分析. 合肥：中国科学技术大学出版社.

杨桂山, 马超德, 常思勇. 2009. 长江保护与发展报告. 武汉：长江出版社.

张琛, 孙顺才. 1991. 巢湖形成演变与现代沉积作用. 湖泊科学, 3 (1)：16-17.

张志明, 高俊峰, 闫人华. 2015. 基于水生态功能区的巢湖环湖带生态服务功能评价. 长江流域资源与环境, 24 (7)：1110-1118.

赵济. 1995. 中国自然地理. 北京：高等教育出版社.

中国河湖大典编委会. 2010. 中国河湖大典·长江卷. 北京：中国水利水电出版社.

中国科学院《中国自然地理》编辑委员会. 1984. 中国自然地理·气候. 北京：科学出版社.

中国科学院《中国自然地理》编辑委员会. 1985. 中国自然地理·地表水. 北京：科学出版社.

中国科学院地理研究所. 1987. 中国 1∶100 万地貌制图规范 (征求意见稿). 北京：科学出版社.

中国科学院地理研究所. 中国地貌区划 (初稿). 1959. 北京：科学出版社.

周成虎, 程维明, 钱金凯, 等. 2009a. 中国陆地 1∶100 万数字地貌分类体系研究. 地球信息科学学报, 11 (6)：707-724.

周成虎, 程维明, 钱金凯. 2009b. 数字地貌遥感解析与制图. 北京：科学出版社.

周廷儒, 施雅风, 陈述彭. 1956. 中国地形区划草案//中华地理志编纂. 中国自然区划草案. 北京: 科学出版社.

Cheng W M, Zhou C H, Chai H X, et al. 2011a. Research and compilation of the geomorphologic atlas of the People's Republic of China (1: 1 000 000). Journal of Geography Science, 21 (1): 89-100.

Cheng W M, Zhou C H, Li B Y, et al. 2011b. Structure and contents of layered classification system of digital geomorphology for China. Journal of Geography Science, 21 (5): 771-790.

第3章 水生态功能的驱动机制[①]

3.1 沉积物重金属

3.1.1 沉积物重金属含量分布特征

巢湖流域主要水系表层沉积物中 Cu、Zn、Pb、Cr、Cd、As、Hg、Ni 的平均含量分别为 19.3 ~ 232.2mg/kg、67 ~ 374mg/kg、24.2 ~ 46.3mg/kg、47.5 ~ 92.5mg/kg、0.22 ~ 19.87mg/kg、5.9 ~ 13.9mg/kg、0.044 ~ 0.341mg/kg、21.0 ~ 36.3mg/kg。Zn、Pb、Hg 的含量最高值出现在南淝河水系，分别为 374mg/kg、46.3mg/kg、0.341mg/kg，超出安徽省土壤环境背景值 6.03 倍、1.74 倍、10.33 倍；兆河水系 Cu 含量值最高，为 232.2mg/kg，为 13.9mg/kg 是背景值的 11.38 倍；Cr 的含量最高值出现在十五里河水系，为 92.5mg/kg，为背景值的 1.39 倍；Cd 的含量最高值出现在派河水系，为 19.87mg/kg，超出背景值 204.85 倍；As 的含量最高值出现在巢湖，为 13.9mg/kg 是背景值的 1.54 倍；Ni 的含量最高值出现在裕溪河水系，为 36.3 mg/kg，是背景值的 1.22 倍。Pb、Cr、Ni 的含量最低值出现在派河水系，分别为 24.2mg/kg、47.5mg/kg、21.0mg/kg；Cd、Hg 含量最低值出现在杭埠河水系，分别为 0.22mg/kg、0.044mg/kg，但仍超出了安徽省土壤环境背景值 2.27 倍、1.33 倍；As 的含量最低值出现在十五里河水系，为 5.9 mg/kg；Zn 的含量最低值出现在柘皋河水系，为 67 mg/kg，是背景值的 1.08 倍（表3-1）。

表 3-1 巢湖流域主要水系表层沉积物重金属含量平均值　　（单位：mg/kg）

主要水系	Cu	Zn	Pb	Cr	Cd	As	Hg	Ni
巢湖	24.5±8.2	116±61	35.2±12.7	62.9±15.7	0.43±0.29	13.9±5.1	0.092±0.056	28.4±9.4
南淝河	45.9±34.0	374±499	46.3±33.3	74.1±34.2	0.55±0.63	12.9±9.9	0.341±0.626	29.2±8.6
十五里河	66.5±21.8	200±9	30.7±0.6	92.5±25.5	0.35±0.00	5.9±1.7	0.171±0.044	29.4±3.6
派河	20.8±7.2	83±35	24.2±8.8	47.5±16.5	19.87±41.49	8.8±4.8	0.059±0.046	21.0±8.7
杭埠河	20.9±5.7	77±24	29.2±11.4	55.1±13.7	0.22±0.10	10.3±4.48	0.044±0.0021	24.0±6.8
白石天河	19.3±2.9	78±29	28.3±3.8	51.2±6.7	0.24±0.13	8.3±2.2	0.044±0.015	26.5±7.6
兆河	232.2±346.8	134±71	40.2±14.6	52.2±17.9	0.52±0.43	12.0±4.2	0.084±0.058	24.0±7.6
柘皋河	23.4±9.5	67±16	25.5±4.7	60.3±9.7	0.23±0.13	10.0±5.2	0.059±0.041	27.1±5.3
裕溪河	73.3±120.7	114±59	32.0±9.2	77.0±15.0	0.89±2.02	12.3±4.9	0.077±0.025	36.3±8.6
背景值	20.4	62.0	26.6	66.5	0.097	9.0	0.033	29.8

---

① 本章由张志明、蔡永久、高永年、赵海霞撰写，高俊峰统稿、定稿。

可以看出，南淝河水系 Zn、Pb、Hg 污染比较严重，兆河水系 Cu 污染比较严重，十五里河水系 Cr 污染比较严重，派河水系 Cd 污染比较严重，巢湖 As 污染比较严重，裕溪河水系 Ni 污染比较严重。

3.1.2 沉积物重金属风险评价

3.1.2.1 评价方法

（1）沉积物污染等级评价——地积累指数法

地积累指数法（Muller，1969）考虑了人为污染因素、环境地球化学背景值，还特别考虑到由于自然成岩作用可能会引起背景值变动的因素，给出直观的重金属污染级别，是一种研究水体沉积物中重金属污染的定量指标，广泛用于研究现代沉积物中重金属污染的评价。

地积累指数法计算方法如下：

$$I_{geo} = \log_2(C_n / kB_n) \tag{3-1}$$

式中，I_{geo} 为重金属 n 的地积累指数；C_n 为重金属 n 在沉积物中的含量，B_n 为沉积岩中所测该重金属的地球化学背景值，采用安徽省土壤重金属环境背景值（中国环境监测总站，1990）；k 为考虑到成岩作用可能会引起的背景值的变动而设定的常数，一般 $k = 1.5$（Christophoridis et al.，2009）。

根据 I_{geo} 数值的大小，将沉积物中重金属的污染程度分为 7 个等级，即 0~6 级，见表 3-2。

表 3-2 重金属污染程度与 I_{geo} 的关系（阈值符号）

I_{geo}	≤0	(0, 1]	(1, 2]	(2, 3]	(3, 4]	(4, 5]	>5
级数	0	1	2	3	4	5	6
污染程度	清洁	轻度	偏中度	中度	偏重度	重度	严重

（2）沉积物生态风险评价——潜在生态风险指数法

潜在生态风险指数法（Håkanson，1980）综合考虑了重金属的毒性、在沉积物中的普遍的迁移转化规律和评价区域对重金属污染的敏感性，以及重金属区域背景值的差异，可以综合反映沉积物中重金属的潜在生态影响（蒋豫等，2015）。计算公式如下：

1）单项重金属污染指数：

$$C_f = C_i / C_n \tag{3-2}$$

式中，C_f 为重金属 i 的污染指数；C_i 为重金属 i 的实测浓度；C_n 为重金属 i 的评价参比值。

2）单项重金属 i 的潜在生态风险指数：

$$E_r = T_r C_f \tag{3-3}$$

式中，E_r 为单项金属 i 的潜在生态风险指数；T_r 为重金属毒性响应系数，反映重金属的毒性水平及生物对重金属污染的敏感程度（表 3-3）。

表 3-3　重金属毒性响应系数 (T_r)

重金属	Hg	Cd	As	Cu	Pb	Ni	Cr	Zn
T_r	40	30	10	5	5	5	2	1

资料来源：徐争启等，2008。

3）多项金属的综合潜在生态风险指数 RI：

多项金属的综合潜在生态风险指数 RI 为单项金属潜在生态风险指数之和。

$$RI = \sum E_r \tag{3-4}$$

重金属单项潜在生态风险指数 E_r、综合潜在生态风险指数 RI 和潜在生态风险等级（蒋豫等，2015）见表 3-4。

表 3-4　单项及综合潜在生态风险评价指数与分级标准

E_r	单项污染物生态风险等级	RI	综合潜在生态风险等级
$E_r<40$	低	RI<150	低
$40 \leqslant E_r<80$	中等	$150 \leqslant RI<300$	中等
$80 \leqslant E_r<160$	较重	$300 \leqslant RI<600$	重
$160 \leqslant E_r<320$	重	RI≥600	严重
$320 \leqslant E_r$	严重		

3.1.2.2　巢湖流域沉积物污染等级评价

巢湖流域沉积物中 Cu、Zn、Pb、Cr、Cd、As、Hg、Ni 的地积累指数 I_{geo} 范围为 $-2.26 \sim 5.19$、$-1.46 \sim 4.07$、$-1.92 \sim 1.80$、$-2.33 \sim 1.00$、$-1.21 \sim 9.48$、$-2.62 \sim 1.96$、$-1.68 \sim 5.77$、$-2.60 \sim 0.18$。八种重金属都处于污染状态，污染程度高低依次是 Cd>Hg>Zn>Cu>As>Pb>Cr>Ni，其中 Cd、Hg 是最主要的污染物，全流域 164 个沉积物点位中，Cd 仅有 15.2% 处于清洁状态，30.5% 处于轻度污染状态，34.2% 处于偏中度污染状态，13.4% 处于中度污染状态，4.3% 处于偏重度污染状态，0.6% 处于重度污染状态，1.8% 处于严重污染状态；同时 Hg 有 36.6% 的点位处于清洁状态，39.6% 处于轻度污染状态，16.5% 处于偏中度污染状态，4.3% 处于中度污染状态，1.2% 处于偏重度污染状态，0.6% 处于重度污染状态，1.2% 处于严重污染状态。Cu、Zn、Pb、Cr、As、Ni 的污染较轻，50% 以上的点位都处于清洁状态。

总体上，派河流域、南淝河流域及裕溪河流域的 Cd 污染要高于湖区和其他子流域，巢湖整体上处于偏中度污染状态（图 3-1）。南淝河流域 Hg 污染高于湖区和其他子流域，巢湖西半湖 Hg 污染高于东半湖（图 3-2）。

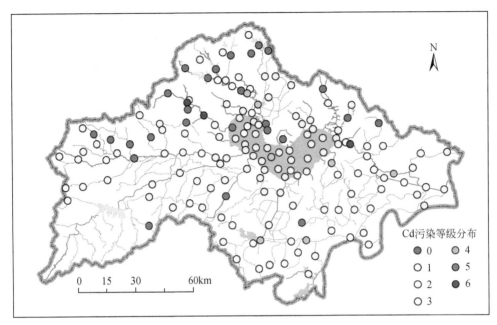

图 3-1　巢湖流域沉积物中 Cd 的污染等级分布

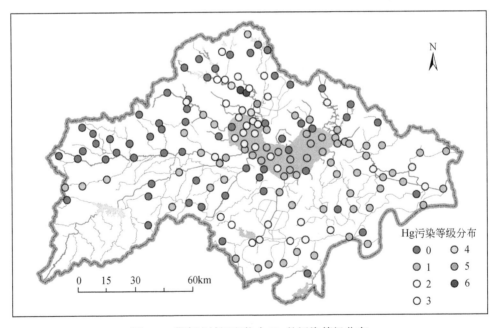

图 3-2　巢湖流域沉积物中 Hg 的污染等级分布

3.1.2.3　巢湖流域沉积物潜在生态风险评价

巢湖流域沉积物中 Cu、Zn、Pb、Cr、Cd、As、Hg、Ni 的单项潜在生态风险指数 E_r 范围为 1.57 ~ 273.04、0.55 ~ 25.19、1.99 ~ 26.03、0.59 ~ 5.99、19.43 ~ 32 077.76、2.43 ~ 58.44、18.68 ~ 3281.37、1.24 ~ 8.52。除 Zn、Pb、Cr、Ni 处于低生态风险水平外，其他重

金属都存在中等以上的生态风险。巢湖流域沉积物重金属生态风险顺序为 Cd>Hg>Cu>As>Pb>Ni>Zn>Cr，其中 Cd、Hg 是最主要的生态风险贡献因子，这两种金属的平均生态风险指数分别为 373.94 和 138.66，达到严重和较重生态风险状态。全流域 164 个沉积物点位中，Cd、Hg 分别有 61.0%、42.1% 处于较重–严重生态风险水平（图 3-3、图 3-4）；Cu 有 4.3% 的点位处于较重–重生态风险水平；As 有 0.6% 的点位处于中等生态风险水平。

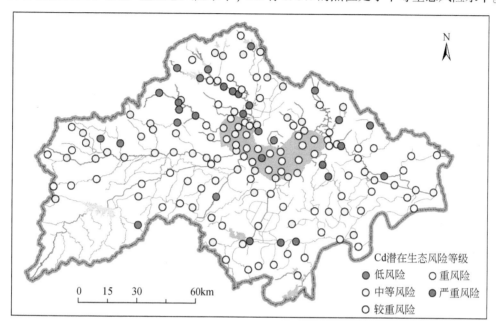

图 3-3　巢湖流域沉积物 Cd 的潜在生态风险等级

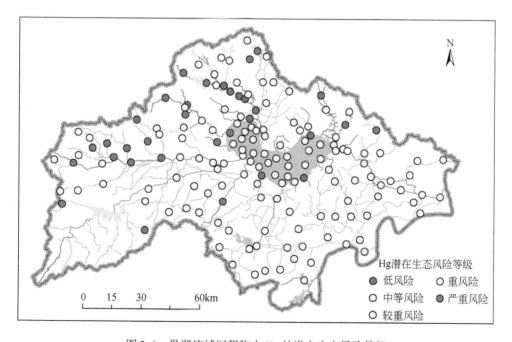

图 3-4　巢湖流域沉积物中 Hg 的潜在生态风险等级

巢湖流域表层沉积物重金属综合潜在生态风险指数 RI 在 57.00 ～ 32 271.41，平均为 554.11，处于重生态风险水平。沉积物 164 个点位中，28.0% 处于低生态风险，40.9% 处于中等生态风险，22.0% 处于重生态风险，9.1% 处于严重生态风险（图 3-5）。总体上南淝河流域、裕溪河流域以及派河流域要高于其他子流域，巢湖西半湖要高于东半湖。

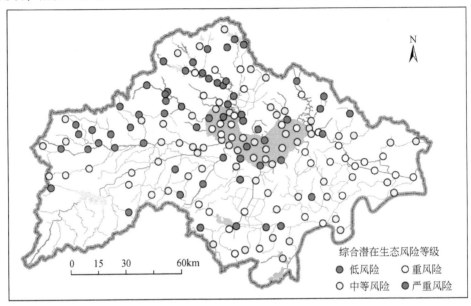

图 3-5　巢湖流域沉积物重金属综合潜在生态风险等级

3.2　污　染　排　放

流域社会经济的发展在创造流域物质繁荣的同时，也成为流域环境污染的源头。随着巢湖流域社会经济高速发展、城镇化程度加深，对水资源的开发利用也发生了很大的变化，表现为工业和生活用水量的增加，随之而来的则是污水排放量的增加。而随着经济总量的增加和用水量的上升，农业方面化肥的大量使用和畜禽水产养殖业的发展，使得农业面源污染在整个流域非点源污染中占了较多的份额。随着污染排放的增加，湖泊水质恶化，蓝藻频繁暴发，严重影响了流域内人民群众的生产生活，制约着流域经济持续健康稳定的发展。

3.2.1　污染状况综述

巢湖污染负荷较重。近几年化学需氧量（COD）的排放量略有下降。2012 年，巢湖流域废水排放总量为 4.44 亿 t，其中，城镇生活污水排放量最高，为 3.97 亿 t，占废水排放总量的 89.29%。COD、氨氮排放量分别为 11.27 万 t 和 1.29 万 t，其中生活污染源排放量最高，分别为 5.69 万 t 和 0.84 万 t，占总量的 50.46% 和 65.40%；其次是农业面源，COD、氨氮分别占总量的 41.93%、31.02%，工业污染源排放量最低，占总量的 7.16%、3.58%（图 3-6，图 3-7）。

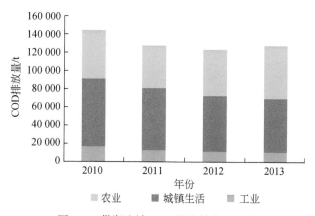

图 3-6　巢湖流域 COD 排放结构及变化

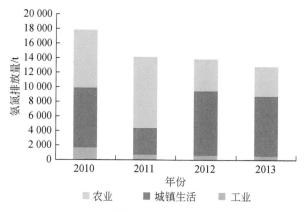

图 3-7　巢湖流域氨氮排放结构及变化

　　不同行业污染排放负荷不同，炼钢、机制纸及纸板制造、人造纤维制造和化学农药制造是工业 COD 排放的主要来源，2012 年的排放量分别为 2972.45t、1646.07t、981.79t 和 709.5t，占全流域工业直排企业 COD 排放总量的 73.60%（图 3-8）。

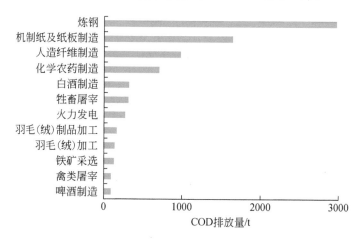

图 3-8　2012 年巢湖流域重点行业 COD 排放量

3.2.2　点源污染

工业企业废水污染是点源污染的主要来源。2012年，巢湖流域重点污染企业共1309家，废水排放总量为6592.77万t/a，COD排放量为11 089.67t/a，其中废水直接排入水体的企业为503家，直排企业废水排放量、化学需氧量排放量分别占工业点源污染总量的72.21%、77.31%，成为巢湖流域点源污染的主要来源（图3-9）。

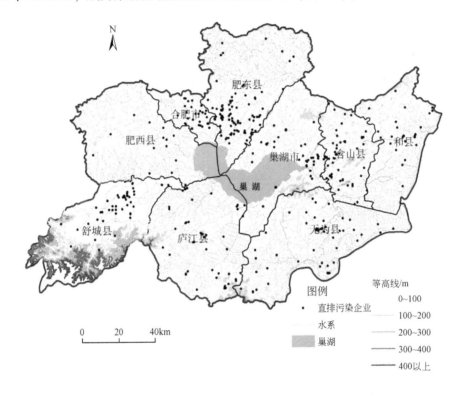

图3-9　巢湖流域工业重点污染直排企业空间分布（2012年）

从各区县的工业点源污染排放可以看出，合肥市区污染物所占的比例最大，废水排放量、COD、氨氮排放量分别占27.01%、39.09%和27.01%，其次为巢湖市区和舒城县，肥西县所占比例最小。从区域内部看，2012年流域工业直排企业的COD排放量8573.6t，排放强度为15.46t/亿元，其中合肥市COD排放量最高，为3351.42t，占总量的39.09%，肥西县最低，仅为20.65t。COD排放强度最高的为含山县，为29.25t/亿元，最低的为肥东县，2.13t/亿元（图3-10）。

城镇生活源是巢湖流域COD、氨氮、总氮和总磷排放的主要污染源。近年来，巢湖流域经济高速发展吸引了大量人口集聚，城镇化快速发展，人口密度急剧增长，必然产生大量的生活污水，致使近年来城镇生活污水排放量的不断增加，由2003年的1.69亿t增加到2012年的3.97亿t。从各地区来看（图3-11），合肥市区的生活污水排放量最高，达17 348.35万t，占流域总量的43.72%；其次是肥东县、肥西县和巢湖市区，生活废水排

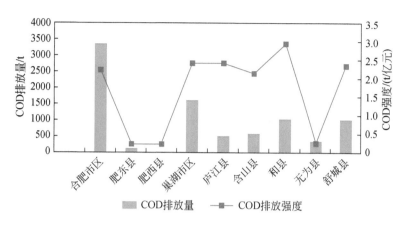

图 3-10 2012 年各区县工业 COD 排放量及排放强度

放量分别占总量的 13.87%、11.61%、9.27%；含山县生活污水排放最少，仅为 700.46 万 t，占总量的 1.77%。

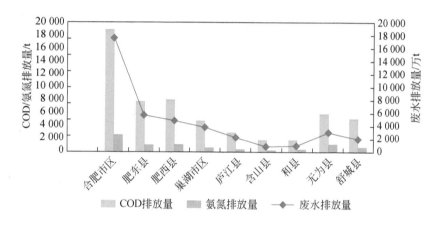

图 3-11 2012 年各区县城镇生活污水排放量

3.2.3 非点源污染

巢湖流域是我国中部地区典型的农业生产区域，化肥、农药投放量大、利用率低，成为巢湖流域面源污染的重要因素。2012 年全流域农业源 COD 的排放量为 47 232.2t，氨氮为 4004.34t，总氮为 17 961.1t，总磷为 2303.36t，其中 COD、氨氮的排放量分别占流域总量的 41.93%、31.02%。从区域内部看，2012 年肥东县和肥西县是农业源污染排放的主要来源，其 COD、氨氮、总氮、总磷排放量分别占全流域的 67.69%、46.64%、45.89% 和 53.76%（图 3-12）。

从构成看，巢湖流域的农业面源污染主要包括农业种植、畜禽养殖和水产养殖。其中 COD、总氮和总磷污染源中畜禽养殖业所占的比例最大，分别占到农业源总量的

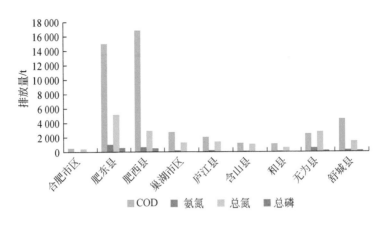

图 3-12　2012 年巢湖流域农业污染排放状况

96.00%、73.09% 和 56.97%；氨氮污染源中农业种植所占的比例最大，为 52.69%，水产养殖业所产生的污染物在农业面源污染中所占的比例最小（图 3-13）。另外沿湖农村柴草乱堆、污水乱泼、粪土乱倒、垃圾乱丢、杂物乱放、乱圈地、乱搭建和畜禽散养的"七乱一散"现象依然存在，人畜粪便等有机肥料被化肥所取代，大部分直接排放，加重了水体污染。

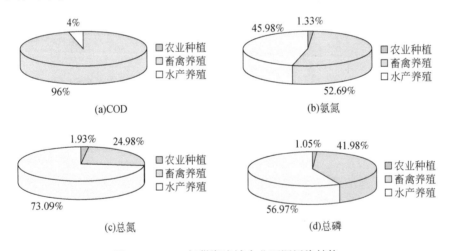

图 3-13　2012 年巢湖流域农业面源污染结构

3.3　社会经济发展

巢湖流域历来是安徽省政治经济文化中心和长江中下游地区重要的农产品生产基地，在全省社会经济发展中具有举足轻重的地位（吴开亚，2008；董昭礼，2009）。2014 年全流域国内生产总值为 5579.4 亿元，占全省国内生产总值的 26.8%；总人口为 956.4 万人，人均 GDP 为 58 335.6 元/人，是全省平均水平的 1.7 倍。2014 年巢湖流域三产比例为 5.73：54.90：39.37，其中，第一产业增加值为 320.0 亿元，第二产业增加值为 3062.8 亿元，第三产业增加值为 2196.6 亿元（《安徽统计年鉴》编辑委员会，2015；《合肥统计年鉴》编辑委员会，2015）。

3.3.1　经济状况

3.3.1.1　经济总量

近年来，巢湖流域经济发展速度加快，是安徽省经济发展水平较高的地区之一。GDP 总量从 1996 年的 404.3 亿元上升至 2014 年的 5579.4 亿元，多年平均增长率为 14.8%。其中，2005 年增长率最高，超过 30%，1998 年最低，为 0.05%，而 2004~2011 年以来增速均保持在 20% 以上（图 3-14）。从流域内部看，2014 年合肥市辖区 GDP 总量最高为 3434.5 亿元，占流域 GDP 总量的 61.6%，肥西县次之，为 508.8 亿元，占流域 GDP 总量的 9.1%，GDP 总量最小的是含山县，为 116.1 亿元，占流域 GDP 总量的 2.1%（高俊峰和蒋志刚，2012；《安徽统计年鉴》编辑委员会，1997~2015）。

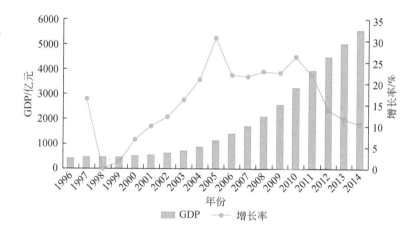

图 3-14　1996~2014 年巢湖流域 GDP 总量及增长率

3.3.1.2　产业结构

巢湖流域产业结构不断优化，三次产业比例由 1996 年 22.70：46.01：31.29 调整为 2014 年的 5.73：54.90：39.37。其中，第一产业占比逐年减少，由 1996 年的 22.70% 降至 2014 年的 5.73%；第二产业占比显著增加，由 1996 年的 46.01% 上升至 2014 年的 54.90%；第三产业占比增长较为缓慢，由 1996 年的 31.29% 增长至 2014 年的 39.37%。截至 2014 年，巢湖流域第二、第三产值之和为 5259.5 亿元，占 GDP 的比例为 94.3%，已初步形成第二、第三产业共同推动全流域经济快速增长的格局（图 3-15）（高俊峰和蒋志刚，2012；《安徽统计年鉴》编辑委员会，1997~2015）。

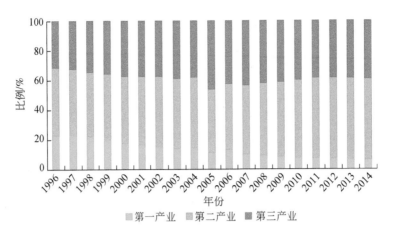

图 3-15　1996～2014 年巢湖流域产业结构变化

3.3.1.3　农业

巢湖流域农业发展基础好，保持稳定增长态势。农业产值由 1996 年的 91.77 亿元增加到 2014 年的 320.0 亿元，年均增长 10.6%。除 1998 年、1999 年、2000 年和 2007 年以外，农业产值保持较高的增长率，2006 年农业产值增长率最高，超过 50%（图 3-16）。近年来受自然条件、农业基础、农业政策等因素的影响，农业发展波动幅度明显，但农业总体仍保持稳定增长，2000～2014 年农业总产值年均增长 8.9%。从流域内部看，2014 年，农业产值最高的地区为肥东县，为 61.8 亿元，其次是无为县和肥西县，分别为 50.4 亿元和 48.6 亿元，合肥市辖区农业产值最低，仅 13.0 亿元（《安徽统计年鉴》编辑委员会，1997～2015）。在工业化进程加速、产业结构调整、土地资源紧缺的背景下，巢湖流域农业的发展必须放弃传统农业模式，以现代农业发展为理念，建设和发展环巢湖生态农业，形成高效、高产、高附加值的农业产业（高俊峰和蒋志刚，2012）。

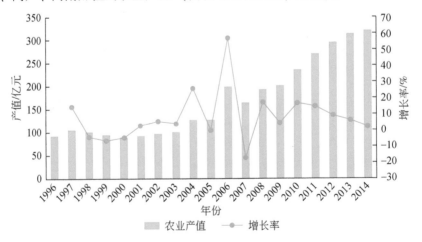

图 3-16　1996～2014 年巢湖流域农业产值及增长率

3.3.1.4 工业

巢湖流域因其优越的地理条件、传统的工业基础等优势，依托合肥、巢湖等重要城市经济的快速发展，已成为安徽省制造业优势与强势基地。1996 ~ 2014 年，工业产值由1996 年的 186.0 亿元增至 2014 年的 3062.8 亿元，年均增长率高达 15.9%，工业经济发展速度尤为迅速。其中 2006 ~ 2011 年，巢湖流域工业产值增加值都超过了 20%。2010 年工业产值增长率最高，超过 30%（图 3-17）。从空间分布看，2014 年，工业产值最高的地区是合肥市区为 1774.8 亿元，占流域工业增加值的 57.9%，其次是肥西县、肥东县，分别为 344.4 亿元、294.8 亿元，含山县工业产值最低，仅为 60.7 亿元，占流域的 2.0%，区域差异显著（《安徽统计年鉴》编辑委员会，1997 ~ 2015）。随着合肥国家级开发区、巢湖经济技术开发区等产业集聚的发展、交通网络的建立和完善、合肥都市圈的形成，无论从历史基础，还是从现有条件和发展潜力看，巢湖流域都具有支撑工业发展的绝对优势，未来工业仍将保持高速增长（高俊峰和蒋志刚，2012）。

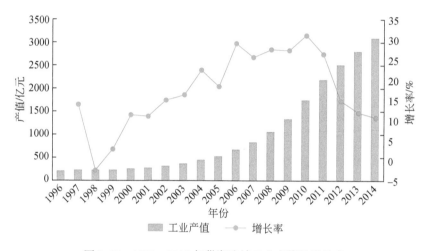

图 3-17　1996 ~ 2014 年巢湖流域工业产值及增长率

3.3.1.5 第三产业

随着第三产业的快速发展，其在经济发展中的份额稳步提高。1996 ~ 2014 年第三产业产值从 1996 年的 126.5 亿元增长至 2014 年 2196.6 亿元，年均增长率达 16.2%，但不同时期增长速度具有显著的差异性。其中，1996 ~ 2002 年为缓慢发展期，第三产业产值从1996 年的 126.5 亿元增长至 2002 年的 238.8 亿元，年均增长 9.5%；2003 ~ 2010 年为迅速提升期，年均增长率达 24.2%，高出第一阶段达 15 个点；2010 ~ 2014 年为平稳增长期，年均增速为 9.3%（图 3-18）。在区域内部，第三产业增加值最高的地区是合肥市区，为 1646.6 亿元，占流域第三产业增加值的 75.0%，其次是肥西县和肥东县，分别为 115.8亿元、91.9 亿元，含山县最低，仅为 34.4 亿元，占流域的 1.6%，区域差异显著（《安徽统计年鉴》编辑委员会，1997 ~ 2015）。随着合肥滨湖新区、环巢湖带等地区的开发，以合肥市区为核心，巢湖市区等地区为支点的新兴服务业必将成为推动巢湖流域经济快速增长的重要力量（高俊峰和蒋志刚，2012）。

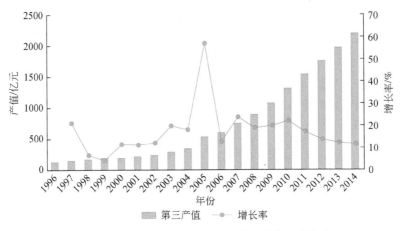

图 3-18　1996～2014 年巢湖流域第三产值及增长率

3.3.2　人口与城镇化

3.3.2.1　人口

巢湖流域人口总量呈现逐年低速增长趋势，年末总人口由 1996 年的 857.1 万人上升至 2014 年的 965.4 万人，年均增长率仅为 0.58%。1996～2014 年，巢湖流域总人口年均增长率在 1997 年、2000 年和 2003～2007 年超过 1%，其余年份均低于 1%，特别地，自 2011 年以来，多数年份巢湖流域人口出现负增长（图 3-19）。2014 年全流域总人口占全省人口总量的 13.8%，人口密度约为 708 人/km²，属于人口较为稠密的地区。从空间分布上看，合肥市区总人口最多，为 245.4 万人，占流域总人口的 25.7%，其次是无为县、庐江县，分别为 122.1 万人、119.5 万人，含山县总人口最低，为 44.3 万人，占流域总人口的 4.6%（《安徽统计年鉴》编辑委员会，1996～2015）。

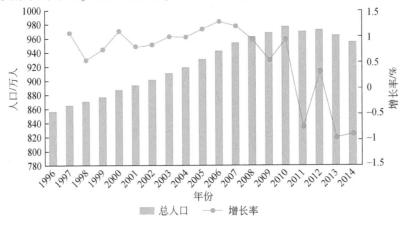

图 3-19　1996～2014 年巢湖流域总人口及增长率

3.3.2.2　城镇化

巢湖流域的人口城镇化水平较低，但增长速度较快。城镇人口由 1996 年的 192.2 万人增长至 2014 年的 305.5 万人，人口城镇化率由 22.4% 上升至 31.9%（图 3-20），与经济发达的太湖流域相比差距较大（陈爽和王进，2004）。自 1996 年以来，巢湖流域人口城镇化率水平较低，但一直处于增加的趋势，且 2009 年开始，巢湖流域城镇化率超过了 30%。从区域内部看，2014 年合肥市辖区城镇人口为 196.0 万人，城镇化率达到 80.0%，其次为巢湖市区和含山县，分别为 26.9% 和 18.7%，其他区域城镇化率均小于 16%（《安徽统计年鉴》编辑委员会，1997～2015）。

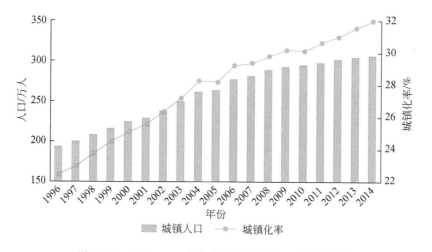

图 3-20　1996～2014 年巢湖流域城镇人口及城镇化率

3.4　土地利用变化

3.4.1　资料收集

使用 1985 年、1995 年、2005 年和 2010 年四期 Landsat 影像作为数据源评估巢湖流域近 30 年土地利用变化。利用 ERDAS IMAGING 8.7 遥感图像处理软件，以 1:250 000 国家基础地形数据库为基础，对上述四期卫星影像数据进行几何校正（误差不超过 0.5 个像元），建立五期土地利用数据库。然后将使用 ArcGIS10.0 软件分析解译出的土地利用矢量图（Liu et al.，2011）。

通过比较巢湖流域现状土地利用类型与《中国土地分类系统》，将巢湖流域土地利用分为六类：耕地、林地、草地、水域、建设用地和未利用地（Liu et al.，2012）。通过遥感图像解译，获取了巢湖流域 1985 年、1995 年、2005 年和 2010 年五期土地利用图（图 3-21）。

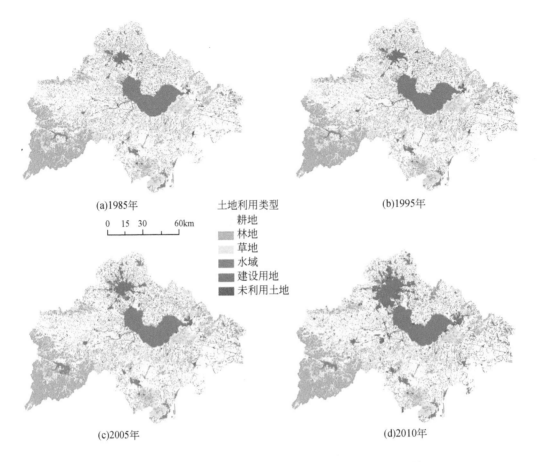

图 3-21　巢湖流域 1985 年、1995 年、2005 年和 2010 年土地利用图

3.4.2　土地利用转移分析

自 20 世纪 80 年代以来，巢湖流域土地利用发生显著变化。其中耕地面积由 1985 年的 9144.05km² 减少为 2010 年的 8502.22km²，减少了 641.83km²；水域面积由 1985 年的 1187.32km² 增加为 2010 年的 1288.68km²，增加了 101.36km²。建设用地面积由 1985 年的 987.84km² 增加为 2010 年的 1520.69km²，增加了 532.85km²。其他用地类型，如林地和草地面积变化较小（表 3-5）。

表 3-5　巢湖流域土地利用变化状况　　　　　　　　（单位：km²）

类型	1985 年	1995 年	2005 年	2010 年
耕地	9144.05	9046.40	8905.16	8502.22
林地	2149.06	2148.40	2155.78	2181.93
草地	588.70	589.15	580.68	556.22

类型	1985 年	1995 年	2005 年	2010 年
水域	1187.32	1193.07	1282.59	1288.68
建设用地	987.84	1079.97	1134.36	1520.69
未利用地	0.35	0.33	0.35	9.17

具体来说，巢湖流域 1985~2010 年耕地转换为其他用地类型而减少的面积占流域总面积的 5.90%，同时其他用地类型转换为耕地而增加的面积占流域总面积的 1.32%，因此，1985~2010 年，巢湖流域耕地面积减少了 4.58%。在此期间，巢湖流域建设用地转换为其他用地类型而减少的面积占流域总面积的 1.09%，同时其他用地类型转换为建设用地而增加的面积占流域总面积的 4.88%，因此，1985~2010 年，巢湖流域建设用地面积增加了 3.79%。巢湖流域水域转换为其他用地类型而减少的面积占流域总面积的 0.14%，同时其他用地类型转换为水域而增加的面积占流域总面积的 0.86%，因此，1985~2010 年，巢湖流域水域面积增加了 0.72%。巢湖流域林地转换为其他用地类型而减少的面积占流域总面积的 0.22%，同时其他用地类型转换为林地而增加的面积占流域总面积的 0.45%，因此，1985~2010 年，巢湖流域林地面积增加了 0.23%。巢湖流域草地转换为其他用地类型而减少的面积占流域总面积的 0.29%，同时其他用地类型转换为草地而增加的面积占流域总面积的 0.06%，因此，1985~2010 年，巢湖流域草地面积减少了 0.23%。巢湖流域其他用地类型转换为未利用地而增加的面积占流域总面积的 0.06%，因此，1985~2010 年，巢湖流域未利用地面积增加了 0.06%（表 3-6）。

表 3-6　巢湖流域 1985~2010 年土地利用转移矩阵　（单位:%）

项目		2010 年						总计	减少
		耕地	林地	草地	水域	建设用地	未利用地		
1985 年	耕地	59.14	0.27	0.03	0.81	4.76	0.02	65.04	5.90
	林地	0.12	15.07	0.03	0.02	0.03	0.02	15.28	0.22
	草地	0.05	0.16	3.89	0.01	0.05	0.02	4.18	0.29
	水域	0.10	0.00	0.00	8.30	0.04	0.00	8.44	0.14
	建设用地	1.06	0.01	0.00	0.02	5.93	0.00	7.03	1.09
	未利用地	0.00	0.00	0.00	0.00	0.00	0.00	0.00	0.00
总计		60.47	15.52	3.95	9.16	10.82	0.07	100.00	
新增		1.32	0.45	0.06	0.86	4.88	0.06		

巢湖流域 1985~1995 年耕地转换为其他用地类型而减少的面积占流域总面积的 1.02%，同时其他用地类型转换为耕地而增加的面积占流域总面积的 0.32%，因此，1985~1995 年，巢湖流域耕地面积减少了 0.70%。在此期间，巢湖流域建设用地转换为其他用地类型而减少的面积占流域总面积的 0.30%，同时其他用地类型转换为建设用地而增加的面积占

流域总面积的 0.95%，因此，1985~1995 年，巢湖流域建设用地面积增加了 0.65%。巢湖流域水域转换为其他用地类型而减少的面积占流域总面积的 0.02%，同时其他用地类型转换为水域而增加的面积占流域总面积的 0.06%，因此，1985~1995 年，巢湖流域水域面积增加了 0.04%。巢湖流域林地转换为其他用地类型而减少的面积占流域总面积的 0.01%，同时其他用地类型没有转换为林地的情况发生，因此，1985~1995 年，巢湖流域林地面积减少了 0.01%。巢湖流域草地没有转换成其他用地类型，同时其他用地类型也没有转换成草地的情况发生。因此，1985~1995 年，巢湖流域草地面积基本保持不变。巢湖流域未利用地没有转换成其他用地类型，同时其他用地类型也没有转换成未利用地的情况发生，因此，1985~1995 年，巢湖流域未利用地面积基本保持不变（表 3-7）。

表 3-7　巢湖流域 1985~1995 年土地利用转移矩阵　　　　（单位:%）

项目		1995 年						总计	减少
		耕地	林地	草地	水域	建设用地	未利用地		
1985 年	耕地	64.03	0.00	0.00	0.06	0.95	0.00	65.05	1.02
	林地	0.00	15.28	0.00	0.00	0.00	0.00	15.29	0.01
	草地	0.00	0.00	4.19	0.00	0.00	0.00	4.19	0.00
	水域	0.02	0.00	0.00	8.42	0.00	0.00	8.45	0.02
	建设用地	0.30	0.00	0.00	0.00	6.73	0.00	7.03	0.30
	未利用地	0.00	0.00	0.00	0.00	0.00	0.00	0.00	0.00
总计		64.35	15.28	4.19	8.49	7.68	0.00	100.00	
新增		0.32	0.00	0.00	0.06	0.95			

巢湖流域 1995~2005 年耕地转换为其他用地类型而减少的面积占流域总面积的 1.81%，同时其他用地类型转换为耕地而增加的面积占流域总面积的 0.79%，因此，1995~2005 年，巢湖流域耕地面积减少了 1.02%。在此期间，巢湖流域建设用地转换为其他用地类型而减少的面积占流域总面积的 0.78%，同时其他用地类型转换为建设用地而增加的面积占流域总面积的 1.17%，因此，1995~2005 年，巢湖流域建设用地面积增加了 0.39%。巢湖流域水域转换为其他用地类型而减少的面积占流域总面积的 0.00%，同时其他用地类型转换为水域而增加的面积占流域总面积的 0.67%，因此，1995~2005 年，巢湖流域水域面积增加了 0.67%。巢湖流域林地转换为其他用地类型而减少的面积占流域总面积的 0.03%，同时其他用地类型转换为林地而增加的面积占流域总面积的 0.08%，因此，1995~2005 年，巢湖流域林地面积增加了 0.05%。巢湖流域草地转换为其他用地类型而减少的面积占流域总面积的 0.07%，同时其他用地类型转换为草地而增加的面积占流域总面积的 0.00%，因此，1995~2005 年，巢湖流域草地面积减少了 0.07%。巢湖流域未利用地转换为其他用地类型而减少的面积占流域总面积的 0.00%，同时其他用地类型转换为未利用地而增加的面积占流域总面积的 0.00%，因此，1995~2005 年，巢湖流域未利用地面积基本保持不变（表 3-8）。

表 3-8　巢湖流域 1995～2005 年土地利用转移矩阵　　　　（单位:%）

项目		2005 年						总计	减少
		耕地	林地	草地	水域	建设用地	未利用地		
1995 年	耕地	62.54	0.02	0.00	0.63	1.16	0.00	64.35	1.81
	林地	0.01	15.25	0.00	0.02	0.00	0.00	15.28	0.03
	草地	0.01	0.05	4.12	0.00	0.00	0.00	4.19	0.07
	水域	0.02	0.00	0.00	8.45	0.01	0.00	8.49	0.00
	建设用地	0.76	0.01	0.00	0.02	6.90	0.00	7.68	0.78
	未利用地	0.00	0.00	0.00	0.00	0.00	0.00	0.00	0.00
总计		63.33	15.33	4.13	9.12	8.07	0.00	100.00	
新增		0.79	0.08	0.00	0.67	1.17	0.00		

巢湖流域 2005～2010 年耕地转换为其他用地类型而减少的面积占流域总面积的 3.50%，同时其他用地类型转换为耕地而增加的面积占流域总面积的 0.64%，因此，2005～2010 年，巢湖流域耕地面积减少了 2.86%。在此期间，巢湖流域建设用地转换为其他用地类型而减少的面积占流域总面积的 0.32%，同时其他用地类型转换为建设用地而增加的面积占流域总面积的 3.07%，因此，2005～2010 年，巢湖流域建设用地面积增加了 2.75%。巢湖流域水域转换为其他用地类型而减少的面积占流域总面积的 0.21%，同时其他用地类型转换为水域而增加的面积占流域总面积的 0.26%，因此，2005～2010 年，巢湖流域水域面积增加了 0.05%。巢湖流域林地转换为其他用地类型而减少的面积占流域总面积的 0.19%，同时其他用地类型转换为林地而增加的面积占流域总面积的 0.37%，因此，2005～2010 年，巢湖流域林地面积增加了 0.18%。巢湖流域草地转换为其他用地类型而减少的面积占流域总面积的 0.23%，同时其他用地类型转换为草地而增加的面积占流域总面积的 0.06%，因此，2005～2010 年，巢湖流域草地面积减少了 0.17%。巢湖流域未利用地没有转换成其他用地类型，同时其他用地类型转换为未利用地而增加的面积占流域总面积的 0.06%，因此，2005～2010 年，巢湖流域未利用地面积增加了 0.06%（表 3-9）。

表 3-9　巢湖流域 2005～2010 年土地利用转移矩阵　　　　（单位:%）

项目		2010 年						总计	减少
		耕地	林地	草地	水域	建设用地	未利用地		
2005 年	耕地	59.84	0.25	0.03	0.25	2.96	0.02	63.34	3.50
	林地	0.11	15.15	0.03	0.01	0.02	0.02	15.33	0.19
	草地	0.04	0.11	3.90	0.00	0.05	0.02	4.13	0.23
	水域	0.18	0.00	0.00	8.91	0.03	0.00	9.12	0.21
	建设用地	0.31	0.00	0.00	0.00	7.75	0.00	8.07	0.32
	未利用地	0.00	0.00	0.00	0.00	0.00	0.00	0.00	0.00
总计		60.48	15.52	3.96	9.17	10.82	0.07	100.00	
新增		0.64	0.37	0.06	0.26	3.07	0.06		

3.4.3 土地利用变化分析

土地利用变化分析是在 ArcGIS 软件中通过比较一定区域内不同时期土地利用类型的面积。针对不同时间段（1985～1995 年、1995～2005 年、2005～2010 年和 1985～2010年），可以计算出一定范围内每种土地利用损失或获得的总面积。通常使用土地利用动态指数（Hao et al.，2012）和土地利用动态度指数（Liu et al.，2010）这两个指数量化土地利用变化。这两个指数计算公式如下：

$$K = \frac{S_b - S_a}{S_a} \times \frac{1}{T} \times 100\% \tag{3-5}$$

式中，K 表示土地利用动态指数；S_a 和 S_b 分别表示一定时间段内初始和最终土地利用面积（hm^2）；T 表示时间段长度（年），如 $T=1$，计算出的 K 表示特定土地利用类型的年变化率。

$$D = \left(\sum_{i,j}^{N} \left(\frac{\Delta D_{i \to j}}{D_i} \right) \right) \times \frac{1}{T} \times 100\% \tag{3-6}$$

式中，D 表示土地利用动态度指数；D_i 表示一定时间段内初始时刻土地利用类型 i 的面积（hm^2）；$\Delta D_{i \to j}$ 表示一定时间段内土地利用类型 i 转变为土地利用类型 j 的总面积（hm^2）；N 表示研究区土地利用类型数量。巢湖流域土地利用类型主要包括耕地、林地、草地、水域、建设用地和未利用地。

1985～2010 年，巢湖流域土地利用类型发生显著变化（图 3-14，表 3-10）。除林地外，其他用地类型变化较明显。其中，水域面积由 118 731.5hm^2（占流域面积的 8.45%）增加到 128 868.2hm^2（占流域面积的 9.17%），建设用地面积由 98 784.4hm^2（占流域面积的 7.03%）增加到 152 069.3hm^2（占流域面积的 10.82%），林地面积由 214 906.0hm^2（占流域面积的 15.29%）增加到 218 192.7hm^2（占流域面积的 15.52%），虽然未利用地面积较小，但其在研究期间变化最为剧烈，由 1985 年的 34.6 hm^2 增加为 2010 年的 916.7 hm^2。此外，耕地面积由 914 405.5hm^2（占流域面积的 65.05%）减少为 850 222.3hm^2（占流域面积的 60.48%），草地面积由 58 869.5hm^2（占流域面积的 4.19%）减少为 556 622.3hm^2（占流域面积的 3.96%）。

表 3-10 1985～2010 年巢湖流域土地利用变化　　　　　　（单位:%）

土地利用类型	不同年份土地利用类型百分比				K				D			
	1985 年	1995 年	2005 年	2010 年	T1	T2	T3	T4	T1	T2	T3	T4
耕地	65.05	64.35	63.35	60.48	−0.11	−0.31	−0.90	−0.28				
林地	15.29	15.28	15.34	15.52	0.00	0.07	0.24	0.06				
草地	4.19	4.19	4.13	3.96	0.01	−0.29	−0.84	−0.22	1.22	1.50	3.77	1.40
水域	8.45	8.49	9.12	9.17	0.05	1.50	0.10	0.34				
建设用地	7.03	7.68	8.07	10.82	0.93	1.01	6.81	2.16				
未利用地	0.00	0.00	0.00	0.07	−0.58	1.34	507.42	102.04				

注：K 表示式（3-5）中土地利用动态指数；D 表示式（3-6）中土地利用动态度指数；T1 表示时间范围为 1985～1995 年，T2 表示时间范围为 1995～2005 年，T3 表示时间范围为 2005～2010 年，T4 表示时间范围为 1985～2010 年。

通过巢湖流域土地利用动态指数可以看出，1985～2010 年，巢湖流域林地、水域、建设用地和未利用地的 K 值为正值；耕地和草地的 K 值为负。说明在此期间巢湖流域林地、水域、建设用地和未利用地的面积是增加的，而耕地和草地的面积是减少的，这一结果与上述分析一致。1985～2010 年，巢湖流域未利用地是变化最剧烈的土地利用类型，｜K｜最大，其面积有占流域面积的 0.00% 增加为 0.07%；接下来依次为建设用地、水域、耕地、草地和林地。尽管未利用地变化最为剧烈，但是其总面积很小，可以认为它不是影响巢湖流域生态系统服务功能变化的主要土地利用类型。另外，2005～2010 年，巢湖流域土地利用动态度指数最高（$D=3.77$），这就意味着这一时期土地利用变化最为剧烈，主要是因为这一时期内，耕地转变为建设用地、水域和林地。

参 考 文 献

《安徽统计年鉴》编辑委员会. 安徽统计年鉴（1997～2015 年）. 北京：中国统计出版社.

《合肥统计年鉴》编辑委员会. 合肥统计年鉴（1997～2015 年）. 北京：中国统计出版社.

陈百明. 1991. 中国土地资源生产能力及人口承载量项目研究方法概论. 自然资源学报，6（3）：197-205.

陈爽，王进. 2004. 太湖流域城市化水平及外来人口影响测评. 长江流域资源与环境，13（6）：524-529.

董昭礼. 2010. 加快合肥经济圈建设，推动区域一体化发展. 决策，2：118-119.

甘泓，王忠静，汪林，等. 2007. 水资源承载能力评价方法及其应用研究. 北京：中国水利水电科学研究院.

高俊峰，蒋志刚. 2012. 中国五大淡水湖保护与发展. 北京：科学出版社.

蒋豫，刘新，高俊峰等. 2015. 江苏省浅水湖泊表层沉积物中重金属污染特征及其风险评价. 长江流域资源与环境，24（7）：1157-1162.

李莉，周宏，包安明. 2014. 中亚地区气候生产潜力时空变化特征. 自然资源学报，29（2）：287-294.

刘昌明，王礼先，夏军. 2004. 西北地区水资源配置生态环境建设和可持续发展战略研究：生态环境卷. 北京：科学出版社.

王忠静，廖四辉，武晓峰，等. 2007. 大同市水资源承载能力分析. 南水北调与水利科技，5（3）：47-50.

吴开亚. 2008. 巢湖流域农业经济循环经济发展的综合评价. 中国人口. 资源与环境，18（1）：94-98.

徐争启，倪师军，庹先国，等. 2008. 潜在生态危害指数法评价中重金属毒性系数计算. 环境科学与技术，31（2）：112-115.

中国环境监测总站. 1990. 中国元素土壤背景值. 北京：中国环境科学出版社.

Christophoridis C, Dedepsidis D, Fytianos K. 2009. Occurrence and distribution of selected heavy metals in the surface sediments of Thermaikos Gulf, N. Greece. Assessment using pollution indicators. Journal of Hazardous Materials, 168（2）：1082-1091.

Håkanson L. 1980. An ecological risk index for aquatic pollution control: A sedimentological approach. Water Research, 14（8）：975-1001.

Hao F H, Lai X H, Ouyang W, et al. 2012. Effects of land use changes on the ecosystem service values of a reclamation farm in Northeast China. Environmental management, 50（5）：888-899.

Lieth H. 1973. Primary production: Terrestrial ecosystems. Human Ecology, 1（4）：303-332.

Liu G, Li J, Xu Z, et al. 2010. Surface deformation associated with the 2008 Ms8.0 Wenchuan earthquake form ALOS L-band SAR interferometry International Journal of Applied Earth Observation and Geoinformation, 12（6）：496-505.

Liu H L, Chen X, Bao A M, et al. 2011. Effect of irrigation methods on groundwater recharge in alluvial fan area. Journal of Irrigation and Drainage Engineering, 138 (3): 266-273.

Liu Y, Soonthrnnonda P, Li J, et al. 2011. Stormwater runoff characterized by GIS determined source areas and runoff volumes. Environmental management, 47 (2): 201-217.

Muller G. 1969. Index of geoaccumulation in sediments of the Rhine River. Geojournal, 2: 108-118.

WWF. 2006. Living planet report 2006. http: //d2ouvy59p0dg6k. cloudfront. net/downloads/living- _ planet _ report. pdf. 2016-10-20.

Zhang Z M, Gao J F, 2016a. Linking landscape structures and ecosystem service value using multivariate regression analysis: A case study of the Chaohu Lake Basin, China. Environment Earth Sciences, 75 (1): 1-16.

Zhang Z M, Gao J F. Fan X Y, et al. 2016b. Assessing the variable ecosystem services relationships in polders over time: a case study in the eastern Chaohu Lake Basin, China. Environment Earth Sciences. 75 (856): 1-13.

Zhang Z M, Gao J F, Gao YN, 2015. The influences of land use changes on the value of ecosystem services in Chaohu Lake Basin, China. Environment Earth Sciences, 74 (1): 385-395.

第4章　水生态功能分区指标筛选[①]

4.1　指标选取依据

不同尺度的因素在流域水生态系统形成的过程中起到不同的作用。影响水生态系统的因素既有自然的因素，也有人类活动的因素（高俊峰和高永年，2012；高俊峰等，2016）。一般认为，自然地理因素，如降雨、温度、高程等在较大尺度上影响生态系统格局（郑度等，2008）；人类活动在越来越大的尺度上影响自然生态，正在改变自然生态的格局、组成、过程和功能（于贵瑞等，2004；Bailey，2009；傅伯杰等，2015）；在小尺度上，水体空间特征、水质状况、水生生物栖息地状态等局地特征影响到水生态系统的功能（高俊峰和高永年，2012；张志明等，2016；张又等，2016；钱红等，2016）。

依据巢湖流域的特点，一级水生态功能区反映巢湖流域水生态系统形成的自然地理因素，备选的分区指标为海拔、气候等；二级水生态功能区反映人类活动的影响程度，备选的指标有土地利用/覆盖、地质、土壤等；三级水生态功能区反映水生生物生存空间的特征，备选指标有水体类型、大小、结构、流域界线等；四级水生态功能区反映水生生物栖息地类型，备选指标有河道、湖库、岸带、水动力状况等。

根据各级别的备选指标，通过数学方法，分析各指标与大型底栖动物物种（附录1）、鱼类（附录2）和浮游植物（附录3）之间的关系，指标的关联度越高，说明指标对水生生物的影响越大，可以作为不同尺度的分区指标。一般采用典范对应分析方法进行指标与水生生物之间的关联分析（canonical correlation analysis，CCA）（Ter Braak，1986；Ter Braak and Šmilauer，2002；Lepš and Šmilauer，2003；Ter Br aak and Prentice，2004），进而确定不同水生态功能区级别的分区指标。

4.2　一级分区指标筛选

4.2.1　指标数据的获取

水生态功能一级分区，在考虑流域自然地理、地貌、水文的基础上，备选指标为地面高程、河网密度、降雨量、温度（表4-1）。

---

① 本章由张志明、蔡永久、高俊峰撰写，高俊峰统稿、定稿。

表4-1　流域水生态功能一级分区备选指标

目标	备选指标	指标的水生态意义/说明
生态系统形成的自然地理因素	地面高程	反映区域地形状况，影响降水分配、地表径流及其空间分布，体现降水和气温等多种要素对水生态系统的影响特征
	河网密度	反映水系分布影响下的河流水文资源特征
	降雨量	决定生态系统水资源的补给的差异
	温度	表征生物空间分布

4.2.2 指标筛选过程

典范对应分析表明一级分区备选指标中地面高程、河网密度、温度、降雨量指标与巢湖流域大型底栖动物群落空间格局显著相关。第一轴和第二轴的特征值较大，分别为0.40和0.12，分别解释了5.00%和1.50%的物种数据方差变异及64.60%和20.00%的物种-环境关系变异，第三轴和第四轴特征值较小，分别解释了0.60%和0.60%的物种数据方差变异及8.50%和6.90%的物种-环境关系变异。前两轴解释了84.60%的物种-环境关系变异，基本反映了底栖动物群落与自然地理因素的关系（图4-1和表4-2）。第一轴与温度和地面高程相关性较高，第二轴与河网密度、降雨量和地面高程相关性较高，各因子中温度、河网密度和降雨量地面高程的解释量相对较高，地面高程的解释量相对较低。

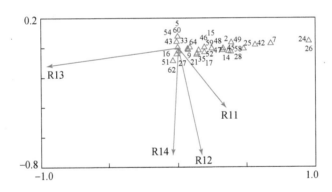

图4-1　大型底栖动物群落与一级分区备选指标的典范对应分析排序图

图中分区指标代码见表4-2，物种数字代码见附录1。

表4-2　大型底栖动物群落与一级分区备选指标典范对应分析结果

项目	第一轴	第二轴	第三轴	第四轴	总惯量
特征值	0.40	0.12	0.05	0.04	
物种-环境相关性	0.82	0.52	0.40	0.32	8.00
物种数据方差变异累计百分比	5.00	6.50	7.10	7.70	
物种-环境关系变异累计百分比	64.60	84.60	93.10	100.00	

项目	第一轴	第二轴	第三轴	第四轴	总惯量
地面高程（R11）	0.29	−0.21	−0.32	−0.10	
河网密度（R12）	0.14	−0.37	0.00	0.22	8.00
温度（R13）	−0.78	−0.06	0.04	0.08	
降雨量（R14）	−0.03	−0.37	0.23	−0.12	

典范对应分析表明地面高程、河网密度、温度和降雨量指标与鱼类群落显著相关。第一轴和第二轴的特征值分别为 0.18 和 0.07，分别解释了 5.30% 和 2.00% 的物种数据方差变异及 55.00% 和 20.7% 的物种–环境关系变异，第三轴和第四轴特征值分别解释了 1.60% 和 0.70% 的物种数据方差变异及 17.00% 和 7.30% 的物种–环境关系变异，前两轴基本反映了鱼类群落与环境因子的关系（图 4-2 和表 4-3）。第一轴与地面高程和温度相关性较高，第二轴与河网密度相关性较高。地面高程、温度和河网密度的解释量相对较高，而降雨量解释量相对较低。

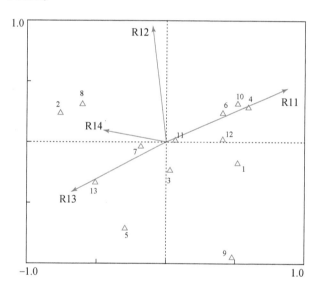

图 4-2　巢湖流域鱼类群落与一级分区备选指标的典范对应分析排序图

图中分区指标代码见表 4-3，物种数字代码见附录 2。

表 4-3　鱼类群落与一级分区备选指标典范对应分析结果

项目	第一轴	第二轴	第三轴	第四轴	总惯量
特征值	0.18	0.07	0.05	0.02	
物种–环境相关性	0.66	0.45	0.44	0.32	
物种数据方差变异累计百分比	5.30	7.30	8.90	9.60	3.30
物种–环境关系变异累计百分比	55.00	75.70	92.70	100.00	

续表

项目	第一轴	第二轴	第三轴	第四轴	总惯量
地面高程（R11）	0.57	0.20	0.03	−0.07	
河网密度（R12）	−0.07	0.43	0.09	0.04	3.30
温度（R13）	−0.44	−0.19	−0.05	−0.19	
降雨量（R14）	−0.30	0.04	0.38	0.02	

浮游植物排序分析结果显示地面高程、河网密度、温度和降雨量是影响其空间格局的关键因素。第一轴和第二轴的特征值分别为0.23和0.04，分别解释了4.80%和0.80%的物种数据方差变异及71.1%和12.7%的物种-环境关系变异，第三轴和第四轴分别解释了0.04%和0.02%的物种数据方差变异及10.90%和5.30%的物种-环境关系变异（图4-3和表4-4）。第一轴与地面高程和降雨量相关性较高；第二轴与河网密度相关性较高。地面高程、降雨量和河网密度的解释量相对较高，温度相对较低。

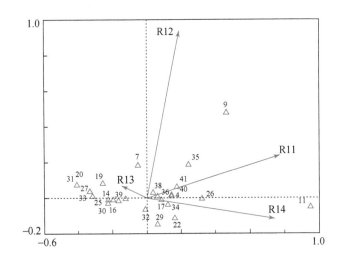

图4-3　浮游植物群落与一级分区备选指标的典范对应分析排序图

图中分区指标代码见表4-4，物种数字代码见附录3。

表4-4　浮游植物群落与一级分区备选指标典范对应分析结果

项目	第一轴	第二轴	第三轴	第四轴	总惯量
特征值	0.23	0.04	0.04	0.02	
物种-环境相关性	0.76	0.50	0.47	0.32	
物种数据方差变异累计百分比	4.80	5.60	6.40	6.70	4.77
物种-环境关系变异累计百分比	71.10	83.80	94.70	100.00	
地面高程（R11）	0.59	0.12	0.28	0.00	
河网密度（R12）	0.15	0.47	−0.01	0.09	

项目	第一轴	第二轴	第三轴	第四轴	总惯量
温度（R13）	-0.11	0.03	-0.28	-0.25	4.77
降雨量（R14）	0.56	-0.06	-0.27	0.10	

综合底栖动物、鱼类和浮游植物的分析结果，表明流域尺度上地面高程和河网密度能较好地解释巢湖流域主要水生生物群落的空间变化，结合巢湖流域自然地理特征，选取地面高程和河网密度作为流域水生态功能一级分区指标。

4.3　二级分区指标筛选

4.3.1　指标数据的获取

水生态功能二级分区，在考虑流域内人类活动的基础上，备选指标为土壤类型、坡度、建设用地面积比、耕地面积比、植被覆盖度（表4-5）。

表4-5　流域水生态功能二级分区备选指标

目标	备选指标	指标的水生态意义/说明
本底/人类活动	土壤类型	反映土壤空间分布异质性对水生态系统的影响
	坡度	反映地表起伏差异导致的水动力条件的变化，引起的营养盐或污染物质的输移的变化导致的水生态系统异质性
	建设用地面积比	反映点源和生活面源污染物潜在负荷强度对水生态系统的影响
	耕地面积比	反映点源和生活面源污染物潜在负荷强度对水生态系统的影响
	植被覆盖度	反映物质输移对水生态系统异质性的影响

4.3.2　指标筛选过程

典范对应分析表明植被覆盖度、耕地面积比、建设用地面积比、坡度、土壤类型与底栖动物群落空间变异高度相关。第一轴和第二轴的特征值分别为 0.22 和 0.20，分别解释了 2.80% 和 2.50% 的物种数据方差变异及 40.80% 和 36.20% 的物种–环境关系变异，第三轴和第四轴分别解释了 0.90% 和 0.50% 的物种数据方差变异及 13.70% 和 6.70% 的物种–环境关系变异。前两轴共解释了 5.30% 的物种数据方差变异及 77.00% 的物种–环境关系变异，基本反映了底栖动物群落与环境因子的关系（图4-4和表4-6）。第一轴主要反映了耕地面积比和建设用地面积；第二轴主要反映了坡度和植被覆盖度。各因子中耕地面积比、建设用地面积比、坡度和植被覆盖度的解释量相对较高。

图中分区指标代码见表4-6，物种数字代码见附录1。

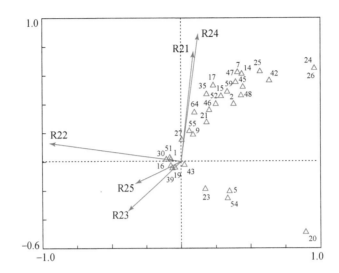

图4-4　大型底栖动物群落与二级分区备选指标的典范对应分析排序图

表4-6　大型底栖动物群落与二级分区备选指标典范对应分析结果

项目	第一轴	第二轴	第三轴	第四轴	总惯量
特征值	0.22	0.20	0.08	0.04	
物种-环境相关性	0.64	0.61	0.44	0.35	
物种数据方差变异累计百分比	2.80	5.30	6.20	6.70	
物种-环境关系变异累计百分比	40.80	77.00	90.70	97.40	
植被覆盖度（R21）	0.05	0.48	−0.03	−0.19	8.00
耕地面积比（R22）	−0.61	0.08	0.12	0.01	
建设用地面积比（R23）	−0.24	−0.21	0.36	−0.10	
坡度（R24）	0.08	0.55	0.12	−0.11	
土壤类型（R25）	−0.21	−0.09	0.16	0.24	

鱼类群落排序分析显示植被覆盖度、耕地面积比、建设用地面积比、坡度和土壤类型是与其空间变异关系密切的区域尺度因子。第一轴和第二轴的特征值分别为0.18和0.08，分别解释了5.40%和2.30%的物种数据方差变异及52.20%和21.7%的物种-环境关系变异，第三轴和第四轴特征值分别解释了1.70%和0.70%的物种数据方差变异及15.80%和7.40%的物种-环境关系变异（图4-5和表4-7）。第一轴与坡度、植被覆盖度、耕地面积比、建设用地面积比相关性较高，第二轴与土壤类型相关性较高。

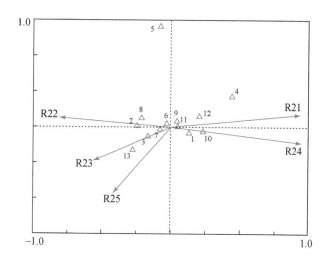

图 4-5　鱼类群落与二级分区备选指标的典范对应分析排序图

图中分区指标代码见表 4-7，物种数字代码见附录 2。

表 4-7　鱼类群落与二级分区备选指标典范对应分析结果

项目	第一轴	第二轴	第三轴	第四轴	总惯量
特征值	0.18	0.08	0.05	0.03	
物种-环境相关性	0.66	0.53	0.42	0.29	
物种数据方差变异累计百分比	5.40	7.70	9.40	10.10	
物种-环境关系变异累计百分比	52.20	73.90	89.70	97.10	
植被覆盖度（R21）	0.61	0.06	−0.06	−0.04	3.30
耕地面积比（R22）	−0.53	0.04	−0.09	−0.05	
建设用地面积比（R23）	−0.36	−0.16	−0.09	−0.14	
坡度（R24）	0.62	−0.08	0.08	−0.02	
土壤类型（R25）	−0.27	−0.32	−0.09	0.18	

　　浮游植物排序分析显示第一轴和第二轴的特征值分别为 0.30 和 0.05，分别解释了 6.40% 和 1.10% 的物种数据方差变异及 71.6% 和 12.8% 的物种-环境关系变异，第三轴和第四轴特征值分别解释了 0.60% 和 0.50% 的物种数据方差变异及 7.10% 和 5.10% 的物种-环境关系变异（图 4-6 和表 4-8）。

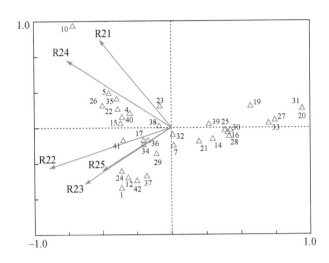

图 4-6 浮游植物群落与二级分区备选指标典范对应分析排序图

图中分区指标代码见表 4-8，物种数字代码见附录 3。

表 4-8 浮游植物群落与二级分区备选指标典范对应分析结果

项目	第一轴	第二轴	第三轴	第四轴	总惯量
特征值	0.30	0.05	0.03	0.02	
物种-环境相关性	0.87	0.48	0.45	0.38	
物种数据方差变异累计百分比	6.40	7.50	8.10	8.60	
物种-环境关系变异累计百分比	71.60	84.40	91.50	96.60	
植被覆盖度（R21）	-0.46	0.40	-0.06	-0.06	4.77
耕地面积比（R22）	-0.77	-0.18	0.03	-0.10	
建设用地面积比（R23）	-0.54	-0.25	-0.17	0.16	
坡度（R24）	-0.66	0.30	0.01	0.06	
土壤类型（R25）	-0.43	-0.20	0.25	0.10	

　　耕地面积比、建设用地面积比、坡度、土壤类型等指标较好地解释巢湖流域水生生物群落的变化。综合来看，结合巢湖流域人类活动干扰程度，选取耕地面积比、建设用地面积比、坡度和土壤类型作为流域水生态功能二级分区指标。

4.4　三级分区指标筛选

4.4.1　指标数据的获取

　　水生态功能三级分区指标主要体现水系类别、水体数量、结构及其连通性特征等水体条件对湖泊型流域水生态系统影响的空间差异（高俊峰和高永年，2012；刘坤等，2014；钱红等，2016；张又等，2016）。通过遥感图像解译结合现场调查收集的资料，提取流域水系，主要包括线状水体和面状水体，通过 ArcGIS 软件计算相关指标（表4-9）。

表4-9　流域水生态功能三级分区备选指标

指标类型	计算方法	获取方法
子流域形状指数	子流域周长与同面积圆周长之比	遥感图像解译、ArcGIS 软件计算
水面率	水面面积与区域面积之比	遥感图像解译、ArcGIS 软件计算
河流节点度	河道交汇点的数量	遥感图像解译、ArcGIS 软件计算
水系类别	流域水文界限	遥感图像解译、ArcGIS 软件计算

4.4.2　指标的筛选过程

根据水生态功能三级分区的目的与原则，选取子流域形状指数、水面率、水系类别、河流节点度共四项指标作为流域水生态功能三级分区的备选指标。基于流域水生态功能分区的现实需求，针对流域水生态功能分区备选指标，采用典范对应分析（CCA）（Ter Braak，1986；Ter Braak and Šmilauer，2002；Lepš and Šmilauer，2003；Ter Braak and Prentice，2004）筛选巢湖流域水生态功能三级分区指标。

典范对应分析表明三级分区备选指标与底栖动物群落相关性较高。第一轴和第二轴的特征值分别为 0.16 和 0.08，分别解释了 2.00% 和 1.10% 的物种数据方差变异及 54.70% 和 28.30% 的物种−环境关系变异，第三轴和第四轴分别解释了 0.40% 和 0.20% 的物种数据方差变异及 10.30% 和 6.70% 的物种−环境关系变异。前两轴共解释了 3.10% 的物种数据方差变异及 83.00% 的物种−环境关系变异，基本反映了底栖动物群落与环境因子的关系（图4-7 和表4-10）。第一轴与水面率和水系类别指数相关性较高，第二轴与水系类别相关性较高。各因子中子流域形状指数、水面率、水系类别的解释量相对较高，河流节点度解释量相对较低。

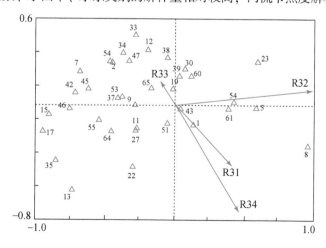

图4-7　大型底栖动物群落与三级分区备选指标的典范对应分析排序图

图中分区指标代码见表4-9，物种数字代码见附录1。

表4-10 大型底栖动物群落与三级分区备选指标典范对应分析结果

项目	第一轴	第二轴	第三轴	第四轴	总惯量
特征值	0.16	0.08	0.03	0.02	
物种–环境相关性	0.55	0.46	0.33	0.34	
物种数据方差变异累计百分比	2.00	3.10	3.50	3.70	7.98
物种–环境关系变异累计百分比	54.70	83.00	93.30	100.00	
子流域形状指数（R31）	0.22	-0.19	0.25	-0.12	
水面率（R32）	0.55	0.05	0.04	-0.01	
河流节点度（R33）	-0.06	0.08	0.21	0.26	
水系类别（R34）	0.26	-0.34	-0.01	0.16	

鱼类群落排序分析第一轴和第二轴的特征值分别为0.23和0.13，分别解释了6.70%和4.10%的物种数据方差变异及52.70%和31.30%的物种–环境关系变异；第三轴和第四轴特征值分别为0.06和0.01，分别解释了1.70%和0.30%的物种数据方差变异及13.30%和2.70%的物种–环境关系变异。前两轴分别解释了10.80%的物种数据方差变异及84.00%的物种–环境关系变异（图4-8和表4-11），第一轴主要反映了水面率和子流域形状指数，第二轴主要反映了河流节点度和水系类别。

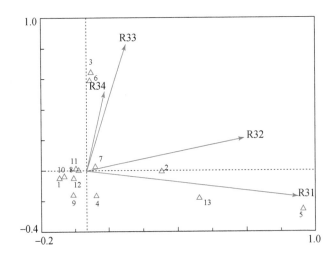

图4-8 鱼类群落与三级分区备选指标的典范对应分析排序图

图中分区指标代码见表4-11，物种数字代码见附录2。

表 4-11　鱼类群落与三级分区备选指标典范对应分析结果

项目	第一轴	第二轴	第三轴	第四轴	总惯量
特征值	0.23	0.13	0.06	0.01	
物种–环境相关性	0.69	0.67	0.43	0.24	
物种数据方差变异累计百分比	6.70	10.80	12.50	12.80	
物种–环境关系变异累计百分比	52.70	84.00	97.30	100.00	3.34
子流域形状指数（R31）	0.64	-0.11	0.11	0.06	
水面率（R32）	0.48	0.14	-0.24	-0.10	
河流节点度（R33）	0.12	0.54	0.23	-0.03	
水系类别（R34）	0.06	0.34	-0.22	0.17	

浮游植物排序分析第一轴和第二轴的特征值分别为 0.28 和 0.04，分别解释了 5.80% 和 0.80% 的物种数据方差变异及 75.90% 和 10.70% 的物种–环境关系变异。第三轴和第四轴分别解释了 0.70% 和 0.40% 的物种数据方差变异及 8.00% 和 5.40% 的物种–环境关系变异（图 4-9 和表 4-12）。第一轴与水面率、水系类别和子流域形状指数相关性较高，第二轴河流节点度相关性较高。

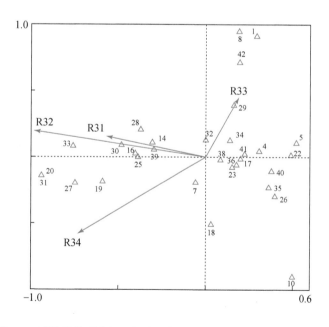

图 4-9　浮游植物群落与三级分区备选指标的典范对应分析排序图

图中分区指标代码见表 4-12，物种数字代码见附录 3。

表 4-12　浮游植物群落与三级分区备选指标典范对应分析结果

项目	第一轴	第二轴	第三轴	第四轴	总惯量
特征值	0.28	0.04	0.03	0.02	
物种-环境相关性	0.84	0.51	0.44	0.33	
物种数据方差变异累计百分比	5.80	6.60	7.30	7.70	
物种-环境关系变异累计百分比	75.90	86.60	94.60	100.00	4.77
子流域形状指数（R31）	−0.48	0.08	0.33	−0.09	
水面率（R32）	−0.82	0.10	0.00	−0.02	
河流节点度（R33）	0.16	0.23	0.13	0.27	
水系类别（R34）	−0.61	−0.30	0.05	0.11	

　　子流域尺度上水面率、水系类别、河流节点度能较好地解释流域水生生物群落的变化，综合来看，针对巢湖流域水生生物生存空间的特征，选取水面率、水系类别、河流节点度共三项指标作为流域水生态功能三级分区指标。

4.4.3　指标与水生生物的关联性分析

（1）三级分区指标与大型底栖动物群落的关系

　　运用冗余分析解析子流域尺度环境因子与大型底栖动物群落的关系，前两轴解释了4.60%的物种数据方差变异以及93.50%的物种-环境关系变异（表4-13）。

表 4-13　大型底栖动物群落与三级分区指标的冗余分析

项目	第一轴	第二轴	第三轴	第四轴
特征值	0.04	0.01	0.00	0.49
物种-环境相关性	0.28	0.36	0.25	0.00
物种数据方差变异累计百分比	3.80	4.60	4.90	54.00
物种-环境关系变异累计百分比	78.10	93.50	100.00	0.00
水面率（R32）	−0.09	−0.27	0.15	0.00
河流节点度（R33）	0.11	0.20	0.19	0.00
水系类别（R34）	0.17	−0.28	0.04	0.00

　　从冗余分析双序图可以看出，河流节点度沿第一轴正方向逐渐增加，纹石蛾科（45）、四节蜉科（42）、椎实螺科（65）、医蛭科（55）、龙虱科（30）、豆螺科（16）、水虻科（41）、肋蜷科（27）、蚬科（51）等类群的密度与河流节点正相关，以上类群多为清洁种。水面率沿第二轴正方向，颤蚓科（5）、齿吻沙蚕科（8）、摇蚊科（54）的密度与水面率显著正相关，这几个类群主要为耐污类群，表明水面率的增加更有利于其栖息（图4-10），结果表明三级分区指标能够较好地区分大型底栖动物的群落变化。

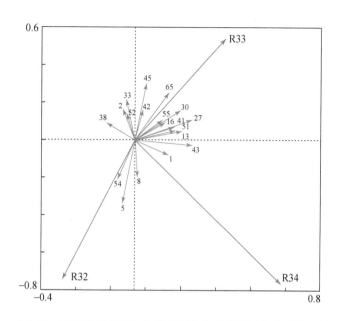

图 4-10　三级分区指标与大型底栖动物群落的冗余分析排序图

图中分区指标代码见表 4-13，物种数字代码见附录 1。

（2）三级分区指标与鱼类群落的关系

鱼类群落冗余分析前两轴解释了 10.10% 的物种数据方差变异以及 94.60% 的物种-环境关系变异。水面率和水系类别与第一轴相关较高，河流节点度与第二轴高度正相关（表 4-14）。

表 4-14　巢湖流域鱼类群落与三级分区指标的冗余分析

项目	第一轴	第二轴	第三轴	第四轴
特征值	0.09	0.01	0.01	0.20
物种-环境相关性	0.59	0.29	0.30	0.00
物种数据方差变异累计百分比	9.00	10.10	10.70	30.60
物种-环境关系变异累计百分比	84.00	94.60	100.00	0.00
水面率（R32）	0.54	0.00	−0.12	0.00
河流节点度（R33）	0.08	0.29	0.02	0.00
水系类别（R34）	0.31	−0.02	0.26	0.00

根据冗余分析双序图，合鳃鱼科（5）、刺鳅科（2）、鱚科（13）、鲤科（7）的丰度与水面率和水系类别呈正相关，而鲇科（9）、鳢科（1）、虾虎鱼科（12）、鳅科（10）则与其呈负相关。河流节点度沿着第二轴正方向逐渐增加，鳉科（6）、斗鱼科（3）与其高度正相关，（图 4-11），结果表明三级分区指标能够较好地区分鱼类的群落变化。

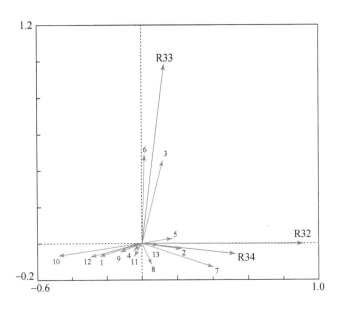

图 4-11　三级分区指标与鱼类群落的冗余分析排序图

图中分区指标代码见表 4-14，物种数字代码见附录 2。

（3）三级分区指标与浮游植物群落的关系

浮游植物群落冗余分析前两轴解释了 13.90% 的物种数据方差变异及 96.40% 的物种-环境关系变异。水面率和水系类别与第一轴正相关较强，河流节点度与第二轴高度正相关（表 4-15）。

表 4-15　浮游植物群落与三级分区指标的冗余分析

项目	第一轴	第二轴	第三轴	第四轴
特征值	0.13	0.01	0.01	0.11
物种-环境相关性	0.80	0.45	0.30	0.00
物种数据方差变异累计百分比	12.50	13.90	14.40	25.80
物种-环境关系变异累计百分比	86.70	96.40	100.00	0.00
水面率（R32）	0.78	0.07	−0.03	0.00
河流节点度（R33）	−0.10	0.28	0.23	0.00
水系类别（R34）	0.54	−0.24	0.15	0.00

从冗余分析双序图可以看出，小球藻科（32）、四集藻科（28）、圆筛藻科（38）、空星藻科（14）、栅藻科（39）、网球藻科（30）、小桩藻科（33）、卵囊藻科（16）、色球藻科（25）、微孢藻科（31）、盘星藻科（20）、丝藻科（27）及念珠藻科（19）的丰度与水面率正相关；棕鞭藻科脆杆藻科（4）、短缝藻科（5）、桥弯藻科（22）、双菱藻科（26）、舟形藻科（40）、异极藻科（35）则与其负相关。团藻科（29）、衣藻科（34）、棕鞭藻科（42）、瓣胞藻科（1）的丰度与河流节点密度正相关（图 4-12），结果表明三级

分区指标能够较好地区分浮游植物的群落变化。

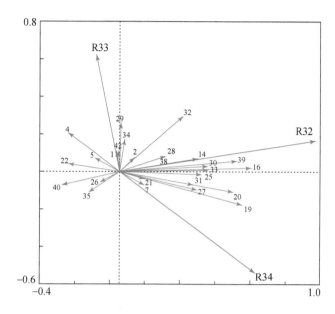

图 4-12　三级分区指标与浮游植物群落的冗余分析配序图

图中分区指标代码见表 4-15，物种数字代码见附录 3。

4.4.4　三级分区的指标体系

依据湖泊型流域水生态功能三级分区的目的和原则（高俊峰和高永年，2012），借助相关统计分析方法，确定湖泊型流域水生态功能三级分区的指标；面向流域水生态功能分区的现实需求，针对流域水生态功能分区备选指标，采用典范对应分析（canonical correspondence analysis，CCA）、冗余分析（redundancy analysis，RDA）、主成分分析（principal component analysis，PCA）、因子分析、相关分析等多种统计分析方法，从备选指标中选取出与水环境及水生态数据空间变化显著相关的指标，并结合湖泊型流域的实际情况，筛选出各级水生态功能分区指标，建立流域水生态功能分区指标体系（表 4-16）。

表 4-16　流域水生态功能三级分区指标体系

指标类型	指标描述
水面率	反映流域水生生态系统的水量输送及其容纳能力
河流节点度	表征河流复杂程度，决定水生栖息地的多样性和连通状况
水系类别	反映以湖体为核心的不同水系的输移路径对水生态系统的影响

4.5 四级分区指标筛选

4.5.1 指标数据的获取

水生态功能四级分区指标主要体现出河段形态和类型等特征对湖泊型流域水生生物栖息地影响的空间差异。巢湖流域水生态功能四级分区指标主要通过野外调查和资料收集分析获得，采用典范对应分析（CCA），明确巢湖流域水生态调查数据与河段生境的关系，选取对鱼类、藻类和大型底栖动物具有显著影响的河段生境指标（刘坤等，2014；钱红等，2016；张又等，2016），获得四级分区指标（表4-17）。

表4-17 流域水生态功能四级分区备选指标

主导因子	分类指标	获取方法	适用对象
流速	河道比降	河段比降高的定义为急流河段，河段比降小的定义为缓流河段	河流
河岸生境质量	河岸带类型	河岸带500m缓冲区范围内植被、建设用地和耕地面积比	河流
河段蜿蜒度	河段蜿蜒度	河段实际长度与河段两端直线距离之比	河流
河流长度	河流长度	区域内河段长度之和	河流
河流宽度	河流宽度	区域内河段面积与河段长度之比	河流
湖库类型	湖泊、水库	遥感解译、文献	湖泊、水库
湖库大小	面积	遥感解译、文献	湖泊、水库
水动力	湖流	模型模拟	巢湖
浮游植物	叶绿素a	监测	巢湖

4.5.2 指标的筛选过程

根据水生态功能四级分区的目的与原则，选取河流宽度、河流长度、河道比降、河流蜿蜒度、河岸带类型（河岸带耕地面积比、河岸带林地面积比和河岸带建设用地面积比）等指标作为流域水生态功能四级区的分区备选指标。

典范对应分析表明环境因子中河流宽度、河道比降、河流长度、河流蜿蜒度、河岸带耕地面积比、河岸带林地面积比和河岸带建设用地面积比等指标与巢湖流域底栖动物群落相关。第一轴和第二轴特征值为0.27和0.21，分别解释了3.40%和2.60%的物种数据方差变异及39.10%和30.20%的物种–环境关系变异，第三轴和第四轴特征值分别为0.08和0.05，分别解释了1.00%和0.60%的物种数据方差变异及11.40%和7.60%的物种–环境关系变异。前两轴分别解释了6.00%的物种数据方差变异及69.30%的物种–环境关系变异，基本反映了底栖动物群落与环境因子的关系（图4-13和表4-18）。第一轴与河道比降、河岸带林地面积比和河岸带建设用地面积比相关性较高；第二轴与河岸带耕地面积比相关性较高。河道比降、河岸带耕地面积比、河岸带林地面积比和河岸带建设用地面积比的解释量相对较高，河流长度和河流宽度相对较低。

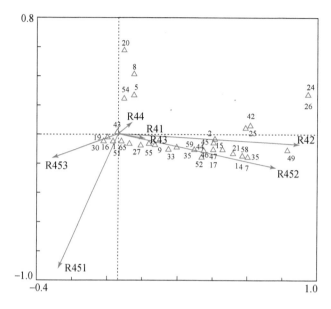

图 4-13　大型底栖动物群落与四级分区备选指标的典范对应分析排序图

图中分区指标代码见表 4-18，物种数字代码见附录 1。

表 4-18　大型底栖动物群落与四级分区备选指标典范对应分析结果

项目	第一轴	第二轴	第三轴	第四轴	总惯量
特征值	0.27	0.21	0.08	0.05	
物种–环境相关性	0.69	0.60	0.49	0.51	
物种数据方差变异累计百分比	3.40	6.00	7.00	7.60	
物种–环境关系变异累计百分比	39.10	69.30	80.70	88.30	
河流宽度（R41）	0.10	−0.02	−0.17	−0.01	7.98
河道比降（R42）	0.64	−0.04	−0.04	−0.03	
河流长度（R43）	0.10	−0.02	−0.24	−0.06	
河流蜿蜒度（R44）	0.05	0.05	−0.33	0.08	
河岸带耕地面积比（R451）	−0.21	−0.56	0.05	0.04	
河岸带林地面积比（R452）	0.55	−0.14	0.10	0.09	
河岸带建设用地面积比（R453）	−0.23	−0.10	0.25	0.17	

　　鱼类典范对应分析第一轴和第二轴的特征值分别为 0.19 和 0.10，分别解释了 5.70% 和 3.00% 的物种数据方差变异及 52.60% 和 27.70% 的物种–环境关系变异，前两轴分别解释了 8.70% 的物种数据方差变异及 80.3% 的物种–环境关系变异（图 4-14 和表 4-19）。第一轴与河道比降、河岸带耕地面积比、河岸带林地面积比相关性较高，第二轴与河流长

度、河流蜿蜒度和河岸带建设用地面积比相关性较高。各因子中河道比降、河流蜿蜒度、河岸带耕地面积比、河岸带林地面积比的解释量相对较高，而河流宽度、河岸带建设用地面积比和河流长度解释量相对较低。

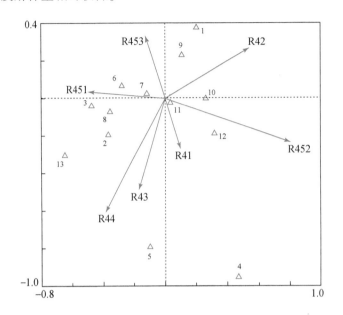

图 4-14　鱼类群落与四级分区备选指标的典范对应分析排序图

图中分区指标代码见表 4-19，物种数字代码见附录 2。

表 4-19　鱼类群落与四级分区备选指标典范对应分析结果

项目	第一轴	第二轴	第三轴	第四轴	总惯量
特征值	0.19	0.10	0.03	0.02	
物种-环境相关性	0.67	0.60	0.41	0.29	
物种数据方差变异累计百分比	5.70	8.70	9.60	10.30	
物种-环境关系变异累计百分比	52.60	80.30	88.80	95.50	
河流宽度（R41）	0.07	−0.16	0.07	−0.01	
河道比降（R42）	0.36	0.16	0.31	0.02	3.34
河流长度（R43）	−0.12	−0.30	0.17	0.02	
河流蜿蜒度（R44）	−0.26	−0.36	0.13	−0.02	
河岸带耕地面积比（R451）	−0.33	0.02	−0.10	−0.23	
河岸带林地面积比（R452）	0.55	−0.14	0.14	−0.02	
河岸带建设用地面积比（R453）	−0.09	0.20	−0.24	0.01	

浮游植物排序第一轴和第二轴的特征值分别为 0.27 和 0.08，分别解释了 5.70% 和 1.70% 的物种数据方差变异及 60.30% 和 17.30% 的物种-环境关系变异，第三轴和第四轴特征值分别为 0.03 和 0.03，分别解释了 0.70% 和 0.50% 的物种数据方差变异及 7.30% 和

5.80% 的物种–环境关系变异，前两轴分别解释了 7.4% 的物种数据方差变异及 77.6% 的物种–环境关系变异（图 4-15 和表 4-20）。第一轴主要反映了河岸带耕地面积比、河岸带林地面积比和河岸带建设用地面积，第二轴主要反映了河流蜿蜒度、河岸带林地面积比和河岸带建设用地面积。河流蜿蜒度、河岸带耕地面积比、河岸带林地面积比和河岸带建设用地面积比的解释量相对较高，河流长度、河流宽度和河道比降相对较低。

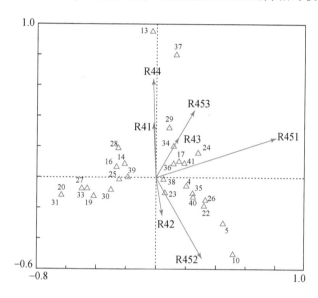

图 4-15　浮游植物群落与四级分区备选指标的典范对应分析排序图

图中分区指标代码见表 4-20，物种数字代码见附录 3。

表 4-20　浮游植物与四级分区备选指标典范对应分析结果

项目	第一轴	第二轴	第三轴	第四轴	总惯量
特征值	0.27	0.08	0.03	0.03	
物种–环境相关性	0.83	0.54	0.46	0.34	
物种数据方差变异累计百分比	5.70	7.40	8.10	8.60	
物种–环境关系变异累计百分比	60.30	77.60	84.90	90.70	
河流宽度（R41）	−0.02	0.19	0.37	−0.13	4.77
河道比降（R42）	0.04	−0.14	0.21	0.05	
河流长度（R43）	0.13	0.14	0.06	−0.01	
河流蜿蜒度（R44）	−0.02	0.35	0.09	0.22	
河岸带耕地面积比（R451）	0.67	0.14	−0.09	−0.08	
河岸带林地面积比（R452）	0.26	−0.29	0.25	0.14	
河岸带建设用地面积比（R453）	0.22	0.24	0.05	−0.03	

　　基于流域水生态功能分区的现实需求和水生生物栖息地类型特点，典范对应分析（CCA）结果表明河流蜿蜒度、河流流速、河岸带耕地面积比、河岸带林地面积比和河岸

带建设用地面积比等指标能够较好地解释流域底栖动物、鱼类和藻类群落的变化。因此，采用河流蜿蜒度、河流流速、河岸带类型作为流域水生态功能四级区的划分依据是可行的。

4.5.3 指标与水生生物的关联性分析

（1）四级分区指标与大型底栖动物群落的关系

运用冗余分析解析四级分区指标与大型底栖动物群落的关系，前两轴解释了8.70%的物种数据方差变异及91.60%的物种–环境关系变异。河道比降、河流蜿蜒度、河岸带耕地面积比和河岸带林地面积比与第一轴正相关，河岸带建设用地面积比与第一轴负相关，河道比降、河流蜿蜒度、河岸带耕地面积比和河岸带林地面积比与第二轴负相关，河岸带建设用地面积比与第二轴正相关（表4-21）。

表4-21 大型底栖动物群落与四级分区指标的冗余分析

项目	第一轴	第二轴	第三轴	第四轴
特征值	0.08	0.01	0.01	0.00
物种–环境相关性	0.41	0.29	0.34	0.15
物种数据方差变异累计百分比	7.80	8.70	9.40	9.50
物种–环境关系变异累计百分比	82.00	91.60	98.30	99.40
河道比降（R42）	0.22	−0.08	0.07	0.07
河流蜿蜒度（R44）	0.13	−0.20	−0.09	−0.07
河岸带耕地面积比（R451）	0.22	−0.08	0.07	0.07
河岸带林地面积比（R452）	0.22	−0.08	0.07	0.07
河岸带建设用地面积比（R453）	−0.15	0.06	0.18	−0.11

冗余分析双序图显示，河道比降、河流蜿蜒度和河岸带林地面积比逐渐增加，河岸带耕地面积比和建设用地面积比逐渐减小，钩虾科（20）、径石蛾科（26）、襀科（24）、四节蜉科（42）、角石蛾科（25）、扁蜉科（2）、细裳蜉科（48）、小蜉科（52）、等翅石蛾科（14）等类群密度与第一轴正相关，以上类群均为敏感物种；田螺科（43）、负子蝽科（19）、豆螺科（16）、龙虱科（30）、匙指虾科（39）、蚌科（1）的密度第一轴呈负相关，这些类群多为中等耐污水平，因此第一轴反映了沿环境梯度底栖动物群落组成的变化。河流蜿蜒度与第二轴高度负相关，细裳蜉科（48）、小蜉科（52）、等翅石蛾科（14）、齿蛉科（7）、越南蜉科（59）、细蜉科（47）、鼋蝽科（31）、春蜓科（9）、蚋科（36）等类群的密度与蜿蜒度正相关，这些类群多为敏感种，表明该指标能够较好地区分底栖动物群落的变化（图4-16），结果表明四级分区指标能够较好地区分大型底栖动物的群落变化。

图中分区指标代码见表4-21，物种数字代码见附录1。

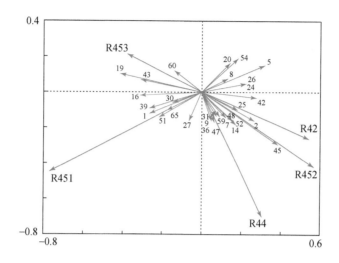

图 4-16 四级分区指标与大型底栖动物群落的冗余分析排序图

（2）四级分区指标与鱼类群落的关系

鱼类群落冗余分析前两轴解释了 15.90% 的物种数据方差变异及 85.70% 的物种–环境关系变异。河岸带耕地面积比和河岸带建设用地面积比与第一轴负相关较强，河岸带林地面积比和河道比降与第一轴高度正相关；与第二轴相关性较强的主要为河道比降（表 4-22）。

表 4-22 鱼类群落与四级分区指标的冗余分析

项目	第一轴	第二轴	第三轴	第四轴
特征值	0.13	0.03	0.02	0.01
物种–环境相关性	0.69	0.51	0.43	0.21
物种数据方差变异累计百分比	12.70	15.90	17.80	18.40
物种–环境关系变异累计百分比	68.40	85.70	96.20	99.30
河道比降（R42）	0.47	0.30	-0.12	0.06
河流蜿蜒度（R44）	0.21	-0.14	-0.10	0.04
河岸带耕地面积比（R451）	-0.38	-0.13	-0.18	-0.14
河岸带林地面积比（R452）	0.64	0.07	0.01	-0.04
河岸带建设用地面积比（R453）	-0.27	0.11	0.30	-0.07

冗余分析双序图显示，鳅科（10）的丰度与河道比降及河岸带林地面积比正相关，鲤科（7）、鳢科（8）、斗鱼科（3）丰度与河岸带林地面积比及建设用地面积比正相关，虾虎鱼科（12）及钝头鮠科（4）的丰度与和河流蜿蜒度高度正相关（图 4-17），结果表明四级分区指标能够较好地区分鱼类的群落变化。

图中分区指标代码见表 4-21，物种数字代码见附录 2。

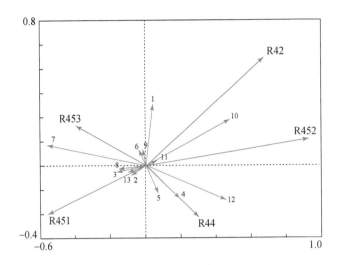

图 4-17 四级分区指标与鱼类群落的冗余分析排序图

（3） 四级分区指标与浮游植物群落的关系

浮游植物群落冗余分析前两轴解释了 14.70% 的物种数据方差变异 94.00% 的物种−环境关系变异。河岸带耕地面积比及建设用地面积比与第一轴负相关较强，河道比降和河岸带林地面积比与第二轴高度正相关（表 4-23）。

表 4-23 浮游植物群落与四级分区指标的冗余分析

项目	第一轴	第二轴	第三轴	第四轴
特征值	0.12	0.03	0.01	0.00
物种−环境相关性	0.79	0.50	0.36	0.31
物种数据方差变异累计百分比	11.90	14.70	15.20	15.50
物种−环境关系变异累计百分比	76.30	94.00	97.40	99.40
河道比降（R42）	−0.09	0.32	−0.14	0.12
河流蜿蜒度（R44）	0.06	−0.02	−0.36	0.00
河岸带耕地面积比（R451）	−0.70	−0.18	−0.04	−0.08
河岸带林地面积比（R452）	−0.26	0.46	−0.05	0.03
河岸带建设用地面积比（R453）	−0.33	−0.30	0.01	0.18

从冗余分析双序图可以看出，舟形藻科（40）、脆杆藻科（4）、隐鞭藻科（36）、裸藻科（17）及锥囊藻科（41）的丰度与河岸带耕地面积比及建设用地面积比正相关，而微孢藻科（31）、盘星藻科（20）、念珠藻科（19）、丝藻科（27）、小桩藻科（33）、网球藻科（30）、栅藻科（39）、色球藻科（25）、卵囊藻科（16）的丰度则与其负相关。小球藻科（32）、圆筛藻科（38）、团藻科（29）、衣藻科（34）、隐鞭藻科（36）的丰度与河道比降及河岸带林地面积比负相关较强（图 4-18），结果表明四级分区指标能够较好地区分浮游植物的群落变化。

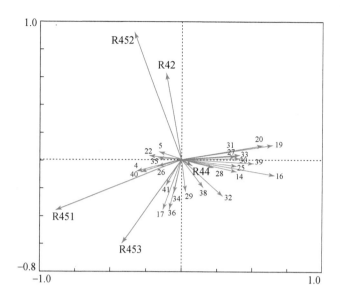

图 4-18　四级分区指标与浮游植物群落的冗余分析排序图

图中分区指标代码见表 4-23，物种数字代码见附录 3。

4.5.4　四级分区的指标体系

通过上述分析，结合巢湖流域水生生物栖息地类型特征，建立水生态功能四级分区指标体系（表 4-24）。

表 4-24　流域水生态功能四级分区指标

主导因子	分类指标	获取方法	适用对象
流速	河道比降	河段比降高的定义为急流河段，河段比降小的定义为缓流河段	河流
河岸生境质量	河岸带类型	河岸带 500m 缓冲区范围内植被、建设用地和耕地面积比	河流
河段蜿蜒度	河段蜿蜒度	河段实际长度与河段两端直线距离之比	河流
湖库类型	湖泊、水库	遥感解译、文献	湖泊、水库
湖库大小	面积	遥感解译、文献	湖泊、水库
水动力	湖流	模型模拟	巢湖
浮游植物	叶绿素 a	调查数据	巢湖

参 考 文 献

傅伯杰，冷疏影，宋长青 . 2015. 新时期地理学的特征与任务 . 地理科学，35（08）：939-945.

高俊峰，蔡永久，夏霆，等 . 2016. 巢湖流域水生态健康研究 . 北京：科学出版社 .

高俊峰，高永年 . 2012. 太湖流域水生态功能分区 . 北京：科学出版社 .

孔明，董增林，晁建颖，等 . 2015a. 巢湖表层沉积物重金属生物有效性与生态风险评价 . 中国环境科学，

35 (4)：1223-1229.

孔明，彭福全，张毅敏，等．2015b．环巢湖流域表层沉积物重金属赋存特征及潜在生态风险评价．中国环境科学，35 (6)：1863-1871.

孔明，张路，尹洪斌，等．2014．蓝藻暴发对巢湖表层沉积物氮磷及形态分布特征的影响．中国环境科学，34 (5)：1285-1292.

刘坤，戴俊贤，唐成丰，等．2014．安徽湿地维管植物多样性及植被分类系统研究．生态学报，34 (19)：5434-5444.

刘新，蒋豫，高俊峰，等．2016．巢湖湖区及主要出入湖河流表层沉积物重金属污染特征及风险评价．湖泊科学，28 (3)：502-512.

钱红，严云志，储玲等．2016．巢湖流域鱼类群落的时空分布，长江流域资源与环境，25 (2)：257-264.

于贵瑞，王秋凤，于振良．2004．陆地生态系统水-碳耦合循环与过程管理研究，地球科学进展，19 (5)：831-839.

张又，程龙，尹洪斌等．2017．巢湖流域不同水系大型底栖动物群落结构及影响因素，湖泊科学，29 (1)：200-215.

张志明，高俊峰，闫人华．2015．基于水生态功能区的巢湖环湖带生态服务功能评价，长江流域资源与环境，24 (7)：1110-1118.

郑度，欧阳，周成虎．2008．对自然地理区划方法的认识与思考，地理学报，63 (6)：563-573.

Bailey R G. 2009. Ecosystem Geography from Ecoregions to Sites. second edition. Berlin：Springer.

Gao Y N, Gao J F, Yin H B, et al. 2015. Remote sensing estimation of the total phosphorus concentration in a large lake using band combinations and regional multivariate statistical modeling techniques. Journal of Environmental Management，151：33-43.

Lep Y N, Gao J F, Yin H B, et al. 2015. RemoteCANOCO. Cambridge：Cambridge University Press.

Lepš J, Šmilauer P. 2003. Multivariate Analysis of Ecological Data using CANOCO. USA, Cambridge University Press.

Ter Braak C J F, Prentice I. 2004. A theory of gradient analysis. Advances in Ecological Research，34：235-282.

Ter Braak C J F, Šmilauer P. 2002. CANOCO Reference Manual and CanoDraw for Windows User's Guide：Software for Canonical Community Ordination (version 4.5) . New York：Microcomputer Power Ithaca.

Ter Braak C J F. 1986. Canonical correspondence analysis：A new eigenvector technique for multivariate direct gradient analysis. Ecology，67：1167-1179.

Zhang Z M, Gao J F, Gao Y N. 2015. The influences of land use changes on the value of ecosystem services in Chaohu Lake Basin, China. Environmental Earth Sciences，74 (1)：385-395.

Zhang Z M, Gao J F. 2016. Linking landscape structures and ecosystem service value using multivariate regression analysis：a case study of the Chaohu Lake Basin, China. Environmental Earth Sciences，75 (1)：1-16.

附录1 巢湖流域大型底栖动物群落排序代码及其名称

代码	大型底栖动物	拉丁文名	代码	大型底栖动物	拉丁文名
1	蚌科	Unionidae	6	潮虫科	Oniscidae
2	扁蜉科	Heptageniidae	7	齿蛉科	Corydalidae
3	扁卷螺科	Planorbidae	8	齿吻沙蚕科	Nephtyidae
4	扁泥甲科	Psephenidae	9	春蜓科	Gomphidae
5	颤蚓科	Tubificidae	10	蟌科	Coenagrionidae

续表

代码	大型底栖动物	拉丁文名	代码	大型底栖动物	拉丁文名
11	大蜻科	Macromiidae	39	匙指虾科	Atyidae
12	大蜓科	Cordulegastridae	40	水龟虫科	Hydrophilidae
13	大蚊科	Tipulidae	41	水虻科	Stratiomyidae
14	等翅石蛾科	Philopotamidae	42	四节蜉科	Baetidae
15	等蜉科	Isonychiidae	43	田螺科	Viviparidae
16	豆螺科	Bithyniidae	44	蜓科	Aeshnidae
17	短石蛾科	Brachycentridae	45	纹石蛾科	Hydropsychidae
18	蜉蝣科	Ephemeridae	46	细翅石蛾科	Molannidae
19	负子蝽科	Belostomatidae	47	细蜉科	Caenidae
20	钩虾科	Gammaridae	48	细裳蜉科	Leptophlebiidae
21	河花蜉科	Potamanthidae	49	细蚊科	Dixidae
22	划蝽科	Corixidae	50	狭口螺科	Stenothyridae
23	黄蛭科	Haemopidae	51	蚬科	Corbiculidae
24	襀科	Perlidae	52	小蜉科	Ephemerellidae
25	角石蛾科	Stenopsychidae	53	蝎蝽科	Nepidae
26	径石蛾科	Ecnomidae	54	摇蚊科	Chironomidae
27	肋蜷科	Pleuroceridae	55	医蛭科	Hirudinidae
28	丽蟌科	Amphipterygidae	56	贻贝科	Mytilidae
29	猎蝽科	Reduviidae	57	萤科	Lampyridae
30	龙虱科	Dytiscidae	58	原石蛾科	Rhyacophilidae
31	黾蝽科	Gerridae	59	越南蜉科	Vietnamellidae
32	螟蛾科	Pyralidae	60	长臂虾科	Palaemonidae
33	膀胱螺科	Physidae	61	长角泥甲科	Elmidae
34	蜻科	Libellulidae	62	沼甲科	Scirtidae
35	擎爪泥甲科	Eulichadidae	63	沼梭科	Haliplidae
36	蚋科	Simuliidae	64	枝石蛾科	Calamoceratidae
37	扇蟌科	Platycnemididae	65	椎实螺科	Lymnaeidae
38	舌蛭科	Glossiphoniidae			

附录2 巢湖流域鱼类群落排序代码及其名称

代码	鱼类	拉丁文名	代码	鱼类	拉丁文名
1	鲿科	Bagridae	8	鳢科	Channidae
2	刺鳅科	Mastacembelidae	9	鲇科	Siluridae
3	斗鱼科	Belontiidae	10	鳅科	Cobitidae
4	钝头鮠科	Amblycipitidae	11	塘鳢科	Eleotridae
5	合鳃鱼科	Synbranchidae	12	虾虎鱼科	Gobiidae
6	鳉科	Cyprinodontidae	13	鱵科	Hemiramphidae
7	鲤科	Cyprinidae			

附录3 巢湖流域浮游植物群落排序代码及其名称

代码	藻类	拉丁文名	代码	藻类	拉丁文名
1	瓣胞藻科	Petalomonadaceae	22	桥弯藻科	Cymbellaceae
2	颤藻科	Oscillatoriaceae	23	曲壳藻科	Achnantheaceae
3	窗纹藻科	Epithemiaceae	24	色金藻科	Chromulinaceae
4	脆杆藻科	Fragilariaceae	25	色球藻科	Chroococcaceae
5	短缝藻科	Eunotiaceae	26	双菱藻科	Surirellaceae
6	杆状藻科	Bacillariaceae	27	丝藻科	Ulotrichaceae
7	鼓藻科	Desmidiaceae	28	四集藻科	Palmellaceae
8	管形藻科	Solenicaceae	29	团藻科	Volvocaceae
9	盒形藻科	Biddulphicaceae	30	网球藻科	Dictyosphaeraceae
10	胶球藻科	Coccomyxaleae	31	微孢藻科	Microsporaceae
11	金变形藻科	Chrysamoebaceae	32	小球藻科	Chlorellaceae
12	金柄藻科	Stylococcaceae	33	小桩藻科	Characiaceae
13	近囊孢藻科	Paraphysomonadaceae	34	衣藻科	Chlamydomonadaceae
14	空星藻科	Coelastruaceae	35	异极藻科	Gomphonemaceae
15	菱形藻科	Nitzschiaceae	36	隐鞭藻科	Cryptomonadaceae
16	卵囊藻科	Oocystaceae	37	鱼鳞藻科	Mallomonadaceae
17	裸藻科	Euglenacea	38	圆筛藻科	Coscinodiscaceae
18	绿球藻科	Chlorococcaceae	39	栅藻科	Scenedesmaceae
19	念珠藻科	Nostocaceae	40	舟形藻科	Naviculaceae
20	盘星藻科	Pediastraceae	41	锥囊藻科	Dinobryonaceae
21	葡萄藻科	Botryococcaceae	42	棕鞭藻科	Ochromonadaceae

第5章 巣湖流域水生态功能分区方案[①]

5.1 分区指标体系

5.1.1 分区的原则

巣湖流域水生态功能分区的基本原则为区内相似性原则、区间差异性原则、等级性原则、综合性与主导性原则、共轭性原则和可操作性原则。其中，同一分区内水生态系统格局、特征、功能、过程及服务功能具有最大的相似性和不同分区之间具有最大的差异性。

除上述基本原则外，进行水生态功能分区时，还应该遵循以下特有原则。

（1）以水定陆、水陆耦合原则

陆地生态、气候、土壤等自然条件以及人类活动等是流域水生态特征与功能的重要影响和决定因素，在水文过程作用下，各种陆源营养盐或污染物输移到水体中，形成特定的水生态系统结构和特征，从而体现出不同的功能特征；考虑水流方向，体现陆水一直性是进行水生态功能的重要原则。

（2）地域发生学原则

流域水生态系统本地特征及其功能的形成是由多种因素驱动的，驱动因素决定了水生态功能，进行水生态功能区划分应结合流域自然本底因素的空间特征。

（3）子流域完整性原则

流域内地表水体生态系统的格局、特征、结构、过程和服务功能等不仅受水体自身环境的影响，也受到陆面汇水区物质输移的影响，因此，水生态功能分区不仅仅是对流域内水体的划分，还必须考虑影响地表水体的集水区。

（4）体现流域水体类型的差异，突出湖体重要性原则

巣湖流域拥有较大面积的湖泊，湖体与出入湖河流及流域水体在水生态系统生物群落和生物种群类型上具有较大的一致性，但湖泊作为一个特殊的生态系统，在生物群落多样性与完整性等方面与周围水体具有较大的差异。因此，体现流域水体类型（河流、水库、湖泊）的差异、突出与湖体的关系十分必要。

[①] 本章由高俊峰、张志明撰写，高俊峰统稿、定稿。

5.1.2 分区的指标体系

5.1.2.1 分区指标体系确定方法

针对流域水生态功能分区备选指标，采用典范对应分析、多元统计分析、相关分析、主成分分析、因子分析、冗余分析等多种统计分析方法，对备选指标与调查获得的水环境、水生态数据进行分析，从备选指标中选取出与调查数据（水环境、水生态数据）空间变化显著相关的指标，并结合巢湖型流域的实际情况，筛选出各级水生态功能分区指标。

5.1.2.2 分区指标体系

依据巢湖流域综合调查结果，结合水生态功能各级分区的目的和原则，确定巢湖流域水生态功能分区指标体系（表5-1）。

表 5-1　巢湖流域水生态功能分区指标体系

分级	尺度	目标	指标		
一级	流域	自然地理因素	地面高程		
			河网密度		
二级	区域	本底/人类活动	土壤类型		
			建设用地面积比		
			耕地面积比		
			植被覆盖度		
三级	子流域	生物栖息空间类型	水面积率		
			河流节点密度		
			水系类别		
四级	河段	生物栖息地	河流	河流蜿蜒度	
				河流流速	
				河岸带类型	
			湖库	水库	
				湖泊	大型湖泊（水动力、叶绿素 a）、小型湖泊

依据巢湖流域水生态功能分区指标体系，结合分区目的与原则，识别水生态功能分区单元河段、湖库的类型、面积及其相应的水生态功能。其中巢湖流域水生态功能类型见表5-2。

表 5-2　流域水生态功能类型

水生态功能类型	说明
珍稀、濒危物种保护功能区	指有代表性的珍稀、濒危等各类野生水生动植物物种的天然集中分布区
特有物种保护功能区	指我国或地方特有的鱼类等物种的天然集中分布区
敏感物种保护功能区	指有代表性的对环境敏感或已消失的各类野生水生动植物物种的天然集中分布区
种质资源保护功能区	指具有重要经济价值、遗传育种价值或生态价值或属于我国或地方特有的水生物苗种区等
水生物产卵索饵越冬功能区	指对维护鱼类等水域生物多样性具有重要作用的水域，包括鱼虾类产卵场、索饵场、越冬场、鱼虾贝藻休养场等
鱼类洄游通道功能区	指洄游性经济鱼、虾类的群体主群、集群由越冬场游向产卵场生殖的必经水域
涉水重要保护与服务功能区	指自然保护区、湿地、水源地等需要加以特别保护的区域
淡咸水生态交错维持功能区	指与咸水海洋生态系统密切相关的并与流域河流相交或相邻的主要入海河流水系，需要采取有效的保护措施和科学的开发方式进行特殊管理的区域，属河流生态系统与海洋生态系统过渡的综合生态系统
湖滨带生态生境维持功能区	指与太湖湖泊生态系统密切相关的并与太湖相交或相邻的主要入湖、出湖河流水系，属河流生态系统与湖泊生态系统交错的综合生态系统
调节与循环功能区	指承担营养物循环、泥沙输送、水文循环、水运保障等功能的流域性河流，包括引江济太工程河道，以及向重要水源地供水的骨干河道等
森林岸带生境区	指岸带以森林生境为主的河段、中小型湖库等
城镇岸带生境区	指岸带以城镇生境为主的河段、中小型湖库等
农田岸带生境区	指岸带以农田生境为主的河段、中小型湖库等

5.2　分　区　方　法

5.2.1　分区工作的框架

巢湖流域水生态功能分区的工作框架如图 5-1 所示。

开展流域水生态综合调查，重点调查并收集流域水生物、水环境、栖息地、服务功能、土地利用、土壤类型等资料。结合各级分区的目的和原则，建立巢湖流域水生态功能分区指标体系。

选取合适精度的数字高程模型（digital elevation model，DEM），对于巢湖流域来说是 5 万比例尺的 DEM。通过水文分析划分出巢湖流域的自然水文单元及其水系，并以自然水文单元为边界，分割水系。将分割得到的河段和面状水体作为水生态功能分区的基本单元。依据巢湖流域水生态功能分区的目的、原则与分区指标，借助流域综合调查资料，识别巢湖流域水生态功能分区基本单元河段、湖库的类型、面积及其相应的水生态功能。并以河段和面状水体为分区基本单元的水生态功能空间化，随后进行水生态功能区重要性排序

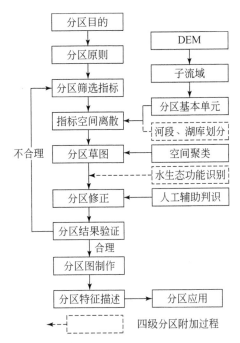

图 5-1　巢湖流域水生态功能区划分路线图

与综合，辅以人工判识，考虑巢湖流域水生态功能上一级分区边界，确定本级水生态功能分区边界，形成的本级水生态功能分区草图。在此基础上，在人工辅助识别下，对初步分区结果进行修正，并应用生物指标对分区结果进行验证，如不合理，则重新筛选分区指标进行分区工作；如分区结果合理，则进行分区命名、特征描述、分区图制作、分区说明书编写等下一步工作。判断分区是否合理可以采用定性与定量相结合的方法进行，定性的方法可以采用专家咨询法，定量方法可以采用 CCA、RDA 等方法判断（高俊峰和高永年，2012）。

5.2.2　基本分区单元确定

利用流域 DEM 数据，经过填洼、流向生成、水流累积量分析等步骤，获得分区单元分布图。平原区有圩区分布的，以圩区边界作为分区功能单元；其他地区，以每一单元内单一土地利用类型所占比例大于 80% 作为判别标准，若单元内某一类土地利用类型所占比例大于 80%，则确定为一个基本分区功能单元；若没有任何一类土地利用类型所占的比例大于 80%，则将分区功能单元进一步细化，直到单元内单一土地利用类型大于 80% 为止，最后结合流域河流水系分布，采用人工修整的方式对其进行整理，从而获得水生态功能分区功能单元–集水区。

5.2.3　要素的空间离散

依据选取的水生态功能分区指标，以水生态功能分区功能单元–集水区为基础，利用 GIS 空间分析方法将各级分区指标进行空间离散，空间离散的方法根据指标的不同有所差别，一般有整体差值离散和局部插值离散两类。整体差值离散法以整个研究区的样点数据为基础计算，通过使用方差分析和回归分析等标准的统计方法，计算比较简单。整体插值离散法有边界内插值法、趋势面分析、变换函数插值法等。局部插值离散法只使用临近的数据点来估计未知点的值，所使用的插值函数、区域大小、形状和方向，数据点的个数，数据点的分布形式是规则的还是不规则的等都会影响插值结果，插值方法包括泰森多边形法、移动平均插值法、样条函数插值法、空间子协方差最佳插值法（Kriging 插值法）等。最终形成基于集水区的水生态功能分区指标空间分布图。

5.2.4　叠加分析

叠加分析是进行空间分析最常用的之一。其基本原理是将空间分辨率和范围一致的几个图层进行代数运算，得到新的图层。

针对巢湖流域水生态功能分区指标，经空间离散后，形成流域范围内的各个分区指标的空间分布数据，借助 GIS 分析方法，通过叠加分析可以有效考虑不同分区指标的综合影响，多层数据的叠置分析，不仅仅产生了新的空间关系，还可以产生新的属性特征关系，能够发现多层数据间的相互差异、联系和变化等特征。叠加分析可以分为矢量数据的叠加和栅格数据的叠加。

5.2.5　二阶空间聚类

采用二阶聚类模型（two step cluster）进行空间聚类分析。该聚类模型是一种新型的分层聚类算法，可对一阶聚类不显而易见的数据聚类成几个自然组或类。对零散分布的单元结合专家小组的咨询与判断和就近合并的原则进行人工辅助识别，同时兼顾相关规划方案，初步确定水生态功能分区边界，形成的水生态功能分区草图。

传统意义上的二阶聚类是对样本数据的类别划分，而水生态功能分区指标具有地表空间连续性，利用传统二阶聚类方法聚类后的结果投射到地理空间上后，往往得不到理想的分区结果，即聚类结果在空间上不完整，存在不同程度的破碎化状况，最常见的是零星分布、面积较小的类别，这主要是地表参数自身的复杂性和不确定性造成的。因此，传统的二阶聚类法无法直接应用到水生态功能分区过程中，需要基于空间要素信息改进传统二阶聚类方法，形成新的二阶空间聚类法，以便进行分区应用。二阶空间聚类不仅可以发现分区聚类单元（即子流域）指标属性间的内在联系和相似度，而且也融合了聚类单元的空间属性信息，即能够有效解决空间不连续的问题。

二阶空间聚类法应用于水生态功能分区主要有两种聚类方式。

1）先不考虑空间属性直接根据图斑的属性信息（子流域单元上的各分区指标值），即聚类变量进行二阶聚类，然后根据空间分布特征对初步聚类结果进行空间判别；

2）直接将空间属性加入聚类变量中进行空间聚类，这时的聚类变量除包括子流域单元上的各分区指标值外，还包括聚类单元即子流域的空间位置及其空间关系特征值。

下面以二阶空间聚类的第一种聚类方式为例，介绍其空间判别规则。具体来看，第一种方式的二阶聚类空间判别规则主要包括以下几个方面。

第一，单个独立的零星聚类单元。采用特定算法搜索该聚类单元周边一定范围内的其他聚类单元的类别，若周边单元均为同一类别，则将该零星单元赋予周边单元同样的类别；若周边单元为多个不同类别，则再依据该单元与邻接单元的公共边界长来进行判别，将公共边界最长的邻接单元的类别赋予该单元。

第二，小面积相邻成片聚类单元。首先，设定一个面积临界阈值，若相邻成片聚类单元的面积大于这个临界阈值，则单独成为一个区（情况①）；若小于这个临界阈值，则再与周边单元进行空间关系判断（情况②）。其次，将该小面积相邻成片聚类单元视作一个独立零星单元，再采用情况①的判别规则和工作程序进行类别赋予。

第三，大面积相邻成片聚类单元。对情况②中面积大于临界阈值的相邻成片聚类单元进行再分析。首先，采用特定指标判别这个成片聚类单元的形状特征。其次，若该成片聚类单元为狭长形状且满足其他特定条件，则将该相邻成片聚类单元视作一个独立零星单元，再采用情况①的判别规则和工作程序进行类别赋予。

二阶聚类算法分为两步进行，第一步称为准聚类过程，采用 BIRCH（balanced iterative reducing and clustering using hierarchies）算法构建一个高度稳定的多水平结构聚类特征树（cluster feature tree，CF-tree）；第二步为具体的聚类分析，主要利用似然函数作为测距公式对前一步结果的样本进行聚类分析，常用算法是一般的层次聚类方法（hierarchical cluster）（祝迎春，2005）。

5.2.6 四级分区河段和功能类型确定

四级分区是在河段和湖库水体上进行的，因而在分区过程中存在两个附加过程：一个为河段、湖库划分，另一个为水生态功能识别。

5.2.6.1 河段、湖库划分

河段、湖库划分可参考 5.2.1 小节相关内容，此处不再赘述。

5.2.6.2 确定水生态功能类型

对于四级分区来说，有个水生态功能识别过程。首先确定水生态功能类型，见表5-2。

5.2.6.3 针对识别出的水生态功能区

采取下述方式进行功能优先度排序，并借助 GIS 空间分析功能将水生态功能区综合。

1）珍稀、濒危物种保护功能区>特有物种保护功能区>敏感物种保护功能区>种质资源保护功能区；

2）水生物产卵索饵越冬功能区/鱼类洄游通道功能区；

3）涉水重要保护与服务功能区；

4）淡咸水生态交错维持功能区/湖滨带生态生境维持功能区；

5）调节与循环功能区；

6）森林岸带生境区/城镇岸带生境区/农田岸带生境区。

5.2.6.4 以河段和面状水体为分区基本单元的水生态功能空间化

参考流域综合调查结果，结合人工辅助判识，对流域水生态功能类型的空间化。

基于河宽（平原区）/河道坡降类别（丘陵山区）划分结果，采用决策树分类方法确定非湖体区四级分区初步划分结果。

河宽（平原区）/河道坡降类别（丘陵山区）划分主要通过以下步骤：

1）分别计算平原区不同河段的平均河宽和丘陵山区不同河段的平均河道坡降；

2）确定河宽类别划分标准和河道坡降类别划分标准；

3）采用决策树分类方法分别确定平原区的河宽类别和丘陵山区的河道坡降类别，并基于 GIS 工具制作其空间分布图。

5.2.6.5　划分水体岸带类型

将其栖息地划分为三种类型：森林岸带生境区，城镇岸带生境区，农田岸带生境区。其中森林岸带生境区指的是岸带以森林生境为主的河段和中小型湖库等；城镇岸带生境区指岸带以城镇生境为主的河段和中小型湖库等；农田岸带生境区指岸带以农田生境为主的河段和中小型湖库等。按照上述水体岸带类型，将流域内相应的河段和面状水体归类，并基于 GIS 工具制作其空间分布图。

5.2.6.6　过渡带类型划分

巢湖流域过渡带类型为湖滨带生态生境维持功能区，指与湖泊生态系统密切相关的并与湖泊相交或相邻的主要入湖、出湖河流水系，属河流生态系统与湖泊生态系统交错的综合生态系统。按照过渡带类型，将流域内相应的过渡带归类，并基于 GIS 工具制作其空间分布图。

5.2.6.7　调节与循环功能区划分

调节与循环功能区指承担营养物循环、泥沙输送、水文循环、水运保障等功能的流域性河流，包括调水引流工程河道，以及向重要水源地供水的骨干河道等。按照上述调节与循环功能区定义，将流域内相应的调节与循环功能区归类，并基于 GIS 工具制作其空间分布图。

5.2.6.8　涉水重要保护与服务功能区划分

涉水重要保护与服务功能区指自然保护区、湿地、水源地等需要加以特别保护的区域。按照上述涉水重要保护与服务功能区定义，将流域内相应的涉水重要保护与服务功能区归类，并基于 GIS 工具制作其空间分布图。

5.2.6.9　生物保护区划分

生物保护区主要包括珍稀、濒危物种保护功能区、特有物种保护功能区、敏感物种保护功能区和种质资源保护功能区。珍稀、濒危物种保护功能区指有代表性的珍稀、濒危等各类野生水动植物物种的天然集中分布区；特有物种保护功能区指我国或地方特有的鱼类等物种的天然集中分布区；敏感物种保护功能区指有代表性的对环境敏感的各类野生水生动植物物种的天然集中分布区；种质资源保护功能区指具有重要经济价值、遗传育种价值或生态价值或属于我国或地方特有的水生物苗种区等。按照上述生物保护区类型，将流域内相应的生物保护区归类，并基于 GIS 工具制作其空间分布图。

5.2.6.10 渔业资源保护区划分

渔业资源保护区主要包括鱼类洄游通道功能区和水生物产卵索饵越冬功能区。前者指洄游性经济鱼、虾类的群体主群、集群由越冬场游向产卵场生殖的必经水域；后者指对维护鱼类等水域生物多样性具有重要作用的水域，包括鱼虾类产卵场、索饵场、越冬场、鱼虾贝藻休养场等。该类保护区主要通过以下步骤：

1）识别流域珍稀物种、濒危物种和消失物种及其空间分布。

2）识别产卵索饵越冬场及其空间分布。

3）识别洄游通道及其空间分布，并基于 GIS 工具制作其空间分布图。

4）基于识别的重要功能区对水生态功能分区初步划分方案进行修正和补充完善，进而形成流域水生态功能分区。

5.3　分区结果的验证

为验证水生态功能分区结果的科学性和合理性，考虑到水质指标众多，持续监测难度较大，且河流水质状况易受周边环境影响而产生波动；而河流浮游生物对水质变化较为敏感，在一段时间内浮游植物生物相关指标比较稳定，能够较准确地反映区域水质状况（高俊峰和高永年，2012）。因此采用浮游生物从定性和定量的角度进行比较分析验证分区的合理性和可靠性。浮游生物主要选择多样性指数，主要包括 Margalef 种类丰富度指数、Shannon-Wiener 指数、Pielou 均匀度指数、Simpson 优势度指数等指标（高俊峰等，2016）。采用去除趋势对应分析（DCA）等分析方法对流域调查点浮游生物指标进行分析，检验选取指标在水生态功能分区内的空间差异性是否显著，若差异显著则说明水生态功能分区结果合理可靠，则进行水生态功能分区图的制作；如果不显著则应返回水生态功能分区指标，对分区草图进行必要的调整和修正，然后重复以上步骤，直到水生态功能分区结果合理可靠（高俊峰、高永年等，2012）。

5.4　分区的编码与命名

5.4.1　水生态功能分区编码

分区编码采用流域类型编码、流域代码和各级分区代码组成。其中，湖泊型流域类型码用大写英文字母 L 表示；各流域名称与流域代码表相对应，如巢湖流域用大写英文字母 E 表示；一级分区代码用罗马数字 I、II、III…表示，如 LE I；二级分区代码是在一级分区代码的基础上用阿拉伯数字 1、2、3…表示（下标），如 LE_1；三级分区代码是在二级分区代码的基础上用阿拉伯数字 1、2、3…表示（下标），如 LE_{1-2}；四级分区在三级分区代码的基础上用阿拉伯数字 1、2、3…表示（下标），如 LE_{1-2-1}。

5.4.2　水生态功能分区命名

水生态功能分区的命名在水生态功能区划中占有重要地位，命名的科学、合理、准确与否关系到方案的科学性、严谨性和可操作性。

5.4.2.1　水生态分区命名原则

水生态功能区的命名要准确体现各个分区的主要特点、所处地理空间位置、水生态系统特征，同一级别水生态功能区的名称应相互对应，文字简明扼要。水生态功能区的命名应遵循以下原则：

1）流域水生态系统特征空间差异性原则。一级区名称要能够体现流域水生态系统形成的自然地理因素的空间差异，二级区名称要能够体现流域水生态系统中人类活动干扰程度的空间差异，三级区名称要能够体现流域水生态系统中栖息地类型的空间差异，四级分区能够体现流域水生态系统中水生态功能的差异性。

2）反映分区地理空间位置原则。有利于根据分区名称就能简单确定各分区所处的空间区位。

3）反映分区级别原则。水生态功能分区是一个层级体系，要能够从名称上识别区分区所处的级别。

4）合理性、稳定性和简明性原则。水生态功能区名称结构要与分区分级和分类体系相适应；水生态功能区名称一经确定，主要分区不发生变化，应保持不变；分区名称应尽量简单、明了。

5.4.2.2　水生态功能命名规则

（1）一级分区命名

流域或区域名称+水文类型（或者河流类型，如山区河流、平原河流等）+水生态区。例如，东部平原河流水生态区。

（2）二级分区命名

区域名称+生态系统类型（生态系统类型包括森林、草地、湿地、荒漠、农田等）+河道生境或生物特征+流域水生态亚区。例如，西南森林流域水生态亚区。

（3）三级分区命名

地区（水系）名+主要土地利用类型+水体类型+水生态功能类型。应体现的主要信息有以下几方面：①地理位置，如某某河流、某某水库等；②流域主导自然地貌特征，如山地、丘陵、平原、城市等；③主要地表植被覆盖特征，如森林、草地、农田等；④主要水体类型，如河溪、水库、湖泊、河渠、湿地、河口等；⑤水生态功能类型，水生态功能类型可划分为水源涵养、生物多样性维持、水资源调蓄、水质净化、洪水调蓄、营养物质循环6种功能类型。

各分区涉及的水生态系统类型按重要顺序排列，命名择其中典型或最重要者，或以组合的方式表示。当分区主导水生态功能类型较多时，则名称第3部分由"综合水生态子区"表示；否则以"水生态子区"表示。例如，裕溪河平原农田型河渠水质净化与洪水调蓄功能区。

（4）四级分区命名

地区（水系）名+主导水生态功能+功能区。例如，杭埠河急流植被岸带敏感物种保护功能保护区。

5.5 分区方案

依据前述分区方法，将巢湖流域水生态功能区分为 3 个一级区、7 个二级区、28 个三级区、62 个四级区。

5.5.1 一级分区方案

基于巢湖流域地面高程和河网密度指标，根据分区原则和方法，对巢湖流域进行了水生态功能一级分区，将巢湖流域分为 3 个水生态功能一级区（图 5-2）。即"西部丘陵水生态区"，编码为"LEⅠ"；"东部平原水生态区"，编码为"LEⅡ"；"巢湖湖体水生态区"，编码为"LEⅢ"。3 个一级水生态区分别具有不同的水生态系统特征、自然资源条件以及社会经济发展状况，具体特征见表 5-3。

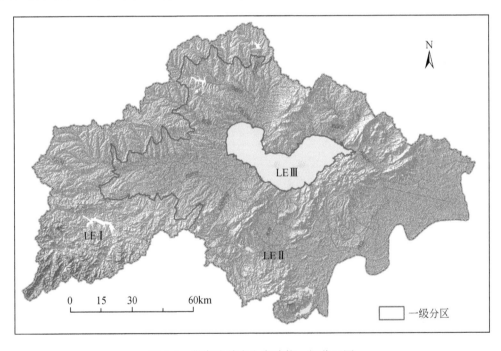

图 5-2　巢湖流域水生态功能一级分区图

表 5-3　巢湖流域水生态功能一级分区特征

分区代码/名称/面积	分区指标特征		流域主要生态特征		水生态功能一级分区主要特征			
					河流/湖泊生态系统主要特征		在流域中的主体水生态功能定位	主要水生态功能特征
					河流/湖泊生态系统类型	河流、湖泊生态系统系统主要特征		
I.E1/西部丘陵水生态区/0.4007万 km²	河网密度	该区大部分地处山区，水网分布相对稀疏，河网密度空间差异同较小	地貌特征	地貌特征复杂，以山地、丘陵为主		陆地淡水生态系统、淡水浅水型湖泊丘陵河流为主	区域多为山区和丘陵、降水丰富、自然生态条件相对较好，山区水网河流、水系分布相对较为稀疏，水量季节变化大，水流速度相对较快，分布有龙河口水库	涵养水源、水土保持，水资源供给，水资源蓄积与调节，水质净化
	高程	地表起伏大，平均高程为 159 m	土壤特征	该区土壤共涵盖 17 个亚类，以淋溶土为主要土壤类型	水生生物（两栖、鱼类、植物、底栖）	河流水体鱼类以黄幼鱼、鳙鲅鱼和虾等无经济价值的鱼类为优势种，河岸带水生植物主要以水陆两生植物为优势，如水花生、牛鞭草、芦苇、荻、菱、笋、红草、酸模叶蓼、水蓼等		
			气候特征	湿润气候，多年均降水量为 1215.4mm，平均气温为 14.85℃	水量与水情特征			
			植被特征	该区植被覆盖条件好，植被类型主要为林地，占该区总面积的 77.28%，其次为农业作物，占该区总面积的 18.64%	水质及水生态系统健康	水质及水生物生存条件相对较好，总氮、氨态氮以及高锰酸钾指数整体处于Ⅲ类水及以上水平，但生物多样性指数呈现下降趋势		

续表

分区代码/名称/面积	分区指标特征		流域主要生态特征		水生态功能一级分区主要特征		在流域中的主体水生态功能定位	主要水生态功能特征
					河流/湖泊生态系统类型	河流/湖泊生态系统主要特征		
LEⅡ/东部平原水生态区/0.9310万km²	河网密度	该区主要为平原区，河网分布相对密集，河网密度分布的空间差异显著	地貌特征	地貌特征相对简单，以河湖低洼平原、低山残丘为主		陆地淡水生态系统，平原河流为主	区内地势平坦且低洼，水资源丰富，多，经济发达，人口众多，经合肥的南淝河和流经肥西县的派河，主要为生活生产，水产品养殖，航运提供保障，同时肩负着水质净化功能	水产品生产、水质净化、水资源供给、水运保障、和水文调节与水泥沙输送
	高程	地表起伏小，平均高程为31m	土壤特征	该区土壤共涵盖21个亚类，以人为土为主要土壤类型	水生生物（两栖、鱼类、底栖）	水体鱼种类相对多样，多趋向小型化，常见且有一定产量和价值的鱼类有鲤、鲫、白鱼等，受大多数河流污染影响，南淝河、店埠河等河流水生植被被均较少，下游河流水生植被比较单一，多以水生花、马来眼子菜为主		
			气候特征	湿润气候，多年均降水量为1228.0mm，平均气温为15.55℃	水量与水情特征	平原水网河流，河流水位相对稳定，河网密度度大，水流速度平缓，水资源量丰富，分布有董铺水库和大房郢水库		
			植被特征	该区植被覆盖条件好，主要为林地和农业作物，其中农业作物覆盖区总面积为6642.23km²，林地和农业作物覆盖区占该区总面积的83.71%	水质与水生态系统健康	水质状况较差，区内存在明显的点源污染，总氮、总磷、氨氮在区域内具有较大空间变异性，河流生态严重退化，水生植被茂盛，阻碍了河流水生态系统对水质的净化功能		

续表

分区代码/名称/面积	分区指标特征		流域主要生态特征				水生态功能一级分区主要特征						主要水生态功能特征
	河网密度	高程	地貌特征	土壤特征	气候特征	植被特征	河流/湖泊生态系统主要特征					在流域中的主体水生态功能定位	
							河流/湖泊生态系统主要类型	水生生物(两栖、鱼类、植物、底栖)	水量与水情特征	水质与水生态系统健康			
LEⅢ/巢湖湖体水生态区/0.0795万km²	该区为巢湖水面	湖面平均高程为5m	主要为湖体水面	主要为湖体水面	湿润气候，多年均降水量为1218.6mm，平均气温为15.57℃	主要为湖体水面	淡水浅水型湖泊	水体鱼种类多样，趋向小型化，常见鱼类有青、草、鲢、鳙等20种，种类有沼草，浮叶植物带呈块状分布，竹叶眼子菜、黑藻等	共33条出入湖河流，包括杭埠-丰乐河、派河、南淝河、柘皋河、白石山河、裕溪河等水系	富营养化严重，湖泊中营养盐处于高位负荷，致使藻类大量暴发，恶化水质，沉积物中锌严重的污染，具备对底栖动物产生毒性的条件		作为流域内的一个面积较大的均质水体单元，接受外来径流和大气降水，并积蓄水量及从出湖口排水，具有水资源调蓄和自净功能	鱼类栖息地、水资源调蓄与调节、文化服务和水化服务与水产品供给

5.5.2 二级分区方案

基于巢湖流域耕地面积比、建设用地面积比、土壤类型和植被覆盖度指标分析，根据二级分区原则和方法，对巢湖流域进行了水生态功能二级分区，将巢湖流域分为7个水生态功能二级区（图5-3），即"西南森林流域水生态亚区"、"西北岗地流域水生态亚区"、"合肥都市圈流域水生态亚区"、"东北农田流域水生态亚区"、"东部平原流域水生态亚区"、"南部农田流域水生态亚区"和"巢湖湖体水生态亚区"，并依次将其编码为"LE I₁、LE II₂、LE II₁、LE II₂、LE II₃、LE II₄和 LE III₁"。其中"合肥都市圈流域水生态亚区"主要包括南淝河、十五里河和派河，"南部农田流域水生态亚区"主要包括兆河以及杭埠河、白石天河的中下游大部，"东部平原流域水生态亚区"主要包括裕溪河，"东北农田流域水生态亚区"主要包括柘皋河。二级水生态区的具体特征见表5-4。

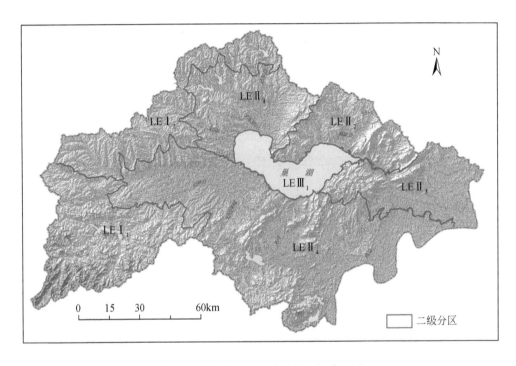

图5-3　巢湖流域水生态功能二级分区图

表 5-4　巢湖流域水生态功能二级分区特征

一级分区代码/名称	二级分区代码/名称/面积	二级分区指标特征		主要陆地生态系统特征		水生态系统主要特征	
LE I / 西部丘陵水生态区	LE I₁ / 西南森林流域水生态亚区 / 0.2353 万 km²	建设用地面积比	介于 0~3.1%，区内差异不显著，平均建设用地面积比为 0.1%	生态系统类型	陆地淡水生态系统	水生态系统类型	淡水浅水型湖泊，丘陵河流为主
		耕地面积比	介于 0~98.9%，区内差异不显著，平均耕地面积比为 6.4%	地貌特征	地貌类型多样，主要地貌类型是低海拔小起伏山地、低海拔丘陵，所占面积比分别为 7.54%、48.86%	河湖水质特征	地处山地林区，为河流的上游，水体质量较好，整体处于Ⅲ类水及以上水平，沉积物重金属要显著低于 ERL* 阈值水平，对沉积物底栖生物无毒性
		土壤类型	水稻土是主要土壤类型，占 27.92%，第二为黄棕壤，占 23.63%，第三为粗骨土，占 12.32%，面积第四大的为紫色土，占 9.23%	植被特征	植被类型主要为林地、作物，其次为农业作物，林地覆盖占该区总面积的 77.28%，农业作物覆盖占总面积的 18.64%	河岸带特征	河流发育较好，河床裸露，以石质河床为主，无明显的坡岸带
		植被覆盖度	介于 58.2%~94.3%，区内差异不显著，平均覆盖度为 81.4%	土壤特征	土壤碳含量高，因受坡度等自然条件的影响，土层厚薄不一	水生生物特征	河流水体中浮游植物优势种以颤藻、席藻、针杆藻为主，约占藻类总数量的 85%，水生植物较少，未发现底栖生物
				土地利用特征	主要土地利用类型为林地		
	LE I₂ / 西北岗地流域水生态亚区 / 0.1653 万 km²	建设用地面积比	介于 0~61.7%，区内差异显著，平均建设用地面积比为 3.7%	生态系统类型	陆地淡水生态系统	水生态系统类型	淡水浅水型湖泊，丘陵河流为主
		耕地面积比	介于 24.2~99.9%，区内差异显著，平均耕地面积比为 80.5%	地貌特征	地貌类型主要是岗地，包括低海拔冲积岗地和低海拔冲积台地，所占面积比分别为 92.43% 和 7.57%	河湖水质特征	地处山区丘陵地带，是河流的上游，水质较好，水体整体上处于Ⅲ类水甚至好于Ⅲ类水水平，沉积物重金属要显著低于 ERL 阈值水平，对沉积物底栖生物无毒性

续表

一级分区 代码/名称	二级分区 代码/名称/面积	二级分区指标特征		水生态功能二级分区主要特征			
				主要陆地生态系统特征		水生态系统主要特征	
LE I/西部丘陵水生态区	LE I₂/西北岗地流域水生态亚区/0.1653万km²	土壤类型	水稻土是主要土壤类型，占60.23%，其次为黄褐土，占17.27%，再次为黏盐黄褐土，占11.86%	植被特征	植被类型主要为农业作物，占该区总面积82.34%，其次为林地，占该区总面积的5.19%	河岸带特征	河流发育较好，河床裸露，以石质河床的坡岸为主，无明显的坡岸带
		植被覆盖度	介于61.8%~77.6%，区内差异不显著，平均覆盖度为68.8%	土壤特征	土壤碳含量较低，土层厚薄不一	水生生物特征	河流水体中浮游植物优势种以裂面藻、十字藻为主，约占藻类总数量的55%，水生植物较少，未发现底栖生物
				土地利用特征	区内主要土地利用类型为排地，占绝对优势		
		建设用地面积比	介于0~96.1%，区内差异不显著，平均建设用地面积比为24.4%	生态系统类型	陆地淡水生态系统	水生态系统类型	淡水浅水型湖泊，平原水网河流
		耕地面积比	介于0~99.0%，区内差异显著，平均耕地面积比为48.2%	地貌特征	地貌类型主要是台地，包括洪积台地和低海拔冲积台地，所占面积比分别为54.46%和45.54%	河湖水质特征	水体污染严重，营养物质总氮、总磷以及氨氮平均值为V类水水平，劣V类水平，区内沉积物重金属也十分严重
LE II/巢湖流域东部平原水生态区	LE II/合肥都市圈流域水生态亚区/0.1583万km²	土壤类型	水稻土是主要土壤类型，占68.35%，其次为黄褐土，占15.84%，再次为漂洗水稻土，占5.36%。	植被特征	植被类型主要为农业作物，占该区总面积的55.48%，其次为林地，占该区总面积5.05%	河岸带特征	河流发育较好，河床裸露，显著的坡岸带
		植被覆盖度	介于49.8%~77.2%，区内差异不显著，平均覆盖度为65.0%	土壤特征	土壤碳含量低，部分地区氮磷含量较高，污染较严重	水生生物特征	浮游植物优势种以颤藻、螺旋藻为主，约占藻类总数量的69%，底栖动物以霍甫水丝蚓、中华河蚓为主，约占底栖动物总数量的95%，受污水的影响，水生植物消失，河道内蓝藻富集，底栖动物以耐污种为主
				土地利用特征	区内主要土地利用类型为建设用地、耕地		

续表

一级分区代码/名称	二级分区代码/名称/面积	二级分区指标特征		水生态功能二级分区主要特征			
				主要陆地生态系统特征		水生态系统主要特征	
LE Ⅱ/巢湖流域东部平原水生态区	LE Ⅱ₂/东北农田流域水生态亚区/0.1181 万 km²	建设用地面积比	介于 0.1%~69.0%，区内差异显著，平均建设用地面积比为 5.3%	生态系统类型	陆地淡水生态系统	水生态系统类型	淡水浅水型湖泊、平原水网河流
		耕地面积比	介于 0.8%~99.6%，区内差异较显著，平均耕地面积比为 63.6%	地貌特征	地貌类型主要是中低海拔冲积洪积台地、低海拔冲积湖积平原，所占面积比分别为 51.13% 和 29.88%	河湖水质特征	水质较好，主要水质参数总氮、氨氮和高锰酸钾指数均属于Ⅲ类水水平，沉积物内重金属含量较低，无重金属污染
		土壤类型	水稻土是主要土壤类型，占 49.63%，其次为黄褐土，占 26.36%；再次为黄棕壤，占 7.54%	植被特征	植被类型主要为农业作物，占该区总面积的 69.82%，其次为林地，占该区总面积的 18.17%	河岸带特征	河流发育较好，以泥质河床为主，无明显的坡岸带
		植被覆盖度	介于 49.4%~82.6%，区内差异不显著，平均覆盖度为 72.5%	土壤特征	土壤肥沃，营养物质丰富，土壤碳含量较高	水生生物特征	河流水体中浮游植物优势种以颤藻、席藻、隐藻、丝藻为主，约占藻类总数量的 61%，底栖动物以红裸须摇蚊、霍甫水丝蚓、羽摇蚊为主，约占底栖动物总数量的 92%
				土地利用特征	区内主要土地利用类型为耕地		
	LE Ⅱ₃/东部流域平原水生态亚区/0.1442 万 km²	建设用地面积比	介于 0~14.7%，区内差异较显著，平均建设用地面积比为 1.6%	生态系统类型	陆地淡水生态系统	水生态系统类型	淡水浅水型湖泊为主
		耕地面积比	介于 1.3%~94.2%，区内差异较显著，平均耕地面积比为 44.2%	地貌特征	地貌类型主要是低海拔冲积湖积平原、低海拔冲积台地和低海拔拔海小起伏山地，所占面积比分别为 53.22%、30.36% 和 16.42%	河湖水质	水质状况较好，主要水质参数总氮、氨氮以及高锰酸钾指数均较低，整体处于Ⅲ类水水平，沉积物内重金属含量总体水平较低

续表

一级分区代码/名称	二级分区代码/名称/面积	二级分区指标特征		水生态功能二级分区主要特征			
				主要陆地生态系统特征		水生态系统主要特征	
	LEⅡ₃/东部平原流域水生态亚区/0.1442万km²	土壤类型	水稻土是主要土壤类型，占43.64%，其次为潜育水稻土，占17.94%；再次为脱潜水稻土，占10.77%	植被特征	植被类型主要为农业作物，占该区总面积69.57%，其次为林地，占该区总面积的17.79%	河岸带特征	河流发育较好，以泥质河床为主，无明显的坡岸带
		植被覆盖度	介于52.4%~82.0%，区内差异不显著，平均覆盖度为74.3%	土壤特征	土壤肥沃，土层较厚，碳含量相对较低	水生生物特征	河流水体中浮游植物优势种以颤藻、席藻、裂面藻、实球藻、微囊藻为主，约占藻类总数量的47%，底栖动物以苏式尾鳃蚓、环棱螺为主，约占底栖动物总数量的59%
		建设用地面积比	介于0~15.2%，区内差异较显著，平均建设用地面积比为1.3%	土地利用特征	区内主要土地利用类型为耕地	生态系统类型	淡水浅水型湖泊，平原水网河流为主
				生态系统类型	陆地淡水生态系统	水生态系统类型	
LEⅡ/巢湖流域东部平原水生态区	LEⅡ₄/南部农田流域水生态亚区/0.5037万km²	耕地面积比	介于0.5%~100.0%，区内差异较显著，平均耕地面积比为73.5%	地貌特征	地貌类型主要是低海拔冲积台地和低海拔冲积平原，所占面积比分别为32.69%、29.10%	河湖水质特征	水质状况与巢湖湖体相比相对较好，除总氮的平均值在Ⅳ类水水平，其他水质参数均维持在Ⅲ类水以及好于Ⅲ类水水平，沉积物重金属均低于ERL阈值水平
		土壤类型	水稻土是主要土壤类型，占61.90%，其次为黄棕壤，占6.28%	植被特征	植被类型主要为农业作物，占该区总面积的77.79%，其次为林地，占该区总面积的11.91%	河岸带特征	河流发育较好，以泥质河床为主，部分地区有较宽的河岸坡地
		植被覆盖度	介于36.8%~89.3%，区内差异不显著，平均覆盖度为72.5%	土壤特征	土壤肥沃，营养物丰富，碳含量较高	水生生物特征	河流水体中浮游植物优势种以颤藻、螺旋藻、裂面藻为主，约占藻类总数量的85%，底栖动物以霍甫水丝蚓、苏式尾鳃蚓、环棱螺为主，约占底栖动物总数量的64%
				土地利用特征	区内主要土地利用类型为耕地		

续表

一级分区 代码/名称	二级分区 代码/名称/面积	二级分区指标特征					水生态功能二级分区主要特征								
							主要陆地生态系统特征					水生态系统主要特征			
		建设用地面积比	排地面积比	土壤类型	植被覆盖度		生态系统类型	地貌特征	植被特征	土壤特征	土地利用特征	水生态系统类型	河湖水质特征	湖滨带特征	水生生物特征
LEⅢ/巢湖湖体水生态区	LEⅢ₁/巢湖湖体水生态亚区/0.0795万 km²					该区为巢湖湖面	浓水湖泊水生生态系统	巢湖湖面，湖内伴有一小丘	巢湖湖岸带植物主要包括挺水植物群落芦苇、香蒲、菰和小量的莲，相对于长江中下游其他湖泊，巢湖现有水生植被占湖泊总面积小，种类少、数量匮缺，湖滨带植被和水生植被面积不足湖泊总面积的1%	巢湖湖面	土地利用类型为水体	大型浅水型湖泊	巢湖湖体水质较差，总磷和总氮污染严重，均保持在Ⅴ类水甚至劣Ⅴ类水的水平，沉积物中存在着重金属污染，尤其锌的污染严重，具备对底栖生物产生毒性条件	湖泊利用强度不断加大，出现较多的不合理的开发活动，如侵蚀滩地、围湖造田、建养鱼塘等针对湖滨带的人工改造活动	浮游植物优势种以微藻、螺旋藻、裂面藻为主，约占藻类总数量的82%，底栖动物以雷苷水丝蚓、瑞翅摇蚊、小摇蚊为主，约占底栖动物总数量的90%

* ERL（the effect range low）即效应浓度低值，当重金属浓度小于ERL时不会对底栖生物产生毒性。

5.5.3　三级分区方案

基于体现水体类型及环境的指标分析，根据三级分区原则和方法，对巢湖流域进行了水生态功能三级分区，将巢湖流域分为28个水生态功能三级区（图5-4）。

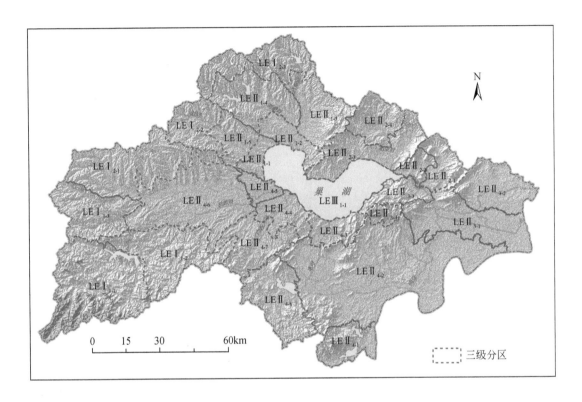

图5-4　巢湖流域水生态功能三级分区图

巢湖流域28个水生态三级分区分别具有不同的水生态特征及其背景条件（表5-5），各区在河流/湖库水系、水质、水生生物、土壤类型等方面均有较大的差异。

5.5.4　四级分区方案

基于巢湖流域水体类型、河流流速、河岸带类型和水功能区等指标对河段进行分类，采用水动力和叶绿素 a 指标划分湖体。根据四级分区原则和方法，对巢湖流域进行了水生态功能四级分区，将巢湖流域分为62个水生态功能四级区（图5-5，表5-6）。

表 5-5　巢湖流域水生态功能三级分区特征

三级区编码	面积/km²	涉及行政区	地形	土壤类型	水系分布	水质类别	水生生物（底栖优势种）
LE I 1-1	1103.73	六安、舒城、霍山、岳西	山地、丘陵	黄棕壤、水稻土、粗骨土	杭埠河、滑石河、老龙河、晓天河	V类	椭圆萝卜螺、扁蜉属一种
LE I 1-2	745.23	庐江、舒城	山地、丘陵、平原	黄棕壤、水稻土、紫色土	杭埠河、庐北分干渠	劣V类	方格短沟蜷
LE I 1-3	508.89	六安、舒城、霍山	山地、丘陵、平原	水稻土、黄褐土、紫色土	丰乐河、杭淠干渠	III类	铜锈环棱螺、方格短沟蜷
LE I 2-1	829.63	六安、肥西	山地、丘陵、平原	水稻土、黄褐土	丰乐河、杭淠干渠、潜南干渠	IV类	铜锈环棱螺、方格短沟蜷
LE I 2-2	335.66	合肥、肥西	山地、丘陵、平原	水稻土、黄褐土、紫色土	派河、潜南干渠	V类	日本沼虾、胧胧螺属一种
LE I 2-3	495.17	合肥、肥西、肥东、长丰	山地、丘陵、平原	水稻土、黄褐土	南淝河、店埠河	V类	铜锈环棱螺、大沼螺
LE II 1-1	114.89	合肥、肥西	平原	水稻土	派河、塘西河、蒋口河	劣V类	霍甫水丝蚓、铜锈环棱螺
LE II 1-2	222.01	合肥、肥东、肥西	平原、丘陵	水稻土、粗骨土、黄褐土	南淝河、十五里河、长临河	劣V类	霍甫水丝蚓、苏氏尾鳃蚓
LE II 1-3	451.07	巢湖、肥东	平原、丘陵、山地	水稻土、黄褐土、黄棕壤	店埠河	劣V类	铜锈环棱螺、长角涵螺
LE II 1-4	540.20	合肥、肥东、长丰	平原、丘陵、山地	水稻土、黄褐土	南淝河	劣V类	霍甫水丝蚓、苏氏尾鳃蚓
LE II 1-5	251.00	合肥、肥西	平原、丘陵	水稻土、黄褐土	派河、潜南干渠	劣V类	霍甫水丝蚓、铜锈环棱螺
LE II 2-1	241.79	巢湖、含山	平原、丘陵、山地	水稻土、黄褐土、黄棕壤	清溪河、裕溪河、林头河	IV类	椭圆背角无齿蚌、纹沼螺
LE II 2-2	122.02	巢湖、含山	平原、丘陵、山地	水稻土、黄褐土	双桥河	IV类	椭圆背角无齿蚌、铜锈环棱螺
LE II 2-3	521.08	巢湖、肥东、含山	平原、丘陵、山地	水稻土、黄褐土、粗骨土	柘皋河、夏阁河、焖炀河、鸡洛河、荆塘河	IV类	铜锈环棱螺、圆顶珠蚌
LE II 2-4	304.46	巢湖、肥东	平原、丘陵、山地	水稻土、黄褐土	柘皋河	V类	铜锈环棱螺、锯齿新米虾指名亚种
LE II 3-1	697.90	巢湖、含山、和县、无为	平原、丘陵、山地	水稻土、灰潮土、紫色土	裕溪河	V类	铜锈环棱螺、大沼螺
LE II 3-2	457.85	和县、含山	平原、丘陵、山地	水稻土、黄棕壤	牛屯河	IV类	铜锈环棱螺、大沼螺
LE II 3-3	197.32	巢湖、含山、无为	山地、丘陵、平原	黄棕壤、石灰土、水稻土	裕溪河、松毛河、鸡鸣河	V类	医蛭属一种、铜锈环棱螺
LE II 3-4	89.64	巢湖、无为	山地、丘陵、平原	石灰土、水稻土、紫色土	永安河、花渡河	V类	铜锈环棱螺、放逸短沟蜷

续表

三级区编码	面积/km²	涉及行政区	地形	土壤类型	水系分布	水质类别	水生生物（底栖优势种）
LEII4-1	293.22	无为、枞阳	山地、丘陵、平原	水稻土、黄棕壤、石质土	丝竹湖支流、枫沙湖支流	劣V类	铜锈环棱螺、大沼螺
LEII4-2	2107.14	巢湖、庐江、无为、枞阳	平原、丘陵、山地	水稻土、灰潮土、黄棕壤	西河、兆河、永安河、花渡河	V类	长角涵螺、铜锈环棱螺
LEII4-3	219.92	巢湖、庐江	平原、丘陵、山地	水稻土、粗骨土	兆河、盛桥河、十字河	劣V类	铜锈环棱螺、日本沼虾
LEII4-4	248.14	庐江	平原、丘陵	水稻土、石灰土、粗骨土	白石天河、庐北分干渠、罗埠河	V类	膀胱螺属一种、铜锈环棱螺
LEII4-5	129.91	肥西、庐江、舒城	平原	水稻土	杭埠河、丰乐河、蒋口河	V类	铜锈环棱螺、椭圆萝卜螺
LEII4-6	1038.14	六安、肥西、庐江、舒城	平原、丘陵、山地	水稻土、黄褐土、灰潮土	杭埠河、丰乐河、庐北分干渠	劣V类	铜锈环棱螺、河蚬
LEII4-7	437.14	庐江	平原、丘陵、山地	水稻土、黄棕壤、石灰土	白石天河、罗埠河、金牛河	劣V类	霍甫水丝蚓、铜锈环棱螺
LEII4-8	567.54	庐江、枞阳	平原、山地、丘陵	水稻土、黄棕壤、黄褐土	西河、瓦洋河、黄泥河	劣V类	霍甫水丝蚓、铜锈环棱螺
LEIII1-1	787.69	合肥、巢湖、肥东、肥西、庐江	水域	水体	巢湖湖体	劣V类	霍甫水丝蚓、河蚬、铜锈环棱螺

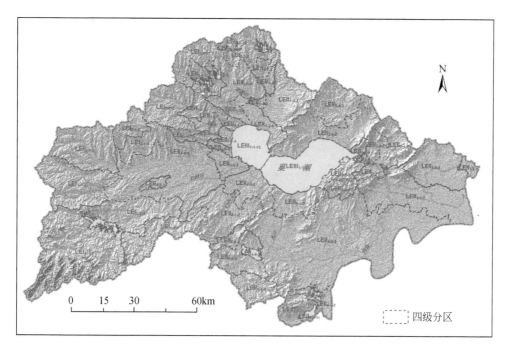

图 5-5　巢湖流域水生态功能四级分区

表 5-6　巢湖流域水生态功能四级分区命名及主导生态功能

四级区	名称
LE I $_{1-1-8-1}$	杭埠河山地急流森林岸带高蜿蜒度河流生物多样性保护高压力管理区
LE I $_{1-1-8-2}$	杭埠河上游山地急流森林岸带高蜿蜒度河流生物多样性保护高压力管理区
LE I $_{1-1-9}$	龙河口水库大型水库水源地保护高压力管理区
LE I $_{1-2-4}$	杭埠河中游山丘缓流森林岸带低蜿蜒度河流水源地保护高压力管理区
LE I $_{1-2-7}$	杭埠河支流山地急流森林岸带低蜿蜒度河流水源地保护高压力管理区
LE I $_{1-3-8}$	丰乐河上游山地急流森林岸带高蜿蜒度河流生物多样性保护高压力管理区
LE I $_{2-1-2}$	丰乐河下游支流丘陵缓流农田岸带低蜿蜒度河流水源地保护高压力管理区
LE I $_{2-1-3-1}$	丰乐河上游支流丘陵缓流农田岸带高蜿蜒度河流水源地保护高压力管理区
LE I $_{2-1-3-2}$	丰乐河支流丘陵缓流农田岸带高蜿蜒度河流水源地保护高压力管理区
LE I $_{2-1-6}$	丰乐河上游支流丘陵急流农田岸带低蜿蜒度河流水源地保护高压力管理区
LE I $_{2-2-3}$	派河上游丘陵缓流农田岸带高蜿蜒度河流水源地保护高压力管理区
LE I $_{2-3-10-1}$	蔡塘水库中小型水库水源地保护高压力管理区
LE I $_{2-3-10-2}$	张桥水库中小型水库水源地保护高压力管理区
LE I $_{2-3-10-3}$	众兴水库中小型水库水源地保护高压力管理区
LE I $_{2-3-2}$	店埠河上游丘陵缓流农田岸带低蜿蜒度河流水源地保护高压力管理区
LE I $_{2-3-2}$	董大水库上游丘陵缓流农田岸带低蜿蜒度河流水源地保护高压力管理区

四级区	名称
LE II$_{1-1-1}$	十五里河平原缓流城镇岸带低蜿蜒度河流功能修复高压力管理区
LE II$_{1-1-2}$	蒋口河平原缓流农田岸带低蜿蜒度河流水源地保护高压力管理区
LE II$_{1-1-3}$	派河下游河口平原缓流农田岸带高蜿蜒度河流水源地保护高压力管理区
LE II$_{1-2-1}$	南淝河下游平原缓流城镇岸带低蜿蜒度河流功能修复高压力管理区
LE II$_{1-2-2}$	南淝河下游平原缓流农田岸带低蜿蜒度河流水源地保护高压力管理区
LE II$_{1-3-1}$	店埠河平原缓流城镇岸带低蜿蜒度河流功能修复高压力管理区
LE II$_{1-3-2}$	店埠河平原缓流农田岸带低蜿蜒度河流水源地保护高压力管理区
LE II$_{1-3-3}$	店埠河上游平原缓流农田岸带高蜿蜒度河流水源地保护高压力管理区
LE II$_{1-4-1}$	董大水库下游平原缓流城镇岸带低蜿蜒度河流功能修复高压力管理区
LE II$_{1-4-2-1}$	南淝河中游平原缓流农田岸带低蜿蜒度河流水源地保护高压力管理区
LE II$_{1-4-2-2}$	董铺水库上游丘陵缓流农田岸带低蜿蜒度河流水源地保护高压力管理区
LE II$_{1-4-5}$	董大水库下游平原急流城镇岸带高蜿蜒度河流功能修复高压力管理区
LE II$_{1-4-9-1}$	董铺水库大型水库水源地保护高压力管理区
LE II$_{1-4-9-2}$	大房郢水库大型水库水源地保护高压力管理区
LE II$_{1-5-1}$	派河下游平原缓流城镇岸带低蜿蜒度河流功能修复高压力管理区
LE II$_{1-5-2-1}$	派河下游平原缓流农田岸带低蜿蜒度河流水源地保护高压力管理区
LE II$_{1-5-2-2}$	派河上游平原缓流农田岸带低蜿蜒度河流水源地保护高压力管理区
LE II$_{2-1-2}$	裕溪河支流丘陵缓流农田岸带低蜿蜒度河流水源地保护高压力管理区
LE II$_{2-2-1}$	双桥河平原缓流城镇岸带低蜿蜒度河流功能修复高压力管理区
LE II$_{2-2-2}$	双桥河上游平原缓流农田岸带低蜿蜒度河流水源地保护高压力管理区
LE II$_{2-3-2}$	柘皋河平原缓流农田岸带低蜿蜒度河流水源地保护高压力管理区
LE II$_{2-4-2}$	柘皋河丘陵缓流农田岸带低蜿蜒度河流水源地保护高压力管理区
LE II$_{3-1-2}$	裕溪河平原缓流农田岸带低蜿蜒度河流水源地保护高压力管理区
LE II$_{3-2-1}$	牛屯河平原缓流城镇岸带低蜿蜒度河流功能修复高压力管理区
LE II$_{3-2-2}$	牛屯河平原缓流农田岸带低蜿蜒度河流水源地保护高压力管理区
LE II$_{3-3-1}$	裕溪河平原缓流城镇岸带低蜿蜒度河流功能修复高压力管理区
LE II$_{3-3-2}$	裕溪河丘陵缓流农田岸带低蜿蜒度河流水源地保护高压力管理区
LE II$_{3-3-7}$	永安河上游山地急流森林岸带低蜿蜒度河流水源地保护高压力管理区
LE II$_{3-4-6}$	永安河上游山丘缓流森林岸带低蜿蜒度河流水源地保护高压力管理区
LE II$_{4-1-11-1}$	枫沙湖小型湖泊生物多样性保护高压力管理区
LE II$_{4-1-11-2}$	竹丝湖小型湖泊生物多样性保护高压力管理区
LE II$_{4-1-2}$	竹枫湖下游山丘缓流农田岸带低蜿蜒度河流水源地保护高压力管理区

四级区	名称
LE II 4-1-7	竹枫湖上游山地急流森林岸带低蜿蜒度河流水源地保护高压力管理区
LE II 4-2-2	西兆河平原缓流农田岸带低蜿蜒度河流水源地保护高压力管理区
LE II 4-3-2	兆河下游平原缓流农田岸带低蜿蜒度河流水源地保护高压力管理区
LE II 4-4-2	白石天河下游平原缓流农田岸带低蜿蜒度河流水源地保护高压力管理区
LE II 4-5-2	杭埠河下游平原缓流农田岸带低蜿蜒度河流水源地保护高压力管理区
LE II 4-6-1	杭埠河中游平原缓流城镇岸带低蜿蜒度河流功能修复高压力管理区
LE II 4-6-2	杭埠河中游平原缓流农田岸带低蜿蜒度河流水源保护高压力管理区
LE II 4-7-2	白石天河上游平原缓流农田岸带低蜿蜒度河流水源地保护高压力管理区
LE II 4-8-1	黄陂湖上游丘陵缓流城镇岸带低蜿蜒度河流功能修复高压力管理区
LE II 4-8-11	黄陂湖小型湖泊生物多样性保护高压力管理区
LE II 4-8-2	黄陂胡上游丘陵缓流农田岸带低蜿蜒度河流水源地保护高压力管理区
LE II 4-8-8	黄陂湖上游山丘急流森林岸带高蜿蜒度河流生物多样性保护高压力管理区
LE III 1-1-12-1	巢湖低流速高浮游植物大型湖泊生物多样性保护高压力管理区
LE III 1-1-12-2	巢湖高流速低浮游植物大型湖泊水源地保护高压力管理区

参 考 文 献

高俊峰，蔡永久，夏霆，等 . 2016. 巢湖流域水生态健康研究 . 北京：科学出版社 .

高俊峰，高永年 . 2012. 太湖流域水生态功能分区研究 . 北京：中国环境科学出版社 .

高永年，高俊峰，陈炯峰，等 . 2012. 太湖流域水生态功能三级分区 . 地理研究，31（11）：1942-1951.

高永年，高俊峰 . 2010. 太湖流域水生态功能分区 . 地理研究，（1）：111-117.

祝迎春 . 2005. 二阶聚类模型及其应用，市场研究，（1）：40-42.

Gao Y N, Gao J F, Chen J F, et al. 2011. Regionalizing aquatic ecosystems based on the river subbasin taxonomy concept and spatial clustering techniques. Inter J Env Res Pub Heal，8（11）：4367-4385.

第6章 水生态功能一级~三级分区特征[①]

6.1 一级水生态功能分区特征

6.1.1 西部丘陵水生态区（LEⅠ）

该区位于东经116°23′13.517″~117°29′52.166″，北纬30°57′49.851″~32°9′17.709″，所辖主要行政区包括长丰县，肥东县，六安市市辖区，肥西县，合肥市市辖区，庐江县，舒城县，霍山县，桐城市，岳西县，潜山县。该区地形复杂，地表起伏大，地势较高，高程最高达1575m，最低为11m，平均高程为159m。由于该区大部分地处山区，河网密度相对较低（图6-1）。

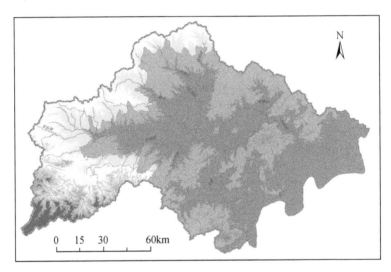

图6-1 西部丘陵水生态区（LEⅠ）

6.1.1.1 水生态区特征

（1）自然环境特征

区内的丰乐河、派河、南淝河、柘皋河上游成土母质为下蜀系黄土，杭埠河上游低山

---

① 本章由张志明、高俊峰、蔡永久撰写，高俊峰统稿、定稿。

丘陵区的成土母质多为片麻岩、花岗岩、紫红色火山碎屑岩等（表6-1）。

表6-1 西部丘陵水生态区 LE I 主要地表岩性、岩类分布

主要地表岩性	主要岩类	分布范围	侵蚀特征
石英片岩、角闪片岩、片麻岩、角闪岩、浅料岩、大理岩、混合花岗岩、安山质岩、角砾岩、集块岩、花岗岩、石英正长岩	太古、元古界变质岩类、中生界火山碎屑岩、侵入岩类	大别山北麓低山及低山丘陵区	强烈水土流失
角闪斜长片麻岩、黑云片岩、石英角斑岩、斜长角闪岩、片麻岩、大理岩、砂岩、粉砂岩、灰质砾岩、砂质岩、安山质凝灰岩、角砾岩、集块岩	元古界变质岩类、中生界沉积碎屑岩类、火山碎屑岩类、侵入岩类	流域北部浮槎山区	以片状侵蚀为主的中度流失

（2）气候特征

该区位于北亚热带湿润季风区，气候总体特点是温和湿润，季风特点显著，冬冷夏热，四季分明。从空间上看，多年平均气温在7.5～15.7℃，均温为14.8℃，一年之中，月平均气温一月最低，七月最高。从空间上看，该区年降水量在991.4～1578.5mm，平均降水量为1235.3mm，雨量最多月份为7月，最少的为12月。从时间上看，春季由于冷暖空气活动频繁，气温回升快，雨水增多，3～4月常有低温连阴雨天气。

（3）植被覆盖与自然保护区

该区植被覆被条件好，主要为林地和农业作物。其中，有林地为1758.37 km²，灌木林为144.00 km²，其他林地为3.71 km²，水田作物为1515.67 km²，旱地作物为286.10 km²，草地为0.12 km²，没有裸土地和裸岩石砾地等未利用地。林地覆盖区总面积为1906.09 km²，占该区总面积的47.53%，农业作物覆盖区总面积为1801.76 km²，占该区总面积的44.93%，林地覆盖区和农业作物覆盖区占到该区总面积的92.46%。

该区有两个自然保护区，即龙河口水库舒城河流源头自然保护区和万佛山自然保护区。

龙河口水库舒城河流源头自然保护区位于舒城县杭埠河上游，区内的龙河口水库也称万佛湖，流域面积为1110 km²，在正常蓄水位68.0 m时，水面面积为47.4 km²，库容为5.02亿 m³。水库上游有安徽省人民政府批准建立的万佛山自然保护区，从源头至水库坝上划为河流源头自然保护区。水库控制断面现状水质为Ⅱ类，水质管理目标也为Ⅱ类。是水利部批准的首批全国水利风景名胜区，已成为安徽省重要的旅游胜地。应加强对生态环境的保护，同时要加强库区上游水土流失的治理，控制库区富营养化程度。

万佛山自然保护区是国家级自然保护区和省级风景名胜区，位于大别山南部，舒城县西南端，地处东经116°31′～116°34′，北纬31°01′～31°05′，总面积为20km²，在国有小涧冲林场的基础上扩展而成。1995年由安徽省人民政府批准建立。万佛山属中山地貌，群峰林立，地势陡峻，最高峰老佛顶海拔为1539m。基岩由变质岩系构成，以花岗岩和花岗岩麻岩为主，土壤为山地黄棕壤、山地棕壤和山地草甸土。万佛山生态环境优良，保护完

好，区系成分丰富，组成复杂多样的大别山典型植被类型区，亚热带与暖湿带区成分相互渗透，过渡和交汇的特点明显。区内有维管束植物147科658属1328种；有国家级保护树种30多种，主要有银缕梅、香果树、马褂木、银鹊树、连香树、领春木、天目木姜子等；有野生动物200余种，其中兽类47种，鸟类100余种，爬行类32种，两栖类10余种。有国家保护植物25种，保护动物30余种，主要有娃娃鱼、金钱豹、水獭、原麝、穿山甲、鸟类、蛇类等。万佛山自然保护区是华东地区少有的动植物基因库，为生态研究提供了科研场所。保护区规划分为核心区、缓冲区、实验区，在实验区可进行保护性的森林生态旅游开发。

6.1.1.2 水生态系统特征

（1）优势或特征鱼类、水生及河岸与湖滨带植物

鱼类以黄幼鱼、鳑鲏鱼和虾虎鱼等无经济价值的鱼类为优势种；河流多为石子河床，河岸带水生植物主要以水陆两生植物为优势种群，如水花生、牛鞭草、芦苇、荻、茭笋、红草、酸模叶蓼、水蓼等。河床裸露，水土流失严重，因此，应加强河流两岸水生植被保护与修复，尤其是种植牛鞭草、芦苇、荻，保障河水对堤岸冲刷。

（2）受保护水生生物种类

底栖动物的蜉蝣目、毛翅目、中国尖嵴蚌、圆顶珠蚌为保护物种，水生高等植物中的石菖蒲、水蓼、微齿眼子菜为保护对象，鱼类的吻虾虎鱼、中华沙塘鳢、马口鱼、黄鳒、切尾拟鲿、中华沙鳅、中华青鳉为保护对象。

（3）河湖水文特征

区域内的主要河流是杭埠河的上游，即晓天河、老龙河、杭痹干渠以及滑石河等。这些河流又都流经龙河口水库。该水系组成的流域是巢湖流域海拔最高的区域，平均海拔在1000米左右。该区的水源补给主要以降水为主。通过对建设在杭埠河的水文站和龙河口水文站的数据进行分析，晓天站1953～2000年多年年均降水量为1424.7 mm。其中以1954年最大，达到2248.8 mm，其次较大的年份有1969年、1975年和1991年。降水量极少的年份有1966年、1978年和1995年，比多年平均少400 mm以上。晓天站1958～2000年的多年平均径流量为$3.639 \times 10^8 m^3$。年径流量较大的年份有1954年、1969年、1975年、1991年和1999年，其中以1969年最大，达到$6.864 \times 10^8 m^3$。径流量较小的年份有1966年、1978年和2000年。期间经历1个连续的旱期（1965～1968年）。龙河口站的多年（1952～2000年）平均降水量为1283mm。其中1954年、1969年、1991年和1993年降水量均高于多年距平400 mm以上，是典型的丰水年；干旱以1966年和1978年最为严重，年降水量低于距平400 mm以上。龙河口站年径流量多年（1955～2000年）平均值为$9.045 \times 10^8 m^3$。由于上游区域的强降水，1969年、1975年、1983年和1991年该站出库径流远远超出多年平均径流量。而1965年、1966年、1978年、1992年和2000年的年径流量远低于多年距平。

（4）水体类型及其特征

该区水体主要是由山地发育而成的自然河流以及人工开挖渠道，以及龙河口水库组成。水源补给主要以降雨为主，河道内以石质组成为主，不能通航。由于缺乏足够的水源

补给，在枯水期该区河流经常出现断流的情况，而在丰水期水流速过大，对河道形成严重的冲刷。

6.1.1.3 对流域水生态系统的作用

（1）水量维持和水质保障

由于该区处于巢湖流域的海拔最高处，水源补给又是以降雨为主，所以该区河道内的水量较小，水量大部分流入龙河口水库。龙河口的水库正常蓄水量约为 4.92 亿 m^3，水位在 50～70m 波动，该水库自 1988 年建成以来，阻止了由于长时间降雨造成的下游洪灾风险。龙河口水库周围以及晓天河等几条主要的入湖河流水质较好，基本维持在 Ⅱ～Ⅲ 类。

（2）水生生物多样性维护

生物多样性指数表示物种的多样性、丰富度、均匀度等特征。一般用 Shannon-Wiener 指数表达生物多样性，用 Pielou 指数表达均匀度，用 Margalef 指数表达丰度指数。生物多样性指数值越大，生态系统的物种越丰富，湖泊的健康状况越好。基于巢湖流域 LEⅠ 区河流特点及河流污染状况，无论是水生植被、浮游生物，还是底栖动物的多样性均呈现下降趋势。因此，构建健康的生物系统，维护水生生物多样性极其重要。

6.1.1.4 水生态问题和管理与保护策略

（1）水生物方面

区内主要的生态问题是河床裸露并多以石子河床为主，生态系统的稳定差，因此，要在河流两岸种植护坡植物，防止水土流失，以免对水质造成更严重的污染，适当恢复水生植被种植，提高水生态系统抵抗污染的能力。

（2）水质方面

该区水体中的总磷、总氮、氨态氮以及高锰酸盐指数均维持在一个相对较低的水平。水体质量整体处于Ⅲ类及以上水平，表明该区水质较好，只有部分监测点位的总量含量偏高（表6-2）。

表6-2 巢湖流域 LEⅠ区水体营养含量变化范围

项目	总氮	总磷	氨氮	磷酸根	亚硝态氮	硝态氮	高锰酸盐指数
最小值/(mg/L)	0.22	0.02	0.07	0.002	0.00	0.002	1.33
最大值/(mg/L)	2.99	0.21	0.34	0.03	0.16	1.32	6.93
平均值/(mg/L)	0.83	0.07	0.16	0.02	0.02	0.35	3.36
变异系数	0.62	0.57	0.43	0.65	1.62	0.93	0.43

选择了 8 种重金属（包括铜、铅、锌、铬、镉、镍、汞和砷）作为沉积物质量评价的目标物质，采用美国国家海洋和大气管理局所建立的沉积物质量评价方法（表6-3）对沉积物毒性进行评估。

表6-3　重金属不同毒性的阈值　　　　　　　　　　（单位：mg/kg）

项目	Cr	Cu	Pb	Hg	Ni	Zn	As	Cd
ERL	80	70	35	0.15	30	120	33	5
ERM	145	390	110	1.3	50	270	85	9

ERL（the effect range low）和ERM（the effect range median）分别表示效应浓度低值和效应浓度中值，当重金属浓度小于ERL时不会对底栖生物产生毒性。当浓度大于ERL时，重金属偶尔会对底栖生物产生毒性；当重金属浓度大于ERM时，则会对底栖生物产生毒性。ERM较ERL具有较高程度的预测性。ERL和ERM是一个经验值，其只是预测重金属对生物产生毒性的几率，而并非是一个完全准确的数值，但是应用目标污染物质与ERL和ERM进行比较可以给我们对于沉积物污染程度的认识起到一个警示的作用。

对照表6-3和表6-4中可知，巢湖流域LE I 区沉积物中的Cu、Zn、Cd、Pb以及As的最大值均低于ERL数值，表明这些金属不存在污染。但是Cr、Ni和Hg的部分点位最大值超过了ERL数值，表明可能存在污染。从平均值来看，该区重金属均不会对沉积物底栖生物产生毒性，属于无污染区域。

表6-4　巢湖流域LE I 区沉积物重金属含量变化范围

项目	Cr	Ni	Cu	Zn	Cd	Pb	Hg	As
最小值/（mg/kg）	17.2	6.6	6.2	22.2	0.1	7.3	0.01	1.8
最大值/（mg/kg）	140.8	71.4	32.5	94.6	0.3	33.9	0.5	19.9
平均值/（mg/kg）	53.1	25.3	18.8	52.1	0.2	20.4	0.1	7.3
变异系数	0.70	0.79	0.51	0.43	0.48	0.41	1.76	0.76

总之，该区水体质量较好，基本维持在 II ~ III 类，但是由于近些年来地方政府大大推行以龙河口水库为主的资源性旅游，给该区的水质带来了一定的污染风险，应该加以重视。晓天河上游区域部分植被破坏严重，水土流失严重，存在农业面源污染的风险。应该在该区推行合理的旅游开发战略和实施有步骤的植被保护和覆绿计划。沉积物重金属含量均维持在一个较低的水平，不会对底栖生物产生毒性。

6.1.2　东部平原水生态区（LE II）

该区介于东经116°47′19.569″~118°21′38.034″，北纬30°46′5.686″~32°1′57.607″，所辖主要行政区包括长丰县、肥东县、六安市市辖区、和县、巢湖市、肥西县、合肥市市辖区、含山县、庐江县、舒城县、无为县、枞阳县。该区地形相对简单，地表起伏较小。该区主要为平原区，河网密度相对较高（图6-2）。

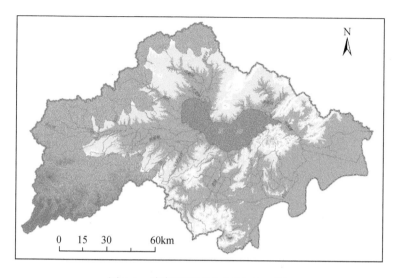

图 6-2　东部平原水生态区（LEⅡ）

6.1.2.1　水生态区特征

（1）自然环境特征

该区大面积出露第四系上更新统和全新统黏土、亚黏土、裸露岩石（表 6-5）。

表 6-5　LEⅡ区主要岩性、岩类分布

主要地表岩性	主要岩类	分布范围	侵蚀特征
石灰岩、白云岩、砂岩、页岩、砂质页岩、粉砂质泥岩、石英岩	古生界、中生界碳酸岩类、沉积碎屑岩类	流域东部团山、东部凤凰山及南部银屏山、耙耙山	以自然剥蚀为主的轻度流失
黏土、亚黏土、亚砂土	第四纪松散沉积物	主要沿湖周围，各河道两岸圩区冲刷平原	侵蚀现象不明显，基本无流失

该区地形相对简单，地表高程变化不大，高程最高仅 645 m，这主要是由分布于其中的零星丘陵矮山的缘故，该区平均高程为 31m。

（2）气候特征

该区位于北亚热带湿润季风区，气候总体特点是温和湿润，季风特点显著，冬冷夏热，四季分明。从空间上看，多年平均气温在 13.3～16.1℃，平均为 15.6℃。一年之中，月平均气温 1 月最低，7 月最高。从空间上看，该区年降水量在 992.2～1496.6 mm，平均降水量为 1228.0mm，雨量最多月份为 7 月，最少的为 12 月。从时间上看，春季由于冷暖空气活动频繁，气温回升快，雨水增多，3～4 月常有低温连阴雨天气。

（3）植被覆盖与自然保护区

该区植被覆被条件好，主要为林地和农业作物。其中，有林地为 100.59 km²，灌木林为 145.37 km²，疏林地为 3.88 km²，其他林地为 1.05 km²，水田作物为 5302.36 km²，旱地作物为 1339.87 km²，草地为 4.39 km²，裸土地和裸岩石砾地等未利用地仅为 0.74 km²。

林地覆盖区总面积为 1150.88 km²，占该区总面积的 12.36%，农业作物覆盖区总面积为 6642.23 km²，占该区总面积的 71.35%，二者占到该区总面积的 83.71%。

该区有两个自然保护区，即巢湖水生野生动植物自然保护区和董辅水库合肥河流源头保护区。

巢湖水生野生动植物自然保护区。2006 年 4 月，巢湖市人民政府同意建立巢湖水生野生动植物自然保护区（巢政〔2006〕25 号文），包括对水中植物、底栖生物和水鸟等的保护。保护区南至兆河口，东至散兵镇南湾水域，西至白石天河口，北至柘皋河口与黄麓花塘河口的湖面，面积为 33 333hm²（占巢湖湖面一半以上）。其中，北兆河口附近为核心区，面积为 11 333 hm²，北兆河口及航道和其他区域为缓冲区及试验区，面积为 22 000 hm²。保护区的建立旨在加强对巢湖生态环境保护力度，促进巢湖水域生态环境良性发展，保持水生生物资源持续健康发展。2008 年 8 月，巢湖水生野生动植物自然保护区基本建成，标志着巢湖正式从单一渔业资源保护转向水生态多样性保护。

董辅水库合肥河流源头保护区。董辅水库又称蜀山湖，位于省会合肥市的西郊南淝河上游，流域面积为 207.5 km²，在正常蓄水位达 28.0 m 时，水面面积为 16.2 km²，库容为 0.77 亿 m³。董辅水库除防洪外，其主要功能是合肥市的供水水源地之一，日设计供水能力 75 万 t。水库在巢湖水质受到污染不能正常供水的情况下，负责全市的供水，水量不足时，需从淠河总干渠引水补充。从南淝河上游至水库大坝划为河流源头保护区，该区周边有植物园和著名的"科学岛"，是合肥市有名的涉水风景区。库区上游现有家禽家畜养殖场，应予搬迁，周边农田化肥农药的使用种类和数量应得到控制，库区内企事业单位和居民小区的废污水处理设施应尽快建设并投入正常运行。水库控制断面（点）现状水质为Ⅱ～Ⅲ类，水质管理目标为Ⅱ类。

大房郢水库合肥河流源头保护区。大房郢水库是正在建设中的大型水库，位于合肥市西北郊岗集，南淝河支流四里河的下游，流域面积为 184 km²，水库建成后正常蓄水位达 28.0 m 时，库区水面面积为 15.6 km²，库容为 0.65 亿 m³。库区主要功能之一是向合肥提供优质饮用水源，从源头至水库大坝划为河流源头保护区，要加强库区周边的水资源水环境保护，严禁工业生活废污水排入库区，不得建有禽畜养殖场和养殖区，控制农业面污染源。四里河上游现状水质为Ⅱ～Ⅲ类，水质管理目标为Ⅱ类。

6.1.2.2　水生态系统特征

（1）优势或特征鱼类、水生及河岸与湖滨带植物

该区河流水位变化相对稳定，除污染严重的南淝河、十五里河、店埠河外，其他河流水体鱼类相对多样，但多趋向小型化，目前常见且有一定产量和价值的鱼类有鲤、鲫、白鱼等，但鳊鲌鱼和虾虎鱼等无经济价值的鱼类仍是常见种。受巢湖、裕溪两闸的影响，巢湖水位提高，莲群落、香蒲群落均已绝灭。加上人类活动加剧，使得该区大多数河流污染严重，南淝河、店埠河等河流水生植被较少，下游河流由于水位较高，水生植被比较单一，多以水生花、马来眼子菜、菹草、野菱角、轮叶黑藻和芦苇为主。

（2）主要受保护水生生物种类

该区主要以沉水植物苦草、菹草及马来眼子菜和茭笋为保护对象，为提高该区鱼的种

类及数量创造条件。白鱼、鲌类、银鱼、鳂鱼、宽鳍鱼、越南刺鳑鲏、光泽黄颡鱼和克氏虾虎鱼等鱼种也是该区保护的重点。

（3）河湖水文特征

该区内水资源量丰富。1959 年上建巢湖闸以调节巢湖之水，1969 年下建裕溪闸以拒江潮倒灌，两闸内形成渠化河流，巢湖周围河流呈向心状分布，其中杭埠河、派河、南淝河、白石天河 4 条河流占流域径流量的 90% 以上。杭埠-丰乐河是入巢湖水量最大的河流，占总径流量的 65.1%；其次为南淝河、白石天河，分别占总径流量的 10.9% 和 9.4%。流域平均年降水量为 1031.6 mm，地表径流的年补给水量一般为 20 亿~30 亿 m^3，最大年补给水量为 51 亿 m^3（1954 年），年平均总水量为 39.8 亿 m^3，其汛期与诸河降水季节大致相吻合，多出现在 5~8 月。

（4）水体类型及其特征

该区河流众多，主要的河流有南淝河、派河、杭埠河、白石天河、兆河、裕溪河、柘皋河以及炯阳河。除裕溪河流入长江外，其他河流的水源均流入巢湖。南淝河由于流经合肥市区，长期接受来自市区内的生活污水和工业废水，水体污染严重。此外，南淝河还承担着重要的航运功能，这又在一定程度上对河道水质造成了污染。南淝河大部分区域都有人工化痕迹，驳岸大部分已经失去原来的自然状态，取而代之的是码头和城市乡镇的景观。杭埠河和裕溪河是该区比较大的河流，裕溪河主要用于农业灌溉以及通航，而杭埠河由于其主要流经山区和乡镇，主要接纳周围的农业灌溉和工业用水，还可以通航农用及其他较小的船只。白石天河、兆河以及柘皋河只能通行小型的农用船只，河道多杂草，驳岸多生态化，结构较简单。

6.1.2.3　对流域水生态系统的作用

（1）水量维持与水质保障

该区水资源量丰富，区内的裕溪河年平均径流量可达约 250 亿 m^3。杭埠河是巢湖流域水资源量较大的一条河流，其年平均径流量可达 26 亿 m^3。杭埠河的水量持续输入对巢湖水量可以起到保障作用。其他河流，如南淝河、白石天河、兆河以及柘皋河的水资源均流入巢湖，均可以有效补充巢湖水体的资源量。在丰水期，位于东部的巢湖闸可以起到泄洪的作用，在枯水期则用来蓄水，使巢湖水位维持在一个合理的水平。

该区中的几条河流受到不同程度污染。南淝河的水源由于长期受到合肥以及周围乡镇的污染，水质已经为 V 类，甚至劣 V 类。杭埠河、白石天河以及兆河由于其主要流经农业区域，水质总体上较好。

（2）水生生物多样性维护

该区水生生物多样性指数相对较低。因此，需分阶段维护水生物种的多样性。第一阶段（2015~2020 年），维护河流近岸挺水植物如芦苇、菱草、牛鞭草等生长面积；第二阶段（2020~2030 年），逐渐恢复水体浮游生物、底栖动物及沉水植物的生长，重建和维护良性生态系统。

6.1.2.4 水生态问题和管理与保护策略

（1）水生物方面

该区主要的生态问题是河流生态系统受到污染，水生生物退化，下游河流水体水生植被茂盛，阻碍河流水生态系统对水质的净化功能的正常发挥。因此对于南淝河、店埠河，要控制城市工农业及生活污水排放，提高水体透明度及水质，种植耐污的水生生物，逐步恢复受损的河流水生态系统；对于出湖河流，定期打捞水草，避免水生植物残体腐烂降解产生二次污染。

（2）水质方面

该区主要水质参数和沉积物重金属的含量变化范围见表 6-6 和表 6-7。从表中可以看出，该区内的主要营养物质如总氮、总磷、氨氮以及磷酸根在区域内具有较大的空间变异性，其中磷酸根的变异系数高达了 3.19。

表 6-6　LE II 区主要水质参数的含量变化范围

项目	总氮	总磷	氨氮	磷酸根	高锰酸盐指数	溶解氧
最小值/（mg/L）	0.62	0.03	0.10	0.001	2.11	2.90
最大值/（mg/L）	55.70	15.59	49.94	8.31	12.53	8.90
平均值/（mg/L）	3.43	0.82	2.22	0.38	5.28	5.32
变异系数	2.39	3.18	3.35	3.19	0.37	0.37

表 6-7　LE II 区沉积物重金属含量变化范围

项目	Cr	Ni	Cu	Zn	Cd	Pb	Hg	As
最小值/（mg/kg）	17.19	6.56	6.16	22.24	0.06	7.30	0.01	1.83
最大值/（mg/kg）	141.02	71.43	575.14	5028.23	3.20	138.50	1.10	113.00
平均值/（mg/kg）	66.15	28.52	60.06	292.46	0.52	36.61	0.17	14.89
变异系数	0.45	0.45	1.65	2.55	1.20	0.67	1.51	1.29

该区总氮、总磷以及氨氮的平均值已经达到了 V 类，甚至劣 V 类的水平。

与水体中的营养物质来比，沉积物中重金属的空间变异性要稍小。但是，从表中可以看出流域内 Zn 和 Cu 在流域的变异系数也分别达到了 2.55 和 1.65，表明这两种污染物质在空间上存在点源污染。对照欧洲国家普遍采用的沉积物质量评价标准 ERL/ERM 阈值来看，流域内的 Zn、Pb 和 Hg 的平均值均超过了 ERL 但小于 ERM，表明这些重金属物质有可能对底栖生物产生毒性，而其他重金属如 Cu、Cr、Ni、Cd 以及 As 的平均要小于 ERL，表明这些金属的含量水平是安全的。

6.1.3　巢湖湖体水生态区（LE III）

该区介于东经 117°17′23.903″ ~ 117°50′57.403″，北纬 31°25′27.629″ ~ 31°43′

36.899″，沿湖所涉主要行政区包括肥东县、巢湖市、肥西县、合肥市市辖区、庐江县。该区主要为巢湖湖体，平均高程为 5.1 m（图 6-3）。

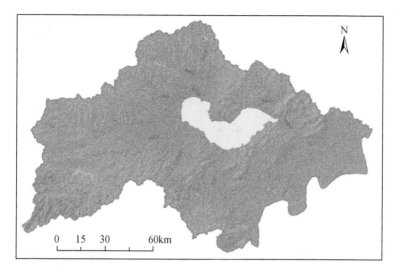

图 6-3　巢湖湖体水生态区（LEⅢ）

6.1.3.1　水生态区环境特征

该区多年平均温度为 15.57℃，总体水质类别为 V 类。

目前，巢湖已被定为调水水源保护区，西半湖肥东县湖滨（陆家畈）至肥西下派一线以南，东半湖柘皋河入湖口至散兵一线以西，中庙景观娱乐用水区 15.0 km² 以外约 645.0 km² 的湖区，划为调水水源保护区。控制断面（点）现状水质为 Ⅲ～Ⅳ 类，局部为 V～劣 V 类，呈重富营养化。水质管理目标——2020 年保护区内大部分水域水质达 Ⅲ 类，并向中营养化转化。该区内不得新设或扩大入河排污口，原有的污染源必须截污处理，汇水区的工业污染物排放必须达标，并经城市水处理厂处理后排放，沿湖周边不能兴办集约化、规模化禽畜养殖场区。

6.1.3.2　水生态系统特征

（1）优势或特征鱼类、水生及河岸与湖滨带植物

湖泊水体鱼种类相对多样，但多趋向小型化，目前常见且有一定产量和价值的鱼类有青、草、鲢、鳙，鲤、鲫、鲌类、长颌鲚、银鱼、白鱼、秀丽白虾、湖蟹、湖鲚等 20 多种，但黄幼鱼、�鲅鱼和虾虎鱼等无经济价值的鱼类仍是常见种。湖体区浮叶植物带和沉水植物种类呈块状分布，水生高等植物种类有菹草、竹叶眼子菜、黑藻、苦草、荇菜等，近岸挺水植物建群种为芦苇，群落中还伴生有荻、荆三棱、稗、酸模叶蓼、菱笋、盒子草、槐叶苹、满江红、大藻等。

（2）主要受保护水生生物种类

由于环境污染日益严重，水生动植物急剧减少，尤其是鱼类种群结构变化大，种群数

量大幅度下降。银鱼（太湖新银鱼）、刀鱼、面鱼（大银鱼）、白米虾（秀丽白虾）等珍贵品种濒临衰竭。因此，以上几类鱼种应受到重点保护。

（3）水文特征

巢湖水位的年内变化受入湖径流量和湖面降水量的影响。1959 年巢湖闸修建后，年平均水位为 8.03m，水位变幅减小，年平均最大值水位为 9.62m，发生在 1954 年；其次为 9.41m，发生在 1983 年。年平均最小值水位巢湖闸建立前为 7.11m，发生在 1948 年，巢湖闸建成后为 7.23m，发生在 1968 年，次之为 7.39m 和 7.46m，分别发生在 1967 年和 1978 年。

巢湖水位，西岸高于南岸，南岸高于北岸，东岸最低，即湖面由西岸、南岸微向北岸和东岸倾斜。巢湖水位呈现出中心高两侧低的趋势，这是因为沿岸带由于长期接受来自河流的泥沙淤积导致水位较浅。西半湖的水位较东半湖略浅。这主要是由于西半湖具有较多的入湖河流，入湖泥沙较多。位于杭埠河周围水深仅为 1.7m 左右，这是由于杭埠河较大的泥沙输入量。

（4）水体类型及其特征

巢湖是一个富营养化湖泊，其东部湖和西半湖各自作为巢湖和合肥的重要饮用水源地，同时还起到了养殖、蓄水以及旅游的功能，对巢湖流域地区的经济发展起到举足轻重的作用。

6.1.3.3 对流域水生态系统的作用

（1）水量维持

在该区巢湖湖体的出水口，有一个重要的闸口，即为巢湖闸，主要用于防洪控制和灌溉。

巢湖闸位于巢湖市西南的巢湖口和裕溪河连接处，1964 年正式投入使用，是一项控制巢湖水位、通航和鱼道的综合性水利工程。该闸设计的防洪标准为 300 年一遇。建成后，有效地提高了防洪能力，出口最大泄量达 870 m³/s，泄洪水位闸上控制为 14.48m。巢湖闸口正常蓄水位为 7.5m。

（2）水生生物多样性维护

降低巢湖湖区水位，提高水体透明度，在近岸带种植水生生物，抑制藻类生长，提高马来眼子菜、苦草、轮叶黑藻、金鱼藻等沉水植物以及荇菜、菱等浮叶植物的生长面积，从而降低水体中营养盐浓度，减轻水体富营养化。

6.1.3.4 水生态问题和管理与保护策略

（1）水生物方面

该区的主要生态问题是巢湖蓝藻水华，应控制污染物质内源释放、减少河流外源输入，恢复水生植被。与 20 世纪 60～80 年代相比，巢湖流域浮游植物、浮游动物、底栖动物、鱼类及高等水生植被都发生较大变化。

巢湖水生植物受 1954 年的洪水和 1960 年巢湖闸的影响很大。1954 年大水前，湖中水生植物生长茂盛，植被发育良好，分布几乎遍及全湖。1954 年大水导致莲群落、蒲群落和菰群落绝迹。1960 年巢湖闸的修建，湖泊水位的抬高，水生植物恢复受到严重影响。本次调查结果显示，巢湖湖区高等水生植被退化严重，水生生物种类向单一化发展。

巢湖浮游植物优势种类发生变化。20 世纪 60 年代巢湖浮游植物在种类组成和数量上，以蓝藻门的微囊藻和项圈藻为优势种；但本次调查结果发现，湖体浮游植物以蓝藻门的铜绿微囊藻（*Microcystis aeruginosa*）、水华微囊藻（*M. flos- aquae*）、惠氏微囊藻（*M. wesenbergii*）、丝状的螺旋鱼腥藻（*Anabaena spirodies*）和水华鱼腥藻（*A. flos- aquae*）为主，蓝藻在浮游植物中的比重增加。

巢湖浮游动物优势种类主要有萼花臂尾轮虫（*Brachionus calyciflorus*），小链巨头轮虫（*Cephalodella catellina*），广布多肢轮虫（*Polyarthra vulgaris*）和独角聚花轮虫（*Conochilus unicornis*）等。

随着 1960 年的巢湖闸和 1966 年的裕溪闸先后建成，巢湖的水位完全受人为控制，鱼类在建闸前主要以大型鱼类（如四大家鱼、鲌类）为主，占 62.9%，而湖鲚等小型鱼类仅占 28.6%。建闸后，湖鲚等小型鱼类占年总产量的 80% 左右，大型经济鱼类产量呈下降趋势，并且年龄结构低龄化非常明显。

主要治理措施如下：

1）强化工业点污染源治理，加快城市污水处理厂和社区、集镇中小型污水处理设施建设，抓紧集中式畜禽养殖场污水治理，有效压缩湖体内围网养殖，建立健全已建处理设施的运行监督、管理。由于流域土壤中氮的流失是富营养化湖泊水体总氮的重要来源，限制化肥使用量，防止水土流失也是湖泊水资源污染控制的重要内容（高斌友等，2016）。

2）从整体生态学观点出发，运用系统工程理论与方法加以治理。流域水环境系统是一个复杂的巨系统。在治理规划和管理决策上，应从整体生态学观点出发，运用系统工程理论与方法实行"全面规划，分步实施，内（湖区）外（流域）结合，治管同步"的方针。在治理技术上，以生物手段为主，坚持工程措施和生物手段相结合；治理污染与恢复生态平衡相结合。近期以治理氮、磷污染为主，并从陆地生态系统和水域生态系统两方面进行整体调控，立足保护和改善生态环境。

3）实施流域公众环境教育战略。20 世纪 70 年代以来国际环境教育迅速发展，在提高公众环境意识、协调环境与发展关系方面发挥了积极作用。《21 世纪议程》中指出："环境教育是一股强大力量，可以根据公众所接受的环境教育，采取简单的措施来管理和控制自己的环境。"巢湖水环境问题的解决同样离不开公众的广泛参与。加强环境教育，提高公众对湖泊水资源、湖泊生态系统价值的认识，尤其是提高决策层的水资源意识以及环境与发展综合决策能力，是实现巢湖水资源可持续开发、利用战略的基础。只有当公众自觉地参与到了环境保护中去，巢湖水环境生态修复治理目标才可能得以实现。

（2）水质方面

湖区的主要环境问题是总磷和总氮污染严重的问题，水质在 V 类甚至劣 V 类水平，主要是因为湖区长期接受来自南淝河以及周边其他河流的污水所致。湖泊中的营养盐一直处于高位负荷，致使藻类大量暴发。最新调查结果表明，巢湖沉积物中 Zn 的污染严重，有些点位已经具备对底栖生物产生毒性的条件。其他重金属如 Ni、Pb、Hg 和 Cr 也有相当数量的点位超过了 ERL 阈值，表明对底栖生物产生潜在的毒性。在这些重金属污染区域进行底泥清淤则可有效降低沉积物重金属的污染风险。

主要措施：湖泊的治理是一个长期和艰巨的任务，控制外源的输入特别是南淝河和十五里河的污染输入亟待解决。在外源得到有效控制后，湖泊内源污染可以通过疏浚、生态修复等手段得到恢复。

6.2 二级水生态功能分区特征

6.2.1 西南森林流域水生态亚区（LE I₁）

6.2.1.1 陆地生态系统特征

该区位于巢湖流域西南部，如图6-4所示。

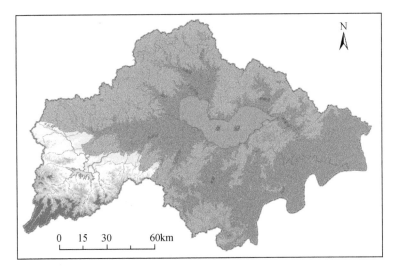

图 6-4 西南森林流域水生态亚区（LE I₁）

（1）植被特征

该区植被覆被条件好，植被类型主要为林地，其次为农业作物。其中，有林地 1694.91 km²，灌木林 125.29 km²，水田作物 341.10 km²，旱地作物 97.88 km²。林地覆盖区总面积为 1820.20 km²，占该区总面积的 77.28%，农业作物覆盖区总面积为 438.98 km²，占该区总面积的 18.64%，林地覆盖区和农业作物覆盖区占到该区总面积的 95.91%。

（2）土壤特征

该区土壤类型属 4 个土纲，即淋溶土、初育土、半水成土和人为土；分属 9 个土类，即黄棕壤、黄褐土、棕壤、石灰土、紫色土、石质土、粗骨土、潮土和水稻土；涵盖 17 个亚类，即黄棕壤、暗黄棕壤、黄棕壤性土、黄褐土、黏盘黄褐土、棕壤、棕色石灰土、紫色土、酸性紫色土、中性紫色土、酸性石质土、粗骨土、酸性粗骨土、潮土、水稻土、淹育水稻土和漂洗水稻土。面积最大的为水稻土，占 27.92%；第二为黄棕壤，占 23.63%；第三为粗骨土，占 12.32%，面积第四大的为紫色土，占 9.23%。

（3）地貌特征

该区地貌类型多样，主要包括 5 种地貌类型，即中海拔大起伏山地、低海拔小起伏山地、低海拔丘陵、低海拔冲积洪积台地和低海拔冲积台地，所占面积比分别为 7.54%、48.86%、28.12%、5.10% 和 7.54%，其中低海拔小起伏山地约占一半。

6.2.1.2　水生态系统特征

（1）浮游与底栖生物组成

该区河流水体中浮游植物优势种以颤藻、席藻、针杆藻、裂面藻为主，约占藻类总数量的 85%。

该区共鉴定出底栖动物 144 种，总密度和总生物量分别为 201 个/m² 和 33.14 g/m²。密度优势种主要为扁蜉属、铜锈环棱螺、椭圆萝卜螺、方格短沟蜷、尖膀胱螺、纹石蛾科的短脉纹石蛾属（*Hydropsychidae Cheumatopsyche* sp.），密度分别为 43.6 个/m²、16.7 个/m²、15.4 个/m²、12.8 个/m²、12.5 个/m²、10.2 个/m²，多为中等耐污种和敏感种。生物量优势种主要为铜锈环棱螺、河蚬、中国圆田螺、椭圆萝卜螺、方格短沟蜷，生物量分别为 14.39g/m²、3.04g/m²、2.84g/m²、2.11g/m²、1.91g/m²。Margalef 丰富度指数为 3.33，Simpson 优势度指数为 0.79，Shannon-Wiener 多样性指数为 2.01，Pielou 均匀度指数为 0.61，底栖动物多样性高。

（2）水质与沉积物

1）水质分布特征与质量评价。从表 6-8 中可知，区域内各主要参数存在明显的空间差异，总氮和总磷的含量分别在 0.22～1.26mg/L 和 0.02～0.08mg/L，平均值则分别为 0.68mg/L 和 0.05mg/L。磷酸根含量表现出较大的空间差异性，变异系数达到了 0.66。溶解氧在空间上的变化幅度较小，这表明水体混合较均匀。对照水体国家水体质量标准《地表水环境质量标准（GB 3838—2002）》中的各个参数的等级发现，该区水体质量较好，整体上处于Ⅲ类及以上水平，局部点位的水质甚至可以达到Ⅰ类。在该区的 17 个采样点中，只有两个的点总氮水平超过了Ⅲ类。

表 6-8　LE I₁ 区水体营养物质和溶解氧变化范围

项目	总氮	总磷	氨氮	磷酸根	高锰酸盐指数	溶解氧
最小值/（mg/L）	0.22	0.02	0.07	0.0003	1.33	6.36
最大值/（mg/L）	1.26	0.08	0.23	0.03	4.30	7.88
平均值/（mg/L）	0.68	0.05	0.13	0.01	2.63	7.08
变异系数	0.39	0.28	0.36	0.66	0.35	0.06

2）沉积物重金属含量分布特征与质量评价。从表 6-9 中可知，该区中的沉积物重金属的具有显著的空间差异，这种差异甚至超过了水体营养物质的空间差异性，表明具有明显的点源污染存在。除 Hg 的含量较低外，C61 的其他重金属含量均显著高于其他点位。

对照欧洲国家普遍采用的 ERL 和 ERM 各重金属的阈值发现，该区沉积物重金属平均值要低于 ERL 数值，不会对水体生物产生毒性。

表 6-9　LEⅠ₁ 区沉积物重金属含量变化范围

项目	Cr	Ni	Cu	Zn	Cd	Pb	Hg	As
最小值/（mg/kg）	17.19	6.56	6.16	22.24	0.15	7.30	0.01	1.83
最大值/（mg/kg）	140.78	71.43	32.47	94.64	0.34	25.80	0.05	7.31
平均值/（mg/kg）	55.18	26.16	15.20	52.43	0.24	16.63	0.03	4.26
变异系数	1.06	1.17	0.81	0.60	0.38	0.54	0.60	0.63

（3）河岸带

河流发育较好，河床裸露，以石质河床为主，无明显的坡岸带。

6.2.1.3　水生态问题和管理与保护措施

河床水生植物较少。该区地处山地林区，是河流的上游，水质较好。应禁止过度砍伐树木和竹林等经济林木。

该区水体整体上处于Ⅲ类及以上水平。沉积物重金属要显著低于 ERL 数值，对沉积物底栖生物无毒性。但是，在调查过程中发现该区林地具有明显的人为破坏痕迹，需要加强管理。

6.2.2　西北岗地流域水生态亚区（LEⅠ₂）

6.2.2.1　陆地生态系统特征

该区位于巢湖流域西南部，如图 6-5 所示。

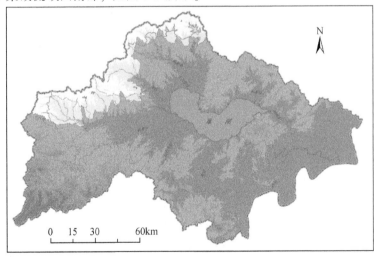

图 6-5　西北岗地流域水生态亚区（LEⅠ₂）

（1）植被特征

该区植被覆被条件好，植被类型主要为农业作物，其次为林地。其中，有林地 63.46 km²，灌木林 18.72 km²，其他林地 3.71 km²，草地 0.12 km²，水田作物 1174.57 km²，旱地作物 188.21 km²。林地覆盖区总面积为 85.89 km²，占该区总面积的 5.19%，农业作物覆盖区总面积为 1362.79 km²，占该区总面积的 82.34%。

（2）土壤特征

该区土壤类型属 3 个土纲，即淋溶土、初育土和人为土；分属 4 个土类，即黄棕壤、黄褐土、紫色土和水稻土；涵盖 7 个亚类，即暗黄棕壤、黄褐土、黏盘黄褐土、紫色土、水稻土、淹育水稻土和漂洗水稻土。面积最大的为水稻土，占 60.23%；其次为黄褐土，占 17.27%；再次为黏盘黄褐土，占 11.86%。

（3）地貌特征

该区地貌类型主要为台地，包括两种地貌类型，即低海拔冲积洪积台地和低海拔冲积台地，所占面积比分别为 92.43% 和 7.57%，其中低海拔冲积洪积台地占绝对优势。

6.2.2.2 水生态系统特征

（1）浮游与底栖生物组成

该区河流水体中浮游植物优势种以裂面藻、十字藻为主，约占藻类总数量的 55%。

该区共鉴定出底栖动物 72 种，总密度和总生物量分别为 186 个/m² 和 133.65 g/m²。密度优势种主要为铜锈环棱螺、长角涵螺、方格短沟蜷、河蚬、尖膀胱螺，密度分别为 73.58 个/m²、28.37 个/m²、14.82 个/m²、6.66 个/m²、4.91 个/m²，多为中等耐污种，表明水体受到一定污染。生物量优势种主要为铜锈环棱螺、河蚬、背角无齿蚌、椭圆背角无齿蚌，生物量分别为 92.73g/m²、10.33g/m²、7.79g/m²、6.87g/m²。Margalef 丰富度指数为 2.13，Simpson 优势度指数为 0.64，Shannon-Wiener 多样性指数为 1.45，Pielou 均匀度指数为 0.53，底栖动物多样性处于中等水平。

（2）水质与沉积物

1）水质分布特征与质量评价。该区各营养物质在空间上具有一定的差异性，总氮在空间上的差异最为显著，其中在 C42 号点达到 2.99mg/L（表6-10）。与之类似，总磷和高锰酸盐指数的最大值也出现在该点。表明该点受到人为污染。大部分点位营养参数的平均值优于Ⅲ类水质。

表 6-10 LEⅠ₂区水体营养物质和溶解氧变化范围

项目	总氮	总磷	氨氮	磷酸根	高锰酸盐指数	溶解氧
最小值/（mg/L）	0.41	0.02	0.11	0.004	2.40	4.80
最大值/（mg/L）	2.99	0.21	0.34	0.03	6.93	7.85
平均值/（mg/L）	0.61	0.16	0.12	2.38	5.61	6.49
变异系数	1.22	0.33	0.57	0.005	0.22	0.15

2）沉积物重金属含量分布特征与质量评价。该区沉积物重金属见表6-11。相比与 LEⅠ₁ 区，该区沉积物重金属在空间上的差异性较小。但是 Hg 却表现出较大波动，其变异

系数达到了 1.53。该区 Cr、Ni、Cu、Zn、Cd、Pb、Hg 和 As 的平均含量分别为 51.47、24.6、21.6、51.77、0.14、23.35、0.12 和 9.79。对照沉积物 ERL 和 ERM 阈值标准，得知该区沉积物属于较清洁未污染状态。

表 6-11　LE I_2 区沉积物重金属含量变化范围

项目	Cr	Ni	Cu	Zn	Cd	Pb	Hg	As
最小值/（mg/kg）	30.53	12.28	11.47	24.70	0.06	13.44	0.01	4.25
最大值/（mg/kg）	67.67	35.12	29.25	63.65	0.20	33.87	0.46	19.90
平均值/（mg/kg）	51.47	24.60	21.60	51.77	0.14	23.35	0.12	9.79
变异系数	0.27	0.39	0.31	0.30	0.40	0.32	1.53	0.65

（3）河岸带结构

该区河流发育较好，河床裸露，以石质河床为主，无明显的坡岸带。

6.2.2.3　水生态问题和管理与保护措施

河流主要生态问题河床水生植物少，该区地处丘陵地带，是河流的上游，水质较好。应禁止过度砍伐树木和竹林等经济林木。

该区水体质量较好，水体整体上处于Ⅲ类及以上水平。沉积物重金属要显著低于 ERL 数值，对沉积物底栖生物无毒性。

6.2.3　合肥都市圈流域水生态亚区（LEⅡ_1）

6.2.3.1　陆地生态系统特征

该区位于巢湖流域西南部，如图 6-6 所示。

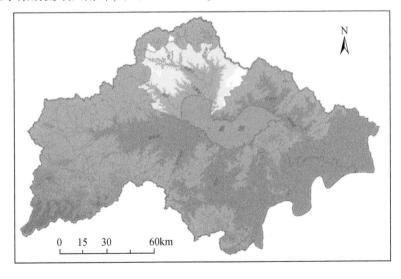

图 6-6　合肥都市圈流域水生态亚区（LEⅡ_1）

（1）植被特征

该区植被覆被条件好，植被类型主要为农业作物，其次为林地。其中，有林地 70.27 km²，灌木林 5.42 km²，疏林地 3.88 km²，其他林地 0.44 km²，草地 0.04 km²，水田作物 554.74 km²，旱地作物 324.20 km²。林地覆盖区总面积为 80.01 km²，占该区总面积的 5.05%，农业作物覆盖区总面积为 878.94 km²，占该区总面积的 55.48%。

（2）土壤特征

该区土壤类型属 3 个土纲，即淋溶土、初育土和人为土；分属 5 个土类，即黄棕壤、黄褐土、石灰土、粗骨土和水稻土；涵盖 11 个亚类，即黄棕壤、暗黄棕壤、黄褐土、黏盘黄褐土、石灰（岩）土、黑色石灰土、粗骨土、水稻土、淹育水稻土、潜育水稻土和漂洗水稻土。面积最大的为水稻土，占 68.35%；其次为黄褐土，占 15.84%；再次为漂洗水稻土，占 5.36%。

（3）地貌特征

该区地貌类型主要为台地，包括两种地貌类型，即低海拔冲积洪积台地和低海拔冲积台地，所占面积比分别为 54.46% 和 45.54%。

6.2.3.2 水生态系统特征

（1）浮游与底栖生物组成

该区河流水体中浮游植物优势种以颤藻、螺旋藻为主，约占藻类总数量的 69%。

该区共鉴定出底栖动物 58 种，平均总密度和总生物量分别为 10 681 个/m² 和 77.98 g/m²。密度优势种主要为霍甫水丝蚓、苏氏尾鳃蚓、羽摇蚊、林间环足摇蚊、铜锈环棱螺，密度分别为 9862.9 个/m²、385.2 个/m²、125.1 个/m²、42.7 个/m²、30.3 个/m²，多为耐污种，表明底栖动物群落受到干扰严重，环境状况较差。生物量优势种主要为铜锈环棱螺、霍甫水丝蚓、苏氏尾鳃蚓、长角涵螺、河蚬，平均生物量分别为 41.64g/m²、15.88g/m²、5.16g/m²、3.12g/m²、2.46g/m²。Margalef 丰富度指数为 1.30，Simpson 优势度指数为 0.40，Shannon-Wiener 多样性指数为 0.87，Pielou 均匀度指数为 0.45，底栖动物多样性较低。

（2）水质与沉积物

1）水质分布特征与质量评价。该区内水体营养物质在空间变化性较大，总氮、总磷、氨氮以及磷酸根的变化系数均大于 1.0。总氮和氨氮的极值出现在 C48 号点，其浓度达到了 50mg/L，与此同时 C47 号点的浓度也要显著高于其他采样点，浓度也达到了 40mg/L 以上（表6-12）。

表 6-12　LEⅡ₁ 区水体营养物质和溶解氧变化范围

项目	总氮	总磷	氨氮	磷酸根	高锰酸盐指数	溶解氧
最小值/（mg/L）	0.64	0.03	0.12	0.01	4.03	2.90
最大值/（mg/L）	55.70	15.59	49.94	8.31	11.09	6.72
平均值/（mg/L）	9.22	2.57	7.04	1.27	6.73	5.22
变异系数	1.50	1.73	1.82	1.62	0.31	0.24

C31、C32 以及 C33 号点总磷和磷酸根的浓度要显著高于其他采样点，浓度均在 10mg/L 以上，这些点位于南淝河的支流店埠河上。从氮磷的污染分布特征来看，来自城市的点源污染十分严重。该区的总氮、总磷以及氨氮严重超标，比国家 V 类水标准高出约 5 倍左右。

2）沉积物重金属含量分布特征与质量评价。该区内沉积物重金属含量的分布特征和含量变化范围见表6-13。从中可知，Zn 和 Hg 的含量在区域内具有较大的空间变异性，变异系数分别达到了 1.73 和 1.03。其中，C34 点的 Zn 的含量达到了 5028.23mg/kg，C44 号点 Hg 的浓度也达到了 1.1mg/kg，这些极值点均南淝河上，这是由于南淝河处于 Hg 和 Zn 的点源污染。其他重金属，如 Cr、Cu、Ni、Cd 和 Pb 等在空间内的变化较小。将区域内各采样点重金属的平均含量与通用的 ERL 和 ERM 阈值进行比较可知，超过 ERL-Cr 的点有 8 个，而没有点位超过 ERM-Cr；超过 ERL-Ni 的点位有 7 个，还有 2 个点超过了 ERM-Ni；超过 ERL-Cu 的点位有 7 个，而未出现超过 ERM-Cu 的点位；超过 ERL-Zn 的点位置有 5 个，另有 7 个点超过了 ERM-Zn 的阈值，这表明该区 Zn 具有较大的毒性，具备对底栖生物产生毒性的条件；超过 ERL-Pb 的点位有 11 个，而未有点位超过 ERM-Pb，这表明这些点位可能会对底栖生物产生毒性；超过 ERL-Hg 的点位有 11 个，而未有点位超过 ERM-Hg。该区内采样点 Cd 和 As 的含量均未超过 ERL 或 ERM 的数值，表明这两种重金属无污染。

表6-13　LEⅡ₁区沉积物重金属含量变化范围

项目	Cr	Ni	Cu	Zn	Cd	Pb	Hg	As
最小值/(mg/kg)	33.56	13.89	13.49	33.18	0.09	15.17	0.03	3.86
最大值/(mg/kg)	141.02	63.63	102.82	5028.23	1.43	138.50	1.10	52.60
平均值/(mg/kg)	86.58	33.55	61.34	705.35	0.66	52.01	0.35	15.32
变异系数	0.37	0.39	0.48	1.73	0.67	0.62	1.03	0.85

（3）河岸带结构

该区河流发育较好，河床裸露，以石质河床为主，无明显的坡岸带。

6.2.3.3　水生态问题和管理与保护措施

该区南淝河大小支流有 13 条，受合肥市和肥西县工农业、生活污水的影响，南淝河污染严重，沉水植物消失，底栖动物以霍甫水丝蚓等耐污种为主。主要措施：控制城市污水排放，进行水生态修复。

该区总氮、总磷以及氨氮的污染十分严重，为 V 类水或劣 V 类水平，在南淝河和十五里河采样点总氮、总磷以及氨氮的浓度甚至超过了 V 类水标准的 5 倍以上。该区内沉积物重金属也十分严重，其中污染最为严重的 Zn，已具备对底栖生物产生毒性的条件。其他重金属如 Hg、Pb、Ni 和 Cu 也有不同程度的污染，而 Cd 和 As 则低于 ERL 的阈值水平，不会产生污染。

6.2.4　东北农田流域水生态亚区（LEⅡ₂）

6.2.4.1　陆地生态系统特征

该区位于巢湖流域西南部，如图 6-7 所示。

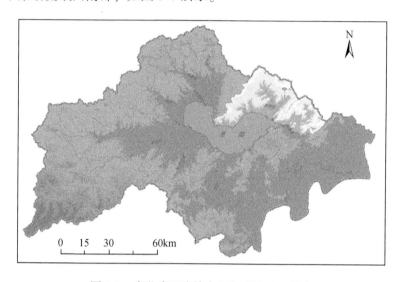

图 6-7　东北农田流域水生态亚区（LEⅡ₂）

（1）植被特征

该区植被覆被条件好，植被类型主要为农业作物，其次为林地。其中，有林地 200.83 km²，灌木林 14.10km²，草地 0.07 km²，水田作物 544.1 km²，旱地作物 281.50 km²。林地覆盖区总面积为 214.93 km²，占该区总面积的 18.17%，农业作物覆盖区总面积为 825.68 km²，占该区总面积的 69.82%。

（2）土壤特征

该区土壤类型属 3 个土纲，即淋溶土、初育土和人为土；分属 5 个土类，即黄棕壤、黄褐土、暗棕壤、粗骨土和水稻土；涵盖 9 个亚类，即黄棕壤、黄褐土、黏盘黄褐土、暗棕壤、灰化暗棕壤、粗骨土、水稻土、潜育水稻土和漂洗水稻土。面积最大的为水稻土，占 49.63%；其次为黄褐土，占 26.36%；再次为黄棕壤，占 7.54%。

（3）地貌特征

该区地貌类型多样，主要包括 4 种地貌类型，即中低海拔冲积洪积台地、低海拔冲积扇平原、低海拔小起伏山地和低海拔冲积台地，所占面积比分别为 51.13%、29.88%、4.37% 和 14.62%，其中，中低海拔冲积洪积台地占了一半有余。

6.2.4.2　水生态系统特征

（1）浮游与底栖生物组成

该区河流水体中浮游植物优势种以颤藻、席藻、隐藻、丝藻为主，约占藻类总数量的 61%。

该区共鉴定出底栖动物 54 种，平均总密度和总生物量分别为 115 个/m² 和 97.89 g/m²。密度优势种主要为铜锈环棱螺、羽摇蚊、锯齿新米虾、纹沼螺，平均密度分别为 29.57 个/m²、12.05 个/m²、10.86 个/m²、5.01 个/m²。生物量优势种主要为铜锈环棱螺、河蚬、圆顶珠蚌、背角无齿蚌，平均生物量分别为 55.55g/m²、13.15g/m²、11.44g/m²、4.38g/m²。Margalef 丰富度指数为 2.21，Simpson 优势度指数为 0.70，Shannon-Wiener 多样性指数为 1.65，Pielou 均匀度指数为 0.65，底栖动物多样性处于中等水平。

（2）水质与沉积物

1）水质分布特征与质量评价。该区内主要水质参数的空间变化幅度较小，表明该区未受到明显的点源污染。采样点的位置处于柘皋河和烔炀河水系上，这些区域主要以农业耕作为主，水体主要受农业面源的污染。水质主要参数总氮、总磷、氨氮、高锰酸盐指数和溶解氧均处于Ⅲ类水水平（表 6-14）。

表 6-14　LEⅡ₂区水体营养物质和溶解氧变化范围

项目	总氮	总磷	氨氮	磷酸根	高锰酸盐指数	溶解氧
最小值/（mg/L）	0.62	0.05	0.19	0.00	2.51	4.92
最大值/（mg/L）	0.92	0.14	0.34	0.06	5.82	7.90
平均值/（mg/L）	0.76	0.09	0.26	0.03	4.31	6.33
变异系数	0.14	0.32	0.16	0.57	0.22	0.13

2）沉积物重金属含量分布特征与质量评价。该区内沉积物样点只有两个，重金属的含量变化范围见表 6-15。对照 ERL/ERM 阈值后发现，流域内 C25 号点的 Ni、Cu、Pb 和 As 的含量略大于 ERL 数值而小于 ERM 的数值，其他重金属含量均低于 ERL 数值，这表明该区内无重金属污染。

表 6-15　LEⅡ₂区沉积物重金属含量变化范围

项目	Cr	Ni	Cu	Zn	Cd	Pb	Hg	As
最小值/（mg/kg）	56.44	25.17	18.77	54.92	0.15	22.59	0.04	6.53
最大值/（mg/kg）	66.58	31.64	90.55	113.32	0.48	39.47	0.05	38.00
平均值/（mg/kg）	61.51	28.41	54.66	84.12	0.32	31.03	0.05	22.27
变异系数	0.12	0.16	0.93	0.49	0.73	0.38	0.12	1.00

（3）河岸带结构

该区域内有柘槔河，源于桴槎山东雏，流经柘槔镇，至河口村入巢湖，全长为 37km，属平原型河流，沿线有夏阁河、中埠河汇入，流域面积为 540km²。

6.2.4.3　水生态问题和管理与保护措施

该区域内河流属平原型河流，底质软。水体出现了富营养化，农业面源污染是主要污染源，因此控制农田废水直接排放入河流，可在沟渠边坡种植水生植物缓冲带，减少农田废水的影响。

该区内水质较好，主要水质参数总氮、总磷、氨氮和高锰酸盐指数均属于Ⅲ类水水平。沉积物内重金属含量较低，Ni、Cu、Pb 和 As 的含量略大于 ERL 数值而小于 ERM 的数值，其他重金属含量均低于 ERL 数值，这表明该区内无重金属污染。

6.2.5　东部平原流域水生态亚区（LEⅡ₃）

该区位于巢湖流域西南部，如图6-8所示。

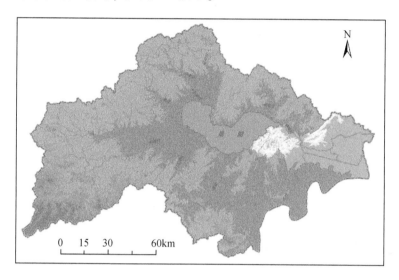

图 6-8　东部平原流域水生态亚区（LEⅡ₃）

6.2.5.1　陆地生态系统特征

（1）植被特征

该区植被覆被条件好，植被类型主要为农业作物，其次为林地。其中，有林地为 247.72 km^2，灌木林为 8.33 km^2，其他林地为 0.69 km^2，草地为 0.01 km^2，水田作物为 849.0 km^2，旱地作物为 154.92 km^2。林地覆盖区总面积为 256.75 km^2，占该区总面积的 17.79%，农业作物覆盖区总面积为 1004.00 km^2，占该区总面积的 69.57%。

（2）土壤特征

该区土壤类型属 4 个土纲，即淋溶土、初育土、半水成土和人为土；分属 6 个土类，即黄棕壤、黄褐土、石灰土、紫色土、潮土和水稻土；涵盖 12 个亚类，即黄棕壤、黄棕壤性土、黄褐土、黏盘黄褐土、石灰（岩）土、紫色土、潮土、灰潮土、水稻土、淹育水稻土、脱潜水稻土和漂洗水稻土。面积最大的为水稻土，占 43.64%；第二为潜育水稻土，占 17.94%；第三为脱潜水稻土，占 10.77%，面积第四大的为石灰（岩）土，占 10.61%。

（3）地貌特征

该区地貌类型多样，主要包括 3 种地貌类型，即低海拔冲积扇平原、低海拔冲积台地和低海拔小起伏山地，所占面积比分别为53.22%、30.36%和16.42%，其中低海拔冲积扇平原占一半有余。

6.2.5.2 水生态系统特征

（1）浮游与底栖生物组成

该区域河流浮游植物优势种以颤藻、席藻、裂面藻、实球藻、微囊藻为主，约占藻类总数量的47%。

该区共鉴定出底栖动物72种，总密度和总生物量分别为147个/m^2和201.87g/m^2。密度优势种主要为铜锈环棱螺、长角涵螺、毛翅目的短脉纹石蛾 *Cheumatopsyche* sp.、纹沼螺、大沼螺，平均密度分别为75.4个/m^2、15.3个/m^2、7.8个/m^2、6.8个/m^2、5.6个/m^2，多为中等耐污中和敏感种，表明水体受到一定人为干扰。生物量优势种主要为铜锈环棱螺、圆顶珠蚌、大沼螺、河蚬，平均生物量分别为174.99g/m^2、4.15g/m^2、4.07g/m^2、3.07g/m^2。Margalef丰富度指数为2.40，Simpson优势度指数为0.64，Shannon-Wiener多样性指数为1.46，Pielou均匀度指数为0.61，底栖动物多样性处于中等水平。

（2）水质与沉积物

1）水质分布特征与质量评价。该区内营养物质的空间变异性较小，这表明该区可能未受到点源污染。从采样的位置来看，主要处于裕溪河下游，土地利用类型主要是农业耕地。水质为Ⅲ类水平，水质较好（表6-16）。

表6-16 LEⅡ₃区水体营养物质和溶解氧变化范围

项目	总氮	总磷	氨氮	磷酸根	高锰酸盐指数	溶解氧
最小值/（mg/L）	0.67	0.03	0.18	0.01	3.51	4.50
最大值/（mg/L）	1.38	0.10	0.29	0.04	4.49	8.90
平均值/（mg/L）	0.99	0.05	0.24	0.02	3.75	6.57
变异系数	0.21	0.40	0.20	0.73	0.09	0.26

2）沉积物重金属含量分布特征与质量评价。该区内沉积物采样也较少，只有3个采样点。C4号采样点的重金属含量要显著高于其他点。同过与国际沉积物质量标准ERL/ERM的阈值进行比较发现，C4点的Cr、Ni、Cu、Zn和Pb超过了ERL数值而小于ERM数值，As值超过了ERM数值表明具备对底栖生物产生毒性的条件。C7点的ERL-Pb和ERL-Zn超过各自的阈值，而小于ERM数值，其他重金属均小于ERL的阈值（表6-17）。

表6-17 LEⅡ₃区沉积物重金属含量变化范围

项目	Cr	Ni	Cu	Zn	Cd	Pb	Hg	As
最小值/（mg/kg）	69.76	31.25	28.74	98.59	0.38	31.08	0.07	11.70
最大值/（mg/kg）	80.74	36.28	90.55	213.95	3.20	59.96	0.09	113.00
平均值/（mg/kg）	76.37	32.99	50.90	144.48	1.90	41.30	0.08	47.73
变异系数	0.08	0.09	0.68	0.42	0.75	0.39	0.14	1.19

（3）河岸带结构

该区域内有裕溪河，西起巢湖东口门，东南至裕溪口入长江，全长为 77km，是巢湖唯一的通江型河流。沿途有清溪河、西河等较大支流，流域面积为 3808km²。

6.2.5.3　水生态问题和管理与保护措施

该区域内水生植物和底栖动物相对较多，但水生植物群落朝单一化方向发展，因此，适当打捞水草和种植其他水生植被有助于提高水生态系统的多样性和稳定性。

该区内主要水质参数如总氮、总磷、氨氮以及高锰酸盐指数均较低，整体上处于Ⅲ类水平，水质较好。沉积物中的 C4 点具备对底栖生物产生毒性的条件，需要加以重视。

6.2.6　南部农田流域水生态亚区（LEⅡ₄）

6.2.6.1　陆地生态系统特征

该区位于巢湖流域西南部（图 6-9）。

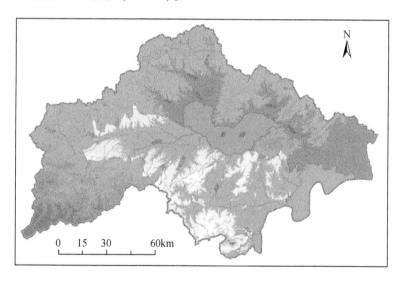

图 6-9　南部农田流域水生态亚区（LEⅡ₄）

（1）植被特征

该区植被覆被条件好，植被类型主要为农业作物，其次为林地。其中，有林地为 482.60 km²，灌木林为 117.68 km²，草地为 3.60 km²，水田作物为 3342.64 km²，旱地作物为 578.7 km²。林地覆盖区总面积为 600.27 km²，占该区总面积的 11.91%，农业作物覆盖区总面积为 1362.79 km²，占该区总面积的 77.79%。

（2）土壤特征

该区土壤类型属 4 个土纲，即淋溶土、初育土、半水成土和人为土；分属 9 个土类，即黄棕壤、黄褐土、红黏土、石灰土、紫色土、石质土、粗骨土、潮土和水稻土；涵盖 21

个亚类，即黄棕壤、暗黄棕壤、黄棕壤性土、黄褐土、黏盘黄褐土、红黏土、石灰（岩）土、棕色石灰土、紫色土、酸性石质土、粗骨土、中性粗骨土、潮土、灰潮土、水稻土、潴育水稻土、淹育水稻土、渗育水稻土、潜育水稻土、脱潜水稻土和漂洗水稻土。面积最大的为水稻土，占61.90%；其次为黄棕壤，占6.28%；再次为潴育水稻土，占4.34%。

（3）地貌特征

该区地貌类型多样，主要包括6种地貌类型，即低海拔小起伏山地、低海拔冲积台地、低海拔冲积洪积台地、低海拔湖积平原、低海拔冲积平原和低海拔冲积扇平原，所占面积比分别为9.76%、32.69%、17.37%、10.86%、0.22%和29.10%，其中低海拔冲积台地和低海拔冲积扇平原所占比例相当。

6.2.6.2 水生态系统特征

（1）浮游与底栖生物组成

该区域河流浮游植物优势种以颤藻、螺旋藻、裂面藻为主，约占藻类总数量的85%。

该区共鉴定出底栖动物111种，总密度和总生物量分别为840个/m²和79.64 g/m²。密度优势种主要为霍甫水丝蚓、铜锈环棱螺、长角涵螺、苏氏尾鳃蚓、纹沼螺，平均密度分别为734.7个/m²、28.1个/m²、9.5个/m²、5.1个/m²、5.1个/m²，多为耐污种，表明底栖动物群落受干扰严重。生物量优势种为铜锈环棱螺、河蚬、大沼螺，生物量分别为49.2g/m²、11.0g/m²、2.7g/m²、2.2g/m²。Margalef丰富度指数为2.39，Simpson优势度指数为0.66，Shannon-Wiener多样性指数为1.56，Pielou均匀度指数为0.67，底栖动物多样性处于中等水平。

（2）水质与沉积物

1）水质分布特征与质量评价。该区主要水质参数的空间变异性相对较小，水体主要受到面源污染的影响。总氮、总磷、氨氮以及磷酸根的极值均出现在C95号点上，该点由于处于农村的居住区，受生活污水排放的影响使其浓度较高。流域内总氮、总磷、氨氮以及磷酸根的平均浓度分别为1.19mg/L、0.12mg/L、0.29mg/L和0.03mg/L。总氮处于Ⅳ类水平，总磷处于Ⅲ类水平。氨氮、高锰酸盐指数以及溶解氧均处于Ⅱ类水水平（表6-18）。

表6-18　LEⅡ₄区水体营养物质和溶解氧变化范围

项目	总氮	总磷	氨氮	磷酸根	高锰酸盐指数	溶解氧
最小值/（mg/L）	0.70	0.05	0.10	0.001	2.11	5.30
最大值/（mg/L）	2.92	0.58	1.18	0.15	12.53	8.43
平均值/（mg/L）	1.19	0.12	0.29	0.03	4.95	6.65
变异系数	0.41	0.73	0.64	1.06	0.34	0.10

2）沉积物重金属含量分布特征与质量评价。该区Cu、Zn、Cd、Hg和As在空间上具有较大的变异性，变异系数都在1.0左右，这表明该区存在着明显的点源污染。Cu和Cd的极大值均出现在C14号点，浓度分别为575.1mg/kg和2.33mg/kg。Pb和As的极大值出现在C10号点，浓度分别为83.02mg/kg和68.3mg/kg。Zn的极大值出现在C15号点，浓

度为 523.97mg/kg，Hg 的极大值出现在 C69 号点，浓度为 0.27mg/kg。Ni 和 Cr 的极大值分别出现在 C11 号点，浓度分别为 44.99mg/kg 和 88.37mg/kg（表 6-19）。

表 6-19 LEII$_4$ 区沉积物重金属含量变化范围

项目	Cr	Ni	Cu	Zn	Cd	Pb	Hg	As
最小值/（mg/kg）	34.55	15.54	12.11	34.34	0.07	17.93	0.01	4.51
最大值/（mg/kg）	88.37	44.99	575.14	523.97	2.33	83.02	0.27	68.30
平均值/（mg/kg）	54.00	25.11	80.57	103.94	0.37	31.19	0.08	12.15
变异系数	0.28	0.35	1.92	1.06	1.33	0.53	0.97	1.21

对比于 ERL/ERM 数值，发现该区内所有重金属的平均值均小于 ERL 水平。但是由于该区重金属的分布极其不均匀，个别点位仍存在污染风险。如 C10 号点的 Cu 的浓度高达 575.14mg/kg，已经完全具备对底栖生物产生毒性的条件；C14 点的 Zn 含量也超过了 ERM-Zn 的阈值，也具备对底栖生物产生毒性的条件。

（3）河岸带结构

该区有白石天河，系天然砂质河流。自高山尖至石头镇 36km 称金牛河。石头镇至白山河口 21km 称白山河，河道弯曲浅窄，上游泥沙流失严重。兆河为人工河流，使巢湖与白湖勾通，并连接塘串河，形成统一水系。塘串河流域面积为 550km^2。派河发源于肥西县中部周公山、李陵山等丘陵地带，河道自西北向东南流经城西桥、上派、中派、下派入巢湖，河床上游弯窄流急，下游宽直流缓枯水季节水深 1m。杭埠河，80% 以上处于山区，水土流失严重，马家河口以上和新街一带，泥沙几乎与内圩地面相等地，河床弯曲，上宽下窄，落差较大，每逢大雨，泄洪不畅。

6.2.6.3 水生态问题和管理与保护措施

该区域河流的生态问题表现为河床水生生物为耐污物种，入湖的派河污染较重，需进行治理和修复。上游水土流失比较严重，需进行水源涵养。

该区水质好于巢湖湖体，除总氮的平均值在 Ⅳ 类水平，其他水质参数均维持在 Ⅲ 类水及以上水平。沉积物重金属均低于 ERL 阈值水平，但是仍有个别点位的金属含量超过了其 ERM 阈值水平，具备对底栖生物产生毒性的条件，需进行底泥清淤。

6.2.7 巢湖湖体水生态亚区（LEⅢ$_1$）

6.2.7.1 陆地生态系统特征

该区主要为巢湖湖面，湖内有一小丘上分布有零星树木。

6.2.7.2 水生态系统特征

（1）水生生物组成

该区域浮游植物优势种以微囊藻、螺旋藻、裂面藻为主，约占藻类总数量的 82%。底栖动物以霍甫水丝蚓、雕翅摇蚊、小摇蚊为主，约占底栖动物总数量的90%。湖岸带植物主要包括挺水植物群落芦苇、香蒲、菰和少量的莲；浮叶植物群落菱角和少量荇菜；沉水植物群落马来眼子菜、狐尾藻和少量苦草；漂浮植物只有零星分布。总体上看，巢湖水生植被所占面积比例比长江中下游其他湖泊小，种类较少。1954年以前，巢湖水草成大片分布，水生植物面积多达30万亩[①]，约占该湖面积的1/4。此后，由于洪水、建闸、养殖、围垦和污染等因素的影响，巢湖的水生植物迅速减少。目前，巢湖湖滨带植被和水生植被面积不足湖泊总面积的1%。

（2）水质与沉积物

1）水质分布特征与质量评价。该区内各主要水质参数在空间上具有较大的变异性，总磷、氨氮和磷酸根的变异系数均大于1.4以上。从采样点的区域来看，水质参数较高的点位均处于西半湖，南淝河口和十五里河河口的数值要显著大于其他区域，表明这两条河对巢湖的污染十分严重。巢湖水体由于近几十年的持续污染，水体富营养化严重，水体中的总氮和总磷均维持在较高的浓度。总氮的浓度为0.52~7.71mg/L，平均值为2.25mg/L；总磷的浓度为0.04~1.89mg/L，平均值为0.02mg/L；氨氮和磷酸根的平均值分别为0.63mg/L和0.05mg/L。总氮和总磷的平均值均超过了V类水标准。在所调查的38个样点中，有17个点位的总氮浓度超过了2mg/L，接近调查样本总量的50%；有12个点位的总磷浓度超过0.2mg/L。氨氮的平均浓度维持在Ⅲ类水平（表6-20）。

表6-20　LEⅢ₁区水体营养物质和溶解氧变化范围

项目	总氮	总磷	氨氮	磷酸根	高锰酸盐指数	溶解氧
最小值/（mg/L）	0.52	0.04	0.02	0.001	2.92	5.88
最大值/（mg/L）	7.71	1.89	4.25	0.30	14.23	8.43
平均值/（mg/L）	2.25	0.20	0.63	0.05	5.02	6.99
变异系数	0.73	1.57	1.41	1.45	0.46	0.10

2）沉积物重金属含量分布特征与质量评价。巢湖湖体内沉积物在空间上具有一定的变异性，但是与水质相比，沉积物重金属的含量变化幅度较小，这是由于沉积物是一个相对稳定的介质，不像水体那样比较容易受到外界变化的影响。从重金属的分布图还可以看出，各个重金属在空间上的变化趋势基本类似，这表明这些重金属具有相同的污染源（表6-21）。

表6-21　LEⅢ₁区沉积物重金属含量变化范围

项目	Cr	Ni	Cu	Zn	Cd	Pb	Hg	As
最小值/（mg/kg）	30.91	12.65	10.75	39.89	0.13	16.19	0.01	3.61
最大值/（mg/kg）	95.05	47.02	40.44	449.74	1.09	86.43	0.31	31.90
平均值/（mg/kg）	65.92	31.22	27.33	168.86	0.52	45.63	0.13	11.65
变异系数	0.26	0.30	0.28	0.64	0.50	0.43	0.71	0.46

---

① 1亩≈666.67m²。

从采样的位置来看，巢湖西半湖沉积物重金属的含量要显著高于东半湖，这是由于西半湖周围具有众多的入湖河流，污染相对较重。将国际上通用的 ERL/ERM 数值与采样各个重金属进行比较发现，超过 ERL-Cr、ERL-Ni、ERL-Pb 和 ERL-Hg 的采样点数分别为 7 个、20 个、25 个和 11 个，而这四种重金属均未超过各自的 ERM 阈值范围。

在所调查的点位中有 9 个点沉积物 Zn 的含量超过了 ERL-Zn 的范围，还有 8 个点 Zn 的含量超过了 ERM-Zn 值，表明巢湖沉积物 Zn 具备对底栖生物产生毒性的条件。巢湖沉积物中的 Cd、Cu 和 As 均保持在较低的含量水平，均低于其各自的 ERL 阈值，不会对底栖生物产生毒性。

6.2.7.3　水生态问题和管理与保护措施

该区主要生态问题是蓝藻水华，应控制内源释放、减少河流外源营养物质输入以及恢复水生植被。

该区总磷和总氮污染严重，均为 V 类水甚至劣 V 类的水平。控制外源营养盐输入，特别是南淝河和十五里河的污染输入尤为紧迫。在外源问题得到有效控制后，对局部区域进行生态修复、底泥疏浚十分必要。巢湖沉积物中 Zn 的污染严重，已具备对底栖生物产生毒性的条件。其他重金属如 Ni、Pb、Hg 和 Cr 也有相当数量的点位超过了 ERL 阈值，表明可能对底栖生物产生毒性。进行底泥清淤则可有效降低沉积物重金属的污染风险。

6.3　三级水生态功能分区特征

6.3.1　龙河口水库上游山地森林型水库生物多样性维持与水源涵养功能区（LE I$_{1-1}$）

6.3.1.1　位置与分布

该区主要河流有杭埠河、滑石河、老龙河、晓天河等，水库主要有龙河口水库，所属二级区为 LE I$_1$（图 6-10）。

6.3.1.2　河流生态系统特征

（1）水体生境特征

该区河段海拔最大值为 613m，最小值为 38.82m，平均值为 148.51m；河段坡度最大值为 25.96°，最小值为 2.24°，平均值为 13.58°；河段比降最大值为 6.95‰，最小值为 0‰，平均值为 1.37‰；河岸植被覆盖度为 70.89%。该分区水质较好，以 II ~ IV 类为主，所占比例为 80%。

（2）水生生物特征

该区共鉴定出浮游植物 32 种，总密度和总生物量分别为 4.13×10^5 个/L 和 0.95 mg/L。密度优势种主要为水华鱼腥藻、微小隐球藻和爆裂针杆藻，密度分别为 6.95×10^5 个/L、

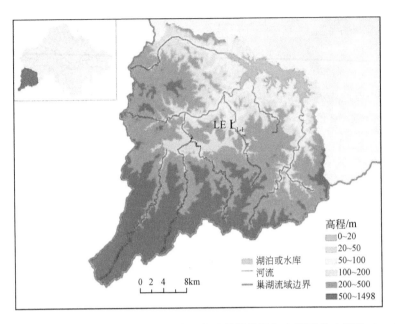

图6-10　龙河口水库上游山地森林型水库生物多样性维持与水源涵养功能区（LEⅠ$_{1-1}$）

$5.96×10^5$个/L和$2.77×10^5$个/L，密度优势种为耐污性物种。生物量优势种为艾伦桥弯藻、放射舟型藻和颗粒直链藻，生物量分别为4.42mg/L、2.82mg/L和0.24mg/L。Margalef丰富度指数为0.27，Simpson优势度指数为0.50，Shannon-Wiener多样性指数为1.06，Pielou均匀度指数为0.76，表明该类型区浮游植物多样性不高。

该区共鉴定出着生硅藻67种，总密度和总生物量分别为$5.00×10^4$个/cm²和0.17 mg/cm²。密度优势种主要为尖针杆藻放射变种、纤细异极藻和羽纹脆杆藻，密度分别为$2.30×10^5$个/cm²、$1.08×10^4$个/cm²和$6.98×10^3$个/cm²，密度优势种为中等耐污指示种，表明水体存在一定程度污染。生物量优势种为尖针杆藻放射变种、胀大桥弯藻委内瑞拉变种和胡斯特桥弯藻，生物量分别为0.28mg/cm²、0.10mg/cm²和0.09mg/cm²。Margalef丰富度指数为1.23，Simpson优势度指数为0.23，Shannon-Wiener多样性指数为1.99，Pielou均匀度指数为0.86，表明该类型区着生硅藻多样性较高。

该区共鉴定出底栖动物101种，总密度和总生物量分别为229个/m²和9.94 g/m²。密度优势种主要为扁蜉属、椭圆萝卜螺、毛翅目（*Hydropsyche* sp.）、尖膀胱螺、高翔蜉属、纹石蛾科（*Cheumatopsyche* sp.）、四节蜉属，密度分别为70.3个/m²、15.9个/m²、14.8个/m²、13.9个/m²、13.3个/m²、12.6个/m²、7.9个/m²，多为敏感物种，表明水体受到人为干扰较小，环境状况良好。生物量优势种主要为椭圆萝卜螺、铜锈环棱螺，生物量分别为2.04g/m²、1.60g/m²。Margalef丰富度指数为3.53，Simpson优势度指数为0.78，Shannon-Wiener多样性指数为2.06，Pielou均匀度指数为0.71，底栖动物多样性高。

该区采集鱼类共825尾，计20种，隶属2目9科；其中，鲤科鱼类10种，占全部物种数的50.0%。总体上，吻虾虎鱼（*Ctenogobius* spp.）、棒花鱼（*Abbottina rivularis*）、泥鳅（*Misgurnus anguillicaudatus*）、宽鳍鱲（*Zacco platypus*）、中华花鳅（*Cobitis sinensis*）的

出现频率均大于 40%，且重要值指数也均大于 100%，属常见种及优势种。鲫（*Carassius auratus*）、乌鳢（*Channa argus*）、中华沙塘鳢（*Odontobutis sinensis*）、麦穗鱼（*Pseudorasbora parva*）、斑条鱊（*Acheilognathus taenianalis*）、马口鱼（*Opsarrichthys bidens*）、中华青鳉（*Oryzias latipes sinensis*）、黑鳍鳈（*Sarcocheilichthys nigripinnis*）、福建小鳔鮈（*Microphysogobio fukiensis*）、司氏鉠（*Liobagrus styani*）、尖头鱥（*Phoxinus oxycephalus*）、切尾拟鲿（*Pseudobagrus truncatus*）、黄黝鱼（*Hypseleotris swinhonis*）、嵊县小鳔鮈（*Microphysogobio chengsiensis*）等鱼类的出现频率为 10%～40%，属于偶见种。Margalef 丰富度指数为 2.83，Simpson 优势度指数为 0.70，Shannon-Wiener 多样性指数为 2.62，Pielou 均匀度指数为 0.61，鱼类群落多样性较高。

6.3.1.3　陆地特征

（1）地貌特征

该区地貌类型多样，主要为山地和丘陵地貌类型。该区南部为山区，山峰高程最高达到 1498m，东北部为丘陵山地，地势较平坦，由南向北高程逐渐降低，该地区最低高程为 63m，平均高程为 368.9m。

（2）植被和土壤特征

该区植被覆被条件较好，主要为林地，并伴有一定的农业作物。其中，水田作物为 4.36 km²，旱地作物为 41.23 km²，有林地为 997.00 km²，灌木林地为 30.47 km²。农作物覆盖区总面积为 45.60 km²，占该区总面积的 4.1%；林地覆盖区总面积为 1007.48 km²，占该区总面积的 91.3%；农作物和林地覆盖区占该区总面积的 95.4%。

该区土壤类型涵盖 10 个亚类，即黄棕壤、粗骨土、水稻土、棕壤、紫色土、黄棕壤性土、中性紫色土、暗黄棕壤、酸性粗骨土、棕色石灰土。面积最大的土壤类型为黄棕壤，占 23.0%；其次为粗骨土，占 21.9%；再次为水稻土，占 19.3%；接着为棕壤，占 16.2%。

（3）土地利用

该区耕地面积为 135.22km²，占区域总面积的 12.25%；林地面积为 864.65km²，78.34km²；草地面积为 52.46km²，占区域总面积的 4.75%；水域面积为 48.42km²，占区域总面积的 4.39%；建设用地面积为 2.68km²，占区域总面积的 0.24%；未利用地面积为 0.29km²，占区域总面积的 0.03%。

6.3.1.4　水生态功能

该区共有 35 条河段，其中生物多样性保护中功能比例最高，占区域总河段的 60%，其次为生物多样性保护高功能，占区域总河段的 20%，以及生物多样性保护低功能，占区域总河段的 20%；珍稀、濒危物种保护低功能比例最高，占区域总河段的 100%；敏感物种保护高功能比例最高，占区域总河段的 100%；种质资源保护高功能比例最高，占区域总河段的 94.29%，其次为种质资源保护中功能，占区域总河段的 5.71%；水生物产卵索饵越冬低功能比例最高，占区域总河段的 94.29%，其次为水生物产卵索饵越冬中功能，占区域总河段的 5.71%；鱼类洄游通道低功能比例最高，占区域总河段的 94.29%，其次为鱼类洄游通道高功能，占区域总河段的 5.71%；湖滨带生态生境维持中功能比例最高，占区域总河段的 100%；涉水重要保护与服务高功能比例最高，占区域总河段的 88.57%，其次为涉水重要保护与服务中功能，占区域总河段的 11.43%；调节与循环中功能比例最高，占区域总河段的 97.14%，其次为调节与循环高功能，占区域总河段的 2.86%。

通过以上分析，该区主导水生态功能为敏感物种保护、种质资源保护和涉水重要保护与服务等功能，它们的高功能河段分别占区域总河段的 100%、94.29% 和 88.57%。

6.3.1.5 水生态保护目标

该区底栖动物优势种中蜉蝣目扁蜉属、高翔蜉属及毛翅目的纹石蛾（*Hydropsyche* sp.）和短脉纹石蛾（*Cheumatopsyche* sp.）为敏感种，对水质要求高，喜栖息于流动清洁水体。椭圆萝卜螺和尖膀胱螺可栖息于流水和静水环境，一般附着在水生植物、石块或其他基质上，属中等耐污种。该区河段底栖动物物种丰富，调查中发现蜉蝣目 16 种、毛翅目 19 种、襀翅目 5 种，均为敏感种，喜栖息于清洁流水环境。并发现有腹足纲凸旋螺、尖口圆扁螺，喜栖息于水生植物丰富的生境，对水质要求较高。

该区内河流受人类干扰较小，生境质量较高，现阶段优势种中吻虾虎鱼（*Ctenogobius* spp.）主要生活于温带和热带地区，属于洄游性鱼类。其抗病虫能力超强，喜食水生昆虫或底栖性小鱼以及鱼卵。调查中共发现该区鱼类鲤形目 12 种，其中鲤科鱼类 10 种，占全部物种数 50.0%。随着工农业生产及城镇化的发展，鱼类多样性及渔业资源正面临多重威胁。从洄游性鱼类来看，中华鲟和刀鲚等在巢湖流域原常见种类已受到严重威胁；青鱼、鳜等经济鱼类的数量严重减少。

6.3.2 杭埠河山地森林型河溪水源涵养与生物多样性维持功能区（LEⅠ$_{1-2}$）

6.3.2.1 位置与分布

该区主要河流有杭埠河、庐北分干渠等。所属二级区为 LEⅠ$_1$（图 6-11）。

6.3.2.2 河流生态系统特征

(1) 水体生境特征

该区河段海拔最大值为 147.36m，最小值为 14m，平均值为 55m；河段坡度最大值为 22.06°，最小值为 1.29°，平均值为 6.21°；河段比降最大值为 3.18‰，最小值为 0‰，平均值为 0.4‰；河岸植被覆盖度为 33.21%。该分区水质以Ⅲ~Ⅳ类为主，占比例为 55%。

(2) 水生生物特征

该区共鉴定出浮游植物 33 种，总密度和总生物量分别为 $2.48×10^5$ 个/L 和 1.24 mg/L。密度优势种主要为变异直链藻、颗粒直链藻极狭变种和斯潘塞布纹藻，密度分别为 $2.73×10^5$ 个/L、$9.93×10^4$ 个/L 和 $9.93×10^4$ 个/L，密度优势种为偏清洁指示种，表明水体污染程度较低。生物量优势种为斯潘塞布纹藻、胀大桥弯藻委内瑞拉变种和变异直链藻，生物量

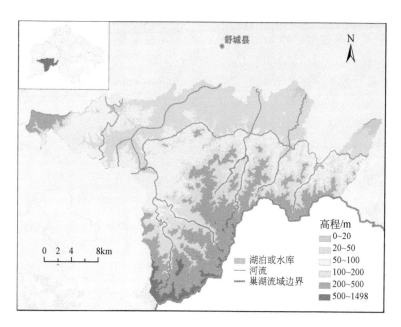

图 6-11　杭埠河山地森林型河溪水源涵养与生物多样性维持功能区（LE I 1-2）

分别为 4.68mg/L、1.79mg/L 和 0.76mg/L。Margalef 丰富度指数为 0.34，Simpson 优势度指数为 0.38，Shannon-Wiener 多样性指数为 1.27，Pielou 均匀度指数为 0.87，表明该类型区浮游植物多样性不高。

该区共鉴定出着生硅藻 48 种，总密度和总生物量分别为 6.67×10^4 个/cm² 和 0.35 mg/cm²。密度优势种主要为弧形峨眉藻线性变种、弧形峨眉藻和小型异极藻及变种，密度分别为 8.64×10^4 个/cm²、2.87×10^4 个/cm² 和 2.26×10^4 个/cm²，密度优势种为偏清洁指示种，表明水体污染程度较低。生物量优势种为同簇羽纹藻、普通内丝藻和粗糙桥弯藻，生物量分别为 1.11mg/cm²、0.22mg/cm² 和 0.13mg/cm²。Margalef 丰富度指数为 0.92，Simpson 优势度指数为 0.23，Shannon-Wiener 多样性指数为 1.83，Pielou 均匀度指数为 0.81，表明该类型区着生硅藻多样性不高。

该区共鉴定出底栖动物 63 种，总密度和总生物量分别为 211 个/m² 和 57.33 g/m²。密度优势种主要为铜锈环棱螺、方格短沟蜷、扁蜉属、椭圆萝卜螺、尖膀胱螺、纹沼螺，密度分别为 41.4 个/m²、39.6 个/m²、25.0 个/m²、21.4 个/m²、15.8 个/m²、15.0 个/m²，优势种为敏感种和中等耐污种，表明水体受到人为干扰较小，环境状况良好。生物量优势种主要为铜锈环棱螺、方格短沟蜷、圆背角无齿蚌，生物量分别为 29.59g/m²、5.64g/m²、5.23g/m²。Margalef 丰富度指数为 2.67，Simpson 优势度指数为 0.79，Shannon-Wiener 多样性指数为 1.86，Pielou 均匀度指数为 0.73，表明该区底栖动物多样性较高。

该区采集鱼类共 509 尾，计 21 种，隶属 2 目 9 科；其中，鲤科鱼类 12 种，占全部物种数的 57.14%。总体上，鲫（*Carassius auratus*）、中华沙塘鳢（*Odontobutis sinensis*）、鳑（*Acheilognathus taenianalis*）、吻虾虎鱼（*Ctenogobius* spp.）、麦穗鱼（*Pseudorasbora parva*）、棒花鱼（*Abbottina rivularis*）、泥鳅（*Misgurnus anguillicaudatus*）、宽鳍鱲（*Zacco platypus*）、

中华花鳅（*Cobitis* sinensis）、高体鳑鲏、黑鳍鳈（*Sarcocheilichthys nigripinnis*）的出现频率均大于40%，且重要值指数也均大于100%，属常见种及优势种。乌鳢（*Channa argus*）、鰲（*Hemiculter leucisculus*）、马口鱼（*Opsarrichthys bidens*）、福建小鳔鮈（*Microphysogobio fukiensis*）、司氏鉠（*Liobagrus styani*）、波纹鳜（*Siniperca undulata*）、嵊县小鳔鮈（*Microphysogobio chengsiensis*）、亮银鮈（*Squalidus nitens*）8种鱼类的出现频率为10%～40%，属于偶见种。Margalef丰富度指数为3.21，Simpson优势度指数为0.65，Shannon-Wiener多样性指数为2.85，Pielou均匀度指数为0.74，鱼类群落多样性较高。

6.3.2.3　陆地特征

（1）地貌特征

该区地貌类型多样，主要包括山地、丘陵和平原等地貌类型。该区南部及东南部为山区，山峰高程最高达到1026m，中部及西部多丘陵山地，向北逐渐过渡到山前平原地等地貌类型，该地区由南向北高程逐渐降低，该地区最低高程为11m，平均高程为138.6m。

（2）植被和土壤特征

该区植被覆被条件较好，主要为林地，并伴有一定的农业作物。其中，水田作物为187.35 km²，旱地作物为52.12 km²，有林地为401.62 km²，灌木林地为73.58 km²。农作物覆盖区总面积为239.47 km²，占该区总面积的32.1%；林地覆盖区总面积为475.21 km²，占该区总面积的63.7%；农作物和林地覆盖区占该区总面积的95.8%。

该区土壤类型涵盖11个亚类，即黄棕壤、水稻土、紫色土、酸性石质土、粗骨土、潮土、黄棕壤性土、中性紫色土、黄褐土、漂洗水稻土、淹育水稻土。面积最大的土壤类型为黄棕壤，占40.6%；其次为水稻土，占32.4%；再次为紫色土，占8.6%；接着为酸性石质土，占5.2%。

（3）土地利用

该区耕地面积为304.76km²，占区域总面积的40.89%；林地面积为360.08km²，占区域总面积的48.32%；草地面积为47.06km²，占区域总面积的6.32%；水域面积为11.57km²，占区域总面积的1.55%；建设用地面积为21.71km²，占区域总面积的2.91%；未利用地面积为0.05km²。

6.3.2.4　水生态功能

该区共有45条河段，其中生物多样性保护中功能比例最高，占区域总河段的62.23%，其次为生物多样性保护高功能，占区域总河段的24.44%，再次为生物多样性保护低功能，占区域总河段的13.33%；珍稀、濒危物种保护低功能比例最高，占区域总河段的100%；敏感物种保护高功能比例最高，占区域总河段的93.33%，其次为敏感物种保护中功能，占区域总河段的6.67%；种质资源保护中功能比例最高，占区域总河段的82.22%，其次为种质资源保护高功能，占区域总河段的17.78%；水生物产卵索饵越冬中功能比例最高，占区域总河段的100%；鱼类洄游通道中功能比例最高，占区域总河段的73.33%，其次为鱼类洄游通道高功能，占区域总河段的26.67%；湖滨带生态生境维持中功能比例最高，占区域总河段的100%；涉水重要保护与服务中功能比例最高，占区域总河段的97.78%，其次为涉水重要保护与服务高功能，占区域总河段的2.22%；调节与循环中功能比例最高，占区域总河段的84.44%，其次为调节与循环高功能，占区域总河段的15.56%。

通过以上分析可以得出，该区主导功能为敏感物种保护，它们的高功能河段占区域总河段的93.33%。

6.3.2.5 水生态保护目标

该区内现阶段保护种主要有吻虾虎鱼（*Ctenogobius* spp.）、中华沙塘鳢（*Odontobutis sinensis*），属该区优势种。吻虾虎鱼（*Ctenogobius* spp.）主要生活于温带和热带地区，属于洄游性鱼类，其抗病虫能力超强，喜食水生昆虫或底栖性小鱼以及鱼卵，中华沙塘鳢（*Odontobutis sinensis*）喜栖息于杂草和碎石相混杂的浅水区。

该区现阶段地栖动物优势种多为中等耐污种，椭圆萝卜螺、尖膀胱螺、纹沼螺、方格短沟蜷可栖息于流水和静水环境，一般附着在水生植物、石块或其他基质上，适宜栖息于中等营养水平水体。扁蜉属为敏感种，对水质要求高，喜栖息于流动清洁水体。此外，调查共发现蜉蝣目11种、毛翅目6种、襀翅目1种，均为敏感种，喜栖息于清洁流水环境，除扁蜉属为优势种外，其他敏感种均密度较低。调查发现有双壳纲中国尖嵴蚌，该种喜栖息于水流较急、水质澄清，底质砂石底的生境中。发现腹足纲尖口圆扁螺、大脐圆扁螺、长角涵螺，喜栖息于水生植物丰富的生境，对水质要求较高，属中等耐污种。

6.3.3 丰乐河上游山地森林型河溪水源涵养与生物多样性维持功能区（LE I$_{1-3}$）

6.3.3.1 位置与分布

该区主要河流有丰乐河、杭涕干渠等。所属二级区为LE I$_1$（图6-12）。

6.3.3.2 河流生态系统特征

（1）水体生境特征

该区河段海拔最大值为88.5m，最小值为19.5m，平均值为43.98m；河段坡度最大值为10.7°，最小值为1.27°，平均值为3.54°；河段比降最大值为5.82‰，最小值为0‰，平均值为0.53‰；河岸植被覆盖度为20.01%。该区水质较好，以Ⅲ类为主，6个监测点中5个为Ⅲ类，1个为Ⅳ类。Ⅲ类所占比例为83.3%。

（2）水生生物特征

该区共鉴定出浮游植物21种，总密度和总生物量分别为2.92×10^{5}个/L和4.27 mg/L。密度优势种主要为双对栅藻交错变种、意大利直硅藻和尖尾蓝隐藻，密度分别为3.57×10^{5}个/L、1.01×10^{5}个/L和9.93×10^{4}个/L，密度优势种为中等耐污及偏清洁指示种，表明水体污染程度较低。生物量优势种为艾伦桥弯藻、放射舟型藻和尖顶异极藻及变种，生物量分别为7.47mg/L、1.61mg/L和0.15mg/L。Margalef丰富度指数为0.31，Simpson优势度

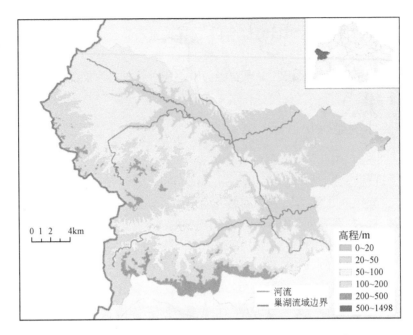

图6-12　丰乐河上游山地森林型河溪水源涵养与生物多样性维持功能区（LEⅠ₁₋₃）

指数为0.36，Shannon-Wiener多样性指数为1.26，Pielou均匀度指数为0.86，表明该类型区浮游植物多样性不高。

该区共鉴定出着生硅藻52种，总密度和总生物量分别为1.18×10^5个/cm^{2}和1.09 mg/cm^2。密度优势种主要为小型舟形藻、近轴桥弯藻和比索曲壳藻，密度分别为3.11×10^4个/cm^2、2.49×10^4个/cm^{2}和1.97×10^4个/cm^2，密度优势种为偏清洁指示种，表明水体受污染程度较低。生物量优势种为近轴桥弯藻、侧生窗纹藻和胡斯特桥弯藻，生物量分别为0.90mg/cm^2、0.75mg/cm^{2}和0.40mg/cm^2。Margalef丰富度指数为1.35，Simpson优势度指数为0.13，Shannon-Wiener多样性指数为2.35，Pielou均匀度指数为0.88，表明该类型区着生硅藻多样性较高。

该区共鉴定出底栖动物70种，总密度和总生物量分别为143个/m^{2}和79.65 g/m^2。密度优势种主要为铜锈环棱螺、方格短沟蜷、河蚬、纹石蛾科（*Cheumatopsyche* sp.）、瑟摇蚊属、尖膀胱螺，密度分别为32.3个/m^2、17.2个/m^2、15.7个/m^2、7.9个/m^2、7.0个/m^2、5.6个/m^2，优势分属不同分类单元，含敏感种类，表明水体富营养化程度不严重。生物量优势种主要为铜锈环棱螺、河蚬、中国圆田螺，生物量分别为40.36g/m^2、16.41g/m^2、12.31g/m^2。Margalef丰富度指数为3.88，Simpson优势度指数为0.80，Shannon-Wiener多样性指数为2.12，Pielou均匀度指数为0.72，表明该区底栖动物多样性相对较高。

该区采集鱼类共591尾，计18种，隶属2目7科；其中，鲤科鱼类12种，占全部物种数的63.16%。总体上，鲫（*Carassius auratus*）、斑条鱊（*Acheilognathus taenianalis*）、棒花鱼（*Abbottina rivularis*）、宽鳍鱲（*Zacco platypus*）、高体鳑鲏（*Rhodeus ocellatus*）、黑鳍鳈（*Sarcocheilichthys nigripinnis*）、亮银鮈（*Squalidus nitens*）的出现频率均大于40%，且

重要值指数也均大于 100%，属常见种及优势种。鰲（*Hemiculter leucisculus*）、麦穗鱼（*Pseudorasbora parva*）、似鳊（*Pseudobrama simoni*）、泥鳅（*Misgurnus anguillicaudatus*）、中华青鳉（*Oryzias latipes sinensis*）、福建小鳔鮈（*Microphysogobio fukiensis*）、银鮈（*Squalidus argentatus*）等鱼类的出现频率为 10%~40%，属于偶见种。Margalef 丰富度指数为 2.66，Simpson 优势度指数为 0.52，Shannon-Wiener 多样性指数为 2.15，Pielou 均匀度指数为 0.59，鱼类群落多样性较高。

6.3.3.3　陆地特征

（1）地貌特征

该区地貌类型多样，主要包括山地、丘陵和平原等地貌类型。该区南部为山区，山峰高程最高达到 452m，中部及西部多丘陵，向东北逐渐过渡到山前平原等地貌类型，该地区由西向东高程逐渐降低，该地区最低高程为 17m，平均高程为 84.6m。

（2）植被和土壤特征

该区植被覆被条件较好，主要为林地，并伴有一定的农业作物。其中，水田作物为 151.17km^2，旱地作物为 4.53 km^2，有林地为 316.29 km^2，灌木林地为 21.23 km^2。农作物覆盖区总面积为 156.17 km^2，占该区总面积的 30.7%；林地覆盖区总面积为 337.52 km^2，占该区总面积的 66.3%；农作物和林地覆盖区占该区总面积的 97.0%。

该区土壤类型涵盖 7 个亚类，即水稻土、黄褐土、紫色土、中性紫色土、黏盘黄褐土、粗骨土、酸性紫色土。面积最大的土壤类型为水稻土，占 40.1%；其次为黄褐土，占 21.4%；再次为紫色土，占 18.7%；接着为中性紫色土，占 12.2%。

（3）土地利用

该区耕地面积为 242.12km^2，占区域总面积的 47.58%；林地面积为 244.04km^2，占区域总面积的 47.96%；草地面积为 8.35km^2，占区域总面积的 1.64%；水域面积为 3.74km^2，占区域总面积的 0.73%；建设用地面积为 10.63km^2，占区域总面积的 2.09%。

6.3.3.4　水生态功能

该区共有 34 条河段，其中生物多样性保护高功能比例最高，占区域总河段的 73.53%，其次为生物多样性保护中功能，占区域总河段的 26.47%；珍稀、濒危物种保护低功能比例最高，占区域总河段的 100%；敏感物种保护高功能比例最高，占区域总河段的 97.06%，其次为敏感物种保护低功能，占区域总河段的 2.94%；种质资源保护中功能比例最高，占区域总河段的 100%；水生物产卵索饵越冬中功能比例最高，占区域总河段的 100%；鱼类洄游通道中功能比例最高，占区域总河段的 70.59%，其次为鱼类洄游通道高功能，占区域总河段的 29.41%；湖滨带生态生境维持中功能比例最高，占区域总河段的 100%；涉水重要保护与服务中功能比例最高，占区域总河段的 100%；调节与循环中功能比例最高，占区域总河段的 76.47%，其次为调节与循环高功能，占区域总河段的 23.53%。

通过以上分析，该区主导水生态功能为敏感物种保护和生物多样性保护等功能，它们的高功能河段分别占区域河段的 97.06% 和 73.53%。

6.3.3.5 水生态保护目标

该区内现阶段保护种是中华青鳉（*Oryzias latipes sinensis*），其重要值指数较低，属该区偶见种。中华青鳉常成群地栖息于静水或缓流水的表层，应保护其生存环境。

该区底栖动物优势种多为中等耐污种，纹石蛾科（*Cheumatopsyche* sp.）为敏感种，对水质要求高，喜栖息于流动清洁水体。方格短沟蜷和尖膀胱螺可栖息于流水和静水环境，一般附着在水生植物、石块或其他基质上，属中等耐污种。调查还发现蜉蝣目 6 种、毛翅目 3 种，均为敏感种，喜栖息于清洁流水环境，但密度较低。还发现双壳纲的中国尖嵴蚌和圆顶珠蚌，另发现腹足纲螺类 11 种，包括喜栖息水生植物生境的尖口圆扁螺、长角涵螺、纹沼螺。

6.3.4 丰乐河上游丘陵农田型河溪水源涵养与营养物质循环功能区（LEⅠ$_{2-1}$）

6.3.4.1 位置与分布

该区主要河流有丰乐河、杭埠干渠、潜南干渠等。所属二级区为 LEⅠ$_2$（图 6-13）。

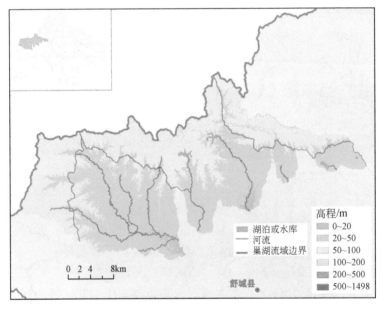

图 6-13 丰乐河上游丘陵农田型河溪水源涵养与营养物质循环功能区（LEⅠ$_{2-1}$）

6.3.4.2 河流生态系统特征

（1）水体生境特征

该区河段海拔最大值为 57.57m，最小值为 15.11m，平均值为 34.47m；河段坡度最大值为 4.37°，最小值为 1.18°，平均值为 2.04°；河段比降最大值为 1.2‰，最小值为 0‰，平均值为 0.14‰；河岸植被覆盖度为 2.7%。该区水质较好，以 Ⅱ～Ⅲ 类为主，12 个监测点中 3 个为 Ⅱ 类，5 个为 Ⅲ 类，3 个 Ⅴ 类，1 个劣 Ⅴ 类。Ⅱ～Ⅲ 类所占比例为 66.7%。

（2）水生生物特征

该区共鉴定出浮游植物 49 种，总密度和总生物量分别为 $7.92×10^5$ 个/L 和 3.56 mg/L。密度优势种主要为苍白微囊藻、浮游辐球藻和啮蚀隐藻，密度分别为 $3.85×10^6$ 个/L、$2.98×10^5$ 个/L 和 $2.86×10^5$ 个/L，密度优势种为偏耐污指示种，表明水体有污染。生物量优势种为艾伦桥弯藻、冠盘藻和斯潘塞布纹藻，生物量分别为 6.10mg/L、5.84mg/L 和 4.69mg/L。Margalef 丰富度指数为 0.44，Simpson 优势度指数为 0.32，Shannon-Wiener 多样性指数为 1.49，Pielou 均匀度指数为 0.83，表明该类型区浮游植物多样性不高。

该区共鉴定出着生硅藻 50 种，总密度和总生物量分别为 $5.69×10^4$ 个/cm² 和 0.46 mg/cm²。密度优势种主要为异极藻、扁圆卵形藻和纤细异极藻，密度分别为 $3.28×10^4$ 个/L、$1.14×10^4$ 个/L 和 $9.17×10^3$ 个/L，密度优势种为偏清洁指示种，表明水体污染程度较低。生物量优势种为普通内丝藻、近缘桥弯藻和弯棒杆藻，生物量分别为 0.25mg/L、0.22mg/L 和 0.20mg/L。Margalef 丰富度指数为 1.31，Simpson 优势度指数为 0.18，Shannon-Wiener 多样性指数为 2.19，Pielou 均匀度指数为 0.86，表明该类型区着生硅藻多样性较高。

该区共鉴定出底栖动物 64 种，总密度和总生物量分别为 200 个/m² 和 174.06 g/m²。密度优势种主要为铜锈环棱螺、方格短沟蜷、河蚬、长角涵螺、椭圆萝卜螺、蟌科（*Pseudagrion* sp.）、黄色羽摇蚊，密度分别为 92.4 个/m²、23.4 个/m²、10.7 个/m²、9.3 个/m²、8.3 个/m²、6.5 个/m²、5.9 个/m²，优势种多为中等耐污种，表明水体富营养化程度处于中等水平。生物量优势种主要为铜锈环棱螺、河蚬、圆顶珠蚌、椭圆背角无齿蚌、方格短沟蜷，生物量分别为 118.60g/m²、16.71g/m²、11.59g/m²、9.79g/m²、7.40g/m²。Margalef 丰富度指数为 2.39，Simpson 优势度指数为 0.65，Shannon-Wiener 多样性指数为 1.50，Pielou 均匀度指数为 0.61，表明该区底栖动物多样性处于中等水平。

该区采集鱼类共 526 尾，计 21 种，隶属 1 目 7 科；其中，鲤科鱼类 15 种，占全部物种数的 68.18%。总体上，鲫（*Carassius auratus*）、鰲（*Hemiculter leucisculus*）、吻虾虎鱼、斑条鱊（*Acheilognathus taenianalis*）、棒花鱼（*Abbottina rivularis*）、高体鳑鲏（*Rhodeus Ocellatus*）、黑鳍鳈（*Sarcocheilichthys nigripinnis*）、黄黝鱼（*Hypseleotris swinhonis*）的出现频率均大于 40%，且重要值指数也均大于 100%，属常见种及优势种。乌鳢（*Channa argus*）、宽鳍鱲（*Zacco platypus*）、马口鱼（*Opsarrichthys bidens*）、花鲭（*Hemibarbus maculatus Bleeker*）、福建小鳔鮈（*Microphysogobio fukiensis*）、亮银鮈（*Squalidus nitens*）6 种鱼类的出现频率为 10%～40%，属于偶见种。Margalef 丰富度指数为 3.19，Simpson 优势度指数为 0.77，Shannon-Wiener 多样性指数为 3.38，Pielou 均匀度指数为 0.86，鱼类群落多样性较高。

6.3.4.3　陆地特征

（1）地貌特征

该区地貌类型主要为丘陵和平原。该区北部多丘陵，南部多平原，由北向南高程逐渐降低，最高高程为 281m，最低高程为 13m，平均高程为 49.9m。

（2）植被和土壤特征

该区植被覆被条件较好，主要为农业作物，并伴有一定的林地。其中，水田作物为617.84km²，旱地作物为94.38 km²，有林地为45.43 km²，灌木林地为15.59 km²。农作物覆盖区总面积为712.22 km²，占该区总面积的85.9%；林地覆盖区总面积为61.02 km²，占该区总面积的7.4%；农业作物和林地覆盖区占该区总面积的93.3%。

该区土壤类型涵盖6个亚类，即水稻土、黏盘黄褐土、黄褐土、紫色土、暗棕壤、漂洗水稻土。面积最大的土壤类型为水稻土，占64.9%；其次为黏盘黄褐土，占22.3%；再次为黄褐土，占5.7%；接着为紫色土，占5.3%。

（3）土地利用

该区耕地面积为659.55km²，占区域总面积的79.5%；林地面积为70.3km²，占区域总面积的8.48%；草地面积为21.51km²，占区域总面积的2.59%；水域面积为18.21km²，占区域总面积的2.2%；建设用地面积为60.01km²，占区域总面积的7.23%。

6.3.4.4　水生态功能

该区共有71条河段，其中生物多样性保护高功能比例最高，占总河段的59.15%，其次为生物多样性保护中功能，占区域总河段的36.62%，再次为生物多样性保护低功能，占区域总河段的4.23%；珍稀、濒危物种保护低功能比例最高，占区域总河段的100%；敏感物种保护高功能比例最高，占区域总河段的83.1%，其次为敏感物种保护中功能，占区域总河段的16.9%；种质资源保护中功能比例最高，占区域总河段的83.1%，其次为种质资源保护低功能，占区域总河段的16.9%；水生物产卵索饵越冬中功能比例最高，占区域总河段的83.1%，其次为水生物产卵索饵越冬低功能，占区域总河段的16.9%；鱼类洄游通道中功能比例最高，占区域总河段的100%；湖滨带生态生境维持中功能比例最高，占区域总河段的100%；涉水重要保护与服务中功能比例最高，占区域总河段的100%；调节与循环中功能比例最高，占区域总河段的94.37%，其次为调节与循环高功能，占区域总河段的5.63%。

通过以上分析，该区主导水生态功能为敏感物种保护和生物多样性保护，它们的高功能河段分别占区域总河段的83.1%和59.15%。

6.3.4.5　水生态保护目标

该区内鱼类保护种主要有吻虾虎鱼（*Ctenogobius* spp.），其也属该区优势种，吻虾虎鱼主要生活于温带和热带地区，属于洄游性鱼类，其抗病虫能力超强，喜食水生昆虫或底栖性小鱼以及鱼卵。

该区底栖动物优势种多为中等耐污种，但调查中发现较多敏感种，如蜉蝣目扁蜉属（*Heptagenia* sp.）、毛翅目短脉纹石蛾 *Cheumatopsyche* sp. 和经石蛾 *Ecnomus* sp.，均对水质要求高，喜栖息于流动清洁水体，但在本区密度较低。并发现蜻蜓目幼虫4种，喜栖息于水流较缓或水草丛生的生境中。调查还发现较多大型蚌类，如中国尖嵴蚌、射线裂脊蚌、背瘤丽蚌、圆顶珠蚌、背角无齿蚌，前三个种类可栖息于水流较急、水质澄清，底质砂石底的生境中，对水质要求相对较高。后两种喜栖息于水流较缓或静水，多为淤泥底质的生境中。

6.3.5　派河上游丘陵农田型河溪水源涵养与营养物质循环功能区（LEⅠ₂₋₂）

6.3.5.1　位置与分布

该区主要河流有派河、潜南干渠等，所属二级区为 LEⅠ₂（图6-14）。

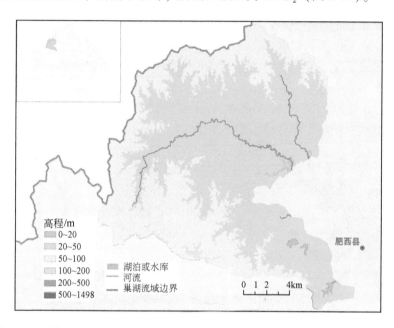

图6-14　派河上游丘陵农田型河溪水源涵养与营养物质循环功能区（LEⅠ₂₋₂）

6.3.5.2　河流生态系统特征

（1）水体生境特征

该区河段海拔最大值为40.88m，最小值为12.91m，平均值为25.04m；河段坡度最大值为3.08°，最小值为1.45°，平均值为1.91°；河段比降最大值为5.62‰，最小值为0‰，平均值为0.64‰；河岸植被覆盖度为1.4%。水库主要有磨墩水库、大溪湾水库等。该分区水质较差，以Ⅳ～Ⅴ类为主。

（2）水生生物特征

该区共鉴定出浮游植物48种，总密度和总生物量分别为4.60×10^5个/L和0.20 mg/L。密度优势种主要为美丽射星藻、衣藻和多胞色球藻，密度分别为1.15×10^5个/L、1.15×10^5个/L和5.75×10^4个/L，密度优势种为偏耐污指示种，表明水体受到一定程度污染。生物量优势种为草鞋波缘藻、颗粒直链藻和梅尼小环藻，生物量分别为0.67mg/L、0.16mg/L和0.15mg/L。Margalef丰富度指数为0.54，Simpson优势度指数为0.17，Shannon-Wiener

多样性指数为1.91，Pielou均匀度指数为0.92，表明该类型区浮游植物多样性较高。

该区共鉴定出着生硅藻23种，总密度和总生物量分别为4.86×10⁴个/cm²和0.20 mg/cm²。密度优势种主要为喙头舟形藻、变异直链藻和钝脆杆藻，密度分别为8.65×10³个/cm²、4.32×10³个/cm²和4.32×10³个/cm²，密度优势种为中等耐污指示种，表明水体存在一定程度污染。生物量优势种为近缘桥弯藻、普通内丝藻和钝端菱形藻，生物量分别为0.06mg/cm²、0.04mg/cm²和0.02mg/cm²。Margalef丰富度指数为2.04，Simpson优势度指数为0.07，Shannon-Wiener多样性指数为2.88，Pielou均匀度指数为0.92，表明该类型区着生硅藻多样性较高。

该区共鉴定出底栖动物5种，总密度和总生物量分别为9个/m²和0.52 g/m²。密度优势种主要为日本沼虾、尖膀胱螺，密度分别为3.3个/m²、2.2个/m²，优势种为中等耐污水平，不适宜栖息于重富营养水体，表明该区水质相对较好。生物量优势种主要为日本沼虾、尖膀胱螺，生物量分别为0.37g/m²、0.12g/m²。Margalef丰富度指数为1.83，Simpson优势度指数为0.75，Shannon-Wiener多样性指数为1.49，Pielou均匀度指数为0.93，表明该区底栖动物多样性处于中等水平。

6.3.5.3 陆地特征

（1）地貌特征

该区地貌类型主要为丘陵和平原。该区西部多丘陵，东部多平原，由西向东高程逐渐降低，地势较平缓。该地区最高高程为190m，最低高程为12m，平均高程为47.5m。

（2）植被和土壤特征

该区植被覆被条件较好，主要为农业作物，并伴有一定的林地。其中，水田作物为217.21km²，旱地作物为61.27 km²，有林地为16.28 km²，灌木林地为0.33 km²。农作物覆盖区总面积为278.48 km²，占该区总面积的83.0%；林地覆盖区总面积为16.60 km²，占该区总面积的5.0%；农作物和林地覆盖区占该区总面积的88.0%。

该区土壤类型涵盖6个亚类，即水稻土、黄褐土、暗黄棕壤、紫色土、黏盘黄褐土、漂洗水稻土。面积最大的土壤类型为水稻土，占54.2%；其次为黄褐土，占18.2%；再次为暗黄棕壤，占14.8%；接着为紫色土，占7.8%。

（3）土地利用

该区耕地面积为259.7km²，占区域总面积的77.37%；林地面积为18.89km²，占区域总面积的5.63%；草地面积为6.78km²，占区域总面积的2.02%；水域面积为6.05km²，占区域总面积的1.8%；建设用地面积为44.23km²，占区域总面积的13.18%。

6.3.5.4 水生态功能

该区共有11条河段，其中生物多样性保护高功能比例最高，占区域总河段的45.45%，其次为生物多样性保护中功能，占区域总河段的45.45%，再次为生物多样性保护低功能，占区域总河段的9.10%；珍稀、濒危物种保护低功能比例最高，占区域总河段的100%；敏感物种保护低功能比例最高，占区域总河段的90.91%，其次为敏感物种保护中功能，占区域总河段的9.09%；种质资源保护低功能比例最高，占区域总河段的

100%；水生物产卵索饵越冬低功能比例最高，占区域总河段的100%；鱼类洄游通道高功能比例最高，占区域总河段的54.55%，其次为鱼类洄游通道中功能，占区域总河段的45.45%；湖滨带生态生境维持中功能比例最高，占区域总河段的100%；涉水重要保护与服务中功能比例最高，占区域总河段的100%；调节与循环高功能比例最高，占区域总河段的54.55%，其次为调节与循环中功能，占区域总河段的45.45%。

通过以上分析，该区主导水生态功能为鱼类洄游通道、调节与循环和生物多样性保护等功能，它们的高功能河段分别占区域总河段的54.55%、54.55%和45.45%。

6.3.5.5　水生态保护目标

该区现阶段的底栖动物主要有日本沼虾、尖口圆扁螺、尖膀胱螺，日本沼虾喜栖息于水草丛生的生境中，氨氮和亚硝酸盐是污染水体胁迫其存活率的重要因子，不适宜生存于重富营养水体。尖口圆扁螺和尖膀胱螺可栖息于流水和静水环境，一般附着在水生植物、石块或其他基质上，属中等耐污种。

6.3.6　南淝河上游丘陵农田型水库水源涵养与水资源调蓄功能区（LEⅠ$_{2-3}$）

6.3.6.1　位置与分布

该区主要河流有南淝河、店埠河等，所属二级区为LEⅠ$_2$（图6-15）。

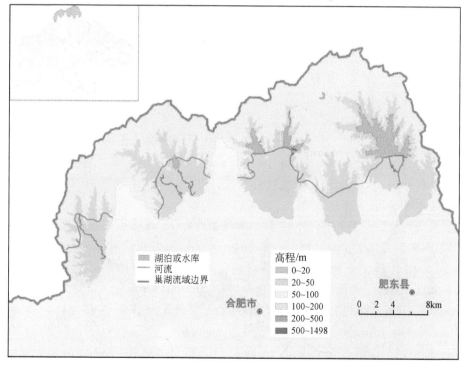

图6-15　南淝河上游丘陵农田型水库水源涵养与水资源调蓄功能区（LEⅠ$_{2-3}$）

6.3.6.2 河流生态系统特征

(1) 水体生境特征

该区河段海拔最大值为 48.2m，最小值为 21.5m，平均值为 36.55m；河段坡度最大值为 2.2°，最小值为 1.54°，平均值为 1.8°；河段比降最大值为 0.75‰，最小值为 0.04‰，平均值为 0.17‰；河岸植被覆盖度为 0.46%。水库主要有大官塘水库、蔡塘水库、众兴水库等。该分区水质较差，在Ⅲ和劣Ⅴ类之间，8 个监测点中 3 个为Ⅲ类，1 个为Ⅳ类，4 个劣Ⅴ类。

(2) 水生生物特征

该区共鉴定出浮游植物 59 种，总密度和总生物量分别为 1.59×10^6 个/L 和 4.03 mg/L。密度优势种主要为网状空星藻、纤细裸藻和美丽网球藻，密度分别为 5.90×10^5 个/L、4.31×10^5 个/L 和 4.20×10^5 个/L，密度优势种为中等耐污指示种，表明水体存在一定程度污染。生物量优势种为艾伦桥弯藻、尖尾裸藻和紫心辐节藻，生物量分别为 4.27mg/L、2.48mg/L 和 0.94mg/L。Margalef 丰富度指数为 0.82，Simpson 优势度指数为 0.22，Shannon-Wiener 多样性指数为 1.93，Pielou 均匀度指数为 0.83，表明该区浮游植物多样性较高。

该区共鉴定出着生硅藻 69 种，总密度和总生物量分别为 1.32×10^5 个/cm² 和 0.51 mg/cm²。密度优势种主要为双眉藻、异极藻和拟短缝藻，密度分别为 7.35×10^4 个/cm²、3.15×10^4 个/cm² 和 2.96×10^4 个/cm²，密度优势种为中等耐污指示种，表明水体存在一定程度污染。生物量优势种为膨胀桥弯藻、扭转布纹藻原变种和虹彩长篦藻，生物量分别为 2.96mg/cm²、0.28mg/cm² 和 0.23mg/cm²。Margalef 丰富度指数为 1.33，Simpson 优势度指数为 0.16，Shannon-Wiener 多样性指数为 2.23，Pielou 均匀度指数为 0.82，表明该类型区着生硅藻多样性较高。

该区共鉴定出底栖动物 28 种，总密度和总生物量分别为 164 个/m² 和 71.36 g/m²。密度优势种主要为长角涵螺、铜锈环棱螺、椭圆萝卜螺、尖膀胱螺、大沼螺、锯齿新米虾、纹沼螺、日本沼虾，密度分别为 57.0 个/m²、44.9 个/m²、15.6 个/m²、8.3 个/m²、6.8 个/m²、5.9 个/m²、5.9 个/m²、5.2 个/m²，优势种为中等耐污水平，表明表明水质处于中等水平，受到一定污染。生物量优势种主要为铜锈环棱螺、长角涵螺、大沼螺，生物量分别为 52.52g/m²、7.25g/m²、3.60g/m²。Margalef 丰富度指数为 1.34，Simpson 优势度指数为 0.54，Shannon-Wiener 多样性指数为 1.12，Pielou 均匀度指数为 0.61，表明该区底栖动物多样性中等偏低。

该区采集到鱼类共 237 尾，计 17 种，隶属 2 目 8 科；其中，鲤科鱼类 9 种，占全部物种数的 52.94%。总体上，䱗 (*Hemiculter leucisculus*)、吻虾虎鱼 (*Ctenogobius* spp.)、麦穗鱼 (*Pseudorasbora parva*)、高体鳑鲏 (*Rhodeus ocellatus*) 的出现频率均大于 40%，且重要值指数也均大于 100%，属常见种及优势种。鲤 (*Cyprinus carpio*)、红鳍原鲌 (*Cultrichthys erythropterus*)、中华沙塘鳢 (*Odontobutis sinensis*)、斑条鱊 (*Acheilognathus taenianalis*)、刺鳅 (*Mastacembelus aculeatus*)、棒花鱼 (*Abbottina rivularis*)、泥鳅 (*Misgurnus anguillicaudatus*)、银鮈 (*Squalidus argentatus*)、黄颡鱼 (*Pelteobagrus fulvidraco*)、鲇 (*Silurus asotus*)、食蚊鱼 (*Gambusia affinis*) 11 种鱼类的出现频率为 10%~40%，属于偶见

种。Margalef 丰富度指数为 2.93，Simpson 优势度指数为 0.81，Shannon-Wiener 多样性指数为 2.85，Pielou 均匀度指数为 0.70，鱼类群落多样性较高。

6.3.6.3　陆地特征

（1）地貌特征

该区地貌类型主要为丘陵和平原。北部多丘陵，南部多平原，由北向南高程逐渐降低，地势较平缓。该地区最高高程为 108m，最低高程为 18m，平均高程为 52.5m。

（2）植被和土壤特征

该区植被覆被条件较好，主要为农业作物，林地覆盖面积较小。其中，水田作物为 344.37km²，旱地作物为 32.56 km²，有林地为 1.78 km²，灌木林地为 2.96 km²，其他林地为 3.71 km²，高覆盖度草地为 0.12 km²。农作物覆盖区总面积为 376.94 km²，占该区总面积的 76.1%；林地覆盖区总面积为 8.46 km²，占该区总面积的 1.7%；农作物和林地覆盖区占该区总面积的 77.8%。

该区土壤类型涵盖 4 个亚类，即水稻土、黄褐土、漂洗水稻土、淹育水稻土。面积最大的土壤类型为水稻土，占 54.5%；其次为黄褐土，占 34.7%；再次为漂洗水稻土，占 6.6%。

（3）土地利用

该区耕地面积为 388.54km²，占区域总面积的 78.47%；林地面积为 4.25km²，占区域总面积的 0.86%；水域面积为 27.55km²，占区域总面积的 5.56%；建设用地面积为 74.83km²，占区域总面积的 15.11%。

6.3.6.4　水生态功能

该区共有 33 条河段，其中生物多样性保护中功能比例最高，占区域总河段的 51.52%，其次为生物多样性保护高功能，占区域总河段的 33.33%，再次为生物多样性保护低功能，占区域总河段的 15.15%；珍稀、濒危物种保护低功能比例最高，占区域总河段的 100%；敏感物种保护低功能比例最高，占区域总河段的 100%；种质资源保护低功能比例最高，占区域总河段的 100%；水生物产卵索饵越冬低功能比例最高，占区域总河段的 100%；鱼类洄游通道低功能比例最高，占区域总河段的 87.88%，其次为鱼类洄游通道中功能，占区域总河段的 9.09%，再次为鱼类洄游通道高功能，占区域总河段的 3.03%；湖滨带生态生境维持中功能比例最高，占区域总河段的 100%；涉水重要保护与服务中功能比例最高，占区域总河段的 100%；调节与循环中功能比例最高，占区域总河段的 96.97%，其次为调节与循环高功能，占区域总河段的 6%。

该区主导水生态功能为湖滨带生态生境维持、涉水重要保护与服务、调节与循环和生物多样性保护功能，它们的中功能河段分别占区域总河段的 100%、100%、96.97 和 51.52%。

6.3.6.5　水生态保护目标

该区鱼类保护种主要有吻虾虎鱼（*Ctenogobius* spp.），属该区优势种，吻虾虎鱼

（*Ctenogobius* spp.）主要生活于温带和热带地区，属于洄游性鱼类，其抗病虫能力超强，喜食水生昆虫或底栖性小鱼以及鱼卵。

现阶段地栖动物优势种多为中等耐污水平，锯齿新米虾和日本沼虾喜栖息于水草丛生的生境中，氨氮和亚硝酸盐是污染水体胁迫其存活率的重要因子，不适宜生存于重富营养水体。长角涵螺、纹沼螺、尖膀胱螺为中等耐污种，喜栖息于水草丰富的生境。调查中还发现毛翅目（*Anisocentropus* sp.），为敏感种，对水质要求高，喜栖息于流动清洁水体，并发现蜻蜓目幼虫 3 种，亦为中等偏敏感种。

6.3.7 南淝河上游丘陵农田型水库水源涵养与水资源调蓄功能区（LEⅡ₁₋₁）

6.3.7.1 位置与分布

该区主要河流有派河、塘西河、蒋口河等。所属二级区为 LEⅡ₁（图 6-16）。

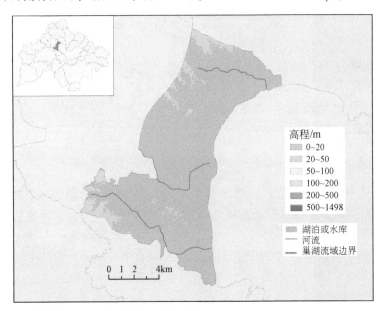

图 6-16 派河下游平原农田型湿地水质净化与营养物循环功能区（LEⅡ₁₋₁）

6.3.7.2 河流生态系统特征

（1）水体生境特征

该区河段海拔最大值为 12.4m，最小值为 8.74m，平均值为 10.06m；河段坡度最大值为 1.34°，最小值为 1.07°，平均值为 1.26°；河段比降最大值为 1.42‰，最小值为 0‰，平均值为 0.22‰；河岸无植被覆盖度。该分区水质较差，以劣Ⅴ类为主，2 个监测点中全为劣Ⅴ类。

（2）水生生物特征

该区共鉴定出浮游植物 14 种，总密度和总生物量分别为 $1.27×10^7$ 个/L 和 9.35 mg/L。

密度优势种主要为水华鱼腥藻、粗大微囊藻和固氮鱼腥藻,密度分别为 $1.24×10^7$ 个/L、$1.22×10^7$ 个/L 和 $1.67×10^5$ 个/L,密度优势种主要为耐污性物种,表明水体富营养化程度较为严重。生物量优势种为艾伦桥弯藻、斯潘塞布纹藻和粗大微囊藻,生物量分别为 10.09mg/L、5.42mg/L 和 1.46mg/L。Margalef 丰富度指数为 0.44,Simpson 优势度指数为 0.33,Shannon-Wiener 多样性指数为 1.31,Pielou 均匀度指数为 0.66,表明该类型区浮游植物多样性不高。

该区共鉴定出着生硅藻 31 种,总密度和总生物量分别为 $3.44×10^5$ 个/cm² 和 0.60 mg/cm²。密度优势种主要为短小曲壳藻及变种、披针形曲壳藻和羽纹脆杆藻,密度分别为 $1.40×10^5$ 个/cm²、$1.10×10^5$ 个/cm² 和 $6.68×10^4$ 个/cm²,密度优势种为中等耐污指示种,表明水体存在一定程度污染。生物量优势种为尖布纹藻、两尖辐节藻和变异直链藻,生物量分别为 0.24mg/cm²、0.07mg/cm² 和 0.06mg/cm²。Margalef 丰富度指数为 1.42,Simpson 优势度指数为 0.32,Shannon-Wiener 多样性指数为 1.85,Pielou 均匀度指数为 0.63,表明该类型区着生硅藻多样性不高。

该区共鉴定出底栖动物 18 种,总密度和总生物量分别为 421 个/m² 和 29.13 g/m²。密度优势种主要为林间环足摇蚊、霍甫水丝蚓、红蟌属、弯拟摇蚊、尖口圆扁螺、黄色羽摇蚊,密度分别为 121.6 个/cm²、105.6 个/cm²、42.3 个/cm²、42.0 个/cm²、23.2 个/cm²、19.4 个/cm²,优势种多为耐污种和中等耐污种,表明水体富营养化程度较为严重。生物量优势种主要为铜锈环棱螺、大沼螺、椭圆萝卜螺,生物量分别为 23.06g/m²、1.36g/m²、1.14g/m²。Margalef 丰富度指数为 1.75,Simpson 优势度指数为 0.75,Shannon-Wiener 多样性指数为 1.70,Pielou 均匀度指数为 0.70,表明该区底栖动物多样性处于中等水平。

6.3.7.3 陆地特征

(1) 地貌特征

该区地貌类型主要为平原。北部和南部地势较高,最高高程为 30m,最低高程为 0m,平均高程为 12.7m。

(2) 植被和土壤特征

该区植被覆被条件较好,主要为农业作物。其中,水田作物 88.94km²。农作物覆盖区占该区总面积的 77.4%。

该区土壤类型涵盖 2 个亚类,即水稻土、漂洗水稻土。面积最大的土壤类型为水稻土,占 99.5%;漂洗水稻土占 0.5%。

(3) 土地利用

该区耕地面积为 73.63km²,占区域总面积的 64.09%;水域面积为 8.74km²,占区域总面积的 7.61%;建设用地面积为 32.52km²,占区域总面积的 28.30%。

6.3.7.4 水生态功能

该区共有 5 条河段,其中生物多样性保护中功能比例最高,占区域总河段的 60%,其次为生物多样性保护低功能,占区域总河段的 40%;珍稀、濒危物种保护低功能比例最高,占区域总河段的 100%;敏感物种保护低功能比例最高,占区域总河段的 100%;种质资源保护低功能比例最高，占区域总河段的100%；水生物产卵索饵越冬低功能比例最高，占区域总河段的100%；鱼类洄游通道高功能比例最高，占区域总河段的100%；湖滨带生态生境维持高功能比例最高，占区域总河段的100%；涉水重要保护与服务中功能比例最高，占区域总河段的100%；调节与循环中功能比例最高，占区域总河段的60%，其次为调节与循环高功能，占区域总河段的40%。

该区主导水生态功能为鱼类洄游通道和湖滨带生态生境维持等功能，其高功能河段均占区域总河段的100%。

6.3.7.5　水生态保护目标

该区现阶段水体富营养程度较为严重，调查发现的底栖动物敏感种较少。优势种红螅属为中等耐污水平，不适宜栖息于重富营养水体。此外，还发现喜栖息于水生植物生境的长角涵螺、尖口圆扁螺、尖膀胱螺，但密度较低。为保护现阶段的非耐污种，并恢复敏感物种的种群数量，应加强对农业生态系统的管理，提高农业种植水平，治理农业面源污染，削减氮磷排入河流，改善河流水质，营造敏感种适宜的栖息环境。此外，还应保护和修复河流湿地，提高其对河流水质的缓冲和净化能力，增加栖息地多样性。

6.3.8　南淝河下游平原农田型湿地水质净化与营养物循环功能区（LEⅡ₁₋₂）

6.3.8.1　位置与分布

该区主要河流有南淝河、十五里河、长临河等。所属二级区为LEⅡ₁（图6-17）。

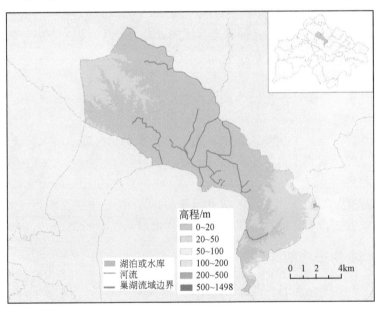

图6-17　南淝河下游平原农田型湿地水质净化与营养物循环功能区（LEⅡ₁₋₂）

6.3.8.2　河流生态系统特征

（1）水体生境特征

该区河段海拔最大值为11.23m，最小值为3m，平均值为8.06m；河段坡度最大值为3.54°，最小值为1.08°，平均值为1.41°；河段比降最大值为4.9‰，最小值为0‰，平均值为0.23‰；河岸无植被覆盖。该分区水质较差，以劣Ⅴ类为主，8个监测点中2个为Ⅴ类，6个为劣Ⅴ类。劣Ⅴ类所占比例为75%。

（2）水生生物特征

该区共鉴定出浮游植物75种，总密度和总生物量分别为$3.01×10^6$个/L和4.74mg/L。密度优势种主要为铜绿微囊藻、齿牙栅藻和网球藻，密度分别为$1.07×10^6$个/L、$9.06×10^5$个/L和$6.79×10^5$个/L，密度优势种为耐污及中等耐污指示种，表明水体存在一定程度污染。生物量优势种为艾伦桥弯藻、尖尾裸藻和梭形裸藻，生物量分别为4.36mg/L、3.72mg/L和2.33mg/L。Margalef丰富度指数为1.08，Simpson优势度指数为0.17，Shannon-Wiener多样性指数为2.21，Pielou均匀度指数为0.81，表明该类型区浮游植物多样性较高。

该区共鉴定出着生硅藻52种，总密度和总生物量分别为$2.10×10^5$个/cm^2和0.49 mg/cm^2。密度优势种主要为钝脆杆藻、短小曲壳藻及变种和缢缩扇形藻，密度分别为$6.93×10^4$个/cm^2、$5.19×10^4$个/cm^2和$2.81×10^4$个/cm^2，密度优势种为偏耐污指示种，表明水体存在一定程度污染。生物量优势种为两尖辐节藻、淡绿舟型藻线性变种和尖辐节藻，生物量分别为0.23mg/cm^2、0.21mg/cm^2和0.13mg/cm^2。Margalef丰富度指数为1.32，Simpson优势度指数为0.29，Shannon-Wiener多样性指数为1.93，Pielou均匀度指数为0.69，表明该类型区着生硅藻多样性较高。

该区共鉴定出底栖动物28种，总密度和总生物量分别为4008个/m^2和25.91 g/m^2。密度优势种主要为霍甫水丝蚓、苏氏尾鳃蚓、黄色羽摇蚊、尖口圆扁螺，密度分别为3755.4个/cm^2、144.4个/cm^2、60.7个/cm^2、15.0个/cm^2，表明水体富营养化程度严重。生物量优势种主要为铜锈环棱螺、椭圆背角无齿蚌、霍甫水丝蚓、河蚬、苏氏尾鳃蚓，生物量分别为6.28g/m^2、6.17g/m^2、5.97g/m^2、2.61g/m^2、1.93g/m^2。Margalef丰富度指数为1.33，Simpson优势度指数为0.38，Shannon-Wiener多样性指数为0.88，Pielou均匀度指数为0.47，表明该类型区底栖动物多样性较低。

该区采集鱼类共97尾，计8种，隶属1目1科；该区仅有鲤科鱼类5种，鲤（*Cyprinus carpio*）、鲫（*Carassius auratus*）、鳘（*Hemiculter leucisculus*）、红鳍原鲌（*Cultrichthys erythropterus*）、麦穗鱼（*Pseudorasbora parva*）。Margalef丰富度指数为1.53，Simpson优势度指数为0.58，Shannon-Wiener多样性指数为1.61，Pielou均匀度指数为0.54，该区群落多样性较低。

6.3.8.3　陆地特征

（1）地貌特征

该区地貌类型为平原。东部地势较高，西部地势较平缓，最高高程为255m，最低高程为 0m，平均高程为 16.8m。

（2）植被和土壤特征

该区植被覆被条件较好，主要为农业作物，林地覆盖面积较小。其中，水田作物为 109.56km²，旱地作物为 25.74 km²，有林地为 3.16 km²，灌木林地为 0.66 km²，疏林地为 1.46 km²。农作物覆盖区总面积为 135.30 km²，占该区总面积的 61.0%；林地覆盖区总面积为 5.28 km²，占该区总面积的 2.4%；农作物和林地覆盖区占该区总面积的 63.4%。

该区土壤类型涵盖 7 个亚类，即水稻土、粗骨土、潜育水稻土、黄褐土、黏盘黄褐土、漂洗水稻土、石灰（岩）土。面积最大的土壤类型为水稻土，占 79.1%；其次为粗骨土，占 7.2%；再次为潜育水稻土，占 4.7%；接着为黄褐土，占 4.2%。

（3）土地利用

该区耕地面积为 139.56km²，占区域总面积的 62.86%；林地面积为 3.31km²，占区域总面积的 1.49%；草地面积为 1.91km²，占区域总面积的 0.86%；水域面积为 8.64km²，占区域总面积的 3.89%；建设用地面积为 68.6km²，占区域总面积的 30.9%。

6.3.8.4　水生态功能

该区共有 42 条河段，其中生物多样性保护中功能比例最高，占区域总河段的 78.57%，其次为生物多样性保护低功能，占区域总河段的 19.05%，再次为生物多样性保护高功能，占区域总河段的 2.38%；珍稀、濒危物种保护低功能比例最高，占区域总河段的 100%；敏感物种保护低功能比例最高，占区域总河段的 100%；种质资源保护低功能比例最高，占区域总河段的 100%；水生物产卵索饵越冬低功能比例最高，占区域总河段的 90.48%，其次为水生物产卵索饵越冬中功能，占区域总河段的 9.52%；鱼类洄游通道高功能比例最高，占区域总河段的 97.62%，其次为鱼类洄游通道中功能，占区域总河段的 2.38%；湖滨带生态生境维持高功能比例最高，占区域总河段的 100%；涉水重要保护与服务中功能比例最高，占区域总河段的 100%；调节与循环高功能比例最高，占区域总河段的 50%，其次为调节与循环中功能，占区域总河段的 50%。

该区主导水生态功能为湖滨带生态生境维持、鱼类洄游通道和调节与循环等功能，它们的高功能河段分别占总河段的 100%、97.62% 和 50%。

6.3.8.5　水生态保护目标

该区鱼类现阶段优势种多为耐受性物种，仅有鲤科鱼类五种，水体污染程度严重。本区多为城市河流，由于周边人口多，对河道的压力大，应提高城市污水的处理能力，降低排入河道污水的氮磷含量，增加河道水体的流动性，构建人工湿地，提高水体自净能力。对于农田区河流，应加强对农业生态系统的管理，提高农业种植水平，治理农业面源污染，削减氮磷排入河流，改善河流水质，营造更多物种适宜的水质。

现阶段底栖动物优势种多为耐污种，水体污染程度严重。调查中发现有日本沼虾，对水体富营养化较为敏感。另发现蜻蜓目 4 种、双壳纲湖球蚬和无齿蚌，均对水质要求较高。该区多为城市河流，由于周边人口多，对河道的压力大，为保护以上物种，应提高城市污水的处理能力，降低排入河道污水的氮磷含量，增加河道水体的流动性，构建人工湿地，提高水体自净能力。对于农田区河流，应加强对农业生态系统的管理，提高农业种植水平，治理农业面源污染，削减氮磷排入河流，改善河流水质，营造敏感种适宜的水质。

6.3.9　店埠河平原农田型河渠营养物循环与水质净化功能区（LEⅡ~1-3~）

6.3.9.1　位置与分布

该区主要河流有店埠河等。所属二级区为 LEⅡ$_1$（图6-18）。

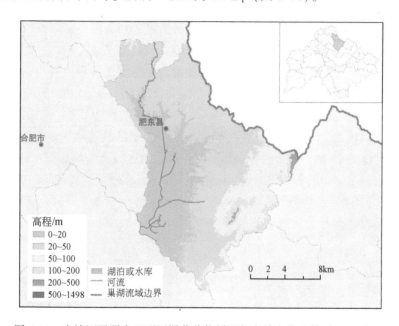

图6-18　店埠河平原农田型河渠营养物循环与水质净化功能区（LEⅡ$_{1-3}$）

6.3.9.2　河流生态系统特征

（1）水体生境特征

该区河段海拔最大值为48.75m，最小值为0m，平均值为10.11m；河段坡度最大值为3.54°，最小值为1.22°，平均值为1.65°；河段比降最大值为0.42‰，最小值为0‰，平均值为0.16‰；河岸无植被覆盖。该分区水质较差，以劣Ⅴ类为主，4个监测点中2个为Ⅳ类，2个为劣Ⅴ类，劣Ⅴ类所占比例为50%。

（2）水生生物特征

该区共鉴定出浮游植物46种，总密度和总生物量分别为2.68×10⁶个/L和5.66mg/L。密度优势种主要为啮蚀隐藻、具钙葡萄藻和衣藻，密度分别为1.25×10⁶个/L、7.94×10⁵个/L 和5.34×10⁵个/L，密度优势种为中等耐污指示种，表明水体存在一定程度污染。生物量优势种为艾伦桥弯藻、尖尾裸藻和斯潘塞布纹藻，生物量分别为4.42mg/L、3.71mg/L 和2.37mg/L。Margalef 丰富度指数为0.96，Simpson 优势度指数为0.15，Shannon-Wiener

多样性指数为 2.24，Pielou 均匀度指数为 0.84，表明该类型区浮游植物多样性较高。

该区共鉴定出着生硅藻 24 种，总密度和总生物量分别为 $3.08×10^4$ 个$/cm^2$ 和 0.07 mg$/cm^2$。密度优势种主要为极细微曲壳藻、比索曲壳藻和爆裂针杆藻，密度分别为 $2.58×10^4$ 个$/cm^2$、$7.39×10^3$ 个$/cm^2$ 和 $6.16×10^3$ 个$/cm^2$，密度优势种主要为耐污指示种，表明水体富营养化程度较高。生物量优势种为紫心辐节藻、斯潘塞布纹藻和两尖辐节藻，生物量分别为 0.07mg$/cm^2$、0.07mg$/cm^2$ 和 0.02mg$/cm^2$。Margalef 丰富度指数为 0.83，Simpson 优势度指数为 0.26，Shannon-Wiener 多样性指数为 1.76，Pielou 均匀度指数为 0.79，表明该类型区着生硅藻多样性不高。

该区共鉴定出底栖动物 20 种，总密度和总生物量分别为 381 个$/m^2$ 和 208.74 g$/m^2$。密度优势种主要为长角涵螺、铜锈环棱螺、黄色羽摇蚊、椭圆萝卜螺、纹沼螺，密度分别为 151.7 个$/m^2$、142.9 个$/m^2$、28.1 个$/m^2$、25.3 个$/m^2$、17.4 个$/m^2$，优势种多为中等耐污水平，表明水质处于中等水平，受到一定污染。生物量优势种主要为铜锈环棱螺、长角涵螺、椭圆萝卜螺、纹沼螺，生物量分别为 178.65g$/m^2$、19.35g$/m^2$、4.10g$/m^2$、3.37g$/m^2$。Margalef 丰富度指数为 1.79，Simpson 优势度指数为 0.54，Shannon-Wiener 多样性指数为 1.10，Pielou 均匀度指数为 0.64，表明该类型区底栖动物多样性偏低。

该区采集到鱼类 49 尾，计 4 种，隶属 1 目 1 科；该区仅有鲤科鱼类 4 种，鲤、鲫、䱗（*Hemiculter leucisculus*）、红鳍原鲌（*Cultrichthys erythropterus*）。Margalef 丰富度指数为 0.77，Simpson 优势度指数为 0.56，Shannon-Wiener 多样性指数为 1.48，Pielou 均匀度指数为 0.74，该区群落多样性较低。

6.3.9.3 陆地特征

（1）地貌特征

该区地貌类型主要为平原。东部地势较高，最高高程为 415m，较平缓，平均高程为 37.8m。

（2）植被和土壤特征

该区植被覆被条件较好，主要为农业作物，林地覆盖面积较小。其中，水田作物 110.89km^2，旱地作物 234.27 km^2，有林地 11.64 km^2，灌木林地 4.63 km^2，疏林地 2.35 km^2。农作物覆盖区总面积为 345.16 km^2，占该区总面积的 76.5%；林地覆盖区总面积为 18.63 km^2，占该区总面积的 4.1%；农作物和林地覆盖区占该区总面积的 80.6%。

该区土壤类型涵盖 9 个亚类，即水稻土、黄棕壤、黏盘黄褐土、潜育水稻土、黄褐土、粗骨土、黑色石灰土、漂洗水稻土、石灰（岩）土。面积最大的土壤类型为水稻土，占 77.7%；其次为黄棕壤，占 5.9%；再次为黏盘黄褐土，占 4.0%。

（3）土地利用

该区耕地面积为 327.98km^2，占区域总面积的 72.71%；林地面积为 16.05km^2，占区域总面积的 3.56%；草地面积为 9.79km^2，占区域总面积的 2.17%；水域面积为 6.2km^2，占区域总面积的 1.37%；建设用地面积为 88.22km^2，占区域总面积的 19.56%；未利用地面积为 2.82km^2，占区域总面积的 0.63%。

6.3.9.4 水生态功能

该区共有 30 条河段，其中生物多样性保护中功能比例最高，占区域总河段的 66.67%，其次为生物多样性保护低功能，占区域总河段的 26.67%，再次为生物多样性保护高功能，占区域总河段的 6.66%；珍稀、濒危物种保护低功能比例最高，占区域总河段的 100%；敏感物种保护低功能比例最高，占区域总河段的 100%；种质资源保护低功能比例最高，占区域总河段的 100%；水生物产卵索饵越冬低功能比例最高，占区域总河段的 100%；鱼类洄游通道高功能比例最高，占区域总河段的 83.34%，其次为鱼类洄游通道中功能，占区域总河段的 13.33%，鱼类洄游通道低功能，占区域总河段的 3.33%；湖滨带生态生境维持中功能比例最高，占区域总河段的 73.33%，其次为湖滨带生态生境维持高功能，占区域总河段的 26.67%；涉水重要保护与服务中功能比例最高，占区域总河段的 100%；调节与循环高功能比例最高，占区域总河段的 56.67%，其次为调节与循环中功能，占区域总河段的 43.33%。

该区主导水生态功能为鱼类洄游通道和调节与循环功能，它们的高功能河段均占总河段的 83.33% 和 56.67%。

6.3.9.5 水生态保护目标

该区调查发现仅有鲤科鱼 4 种，其他对水质环境有较高环境要求的鱼类物种均不适宜生存于重富营养水体。调查发现较为敏感的底栖动物物种有日本沼虾、细螺属、红螺属、无齿蚌，现阶段密度较低，均不适宜生存于重富营养水体。

6.3.10 董大水库城市森林型水库水资源调控与水质净化功能区 (LE II$_{1-4}$)

6.3.10.1 位置与分布

该区主要河流有南淝河等。所属二级区为 LE II$_1$（图 6-19）。

6.3.10.2 河流生态系统特征

（1）水体生境特征

该区河段海拔最大值为 49.27m，最小值为 6m，平均值为 17.7m；河段坡度最大值为 2.32°，最小值为 1.17°，平均值为 1.63°；河段比降最大值为 6.51‰，最小值为 0‰，平均值为 0.26‰；河岸无植被覆盖。水库主要有董铺水库、大房郢水库。该区水质差，以劣 V 类为主，7 个监测点中 1 个为 III 类，6 个为劣 V 类。劣 V 类所占比例为 85.7%。

（2）水生生物特征

该区共鉴定出浮游植物 52 种，总密度和总生物量分别为 2.40×10^6 个/L 和 3.80 mg/L。密度优势种主要为衣藻、具尾蓝隐藻和尖尾蓝隐藻，密度分别为 1.84×10^6 个/L、1.22×10^6 个/L 和 1.06×10^6 个/L，密度优势种为中等耐污指示种，表明水体存在一定程度污染。生

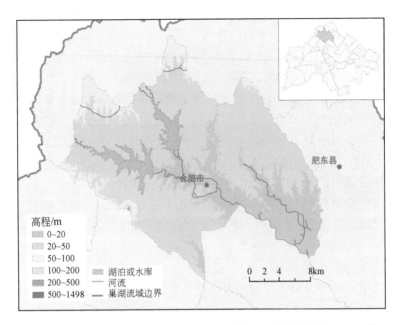

图 6-19　董大水库城市森林型水库水资源调控与水质净化功能区（LEⅡ₁₋₄）

物量优势种为艾伦桥弯藻、斯潘塞布纹藻和卵形隐藻，生物量分别为 4.42mg/L、2.37mg/L 和 1.92mg/L。Margalef 丰富度指数为 0.77，Simpson 优势度指数为 0.22，Shannon-Wiener 多样性指数为 1.93，Pielou 均匀度指数为 0.81，表明该类型区浮游植物多样性较高。

该区共鉴定出着生硅藻 42 种，总密度和总生物量分别为 $1.18×10^5$ 个/cm² 和 0.70 mg/cm²。密度优势种主要为紫心辐节藻、肘状针杆藻和肘状针杆藻尖喙变种，密度分别为 $3.58×10^4$ 个/cm²、$2.69×10^4$ 个/cm² 和 $2.58×10^4$ 个/cm²，密度优势种为偏清洁指示种，表明水体污染程度较轻。生物量优势种为紫心辐节藻、放射舟型藻和近缘桥弯藻，生物量分别为 0.45mg/cm²、0.36mg/cm² 和 0.26mg/cm²。Margalef 丰富度指数为 1.28，Simpson 优势度指数为 0.29，Shannon-Wiener 多样性指数为 1.90，Pielou 均匀度指数为 0.70，表明该类型区着生硅藻多样性较高。

该区共鉴定出底栖动物 17 种，总密度和总生物量分别为 30394 个/m² 和 74.65 g/m²。密度优势种主要为霍甫水丝蚓、苏氏尾鳃蚓、黄色羽摇蚊、尖口圆扁螺，密度分别为 28 696 个/m²、1122 个/m²、343 个/m²、215 个/m²，耐污种霍甫水丝蚓在城市河道密度极高，表明水体污染程度严重。生物量优势种主要为霍甫水丝蚓、苏氏尾鳃蚓、尖口圆扁螺、铜锈环棱螺，生物量分别为 46.08g/m²、15.00g/m²、7.56g/m²、4.56g/m²。Margalef 丰富度指数为 0.66，Simpson 优势度指数为 0.25，Shannon-Wiener 多样性指数为 0.50，Pielou 均匀度指数为 0.32，表明该区底栖动物多样性低。

该区采集鱼类共 96 尾，计 11 种，隶属 2 目 5 科；其中，鲤科鱼类 6 种，占全部物种数的 60%。总体上，鲤（*Cyprinus carpio*）、鲫（*Carassius auratus*）、鳘（*Hemiculter leucisculus*）、红鳍原鲌（*Cultrichthys erythropterus*）、吻虾虎鱼（*Ctenogobius* spp.）、泥鳅

（*Misgurnus anguillicaudatus*）的出现频率均大于 40%，且重要值指数也均大于 100%，属常见种及优势种。Margalef 丰富度指数为 2.19，Simpson 优势度指数为 0.57，Shannon-Wiener 多样性指数为 1.97，Pielou 均匀度指数为 0.57，鱼类群落多样性较低。

6.3.10.3　陆地特征

（1）地貌特征

该区地貌类型主要为平原。西部和北部地势较高，最高高程为 273m，中部及西部地势较平缓，平均高程为 31.3m。

（2）植被和土壤特征

该区植被覆被条件较差，主要为建设用地。其中，水田作物为 107.98km²，旱地作物为 60.15 km²，有林地为 32.79 km²，其他林地为 0.44 km²。农作物覆盖区总面积为 168.13km²，占该区总面积的 31.1%；林地覆盖区总面积为 32.79 km²，占该区总面积的 6.1%；农作物和林地覆盖区占该区总面积的 37.2%。

该区土壤类型涵盖 4 个亚类，即水稻土、黄褐土、淹育水稻土、漂洗水稻土。面积最大的土壤类型为水稻土，占 45.3%；其次为黄褐土，占 36.5%；再次为潜育水稻土，占 8.0%；接着为漂洗水稻土，占 3.6%，其他为水域和城区。

（3）土地利用

该区耕地面积为 197.94km²，占区域总面积的 36.64%；林地面积为 4.74km²，占区域总面积的 0.88%；水域面积为 32.79km²，占区域总面积的 6.07%；建设用地面积为 303.16km²，占区域总面积的 56.12%；未利用地面积为 1.57km²，占区域总面积的 0.29%。

6.3.10.4　水生态功能

该区共有 53 条河段，其中生物多样性保护低功能比例最高，占区域总河段的 54.72%，其次为生物多样性保护中功能，占区域总河段的 35.85%，再次为生物多样性保护高功能，占区域总河段的 9.43%；珍稀、濒危物种保护低功能比例最高，占区域总河段的 100%；敏感物种保护低功能比例最高，占区域总河段的 100%；种质资源保护低功能比例最高，占区域总河段的 100%；水生物产卵索饵越冬低功能比例最高，占区域总河段的 100%；鱼类洄游通道高功能比例最高，占区域总河段的 77.36%，其次为鱼类洄游通道低功能，占区域总河段的 22.64%；湖滨带生态生境维持中功能比例最高，占区域总河段的 79.25%，其次为湖滨带生态生境维持高功能，占区域总河段的 20.75%；涉水重要保护与服务中功能比例最高，占区域总河段的 100%；调节与循环中功能比例最高，占区域总河段的 54.72%，其次为调节与循环高功能，占区域总河段的 45.28%。

该区主导水生态功能为鱼类洄游通道等功能，它的高功能河段占区域总河段的 77.36%。

6.3.10.5　水生态保护目标

该区内现阶段保护种主要有吻虾虎鱼（*Ctenogobius* spp.），其属该区优势种，主要生活于温带和热带地区，属于洄游性鱼类，该区污染严重，其抗病虫能力超强，喜食水生昆虫或底栖性小鱼以及鱼卵。

该区底栖动物空间差异较大，水库上游底栖动物多样性较高，出现较为敏感的种类，如日本沼虾、锯齿新米虾、中国尖崎蚌、大脐圆扁螺等种类。而对于下游城市缓流区，由于污染严重，底栖动物单一，耐污种占据绝对优势，仅发现少数中等耐污种，且密度极低。

6.3.11 董大水库城市森林型水库水资源调控与水质净化功能区（LEⅡ$_{1\text{-}5}$）

6.3.11.1 位置与分布

该区主要河流有派河、潜南干渠等。所属二级区为 LEⅡ$_1$（图 6-20）。

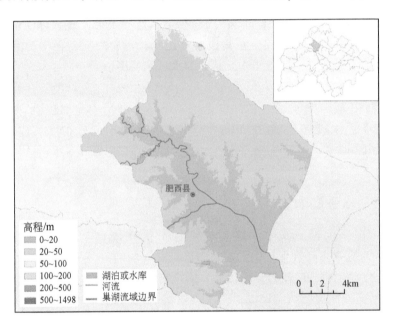

图 6-20 派河城市农田型河渠水质净化与营养物循环功能区（LEⅡ$_{1\text{-}5}$）

6.3.11.2 河流生态系统特征

（1）水体生境特征

该区河段海拔最大值为 39.91m，最小值为 9.24m，平均值为 16.32m；河段坡度最大值为 2.11°，最小值为 1.2°，平均值为 1.47°；河段比降最大值为 0.5‰，最小值为 0‰，平均值为 0.11‰；河岸无植被覆盖。该分区水质较差，以劣 V 类为主，5 个监测点中 2 个为 Ⅳ 类，3 个为劣 V 类。劣 V 类所占比例为 60%。

（2）水生生物特征

该区共鉴定出浮游植物 43 种，总密度和总生物量分别为 4.10×10⁶个/L 和 6.33 mg/L。密度优势种主要为苍白微囊藻、铜绿微囊藻和尖细栅藻及变种，密度分别为 9.42×10⁶个/L、8.92×10⁵个/L 和 6.69×10⁵个/L，密度优势种主要为耐污指示种，表明水体存在较大程度污染。生物量优势种为艾伦桥弯藻、圆形扁裸藻和斯潘塞布纹藻，生物量分别为 13.07mg/L、6.86mg/L 和 2.63mg/L。Margalef 丰富度指数为 0.75，Simpson 优势度指数为 0.25，Shannon-Wiener 多样性指数为 1.75，Pielou 均匀度指数为 0.78，表明该类型区浮游植物多样性不高。

该区共鉴定出着生硅藻 42 种，总密度和总生物量分别 8.24×10⁴个/cm² 和 0.79 mg/cm²。密度优势种主要为两尖辐节藻、尖辐节藻和近棒形异极藻尖细变种，密度分别为 4.76×10⁴个/cm²、1.73×10⁴个/cm² 和 9.28×10³个/cm²，密度优势种为偏中等耐污指示种，表明水体存在一定程度污染。生物量优势种为两尖辐节藻、粗糙桥弯藻和尖辐节藻，生物量分别为 0.60mg/cm²、0.53mg/cm² 和 0.18mg/cm²。Margalef 丰富度指数为 1.59，Simpson 优势度指数为 0.16，Shannon-Wiener 多样性指数为 2.31，Pielou 均匀度指数为 0.83，表明该类型区着生硅藻多样性较高。

该区共鉴定出底栖动物 21 种，总密度和总生物量分别为 528 个/m² 和 19.19 g/m²。密度优势种主要为霍甫水丝蚓、林间环足摇蚊、黄色羽摇蚊、尖口圆扁螺，密度分别为 244.9 个/m²、158.9 个/m²、59.0 个/m²、42.4 个/m²，优势种多为耐污种，表明水体富营养化程度较为严重。生物量优势种主要为铜锈环棱螺，生物量为 16.31 g/m²。Margalef 丰富度指数为 1.36，Simpson 优势度指数为 0.41，Shannon-Wiener 多样性指数为 0.87，Pielou 均匀度指数为 0.45，表明该区底栖动物多样性较低。

该区采集鱼类共 188 尾，计 12 种，隶属 2 目 5 科；其中，鲤科鱼类 9 种，占全部物种数的 69.23%。总体上，鲫（*Carassius auratus*）、鰲（*Hemiculter leucisculus*）、麦穗鱼（*Pseudorasbora parva*）、斑条鱊（*Acheilognathus taenianalis*）、泥鳅（*Misgurnus anguillicaudatus*）、高体鳑鲏（*Rhodeus ocellatus*）的出现频率均大于 40%，且重要值指数也均大于 100%，属常见种及优势种。Margalef 丰富度指数为 2.10，Simpson 优势度指数为 0.70，Shannon-Wiener 多样性指数为 2.22，Pielou 均匀度指数为 0.62，鱼类群落多样性较高。

6.3.11.3　陆地特征

（1）地貌特征

该区地貌类型主要为平原。北部地势较高，最高高程为 271m，其他部分地势较平缓，平均高程为 25.3m。

（2）植被和土壤特征

该区植被覆被条件较好，主要为农业用地，有少量的林地覆盖。其中，水田作物为 134.14km²，旱地作物为 3.78 km²，有林地为 1.84 km²，高覆盖度草地为 0.04 km。农作物覆盖区总面积为 137.92 km²，占该区总面积的 55.0%；林地覆盖区总面积为 1.84 km²，占该区总面积的 0.7%；农作物和林地覆盖区占该区总面积的 55.7%，草地所占比例为 0.01%。

该区土壤类型涵盖 4 个亚类，即水稻土、漂洗水稻土、黄褐土、暗黄棕壤。面积最大的土壤类型为水稻土，占 67.8%；其次为漂洗水稻土，占 21.7%；再次为黄褐土，占 8.9%；接着为暗黄棕壤，占 1.6%。

（3）土地利用

该区耕地面积为 119.2km²，占区域总面积的 47.49%；林地面积为 1.41km²，占区域总面积的 0.56%；水域面积为 2.14km²，占区域总面积的 0.85%；建设用地面积为 128.26km²，占区域总面积的 51.1%。

6.3.11.4 水生态功能

该区共有 15 条河段，其中生物多样性保护中功能比例最高，占区域总河段的 73.33%，其次为生物多样性保护低功能，占区域总河段的 20%，再次为生物多样性保护高功能，占区域总河段的 6.67%；珍稀、濒危物种保护低功能比例最高，占区域总河段的 100%；敏感物种保护低功能比例最高，占区域总河段的 80%，其次为敏感物种保护中功能，占区域总河段的 20%；种质资源保护低功能比例最高，占区域总河段的 100%；水生物产卵索饵越冬低功能比例最高，占区域总河段的 100%；鱼类洄游通道高功能比例最高，占区域总河段的 53.33%，其次为鱼类洄游通道中功能，占区域总河段的 46.67%；湖滨带生态生境维持中功能比例最高，占区域总河段的 93.33%，其次为湖滨带生态生境维持高功能，占区域总河段的 6.67%；涉水重要保护与服务中功能比例最高，占区域总河段的 100%；调节与循环高功能比例最高，占区域总河段的 53.33%，其次为调节与循环中功能，占区域总河段的 46.67%。

该区主导水生态功能为调节与循环和鱼类洄游通道等功能，它们的高功能河段均占区域总河段的 53.33%。

6.3.11.5 水生态保护目标

该区河流受城市较大，鱼类、底栖动物多为耐受性物种，表明水体富营养严重。调查中发现细蟌属、红蟌属、弓蜓属、中国尖嵧蟌，对富营养化较为敏感。

6.3.12 裕溪河平原农田型河渠水质净化与生物多样性维持区（LE II₂₋₁）

6.3.12.1 位置与分布

该区主要河流有清溪河、裕溪河、林头河等，所属二级区为 LE II₂（图 6-21）。

6.3.12.2 河流生态系统特征

（1）水体生境特征

该区河段海拔最大值为 6.19m，最小值为 6.19m，平均值为 6.19m；河段坡度最大值为 8.83°，最小值为 8.83°，平均值为 8.83°；河岸无植被覆盖。水库主要有下汤水库、和

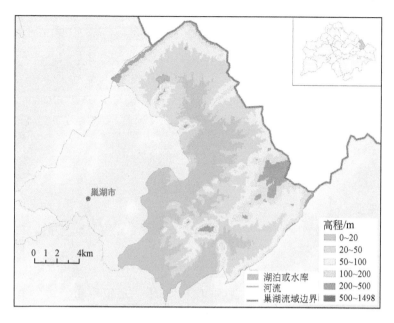

图 6-21　裕溪河平原农田型河渠水质净化与生物多样性维持区（LEⅡ$_{2-1}$）

平水库等。该分区水质较差，水质以Ⅳ类为主。3 个监测点中 1 个为Ⅲ类，2 个为Ⅳ类。

（2）水生生物特征

该区共鉴定出浮游植物 34 种，总密度和总生物量分别为 1.23×10^{6}个/L 和 2.54 mg/L。密度优势种主要为具钙葡萄藻、浮球藻和球刺栅藻，密度分别为 5.96×10^{5}个/L、3.02×10^{5}个/L 和 3.02×10^{5}个/L，密度优势种为中等耐污指示种，表明水体存在一定程度污染。生物量优势种为艾伦桥弯藻、放射舟型藻和卵形硅藻，生物量分别为 4.42 mg/L、0.81 mg/L 和 0.64 mg/L。Margalef 丰富度指数为 0.85，Simpson 优势度指数为 0.18，Shannon-Wiener 多样性指数为 2.07，Pielou 均匀度指数为 0.82，表明该类型区浮游植物多样性较高。

该区共鉴定出着生硅藻 30 种，总密度和总生物量分别为 5.74×10^{4}个/cm^2 和 0.25 mg/cm^2。密度优势种主要为两尖辐节藻、极细微曲壳藻和小型异极藻及变种，密度分别为 1.46×10^{4}个/cm^2、1.39×10^{4}个/cm^2 和 9.10×10^{3}个/cm^2，密度优势种为中等耐污指示种，表明水体存在一定程度污染。生物量优势种为两尖辐节藻、放射舟型藻和斯潘塞布纹藻，生物量分别为 0.18 mg/cm^2、0.18 mg/cm^2 和 0.09 mg/cm^2。Margalef 丰富度指数为 1.12，Simpson 优势度指数为 0.13，Shannon-Wiener 多样性指数为 2.31，Pielou 均匀度指数为 0.91，表明该类型区着生硅藻多样性较高。

该区共鉴定出底栖动物 23 种，总密度和总生物量分别为 73 个/m^2 和 39.53 g/m^2。密度优势种主要为尾鳃属、红鳃属、铜锈环棱螺、椭圆萝卜螺、纹沼螺，密度分别为 13.3 个/m^2、7.8 个/m^2、6.8 个/m^2、5.6 个/m^2、5.6 个/m^2，优势种有 2 种蜻蜓目幼虫，表明水体受到人为干扰较小，环境状况较好。生物量优势种主要为铜锈环棱螺、椭圆背角无齿蚌，生物量分别为 23.68 g/m^2、11.10 g/m^2。Margalef 丰富度指数为 2.42，Simpson 优势度指数为 0.82，Shannon-Wiener 多样性指数为 2.00，Pielou 均匀度指数为 0.84，表明该区底栖动物多样性相对较高。

该区共采集鱼类 35 尾, 计 6 种, 分别是鲤 (*Cyprinus carpio*)、鲫 (*Carassius auratus*)、乌鳢 (*Channa argus*)、中华沙塘鳢 (*Odontobutis sinensis*)、麦穗鱼 (*Pseudorasbora parva*)、棒花鱼 (*Abbottina rivularis*), 隶属 1 目 3 科; 其中鲤科鱼类 4 种, 占全部物种数的 66.67%; 塘鳢科 1 种, 鳢科 1 种。Margalef 丰富度指数为 1.41, Simpson 优势度指数为 0.51, Shannon-Wiener 多样性指数为 1.52, Pielou 均匀度指数为 0.59, 该区鱼类多样性较低。

6.3.12.3 陆地特征

(1) 地貌特征

该区地貌类型主要为平原。北部地势较高, 最高高程为 271m, 其他部分地势较平缓, 平均高程为 25.3m。

(2) 植被和土壤特征

该区植被覆被条件较好, 主要为农业用地。其中, 水田作物为 33.52km², 旱地作物为 99.81 km², 有林地为 87.32 km², 灌木林地为 3.02 km²。农作物覆盖区总面积为 133.33 km², 占该区总面积的 55.1%; 林地覆盖区总面积为 90.35 km², 占该区总面积的 37.4%; 农作物和林地覆盖区占该区总面积的 92.5%。

该区土壤类型涵盖 7 个亚类, 即水稻土、黄褐土、黄棕壤、漂洗水稻土、黏盘黄褐土、潜育黄褐土、石灰 (岩) 土。面积最大的土壤类型为水稻土, 占 41.9%; 其次为黄褐土, 占 24.2%; 再次为黄棕壤, 占 16.9%。

(3) 土地利用

该区耕地面积为 138.19km², 占区域总面积的 57.27%; 林地面积为 63.88km², 占区域总面积的 26.47%; 草地面积为 18.43km², 占区域总面积的 7.64%; 水域面积为 2.49km², 占区域总面积的 1.03%; 建设用地面积为 18.32km², 占区域总面积的 7.59%。

6.3.12.4 水生态功能

该区主导水生态功能为珍稀、濒危物种保护、水生物产卵索饵越冬、鱼类洄游通道、湖滨带生态生境维持和调节与循环, 它们的高功能河段均占区域总河段的 100%。

6.3.12.5 水生态保护目标

该区鱼类保护种为中华沙塘鳢 (*Odontobutis sinensis*)。中华沙塘鳢为淡水小型底层鱼类, 生活于湖泊、江河和河沟的底部, 喜栖息于杂草和碎石相混杂的浅水区。行动缓慢, 游泳力较弱。摄食小鱼、小虾、水蚯蚓、摇蚊幼虫、水生昆虫和甲壳类。

该区底栖动物优势种尾蟌属和红蟌属对水质要求较高, 喜栖息于水草丰富的生境, 纹沼螺则为中等耐污种, 喜附着在水生植物叶片、根部和茎部上。此外, 调查还发现日本沼虾、锯齿新米虾、瘦蟌属、红蟌属、红小蜻属等蜻蜓目幼虫, 其均对水质要求相对较高。

6.3.13 双桥河城市农田型河渠水质净化与营养物循环功能区（LEⅡ$_{2\text{-}2}$）

6.3.13.1 位置与分布

该区主要河流有双桥河等。所属二级区为 LEⅡ$_2$（图6-22）。

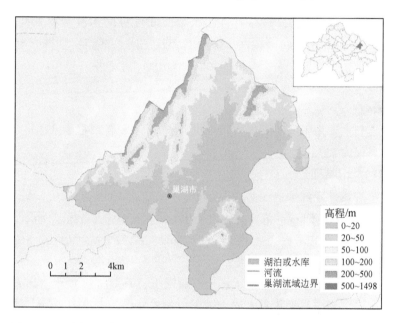

图6-22 双桥河城市农田型河渠水质净化与营养物循环功能区（LEⅡ$_{2\text{-}2}$）

6.3.13.2 河流生态系统特征

（1）水体生境特征

该区河段海拔最大值为31.29m，最小值为0m，平均值为9.92m；河段坡度最大值为7.76°，最小值为1.19°，平均值为2.57°；河段比降最大值为2.72‰，最小值为0‰，平均值为0.21‰；河岸无植被覆盖。该分区1个监测点的水质为Ⅳ类。

（2）水生生物特征

该区共鉴定出浮游植物34种，总密度和总生物量分别为1.23×10^6个/L 和2.54 mg/L。密度优势种主要为具钙葡萄藻、浮球藻和球刺栅藻，密度分别为5.96×10^5个/L、3.02×10^5个/L 和3.02×10^5个/L，密度优势种为中等耐污指示种，表明水体存在一定程度污染。生物量优势种为艾伦桥弯藻、放射舟型藻和卵形硅藻，生物量分别为4.42mg/L、0.81mg/L 和0.64mg/L。Margalef 丰富度指数为0.85，Simpson 优势度指数为0.18，Shannon-Wiener 多样性指数为2.07，Pielou 均匀度指数为0.82，表明该类型区浮游植物多样性较高。

该区共鉴定出着生硅藻30种，总密度和总生物量分别为5.74×10^4个/cm^2 和0.25 mg/

cm²。密度优势种主要为两尖辐节藻、极细微曲壳藻和小型异极藻及变种，密度分别为 1.46×10^4 个/cm²、1.39×10^4 个/cm² 和 9.10×10^3 个/cm²，密度优势种为中等耐污指示种，表明水体存在一定程度污染。生物量优势种为两尖辐节藻、放射舟型藻和斯潘塞布纹藻，生物量分别为 0.18mg/cm²、0.18mg/cm² 和 0.09mg/cm²。Margalef 丰富度指数为 1.12，Simpson 优势度指数为 0.13，Shannon-Wiener 多样性指数为 2.31，Pielou 均匀度指数为 0.91，表明该类型区着生硅藻多样性较高。

该区共鉴定底栖动物 15 种，其中密度最高的是铜锈环棱螺，为 8.1 个/m²；生物量最大的是椭圆背角无齿蚌，为 33.3g/m³。该区 Simpson 优势度指数为 0.763，Pielou 均匀度指数为 0.721，Shannon-Wiener 多样性指数为 1.952，Margalef 丰富度种类丰富度为 3.120。

6.3.13.3　陆地特征

（1）地貌特征

该区地貌类型主要为平原和丘陵。北部地势较高，最高高程为 371m，其他部分地势较平缓，平均高程为 45.3m。

（2）植被和土壤特征

该区植被覆被条件较好，主要为农业用地。其中，水田作物为 10.57km²，旱地作物为 39.66 km²，有林地为 29.74 km²，灌木林地为 4.18 km²。农作物覆盖区总面积为 50.23 km²，占该区总面积的 41.2%；林地覆盖区总面积为 33.92 km²，占该区总面积的 27.8%；农作物和林地覆盖区占该区总面积的 69.0%。

该区土壤类型涵盖 7 个亚类，即水稻土、黄褐土、石灰（岩）土、潜育水稻土、黄棕壤、粗骨土、漂洗水稻土。面积最大的土壤类型为水稻土，占 40.1%；其次为黄褐土，占 33.1%；再次为石灰（岩）土，占 13.7%；接着为潜育水稻土，占 12.3%。

（3）土地利用

该区耕地面积为 47.58km²，占区域总面积的 38.99%；林地面积为 19.63km²，占区域总面积的 16.09%；草地面积为 16.58km²，占区域总面积的 13.59%；水域面积为 0.37km²，占区域总面积的 0.3%；建设用地面积为 37.87km²，占区域总面积的 31.03%。

6.3.13.4　水生态功能

该区主导水生态功能为珍稀、濒危物种保护、水生物产卵索饵越冬、鱼类洄游通道、湖滨带生态生境维持和调节与循环，它们的高功能河段均占区域总河段的 100%。

6.3.13.5　水生态保护目标

该区地栖动物优势种尾螅属和红螅属对水质要求较高，喜栖息于水草丰富的生境，纹沼螺则为中等耐污种，喜附着在水生植物叶片、根部和茎部上。此外，调查还发现日本沼虾、锯齿新米虾、瘦螅属、红螅属、红小蜻属等蜻蜓目幼虫，其均对水质要求相对较高。应保护和修复河流湿地，提高其对河流水质的缓冲和净化能力，并增加栖息地多样性。

6.3.14　双柘皋河下游平原农田型河渠水质净化与营养物循环功能区（LEⅡ₂₋₃）

6.3.14.1　位置与分布

该区主要河流有柘皋河、夏阁河、炯炀河、鸡浴河、荆塘河等，所属二级区为 LEⅡ₂（图 6-23）。

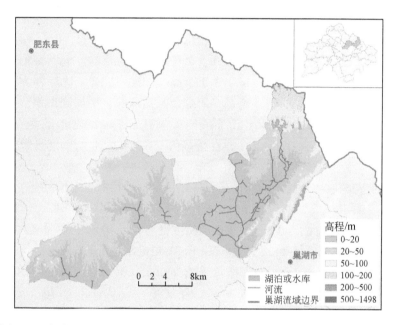

图 6-23　柘皋河下游平原农田型河渠水质净化与营养物循环功能区（LEⅡ₂₋₃）

6.3.14.2　河流生态系统特征

（1）水体生境特征

该区河段海拔最大值为 13.5m，最小值为 0m，平均值为 10.3m；河段坡度最大值为 3.81°，最小值为 1.41°，平均值为 1.86°；河段比降最大值为 0.39‰，最小值为 0‰，平均值为 0.16‰；河岸植被覆盖度为 0.75%。该区水质较好，7 个监测点中 6 个为Ⅲ类水质，1 个为劣Ⅴ类，Ⅲ类水的比例为 85.7%。

（2）水生生物特征

该区共鉴定出浮游植物 50 种，总密度和总生物量分别为 1.59×10^6 个/L 和 1.52mg/L。密度优势种主要为水华微囊藻、水华鱼腥藻和尖尾蓝隐藻，密度分别为 2.22×10^6 个/L、1.22×10^6 个/L 和 1.02×10^6 个/L，密度优势种主要为耐污指示种，表明水体富营养化程度较为严重。生物量优势种为圆形扁裸藻、近膨胀鼓藻和紫心辐节藻，生物量分别为 1.67mg/L、1.19mg/L 和 0.75mg/L。Margalef 丰富度指数为 0.65，Simpson 优势度指数为

0.33，Shannon-Wiener 多样性指数为 1.58，Pielou 均匀度指数为 0.72，表明该类型区浮游植物多样性不高。

该区共鉴定出着生硅藻 67 种，总密度和总生物量分别为 $1.20×10^5$ 个/cm^2 和 0.78 mg/cm^2。密度优势种主要为颗粒直链藻极狭变种、披针形曲壳藻和海德曲壳藻，密度分别为 $2.59×10^4$ 个/cm^2、$2.48×10^4$ 个/cm^2 和 $2.15×10^4$ 个/cm^2，密度优势种为中等耐污指示种，表明水体存在一定程度污染。生物量优势种为粗壮双菱藻、胀大桥弯藻委内瑞拉变种和胡斯特桥弯藻，生物量分别为 2.49mg/cm^2、0.72mg/cm^2 和 0.36mg/cm^2。Margalef 丰富度指数为 1.30，Simpson 优势度指数为 0.16，Shannon-Wiener 多样性指数为 2.28，Pielou 均匀度指数为 0.91，表明该类型区着生硅藻多样性较高。

该区共鉴定出底栖动物 40 种，总密度和总生物量分别为 111 个/m^2 和 121.71 g/m^2。密度优势种主要为铜锈环棱螺、锯齿新米虾、负子蝽科、纹沼螺、椭圆萝卜螺，密度分别为 36.6 个/m^2、13.4 个/m^2、9.2 个/m^2、8.3 个/m^2、5.0 个/m^2，优势种为敏感种和中等耐污种。生物量优势种主要为铜锈环棱螺、河蚬、圆顶珠蚌、中国圆田螺，生物量分别为 55.83g/m^2、22.70g/m^2、19.27g/m^2、10.78g/m^2。Margalef 丰富度指数为 2.50，Simpson 优势度指数为 0.75，Shannon-Wiener 多样性指数为 1.82，Pielou 均匀度指数为 0.74，表明该区底栖动物多样性相对较高。

该区采集到鱼类共 201 尾，计 13 种，隶属 2 目 6 科；其中，鲤科鱼类 9 种，占全部物种数的 64.29%。总体上，鲤（*Cyprinuscarpio*）、鲫（*Carassius auratus*）、鳘（*Hemiculter leucisculus*）的出现频率均大于 40%，且重要值指数也均大于 100%，属常见种及优势种。乌鳢（*Channa argus*）、麦穗鱼（*Pseudorasbora parva*）、斑条鱊（*Acheilognathus taenianalis*）、细鳞斜颌鲴（*Xenocypris microlepis*）、棒花鱼（*Abbottina rivularis*）、圆尾斗鱼（*Macropodus chinensis*）、中华青鳉（*Oryzias latipes sinensis*）、翘嘴鲌（*Erythroculter ilishaeformis*）、食蚊鱼（*Gambusia affinis*）9 种鱼类的出现频率为 10% ~ 40%，属于偶见种。Margalef 丰富度指数为 2.26，Simpson 优势度指数为 0.71，Shannon-Wiener 多样性指数为 2.19，Pielou 均匀度指数为 0.59，鱼类群落多样性较高。

6.3.14.3 陆地特征

（1）地貌特征

该区地貌类型主要为平原和丘陵。该区东北部、西北部和东南部地势较高，最高高程为 391m，其他部分地势较平缓，平均高程为 34.1m。

（2）植被和土壤特征

该区植被覆被条件较好，主要为农业用地。其中，水田作物为 329.14km²，旱地作物为 79.61 km²，有林地为 51.89 km²，灌木林地为 4.00 km²，疏林地为 0.06 km²，高覆盖度草地为 0.10 km²，中覆盖度草地为 0.003 km²。农作物覆盖区总面积为 408.76 km²，占该区总面积的 78.4%；林地覆盖区总面积为 55.95 km²，占该区总面积的 10.7%；农作物和林地覆盖区占该区总面积的 81.1%，草地所占比例为 0.02%。

该区土壤类型涵盖 9 个亚类，即水稻土、黄褐土、石灰（岩）土、黏盘黄褐土、黄棕壤、粗骨土、漂洗水稻土、潜育水稻土、黑色石灰土。面积最大的土壤类型为水稻土，占

56.3%；其次为黄褐土，占19.6%；再次为石灰（岩）土，占6.7%。

（3）土地利用

该区耕地面积为393.41km²，占区域总面积的75.58%；林地面积为22.79km²，占区域总面积的4.38%；草地面积为30.85km²，占区域总面积的5.93%；水域面积为9.66km²，占区域总面积的1.85%；建设用地面积为62.61km²，占区域总面积的12.03%；未利用地面积为1.2km²，占区域总面积的0.23%。

6.3.14.4 水生态功能

该区共有112个河段，其中生物多样性保护中功能比例最高，占区域总河段的87.5%，其次为生物多样性保护低功能，占区域总河段的12.5%；珍稀、濒危物种保护低功能比例最高，占区域总河段的100%；敏感物种保护低功能比例最高，占区域总河段的100%；种质资源保护低功能比例最高，占区域总河段的100%；水生物产卵索饵越冬中功能比例最高，占区域总河段的80.36%，其次为水生物产卵索饵越冬低功能，占区域总河段的19.64%；鱼类洄游通道高功能比例最高，占区域总河段的100%；湖滨带生态生境维持高功能比例最高，占区域总河段的100%；涉水重要保护与服务中功能比例最高，占区域总河段的100%；调节与循环中功能比例最高，占区域总河段的73.21%，其次为调节与循环高功能，占区域总河段的26.79%。

该区主导水生态功能为鱼类洄游通道和湖滨带生态生境维持等功能，它们的高功能河段均占区域总河段的100%。

6.3.14.5 水生态保护目标

该区的保护种为中华青鳉（*Oryzias latipes sinensis*）和翘嘴红鲌（*Erythroculter ilishaeformis*），其自然资源下降，因营养价值高等因素导致人类捕捞力度大，资源量下降。

底栖动物优势种中锯齿新米虾喜集群于水草丛生、水流相对缓慢的近岸水域。此外，调查还发现四节蜉属、细蜷属、尾蜷属、长腹春蜓属、弓蜻属等蜻蜓目幼虫，其均对水质要求相对较高。蚌类有圆顶珠蚌、无齿蚌，不适宜栖息于重富营养水体。

6.3.15 柘皋河上游平原农田型河溪水质净化与营养物循环功能区（LEⅡ₂₋₄）

6.3.15.1 位置与分布

该区主要河流有柘皋河等。所属二级区为LEⅡ₂（图6-24）。

6.3.15.2 河流生态系统特征

（1）水体生境特征

该区河段海拔最大值为8.2m，最小值为3.46m，平均值为5.66m；河段坡度最大值为9.2°，最小值为1.03°，平均值为2.16°；河段比降最大值为1.25‰，最小值为0‰，平均

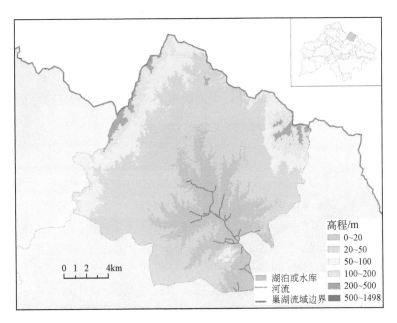

图 6-24　柘皋河上游平原农田型河溪水质净化与营养物循环功能区（LE II$_{2-4}$）

值为 0.1‰；河岸植被覆盖度为 0.63%。该分区水质较差，两个监测点中一个为 IV 类，另一个为劣 V 类。

（2）水生生物特征

该区共鉴定出浮游植物 15 种，总密度和总生物量分别为 $1.09×10^6$ 个/L 和 0.69 mg/L。密度优势种主要为小球藻、颗粒直链藻和网状空星藻，密度分别为 $1.03×10^6$ 个/L、$3.77×10^5$ 个/L 和 $2.01×10^5$ 个/L，密度优势种为中等耐污指示种，表明水体存在一定程度污染。生物量优势种为颗粒直链藻、卵形硅藻和北方羽纹藻，生物量分别为 0.60mg/L、0.13mg/L 和 0.09mg/L。Margalef 丰富度指数为 0.58，Simpson 优势度指数为 0.32，Shannon-Wiener 多样性指数为 1.52，Pielou 均匀度指数为 0.70，表明该类型区浮游植物多样性不高。

该区共鉴定出着生硅藻 26 种，总密度和总生物量分别为 $6.43×10^4$ 个/cm^2 和 0.22 mg/cm^2。密度优势种主要为异极藻、喙头舟形藻和披针形曲壳藻，密度分别为 $2.25×10^4$ 个/cm^2、$8.73×10^3$ 个/cm^2 和 $8.65×10^3$ 个/cm^2，密度优势种为中等耐污指示种，表明水体存在一定程度污染。生物量优势种为两尖辐节藻、扁圆卵形藻和近缘桥弯藻，生物量分别为 0.08mg/cm^2、0.06mg/cm^2 和 0.06mg/cm^2。Margalef 丰富度指数为 1.32，Simpson 优势度指数为 0.14，Shannon-Wiener 多样性指数为 2.31，Pielou 均匀度指数为 0.87，表明该类型区着生硅藻多样性较高。

该区共鉴定出底栖动物 15 种，总密度和总生物量分别为 88 个/m^2 和 68.94 g/m^2。密度优势种主要为铜锈环棱螺、尖口圆扁螺、锯齿新米虾、黄色羽摇蚊、林间环足摇蚊，密度分别为 17.8 个/m^2、17.0 个/m^2、15.6 个/m^2、13.6 个/m^2、8.7 个/m^2，优势种多为中等耐污种，表明水质处于中等水平，受到一定污染。生物量优势种主要为铜锈环棱螺、锯齿新米虾、椭圆萝卜螺，生物量分别为 62.61g/m²、2.26g/m²、1.76g/m²。Margalef 丰富度指数为 2.17，Simpson 优势度指数为 0.72，Shannon-Wiener 多样性指数为 1.69，Pielou均匀度指数为 0.72，表明该区底栖动物多样性处于中等水平。

该区采集到鱼类共 126 尾，计 8 种，隶属 1 目 5 科；其中，鲤科鱼类 4 种，占全部物种数的 50%。该区仅有一个样点，鲫（*Carassius auratus*）、鳘（*Hemiculter leucisculus*）、红鳍原鲌（*Cultrichthys erythropterus*）、黄颡（*Pelteobagrus fulvidraco*）的出现频率均大于40%，且重要值指数也均大于 100%，属常见种及优势种。其 Margalef 丰富度指数为 1.47，Simpson 优势度指数为 0.58，Shannon-Wiener 多样性指数为 1.53，Pielou 均匀度指数为 0.51。

6.3.15.3　陆地特征

（1）地貌特征

该区地貌类型主要为平原和丘陵。该区西北部和东部地势较高，最高高程为 413m，其他部分地势较平缓，平均高程为 45.8m。

（2）植被和土壤特征

该区植被覆被条件较好，主要为农业用地。其中，水田作物为 175.30km²，旱地作物为 62.77km²，有林地为 32.92 km²，灌木林地为 2.86 km²。农作物覆盖区总面积为 238.08 km²，占该区总面积的 78.2%；林地覆盖区总面积为 35.77 km²，占该区总面积的 11.8%；农作物和林地覆盖区占该区总面积的 90.0%。

该区土壤类型涵盖 9 个亚类，即水稻土、黄褐土、石灰（岩）土、黏盘黄褐土、黄棕壤、粗骨土、漂洗水稻土、潜育水稻土、黑色石灰土。面积最大的土壤类型为水稻土，占56.3%；其次为黄褐土，占 19.6%；再次为石灰（岩）土，占 6.7%。

（3）土地利用

该区耕地面积为 211.52km²，占区域总面积的 69.49%；林地面积为 40.16km²，占区域总面积的 13.19%；草地面积为 12.99km²，占区域总面积的 4.27%；水域面积为2.26km²，占区域总面积的 0.74%；建设用地面积为 34.98km²，占区域总面积的 11.49%；未利用地面积为 2.48km²，占区域总面积的 0.82%。

6.3.15.4　水生态功能

该区共有 38 条河段，其中生物多样性保护中功能比例最高，占区域总河段的78.95%，其次为生物多样性保护低功能，占区域总河段的 21.05%；珍稀、濒危物种保护低功能比例最高，占区域总河段的 100%；敏感物种保护低功能比例最高，占区域总河段的 100%；种质资源保护低功能比例最高，占区域总河段的 100%；水生物产卵索饵越冬中功能比例最高，占区域总河段的 100%；鱼类洄游通道高功能比例最高，占区域总河段的 100%；湖滨带生态生境维持中功能比例最高，占区域总河段的 52.63%，其次为湖滨带生态生境维持高功能，占区域总河段的 47.37%；涉水重要保护与服务中功能比例最高，占区域总河段的 100%；调节与循环高功能比例最高，占区域总河段的 52.63%，其次为调节与循环中功能，占区域总河段的 47.37%。

该区主导水生态功能为鱼类洄游通道和调节与循环功能，它们的高功能河段分别占区域总河段的 100% 和 76.32%。

6.3.15.5　水生态保护目标

该区鱼类多为耐受性物种，发现圆尾斗鱼（*Macropodus chinensis*）及吻虾虎鱼（*Ctenogobius* spp.），但其在该区的数量较低。

底栖动物优势种中锯齿新米虾喜多集群于水草丛生、水流相对缓慢的近岸水域。此外，调查还发现小螺属、尖膀胱螺、纹沼螺，均喜栖息于水生植物丰富的生境中，但在该区种群数量较低。

6.3.16　裕溪河平原农田型河渠水质净化与洪水调蓄功能区（LEⅡ₃₋₁）

6.3.16.1　位置与分布

该区主要河流有裕溪河等。所属二级区为 LEⅡ₃（图6-25）。

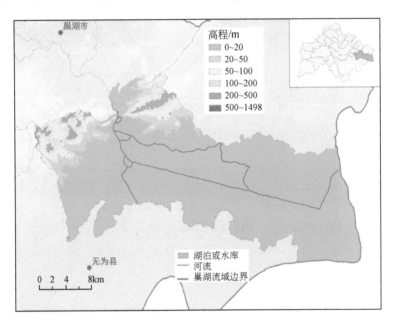

图6-25　裕溪河平原农田型河渠水质净化与洪水调蓄功能区（LEⅡ₃₋₁）

6.3.16.2　河流生态系统特征

（1）水体生境特征

该区河段海拔最大值为 5.4m，最小值为 3.02m，平均值为 3.97m；河段坡度最大值为 2.55°，最小值为 1.11°，平均值为 1.39°；河段比降最大值为 0.15‰，最小值为 0‰，平均值为 0.02‰；河岸植被覆盖度为 0.8%。该分区水质较差，主要为

Ⅳ ~ Ⅴ类水。8 个监测点中 1 个为Ⅲ类，3 个为Ⅳ类，2 个Ⅴ类，2 个劣Ⅴ类。Ⅳ ~ Ⅴ类水的比例为 50%。

（2）水生生物特征

该区共鉴定出浮游植物 29 种，总密度和总生物量分别为 $3.10×10^5$ 个/L 和 1.05mg/L。密度优势种主要为湖泊浮鞘丝藻、二形栅藻和粗大微囊藻，密度分别为 $2.98×10^5$ 个/L、$2.01×10^5$ 个/L 和 $1.24×10^5$ 个/L，密度优势种主要为耐污指示种，表明水体受污染程度较高。生物量优势种为偏心圆筛藻、膨胀桥弯藻和放射舟型藻，生物量分别为 1.95mg/L、1.45mg/L 和 0.81mg/L。Margalef 丰富度指数为 0.33，Simpson 优势度指数为 0.34，Shannon-Wiener 多样性指数为 1.32，Pielou 均匀度指数为 0.83，表明该类型区浮游植物多样性不高。

该区共鉴定出着生硅藻 68 种，总密度和总生物量分别为 $7.51×10^4$ 个/cm² 和 0.42 mg/cm²。密度优势种主要为弧形峨眉藻线性变种、披针形曲壳藻和相等桥弯藻，密度分别为 $1.91×10^4$ 个/cm²、$1.49×10^4$ 个/cm² 和 $1.07×10^4$ 个/cm²，密度优势种为中等耐污指示种，表明水体存在一定程度污染。生物量优势种为近缘桥弯藻、斯潘塞布纹藻和尖布纹藻，生物量分别为 0.15mg/cm²、0.14mg/cm² 和 0.14mg/cm²。Margalef 丰富度指数为 1.74，Simpson 优势度指数为 0.14，Shannon-Wiener 多样性指数为 2.45，Pielou 均匀度指数为 0.85，表明该类型区着生硅藻多样性较高。

该区共鉴定出底栖动物 47 种，总密度和总生物量分别为 159 个/m² 和 178.42 g/m²。密度优势种主要为铜锈环棱螺、长角涵螺、毛翅目（*Cheumatopsyche* sp.）、纹沼螺、毛翅目（*Hydropsyche* sp.），密度分别为 77.6 个/m²、20.3 个/m²、14.0 个/m²、13.4 个/m²、8.7 个/m²，优势种为中等耐污种，表明水质处于中等水平，受到一定污染。生物量优势种主要为铜锈环棱螺、长角涵螺、圆顶珠蚌、河蚬、纹沼螺，生物量分别为 158.02g/m²、3.43g/m²、3.03g/m²、2.98g/m²、2.89g/m²。Margalef 丰富度指数为 2.36，Simpson 优势度指数为 0.63，Shannon-Wiener 多样性指数为 1.45，Pielou 均匀度指数为 0.62，表明该区底栖动物多样性处于中等水平。

该区采集鱼类共 237 尾，计 18 种，隶属 2 目 8 科；其中，鲤科鱼类 11 种，占全部物种数的 57.89%。总体上，鲫（*Carassius auratus*）、𩾃（*Hemiculter leucisculus*）、红鳍原鲌（*Cultrichthys erythropterus*）、中华沙塘鳢（*Odontobutis sinensis*）、吻虾虎鱼（*Ctenogobius* spp.）、斑条鱊（*Acheilognathus taenianalis*）的出现频率均大于 40%，且重要值指数也均大于 100%，属常见种及优势种。乌鳢（*Channa argus*）、泥鳅（*Misgurnus anguillicaudatus*）、宽鳍鱲（*Zacco platypus*）、马口鱼（*Opsarrichthys bidens*）、高体鳑鲏（*Rhodeus ocellatus*）、福建小鳔鮈（*Microphysogobio fukiensis*）、切尾拟鲿（*Pseudobagrus truncatus*）、黄黝鱼（*Hypseleotris swinhonis*）、短颌鲚（*Coilia brachygnathus*）、青鱼（*Mylopharyngodon piceus*）、亮银鮈（*Squalidus nitens*）11 种鱼类的出现频率为 10% ~ 40%，属于偶见种。Margalef 丰富度指数为 3.11，Simpson 优势度指数为 0.86，Shannon-Wiener 多样性指数为 3.26，Pielou 均匀度指数为 0.78，鱼类群落多样性较高。

6.3.16.3 陆地特征

(1) 地貌特征

该区地貌类型主要为平原。北部地势较高，最高高程为 429m，其他部分地势较平缓，平均高程为 21.6m。

(2) 植被和土壤特征

该区植被覆被条件较好，主要为农业用地。其中，水田作物为 455.64km²，旱地作物为 85.09 km²，有林地为 63.16 km²，灌木林地为 4.60 km²。农作物覆盖区总面积为 540.73 km²，占该区总面积的 77.5%；林地覆盖区总面积为 67.76 km²，占该区总面积的 9.7%；农作物和林地覆盖区占该区总面积的 87.2%。

该区土壤类型涵盖 8 个亚类，即水稻土、漂洗水稻土、紫色土、脱潜水稻土、灰潮土、石灰（岩）土、黄褐土、黄棕壤。面积最大的土壤类型为水稻土，占 48.2%；其次为漂洗水稻土，占 29.9%；再次为紫色土，占 5.8%。

(3) 土地利用

该区耕地面积为 539.24km²，占区域总面积的 77.3%；林地面积为 39.21km²，占区域总面积的 5.62%；草地面积为 29.53km²，占区域总面积的 4.23%；水域面积为 41.75km²，占区域总面积的 5.99%；建设用地面积为 47.41km²，占区域总面积的 6.8%；未利用地面积为 0.43km²，占区域总面积的 0.06%。

6.3.16.4 水生态功能

该区共有 30 条河段，其中生物多样性保护中功能比例最高，占区域总河段的 90%，其次为生物多样性保护低功能，占区域总河段的 10%；珍稀、濒危物种保护高功能比例最高，占域总河段的 100%；敏感物种保护中功能比例最高，占区域总河段的 100%；种质资源保护低功能比例最高，占区域总河段的 100%；水生物产卵索饵越冬高功能比例最高，占区域总河段的 100%；鱼类洄游通道高功能比例最高，占区域总河段的 93.33%，其次为鱼类洄游通道中功能，占区域总河段的 6.67%；湖滨带生态生境维持中功能比例最高，占区域总河段的 96.67%，其次为湖滨带生态生境维持高功能，占区域总河段的 3.33%；涉水重要保护与服务中功能比例最高，占区域总河段的 100%；调节与循环高功能区比例最高，占区域总河段的 96.67%，其次为调节与循环中功能区，占区域总河段的 3.33%。

本区主导水生态功能为珍稀、濒危物种保护、水生物产卵索饵越冬、调节与循环和鱼类洄游通道功能，它们的高功能河段分别占区域河段的 100%、100%、96.67% 和 93.33%。

6.3.16.5 水生态保护目标

该区内现阶段鱼类保护种主要有吻虾虎鱼（*Ctenogobius* spp.）、中华沙塘鳢（*Odontobutis sinensis*）和马口鱼（*Opsarrichthys bidens*），其中吻虾虎鱼和中华沙塘鳢属该区优势种，吻虾虎鱼（*Ctenogobius* spp.）主要生活于温带和热带地区，属于洄游性鱼类，其抗病虫能力超强，喜食水生昆虫或底栖性小鱼以及鱼卵，中华沙塘鳢（*Odontobutis sinensis*）为淡水小型底层鱼类，生活于湖泊、江河和河沟的底部，喜栖息于杂草和碎石相混杂的浅水区；而马口鱼（*Opsarrichthys bidens*）是该区的偶见种，因其出现频率仅为33.33%。

现阶段底栖动物的优势种纹石蛾科（*Cheumatopsyche* sp.）和（*Hydropsyche* sp.）为敏感种，对水质要求高，喜栖息于流动清洁水体。此外，调查还发现四节蜉属、蜉蝣属、扁蜉属及毛翅目的（*Anisocentropus* sp.），均为敏感种，喜栖息于流动清洁水体。双壳纲蚌类敏感种有中国尖嵴蚌、短褶矛蚌、圆顶珠蚌和无齿蚌，前二种喜栖息于水流较急、水质澄清，底质砂石底的生境中，后两种可栖息于缓流和静水环境中。

6.3.17 牛屯河平原农田型河渠水质净化与洪水调蓄功能区（LEII$_{3-2}$）

6.3.17.1 位置与分布

该区主要河流有牛屯河等。所属二级区为LEⅡ$_3$（图6-26）。

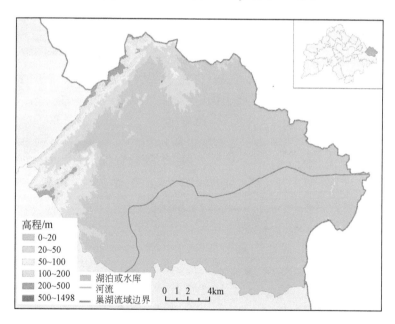

图6-26 牛屯河平原农田型河渠水质净化与洪水调蓄功能区（LEⅡ$_{3-2}$）

6.3.17.2 河流生态系统特征

（1）水体生境特征

该区河段海拔最大值为90.85m，最小值为5.88m，平均值为19.81m；河段坡度最大值为11.05°，最小值为1.9°，平均值为6.04°；河段比降最大值为2.75‰，最小值为0‰，平均值为0.46‰；河岸植被覆盖度为0.64%。该区水质较好，主要为Ⅲ～Ⅳ类水。3个监测点中 1 个为Ⅲ类，2 个为Ⅳ类。

（2）水生生物特征

该区共鉴定出浮游植物 22 种，总密度和总生物量分别为 1.51×10^6 个/L 和 0.61mg/L。密度优势种主要为尖尾蓝隐藻、水华鱼腥藻和椭圆卵囊藻，密度分别为 6.20×10^5 个/L、5.96×10^5 个/L 和 1.99×10^5 个/L，密度优势种多为耐污型指示种，表明水体受污染程度较高。生物量优势种为梭形裸藻、椭圆卵囊藻和啮蚀隐藻，生物量分别为 0.20mg/L、0.16mg/L 和 0.13mg/L。Margalef 丰富度指数为 0.68，Simpson 优势度指数为 0.34，Shannon-Wiener 多样性指数为 1.61，Pielou 均匀度指数为 0.68，表明该类型区浮游植物多样性不高。

该区共鉴定出着生硅藻 38 种，总密度和总生物量分别为 6.06×10^4 个/cm² 和 0.27 mg/cm²。密度优势种主要为极细微曲壳藻、扁圆卵形藻和披针形舟型藻，密度分别为 1.22×10^4 个/cm²、6.37×10^3 个/cm² 和 5.81×10^3 个/cm²，密度优势种为偏耐污指示种，表明水体富营养化程度较高。生物量优势种为偏心圆筛藻、胀大胀大桥弯藻委内瑞拉变种和放射舟型藻，生物量分别为 0.19mg/cm²、0.08mg/cm² 和 0.08mg/cm²。Margalef 丰富度指数为 1.85，Simpson 优势度指数为 0.13，Shannon-Wiener 多样性指数为 2.50，Pielou 均匀度指数为 0.82，表明该类型区着生硅藻多样性较高。

该区共鉴定出底栖动物 21 种，总密度和总生物量分别为 228 个/m² 和 454.47 g/m²。密度优势种主要为铜锈环棱螺、长角涵螺、大沼螺、分齿恩非摇蚊，密度分别为 154.0 个/m²、19.6 个/m²、18.0 个/m²、11.1 个/m²，优势种为中等耐污种，表明水质处于中等水平，受到一定污染。生物量优势种主要为铜锈环棱螺、大沼螺、河蚬、射线裂脊蚌、椭圆背角无齿蚌，生物量分别为 407.84g/m²、12.67g/m²、8.56g/m²、6.46g/m²、6.27g/m²。Margalef 丰富度指数为 1.63，Simpson 优势度指数为 0.53，Shannon-Wiener 多样性指数为 1.10，Pielou 均匀度指数为 0.49，表明该区底栖动物多样性处于中等偏低水平。

该区采集鱼类共 109 尾，计 8 种，隶属 1 目 3 科；其中，鲤科鱼类 7 种，占全部物种数的 77.78%。总体上，鲤（Cyprinus carpio）、鲫（Carassius auratus）、鰵（Hemiculter leuciculus）、红鳍原鲌（Cultrichthys erythropterus）、斑条鱊（Acheilognathus taenianalis）、似鳊（Pseudobrama simoni）的出现频率均大于 40%，且重要值指数也均大于 100%，属常见种及优势种。乌鳢（Channa argus）、麦穗鱼（Pseudorasbora parva）两种鱼类的出现频率为 10% ~ 40%，属于偶见种。Margalef 丰富度指数为 1.49，Simpson 优势度指数为 0.70，Shannon-Wiener 多样性指数为 2.12，Pielou 均匀度指数为 0.71。

6.3.17.3　陆地特征

（1）地貌特征

该区地貌类型主要为平原。东北部地势较高，最高高程为 423m，其他部分地势较平缓，平均高程为 18.7m。

（2）植被和土壤特征

该区植被覆被条件较好，主要为农业用地，有少量的林地覆盖。其中，水田作物为 359.26km²，旱地作物为 3.95 km²，有林地为 31.32 km²，灌木林地为 1.49 km²，其他林地为 0.70 km。农作物覆盖区总面积为 363.21 km²，占该区总面积的 79.3%；林地覆盖区总面积为 33.50 km²，占该区总面积的 7.3%；农作物和林地覆盖区占该区总面积的 86.6%。

该区土壤类型涵盖 10 个亚类，即水稻土、脱潜水稻土、潜育水稻土、黄棕壤、石灰（岩）土、黄褐土、黏盘黄褐土、灰潮土、紫色土、潮土。面积最大的土壤类型为水稻土，占 51.9%；其次为脱潜水稻土，占 26.3%；再次为潜育水稻土，占 5.7%。

（3）土地利用

该区耕地面积为 336.69km²，占区域总面积的 73.8%；林地面积为 29.16km²，占区域总面积的 6.39%；草地面积为 9.02km²，占区域总面积的 1.98%；水域面积为 29.54km²，占区域总面积的 6.47%；建设用地面积为 51.83km²，占区域总面积的 11.36%。

6.3.17.4 水生态功能

该区共有 7 条河段，其中生物多样性保护中功能比例最高，占区域总河段的 100%；珍稀、濒危物种保护高功能比例最高，占区域总河段的 100%；敏感物种保护中功能比例最高，占区域总河段的 100%；种质资源保护低功能比例最高，占区域总河段的 100%；水生物产卵索饵越冬高功能比例最高，占区域总河段的 100%；鱼类洄游通道中功能比例最高，占区域总河段的 85.71%，其次为鱼类洄游通道高功能，占区域总河段的 14.29%；湖滨带生态生境维持中功能比例最高，占区域总河段的 100%；涉水重要保护与服务中功能比例最高，占区域总河段的 100%；调节与循环中功能区比例最高，占区域总河段的 100%。

该区主导水生态功能为珍稀、濒危物种保护和水生物产卵索饵越冬功能，它们的高功能河段均占区域总河段的 100%。

6.3.17.5 水生态保护目标

该区现阶段鱼类优势种多为耐受性物种，如鲤（*Cyprinus carpio*）、鲫（*Carassius auratus*）、餐（*Hemiculter leucisculus*）。现阶段底栖动物优势种多为中等耐污种，调查还发现有细蜷属、短褶矛蚌、射线裂脊蚌、圆顶珠蚌、椭圆背角无齿蚌，但密度较低，大型蚌类不耐重富营养。

6.3.18 裕溪河山地森林型河溪生物多样性维持与水质净化功能区（LE II₃₋₃）

6.3.18.1 位置与分布

该区主要河流有裕溪河、松毛河、鸡鸣河等，所属二级区为 LE II₃（图 6-27）。

6.3.18.2 河流生态系统特征

（1）水体生境特征

该区河段海拔最大值为 90.85m，最小值为 26.89m，平均值为 53.81m；河段坡度最大

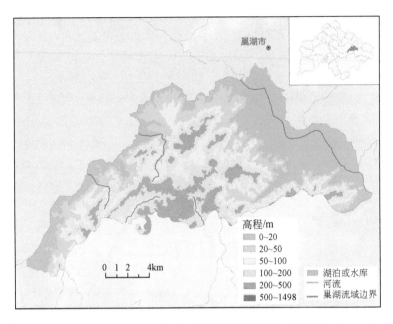

图 6-27　裕溪河山地森林型河溪生物多样性维持与水质净化功能区（LE Ⅱ₃₋₃）

值为 10.94°，最小值为 10.07°，平均值为 10.42；河段比降最大值为 0.79‰，最小值为 0.7‰，平均值为 0.73‰；河岸植被覆盖度为 29.54%。该分区水质较差，主要为 Ⅴ ～劣 Ⅴ类水。4 个监测点中 1 个为Ⅲ类，2 个为Ⅴ类，1 个为劣Ⅴ类，Ⅴ～劣Ⅴ类水的比例为 75%。

（2）水生生物特征

该区共鉴定出浮游植物 27 种，总密度和总生物量分别为 $4.63×10^6$ 个/L 和 5.32 mg/L。密度优势种主要为水华鱼腥藻、固氮鱼腥藻和小型卵囊藻，密度分别为 $1.57×10^7$ 个/L、$9.42×10^5$ 个/L 和 $2.48×10^5$ 个/L，密度优势种主要为耐污指示种。生物量优势种为尖尾裸藻、艾伦桥弯藻和偏心圆筛藻，生物量分别为 7.41mg/L、4.42mg/L 和 2.90mg/L。Margalef 丰富度指数为 0.61，Simpson 优势度指数为 0.54，Shannon-Wiener 多样性指数为 1.55，Pielou 均匀度指数为 0.67，表明该类型区浮游植物多样性不高。

该区共鉴定出着生硅藻 40 种，总密度和总生物量分别为 $2.26×10^5$ 个/cm² 和 0.88 mg/cm²。密度优势种主要为披针形曲壳藻、极细微曲壳藻和短线脆杆藻，密度分别为 $2.34×10^5$ 个/cm²、$4.46×10^4$ 个/cm² 和 $3.33×10^4$ 个/cm²，密度优势种为偏中等耐污指示种。生物量优势种为近缘桥弯藻、胀大桥弯藻委内瑞拉变种和放射舟型藻，生物量分别为 0.57mg/cm²、0.42mg/cm² 和 0.25mg/cm²。Margalef 丰富度指数为 1.49，Simpson 优势度指数为 0.15，Shannon-Wiener 多样性指数为 2.39，Pielou 均匀度指数为 0.83，表明该类型区着生硅藻多样性较高。

该区共鉴定出底栖动物 46 种，总密度和总生物量分别为 90 个/m² 和 96.94 g/m²。密度优势种主要为铜锈环棱螺、放逸短沟蜷、长角涵螺、大沼螺、蚬科，密度分别为 25.7 个/m²、16.3 个/m²、6.1 个/m²、5.6 个/m²、4.3 个/m²，优势种为中等耐污种。生物量优势种主要为铜锈环棱螺、椭圆背角无齿蚌、圆顶珠蚌、大沼螺、放逸短沟蜷，生物量分别为 66.87g/m²、9.23g/m²、9.20g/m²、3.81g/m²、3.20g/m²。Margalef 丰富度指数为 2.92，Simpson 优势度指数为 0.72，Shannon-Wiener 多样性指数为 1.77，Pielou 均匀度指数为 0.70，表明该区底栖动物多样性处于中等水平。

该区采集鱼类共 372 尾，计 20 种，隶属 2 目 8 科；其中，鲤科鱼类 11 种，占全部物种数的 60%。总体上，鲫（*Carassius auratus*）、中华沙塘鳢（*Odontobutis sinensis*）、吻虾虎鱼（*Ctenogobius* spp.）、麦穗鱼（*Pseudorasbora parva*）、斑条鱊（*Acheilognathus taenianalis*）、棒花鱼（*Abbottina rivularis*）、泥鳅（*Misgurnus anguillicaudatus*）、宽鳍鱲（*Sarcocheilichthys nigripinnis*）、高体鳑鲏（*Rhodeus ocellatus*）、银鮈（*Squalidus argentatus*）、中华细鲫（*Aphyocypris chinensis*）的出现频率均大于 40%，且重要值指数也均大于 100%，属常见种及优势种。马口鱼（*Opsarrichthys bidens*）、中华花鳅（*Cobitis sinensis*）、福建小鳔鮈（*Microphysogobio fukiensis*）、司氏鉠（*Liobagrus styani*）、波纹鳜（*Siniperca undulata*）、嵊县小鳔鮈（*Microphysogobio chengsiensis*）6 种鱼类的出现频率为 10% ~ 40%，属于偶见种。Margalef 丰富度指数为 3.21，Simpson 优势度指数为 0.84，Shannon-Wiener 多样性指数为 3.19，Pielou 均匀度指数为 0.74，鱼类群落多样性较高。

6.3.18.3 陆地特征

（1）地貌特征

该区地貌类型主要为平原、丘陵和山地。南部地势较高，最高高程为 490m，地势由南向北逐渐降低，地势起伏较大，平均高程为 80.7m。

（2）植被和土壤特征

该区植被覆被条件较好，主要为林地。其中，水田作物为 34.14km²，旱地作物为 32.22 km²，有林地为 102.11 km²，灌木林地为 1.36 km²，中覆盖度草地为 0.28 km²。农作物覆盖区总面积为 66.37 km²，占该区总面积的 33.6%；林地覆盖区总面积为 103.48 km²，占该区总面积的 52.4%；农作物和林地覆盖区占该区总面积的 86.0%。

该区土壤类型涵盖 6 个亚类，即石灰（岩）土、黄棕壤性土、潜育水稻土、水稻土、紫色土、黄褐土。面积最大的土壤类型为石灰（岩）土，占 39.0%；其次为黄棕壤性土，占 26.5%。

（3）土地利用

该区耕地面积为 83.02km²，占区域总面积的 42.07%；林地面积为 32.48km²，占区域总面积的 16.46%；草地面积为 61.97km²，占区域总面积的 31.41%；水域面积为 4.91km²，占区域总面积的 2.49%；建设用地面积为 14.94km²，占区域总面积的 7.57%。

6.3.18.4 水生态功能

该区共有 8 条河段，其中生物多样性保护中功能比例最高，占区域总河段的 62.5%，其次为生物多样性保护低功能，占区域总河段的 37.5%；珍稀、濒危物种保护高功能比例最高，占区域总河段的 50%，其次为珍稀、濒危物种保护中功能，占区域总河段的 25%，以及珍稀、濒危物种保护低功能，占区域总河段的 25%；敏感物种保护中功能比例最高，占区域总河段的 62.5%，其次为敏感物种保护低功能，占区域总河段的 37.5%；种质资源保护低功能比例最高，占区域总河段的 100%；水生物产卵索饵越冬高功能比例最高，占区域总河段的 50%，其次为水生物产卵索饵越冬中功能，占区域总河段的 25%，以及水生物产卵索饵越冬低功能，占区域总河段的 25%；鱼类洄游通道高功能比例最高，占区域总河段的 75%，其次为鱼类洄游通道中功能，占区域总河段的 25%；湖滨带生态生境维持高功能比例最高，占区域总河段的 87.5%，其次为湖滨带生态生境维持中功能，占区域总河段的 12.5%；涉水重要保护与服务中功能比例最高，占区域总河段的 100%；调节与循环高功能区比例最高，占区域总河段的 50%，其次为调节与循环中功能区，占区域总河段的 50%。

该区主导水生态功能为湖滨带生态生境维持、鱼类洄游通道、水生物产卵索饵越冬、珍稀、濒危物种保护和调节与循环等功能，它们的高功能河段分别占总河段的 87.5%、75%、50%、50% 和 50%。

6.3.18.5 水生态保护目标

该区内现阶段鱼类保护种主要有吻虾虎鱼（*Ctenogobius* spp.）、中华沙塘鳢（*Odontobutis sinensis*）、马口鱼（*Opsarrichthys bidens*）和司氏鲀（*Liobagrus styani*），其中吻虾虎鱼和中华沙塘鳢属该区优势种，吻虾虎鱼（*Ctenogobius* spp.）主要生活于温带和热带地区，属于洄游性鱼类，其抗病虫能力超强，喜食水生昆虫或底栖性小鱼以及鱼卵，中华沙塘鳢（*Odontobutis sinensis*）为淡水小型底层鱼类，生活于湖泊、江河和河沟的底部，喜栖息于杂草和碎石相混杂的浅水区；而马口鱼（*Opsarrichthys bidens*）和司氏鲀（*Liobagrus styani*）是该区的偶见种，因其出现频率均为 25.00%。

底栖动物优势种中放逸短沟蜷为敏感种，多栖息于山岳丘陵地带的溪流中，以及水清澈透明，水流略急，河底布满卵石、岩石或者沙底的环境中。此外，调查发现蜉蝣属、毛翅目 *Cheumatopsyche* sp.、*Hydropsyche* sp. 等敏感水生昆虫，均喜栖息于流动清洁水体，但密度较低。还发现有日本沼虾、圆顶珠蚌、无齿蚌。

6.3.19 永安河上游山地森林型河溪生物多样性维持与水质净化功能区（LEⅡ₃₋₄）

6.3.19.1 位置与分布

该区主要河流有永安河、花渡河等。所属二级区为 LEⅡ₃（图 6-28）。

6.3.19.2 河流生态系统特征

（1）水体生境特征

该区河段海拔最大值为 22.94m，最小值为 5.06m，平均值为 9.45m；河段坡度最大值为 12.31°，最小值为 1°，平均值为 3.71°；河段比降最大值为 2.77‰，最小值为 0‰，平均值为 0.51‰；河岸植被覆盖度为 32.68%。该分区水质较差，主要为 Ⅴ 类。

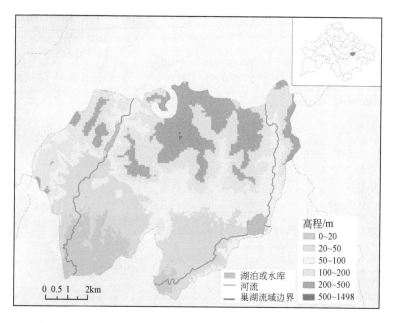

图6-28　永安河上游山地森林型河溪生物多样性维持与水质净化功能区（LEⅡ₃-₄）

（2）水生生物特征

该区共鉴定出浮游植物两种，总密度和总生物量分别为7.45×10⁴个/L和0.06 mg/L。密度优势种主要为多形裸藻和极细微曲壳藻，密度分别为4.96×10⁴个/L和2.48×10⁴个/L，密度优势种主要为中等耐污指示种。生物量优势种为多形裸藻和极细微曲壳藻，生物量分别为0.06mg/L和0.01mg/L。Margalef 丰富度指数为0.09，Simpson 优势度指数为0.56，Shannon-Wiener 多样性指数为0.64，Pielou 均匀度指数为0.92，表明该类型区浮游植物多样性较低。

该区共鉴定出着生硅藻15种，总密度和总生物量分别为3.99×10⁴个/cm²和0.26 mg/cm²。密度优势种主要为近轴桥弯藻、羽纹脆杆藻和拟短缝藻，密度分别为5.86×10³个/cm²、5.28×10³个/cm²和5.28×10³个/cm²，表密度优势种为偏清洁指示种。生物量优势种为近轴桥弯藻、胀大桥弯藻委内瑞拉变种和细长舟型藻，生物量分别为0.21mg/cm²、0.02mg/cm²和0.01mg/cm²。Margalef 丰富度指数为1.32，Simpson 优势度指数为0.11，Shannon-Wiener 多样性指数为2.41，Pielou 均匀度指数为0.89，表明该类型区着生硅藻多样性较高。

该区共鉴定出底栖动物12种，总密度和总生物量分别为43个/m²和51.51g/m²。密度优势种主要为铜锈环棱螺、放逸短沟蜷、河蚬、椭圆萝卜螺，密度分别为21.1个/m²、13.0个/m²、4.4个/m²、1.5个/m²，优势种为中等偏清洁种。生物量优势种主要为铜锈环棱螺、放逸短沟蜷、圆顶珠蚌、河蚬，生物量分别为44.73g/m²、3.39g/m²、1.58g/m²、1.28g/m²。Margalef 丰富度指数为2.92，Simpson 优势度指数为0.66，Shannon-Wiener 多样性指数为1.42，Pielou 均匀度指数为0.57，表明该区底栖动物多样性处于中等水平。

该区采集鱼类共21尾，计6种，隶属1目2科；其中，鲤科鱼类5种，占全部物种数的83.33%。总体上，麦穗鱼（*Pseudorasbora parva*）、斑条鱊（*Acheilognathus taenianalis*）、似鳊（*Pseudobrama simoni*）、棒花鱼（*Abbottina rivularis*）、鳊（*Parabramis pekinensis*）的出现频率均大于40%，且重要值指数也均大于100%，属常见种及优势种。Margalef丰富度指数为1.31，Simpson优势度指数为0.54，Shannon-Wiener多样性指数为1.47，Pielou均匀度指数为0.63。

6.3.19.3　陆地特征

（1）地貌特征

该区地貌类型主要为平原、丘陵和山地。北部地势较高，最高高程为512m，地势由北向南逐渐降低，地势起伏较大，平均高程为110.7m。

（2）植被和土壤特征

该区植被覆被条件较好，主要为林地，有一定的农业用地覆盖。其中，水田作物为0.26km²，旱地作物为32.29 km²，有林地为51.27 km²，灌木林地为0.88 km²。农作物覆盖区总面积为32.55 km²，占该区总面积的36.3%；林地覆盖区总面积为52.01 km²，占该区总面积的58.0%；农作物和林地覆盖区占该区总面积的94.3%。

该区土壤类型涵盖5个亚类，即石灰（岩）土、水稻土、紫色土、黄褐土、黄棕壤性土。面积最大的土壤类型为石灰（岩）土，占42.5%；其次为水稻土，占40.9%；再次为紫色土，占9.2%。

（3）土地利用

该区耕地面积为37.81km²，占区域总面积的42.18%；林地面积为12.91km²，占区域总面积的14.41%；草地面积为33.5km²，占区域总面积的37.36%；水域面积为1.68km²，占区域总面积的1.87%；建设用地面积为3.75km²，占区域总面积的4.18%。

6.3.19.4　水生态功能

该区共有5条河段，其中生物多样性保护低功能比例最高，占区域总河段的60%，其次为生物多样性保护中功能，占区域总河段的40%；珍稀、濒危物种保护功中能比例最高，占区域总河段的100%；敏感物种保护中功能比例最高，占区域总河段的80%，其次为敏感物种保护低功能，占区域总河段的20%；种质资源保护低功能比例最高，占区域总河段的100%；水生物产卵索饵越冬中功能比例最高，占区域总河段的100%；鱼类洄游通道中功能比例最高，占区域总河段的100%；湖滨带生态生境维持中功能比例最高，占区域总河段的60%，其次为湖滨带生态生境维持高功能，占区域总河段的40%；涉水重要保护与服务中功能比例最高，占区域总河段的100%；调节与循环中功能区比例最高，占区域总河段的100%。

该区主导水生态功能为珍稀、濒危物种保护功、水生物产卵索饵越冬、鱼类洄游通道、涉水重要保护与服务、调节与循环、敏感物种保护和湖滨带生态生境维持功能，它们的中功能河段分别占区域总河段的100%、100%、100%、100%、100%、80%和60%。

6.3.19.5 水生态保护目标

鱼类优势种中多为广布性耐受性物种，调查中发现随着流域内工农业生产及城镇化的发展，水体的生态功能下降，鱼类多样性及渔业资源正面临多重威胁。从洄游性鱼类来看，诸如中华鲟和刀鲚等目前几乎绝迹。与此同时，诸如青鱼、鳜等经济鱼类的数量也严重减少。

底栖动物优势种中放逸短沟蜷为敏感种，多栖息于山岳丘陵地带的溪流中，以及水清澈透明，水流略急，河底布满卵石、岩石或者沙底的环境中。此外，发现毛翅目 *Cheumatopsyche* sp.，其为敏感种，喜栖息于流动清洁水体。

6.3.20 竹枫湖山地森林型湖泊生物多样性维持与水资源调控功能区（LE Ⅱ$_{4-1}$）

6.3.20.1 位置与分布

该区主要河流有竹丝湖支流、枫沙湖支流等，所属二级区为 LE Ⅱ$_4$（图6-29）。

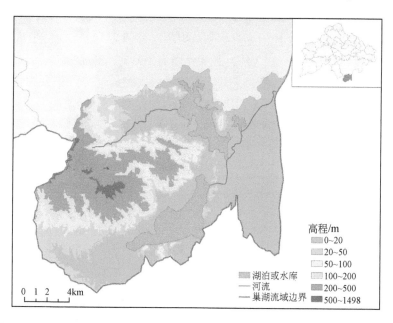

图6-29　竹枫湖山地森林型湖泊生物多样性维持与水资源调控功能区（LE Ⅱ$_{4-1}$）

6.3.20.2 河流生态系统特征

（1）水体生境特征

该区河段海拔最大值为55.33m，最小值为4.84m，平均值为8.72m；河段坡度最大值为6.98°，最小值为1.04°，平均值为1.82°；河段比降最大值为1.74‰，最小值为0‰，平均值为 0.13‰；河岸植被覆盖度为 10.01%。主要湖泊有竹丝湖和枫沙湖等。该分区水质较差，主要为劣Ⅴ类。

（2）水生生物特征

该区共鉴定出浮游植物 23 种，总密度和总生物量分别为 1.32×10^6 个/L 和 9.71mg/L。密度优势种主要为极小隐杆藻、钝脆杆藻和网状空星藻，密度分别为 7.94×10^5 个/L、2.61×10^5 个/L 和 1.99×10^5 个/L，密度优势种为中等耐污指示种，表明水体存在一定程度污染。生物量优势种为大宽带鼓藻、斯潘塞布纹藻和变异直链藻，生物量分别为 12.27mg/L、4.68mg/L 和 0.48mg/L。Margalef 丰富度指数为 0.86，Simpson 优势度指数为 0.18，Shannon-Wiener 多样性指数为 2.08，Pielou 均匀度指数为 0.81，表明该类型区浮游植物多样性较高。

该区共鉴定出着生硅藻 25 种，总密度和总生物量分别为 6.00×10^4 个/cm² 和 0.30 mg/cm²。密度优势种主要为近粘连菱形藻斯科舍变种、微小内丝藻和爆裂针杆藻，密度分别为 1.82×10^4 个/cm²、1.64×10^4 个/cm² 和 1.47×10^4 个/cm²，密度优势种为中等耐污指示种，表明水体存在一定程度污染。生物量优势种为膨胀桥弯藻、近缘桥弯藻和具球异极藻，生物量分别为 0.20mg/cm²、0.20mg/cm² 和 0.03mg/cm²。Margalef 丰富度指数为 1.07，Simpson 优势度指数为 0.18，Shannon-Wiener 多样性指数为 2.02，Pielou 均匀度指数为 0.88，表明该类型区着生硅藻多样性较高。

该区共鉴定出底栖动物 5 种，总密度和总生物量分别为 190 个/m² 和 353.54 g/m²。密度优势种主要为铜锈环棱螺、大沼螺，密度分别为 160 个/m²、26.7 个/m²，优势种为中等耐污种，表明水质处于中等水平，受到一定污染。生物量优势种主要为铜锈环棱螺、大沼螺、圆顶珠蚌，生物量分别为 287.10g/m²、35.39g/m²、31.06g/m²。Margalef 丰富度指数为 0.76，Simpson 优势度指数为 0.27，Shannon-Wiener 多样性指数为 0.51，Pielou 均匀度指数为 0.32，表明该区底栖动物多样性偏低。

6.3.20.3 陆地特征

（1）地貌特征

该区地貌类型主要为平原、山地和丘陵。东部地势较高，最高高程为 645m，地势由西向东逐渐降低，地势起伏较大，平均高程为 83.6m。

（2）植被和土壤特征

该区植被覆被条件较好，主要为农业用地。其中，水田作物为 113.24km²，旱地作物为 20.82 km²，有林地为 102.51 km²，灌木林地为 0.41 km²。农作物覆盖区总面积为 134.06 km²，占该区总面积的 45.7%；林地覆盖区总面积为 102.92 km²，占该区总面积的 35.1%；农作物和林地覆盖区占该区总面积的 80.8%。

该区土壤类型涵盖 6 个亚类，即水稻土、黄棕壤、潮土、酸性石质土、紫色土、红黏土。面积最大的土壤类型为水稻土，占 32.7%；其次为黄棕壤，占 30.1%；再次为潮土，占 19.5%。

（3）土地利用

该区耕地面积为 134.76km²，占区域总面积的 45.96%；林地面积为 35.98km²，占区域总面积的 12.27％；草地面积为 64.37km²，占区域总面积的 21.95％；水域面积为 42.05km²，占区域总面积的 14.34％；建设用地面积为 15.99km²，占区域总面积的 5.45％；未利用地面积为 0.09km²占区域总面积的 0.03％。

6.3.20.4　水生态功能

该区共有 10 条河段，主导水生态功能为珍稀、濒危物种保护、水生物产卵索饵越冬和鱼类洄游通道功能，它们的高功能河段均占区域总河段的 100％。

6.3.20.5　水生态保护目标

竹丝湖和枫沙湖水生生物优势种多为中等耐污种，区内土地利用多为山地森林。优化养殖模式，避免盲目追求产量、大量投饵投肥，提高水产养殖技术。加强对森林生态系统的保护，流域开发应服从保护优先的原则，充分发挥森林对水源涵养作用，维持上游的清洁水质。控制农业面源污染，削减氮磷排入河流和湖泊。

6.3.21　竹西兆河平原农田型河渠水质净化与水资源调控功能区 (LEⅡ$_{4-2}$)

6.3.21.1　位置与分布

该区主要河流有西河、兆河、永安河、花渡河等，所属二级区为 LEⅡ$_4$（图 6-30）。

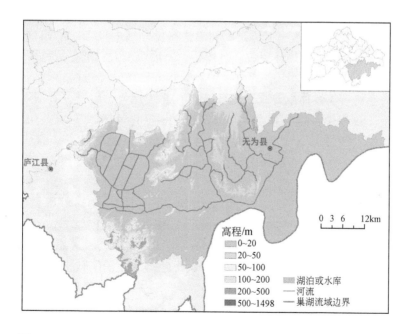

图 6-30　西兆河平原农田型河渠水质净化与水资源调控功能区（LEⅡ$_{4-2}$）

6.3.21.2 河流生态系统特征

（1）水体生境特征

该区河段海拔最大值为32.7m，最小值为5.56m，平均值为10.49m；河段坡度最大值为5.81°，最小值为1.22°，平均值为2.38°；河段比降最大值为0.32‰，最小值为0‰，平均值为0.11‰；河岸植被覆盖度为2.06%。该分区水质较差，以Ⅲ～Ⅴ类水为主，20个监测点中6个Ⅲ类，6个Ⅳ类，2个Ⅴ类，6个劣Ⅴ类。Ⅳ～劣Ⅴ类水所占比例为70%。

（2）水生生物特征

该区共鉴定出浮游植物86种，总密度和总生物量分别为2.02×10^6个/L和2.35 mg/L。密度优势种主要为尖尾蓝隐藻、长鼻空星藻和具钙葡萄藻，密度分别为2.02×10^6个/L、1.19×10^6个/L和7.94×10^5个/L，密度优势种主要为中等耐污指示种。生物量优势种为扭转布纹藻、偏心圆筛藻和尖尾裸藻，生物量分别为7.01mg/L、1.95mg/L和1.85mg/L。Margalef丰富度指数为0.76，Simpson优势度指数为0.22，Shannon-Wiener多样性指数为1.90，Pielou均匀度指数为0.84，表明该类型区浮游植物多样性较高。

该区共鉴定出着生硅藻90种，总密度和总生物量分别为6.31×10^4个/cm²和0.27 mg/cm²。密度优势种主要为极细微曲壳藻、披针形曲壳藻和披针形曲壳藻椭圆变种，密度分别为1.47×10^4个/cm²、1.14×10^4个/cm²和1.04×10^4个/cm²，密度优势种主要为耐污指示种。生物量优势种为华彩双菱藻、斯潘塞布纹藻和偏心圆筛藻，生物量分别为0.56mg/cm²、0.24mg/cm²和0.15mg/cm²。Margalef丰富度指数为1.27，Simpson优势度指数为0.16，Shannon-Wiener多样性指数为2.21，Pielou均匀度指数为0.87，表明该类型区着生硅藻多样性较高。

该区共鉴定出底栖动物75种，总密度和总生物量分别为98个/m²和66.13 g/m²。密度优势种主要为长角涵螺、铜锈环棱螺、医蛭属、纹沼螺、大沼螺、黄色羽摇蚊，密度分别为22.3个/m²、20.8个/m²、10.5个/m²、9.3个/m²、5.0个/m²、4.8个/m²，优势种为中等耐污种。生物量优势种主要为铜锈环棱螺、椭圆背角无齿蚌、大沼螺、长角涵螺、圆顶珠蚌、河蚬、纹沼螺，生物量分别为42.20g/m²、4.64g/m²、4.19g/m²、3.91g/m²、3.86g/m²、2.7g/m²、2.28g/m²。Margalef丰富度指数为2.58，Simpson优势度指数为0.69，Shannon-Wiener多样性指数为1.68，Pielou均匀度指数为0.71，表明该区底栖动物多样性处于中等水平。

该区采集鱼类共456尾，计24种，隶属1目6科；其中，鲤科鱼类17种，占全部物种数的73.91%。总体上，鲫（*Carassius auratus*）、鳘（*Hemiculter leucisculus*）、吻虾虎鱼（*Ctenogobius* spp.）、麦穗鱼（*Pseudorasbora parva*）、斑条鱊（*Acheilognathus taenianalis*）、似鳊（*Pseudobrama simoni*）的出现频率均大于40%，且重要值指数也均大于100%，属常见种及优势种。鲤（*Cyprinus carpio*）、乌鳢（*Channa argus*）、红鳍原鲌（*Cultrichthys erythropterus*）、中华沙塘鳢（*Odontobutis sinensis*）、中华刺鳅（*Mastacembelus aculeatus*）、细鳞斜颌鲴（*Xenocypris microlepis*）、棒花鱼（*Abbottinarivularis*）、泥鳅（*Misgurnus anguillicaudatus*）、宽鳍鱲（*Zacco platypus*）、马口鱼（*Opsarrichthys bidens*）、高体鳑鲏（*Rhodeus ocellatus*）、黑鳍鳈（*Sarcocheilichthys nigripinnis*）、黄黝鱼（*Hypseleotris swinhonis*）、银鮈（*Squalidus argentatus*）、达氏鲌（*Culter dabryi*）、鳊（*Parabramis pekinensis*）、草鱼（*Ctenopharyngodon idellus*）、德国锦鲤（*Cyprinus carpio*）18 种鱼类的出现频率为 10%～40%，属于偶见种。Margalef 丰富度指数为 3.76，Simpson 优势度指数为 0.77，Shannon-Wiener 多样性指数为 3.00，Pielou 均匀度指数为 0.65，鱼类群落多样性较高。

6.3.21.3　陆地特征

（1）地貌特征

该区地貌类型主要为平原，山地和丘陵分布较少。西南部地势较高，最高高程为 632m，其他部分地势较平缓，平均高程为 20.1m。

（2）植被和土壤特征

该区植被覆被条件较好，主要为农业用地。其中，水田作物为 1347.11km^2，旱地作物为 345.59 km^2，有林地为 191.29 km^2，灌木林地为 11.04 km^2，高盖度草地为 2.01km^2 km^2，未利用土地为 0.12 km^2。农作物覆盖区总面积为 1692.70 km^2，占该区总面积的 80.3%；林地覆盖区总面积为 202.32 km^2，占该区总面积的 9.6%；农作物和林地覆盖占该区总面积的 89.9%，草地面积所占比例为 0.1%。

该区土壤类型涵盖 17 个亚类，即水稻土、潴育水稻土、灰潮土、黄棕壤、潮土、潜育水稻土、脱潜水稻土、黄褐土、紫色土、酸性石质土、漂洗水稻土、石灰（岩）土、淹育水稻土、红黏土、黄棕壤性土、黏盘黄褐土、粗骨土。面积最大的土壤类型为水稻土，占 56.5%；其次为潴育水稻土，占 10.2%；再次为灰潮土，占 7.2%。

（3）土地利用

该区耕地面积为 1686.92km^2，占区域总面积的 80.06%；林地面积为 125.32km^2，占区域总面积的 5.95%；草地面积为 64.72km^2，占区域总面积的 3.07%；水域面积为 82.54km^2，占区域总面积的 3.92%；建设用地面积为 147.5km^2，占区域总面积的 7%；未利用地面积为 0.07km^2。

6.3.21.4　水生态功能

该区共有 115 条河段，其中生物多样性保护中功能比例最高，占区域总河段的 90.43%，其次为生物多样性保护低功能，占区域总河段的 6.09%，再次为生物多样性保护高功能，占区域总河段的 3.48%；珍稀、濒危物种保护功中能比例最高，占区域总河段的 74.78%，其次为珍稀、濒危物种保护高功能，占区域总河段的 24.35%，珍稀、濒危物种保护低功能，占区域总河段的 0.87%；敏感物种保护中功能比例最高，占区域总河段的 99.13%，其次为敏感物种保护低功能，占区域总河段的 0.87%；种质资源保护低功能比例最高，占区域总河段的 100%；水生物产卵索饵越冬中功能比例最高，占区域总河段的 74.78%，其次为水生物产卵索饵越冬高功能，占区域总河段的 23.48%，最后为水生物产卵索饵越冬低功能，占区域总河段的 1.74%；鱼类洄游通道中功能比例最高，占区域总河段的 73.04%，其次为鱼类洄游通道高功能，占区域总河段的 26.96%；湖滨带生态生境维持中功能比例最高，占区域总河段的 95.65%，其次为湖滨带生态生境维持高功能，占区域总河段的 4.35%；涉水重要保护与服务中功能比例最高，占区域总河段的 100%；调节与循环中功能区比例最高，占区域总河段的 75.65%，其次为调节与循环高功能区，占区域总河段的 24.35%。

该区主导水生态功能为涉水重要保护与服务，敏感物种保护，湖滨带生态生境维持，生物多样性保护，调节与循环，珍稀、濒危物种保护，水生物产卵索饵越冬和鱼类洄游通道功能，它们的中功能河段分别占区域总河段的 100%、99.13%、95.65%、90.43%、75.65%、74.78%、74.78% 和 73.04%。

6.3.21.5　水生态保护目标

该区现阶段鱼类保护种主要有吻虾虎鱼（*Ctenogobius* spp.）、中华沙塘鳢（*Odontobutis sinensis*）、马口鱼（*Opsarrichthys bidens*），其中吻虾虎鱼（*Ctenogobius* spp.）属该区优势种。吻虾虎鱼（*Ctenogobius* spp.）主要生活于温带和热带地区，属于洄游性鱼类，其抗病虫能力超强，喜食水生昆虫或底栖性小鱼以及鱼卵；而马口鱼（*Opsarrichthys bidens*）和中华沙塘鳢（*Odontobutis sinensis*）是该区的偶见种，因其出现频率均为 25.00%，中华沙塘鳢（*Odontobutis sinensis*）为淡水小型底层鱼类，生活于湖泊、江河和河沟的底部，喜栖息于杂草和碎石相混杂的浅水区。

该区调查发现的敏感种有扁蜉属（*Heptagenia* sp.）、宽基蜉属（*Choroterpes* sp.）、毛翅目短脉纹石蛾属（*Cheumatopsyche* sp.）、鳞石蛾属（*Lepidostoma* sp.）、*Allocosmoecus* sp.，均喜栖息于流动清洁水体。另发现蜻蜓目 17 种，多样性较高，多为中等耐污偏清洁种。双壳纲蚌类发现棘裂蜂蚌、中国尖嵴蚌、圆顶珠蚌、无齿蚌，不适宜栖息于富营养水体。

6.3.22　兆河下游平原农田型河口水质净化与营养物循环功能区（LE II₄₋₃）

6.3.22.1　位置与分布

该区主要河流有兆河、盛桥河、十字河等，所属二级区为 LE II₄（图6-31）。

6.3.22.2　河流生态系统特征

（1）水体生境特征

该区河段高程最大值为 33.94m，最小值为 7.73m，平均值为 10.69m；河段坡度最大值为 3.03°，最小值为 1.15°，平均值为 1.69°；河段比降最大值为 0.39‰，最小值为 0‰，平均值为 0.15‰；河岸植被覆盖度为 1.04%。该分区水质较差，两个监测点中一个为 III 类，另一个为劣 V 类。

（2）水生生物特征

该区共鉴定出浮游植物 12 种，总密度和总生物量分别为 3.35×10^5 个/L 和 0.35 mg/L。密度优势种主要为纤细裸藻、颗粒直链藻极狭变种和浮游辐球藻，密度分别为 1.24×10^5 个/L、9.93×10^4 个/L 和 9.93×10^4 个/L，密度优势种为中等耐污指示种。生物量优势种为梅

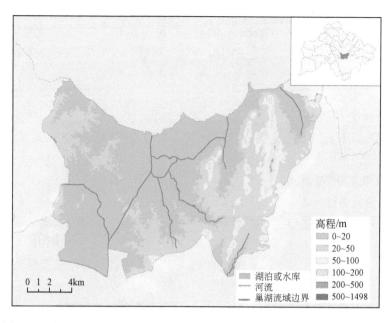

图 6-31　兆河下游平原农田型河口水质净化与营养物循环功能区（LE Ⅱ$_{4-3}$）

尼小环藻、纤细裸藻和珍珠囊裸藻，生物量分别为 0.15mg/L、0.14mg/L 和 0.07mg/L。Margalef 丰富度指数为 0.47，Simpson 优势度指数为 0.23，Shannon-Wiener 多样性指数为 1.70，Pielou 均匀度指数为 0.89，表明该类型区浮游植物多样性不高。

该区共鉴定出着生硅藻 37 种，总密度和总生物量分别为 $1.08×10^5$ 个/cm^2 和 0.30 mg/cm^2。密度优势种主要为极细微曲壳藻、披针形曲壳藻和钝脆杆藻，密度分别为 $2.32×10^4$ 个/cm^2、$1.47×10^4$ 个/cm^2 和 $1.30×10^4$ 个/cm^2，密度优势种为耐污指示种。生物量优势种为近缘桥弯藻、胀大桥弯藻委内瑞拉变种和小头桥弯藻，生物量分别为 0.14mg/cm^2、0.12mg/cm^2 和 0.08mg/cm^2。Margalef 丰富度指数为 1.81，Simpson 优势度指数为 0.12，Shannon-Wiener 多样性指数为 2.49，Pielou 均匀度指数为 0.83，表明该类型区着生硅藻多样性较高。

该区共鉴定出底栖动物 20 种，总密度和总生物量分别为 61 个/m^2 和 38.12 g/m^2。密度优势种主要为铜锈环棱螺、日本沼虾、黄色羽摇蚊、纹沼螺、白角多足摇蚊、方格短沟蜷，密度分别为 21.7 个/m^2、10 个/m^2、6 个/m^2、5 个/m^2、4.3 个/m^2、3 个/m^2，优势种多为中等耐污种。生物量优势种主要为铜锈环棱螺，生物量为 34.14 g/m^2。Margalef 丰富度指数为 2.71，Simpson 优势度指数为 0.70，Shannon-Wiener 多样性指数为 1.69，Pielou 均匀度指数为 0.68，表明该区底栖动物多样性处于中等水平。

该区采集鱼类共 165 尾，计 12 种，隶属 2 目 5 科；其中，鲤科鱼类 9 种，占全部物种数的 69.23%。总体上，鲤（*Cyprinus carpio*）、鲫（*Carassius auratus*）、鳘（*Hemiculter leucisculus*）、红鳍原鲌（*Cultrichthys erythropterus*）、麦穗鱼（*Pseudorasbora parva*）、斑条鱊（*Acheilognathus taenianalis*）、似鳊（*Pseudobrama simoni*）、棒花鱼（*Abbottina rivularis*）、圆尾斗鱼（*Macropodus chinensis*）、高体鳑鲏（*Rhodeus ocellatus*）、中华青鳉（*Oryzias latipes* sinensis)、黄黝鱼（*Hypseleotris swinhonis*）的出现频率均大于40%，且重要值指数也均大于100%，属常见种及优势种。Margalef 丰富度指数为2.15，Simpson 优势度指数为0.73，Shannon-Wiener 多样性指数为2.50，Pielou 均匀度指数为0.70，鱼类群落多样性较高。

6.3.22.3 陆地特征

（1）地貌特征

该区地貌类型主要为平原，丘陵分布较少。东部地势较高，最高高程为229m，其他部分地势较平缓，平均高程为24.1m。

（2）植被和土壤特征

该区植被覆被条件较好，主要为农业用地。其中，水田作物为167.58km²，旱地作物为5.50 km²，有林地为27.85 km²，灌木林地为8.28 km²，高盖度草地为0.45 km²，中盖度草地为0.10 km²。农作物覆盖区总面积为173.08 km²，占该区总面积的78.7%；林地覆盖区总面积为27.85 km²，占该区总面积的12.7%；农作物和林地覆盖区占该区总面积的91.4%，草地所占比例为0.3%。

该区土壤类型涵盖8个亚类，即水稻土、漂洗水稻土、淹育水稻土、中性粗骨土、石灰（岩）土、黄棕壤性土、黄褐土、潴育水稻土。面积最大的土壤类型为水稻土，占40.9%；其次为漂洗水稻土，占20.4%；再次为淹育水稻土，占12.9%。

（3）土地利用

该区耕地面积为169.43km²，占区域总面积的77.04%；林地面积为18.85km²，占区域总面积的8.57%；草地面积为8.31km²，占区域总面积的3.78%；水域面积为2.25km²，占区域总面积的1.02%；建设用地面积为21.09km²，占区域总面积的9.59%。

6.3.22.4 水生态功能

该区共有26条河段，其中生物多样性保护中功能比例最高，占区域总河段的76.92%，其次为生物多样性保护的功能，占区域总河段的23.08%；珍稀、濒危物种保护功中能比例最高，占区域总河段的65.38%，其次为珍稀、濒危物种保护高功能，占区域总河段的23.08%，珍稀、濒危物种保护低功能，占区域总河段的11.54%；敏感物种保护中功能比例最高，占区域总河段的96.15%，其次为敏感物种保护低功能，占区域总河段的7.69%；种质资源保护低功能比例最高，占区域总河段的96.15%，其次为种质资源保护中功能，占区域总河段的3.85%；水生物产卵索饵越冬中功能比例最高，占区域总河段的73.08%，其次为水生物产卵索饵越冬高功能，占区域总河段的19.23%，水生物产卵索饵越冬低功能，占区域总河段的7.69%；鱼类洄游通道中功能比例最高，占区域总河段的69.23%，其次为鱼类洄游通道高功能，占区域总河段的30.77%；湖滨带生态生境维持高功能比例最高，占区域总河段的100%；涉水重要保护与服务中功能比例最高，占区域总河段的100%；调节与循环中功能区比例最高，占区域总河段的80.77%，其次为调节与循环高功能区，占区域总河段的19.23%。

该区主导水生态功能为湖滨带生态生境维持功能，其高功能河段占区域总河段的100%。

6.3.22.5 水生态保护目标

该区发现有圆尾斗鱼（*Macropodus chinensis*）和中华青鳉（*Oryzias latipes sinensis*），圆尾斗鱼（*Macropodus chinensis*）栖息于湖泊、池塘、沟渠、稻田等静水环境中，而中华青鳉（*Oryzias latipes sinensis*）常成群地栖息于静水或缓流水的表层。

该区发现有毛翅目（*Cheumatopsyche* sp. 和 *Ecnomus* sp.），均为敏感种，对水质要求高，喜栖息于流动清洁水体。双壳纲发现有湖球蚬、圆顶珠蚌、中国尖嵴蚌，不适宜栖息于富营养水体。

6.3.23 白石天河下游平原农田型湿地生物多样性维持与水质净化功能区（LEⅡ$_{4-4}$）

6.3.23.1 位置与分布

该区主要河流有白石天河、庐北分干渠、罗埠河等，所属二级区为 LEⅡ$_4$（图6-32）。

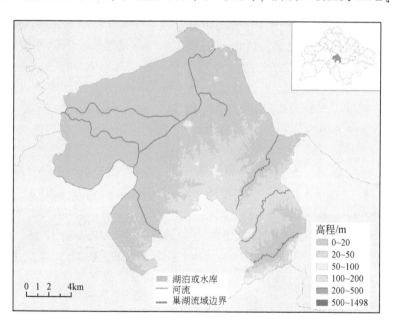

图6-32 白石天河下游平原农田型湿地生物多样性维持与水质净化功能区（LEⅡ$_{4-4}$）

6.3.23.2 河流生态系统特征

（1）水体生境特征

该区河段海拔最大值为12.4m，最小值为6.71m，平均值为8.68m；河段坡度最大值为1.48°，最小值为1.12°，平均值为1.31°；河段比降最大值为0.51‰，最小值为0‰，平均值为0.15‰；河岸植被覆盖度为2.89%。该分区水质较差，4个监测点中2个为Ⅲ

类，1 个为Ⅴ类，1 个为劣Ⅴ类。

（2）水生生物特征

该区共鉴定出浮游植物 35 种，总密度和总生物量分别为 1.35×10^6 个/L 和 2.49mg/L。密度优势种主要为网状空星藻、杂球藻和颗粒直链藻极狭变种螺旋变形，密度分别为 5.96×10^5 个/L、4.96×10^5 个/L 和 3.97×10^5 个/L，密度优势种为中等耐污指示种。生物量优势种为偏心圆筛藻、尖尾裸藻和梅尼小环藻，生物量分别为 3.90mg/L、1.85mg/L 和 0.38mg/L。Margalef 丰富度指数为 0.70，Simpson 优势度指数为 0.24，Shannon-Wiener 多样性指数为 1.79，Pielou 均匀度指数为 0.89，表明该类型区浮游植物多样性不高。

该区共鉴定出着生硅藻 34 种，总密度和总生物量分别为 5.12×10^4 个/cm² 和 0.10 mg/cm²。密度优势种主要为羽纹脆杆藻、海德曲壳藻和尖顶异极藻，密度分别为 2.55×10^4 个/cm²、1.06×10^4 个/cm² 和 9.92×10^3 个/cm²，密度优势种为偏耐污指示示种。生物量优势种为尖顶异极藻、近棒形异极藻尖细变种和扁圆卵形藻，生物量分别为 0.06mg/cm²、0.05mg/cm² 和 0.03mg/cm²。Margalef 丰富度指数为 0.99，Simpson 优势度指数为 0.19，Shannon-Wiener 多样性指数为 2.00，Pielou 均匀度指数为 0.89，表明该类型区着生硅藻多样性较高。

该区共鉴定出底栖动物 25 种，总密度和总生物量分别为 112 个/m² 和 94.48 g/m²。密度优势种主要为河蚬、尖膀胱螺、黄色羽摇蚊、林间环足摇蚊、铜锈环棱螺、尖口圆扁螺，密度分别为 32.5 个/m²、22.6 个/m²、17.6 个/m²、12.6 个/m²、9.3 个/m²、6.1 个/m²，优势种多为中等耐污水平。生物量优势种主要为河蚬、铜锈环棱螺，生物量分别为 79.58g/m²、11.59g/m²。Margalef 丰富度指数为 2.64，Simpson 优势度指数为 0.73，Shannon-Wiener 多样性指数为 1.71，Pielou 均匀度指数为 0.69，表明该区底栖动物多样性处于中等水平。

该区采集鱼类共 35 尾，计 4 种，隶属 1 目 3 科；其中，鲤科鱼类 3 种，占全部物种数的 60%。总体上，鲫（*Cyprinus carpio*）、麦穗鱼（*Pseudorasbora parva*）、斑条鱊（*Acheilognathus taenianalis*）、似鳊（*Pseudobrama simoni*）、圆尾斗鱼（*Macropodus chinensis*）的出现频率均大于 40%，且重要值指数也均大于 100%，属常见种及优势种。Margalef 丰富度指数为 0.84，Simpson 优势度指数为 0.47，Shannon-Wiener 多样性指数为 1.23，Pielou 均匀度指数为 0.62，鱼类群落多样性较低。

6.3.23.3 陆地特征

（1）地貌特征

该区地貌类型主要为平原。东南部地势较高，最高高程为 140m，其他部分地势较平缓，平均高程为 15.0m。

（2）植被和土壤特征

该区植被覆被条件较好，主要为农业用地，有少量的林地覆盖。其中，水田作物为 193.19km²，旱地作物为 23.39 km²，有林地为 5.32 km²。农作物覆盖区总面积为 216.58 km²，占该区总面积的 87.3%；林地覆盖区总面积为 5.32 km²，占该区总面积的 2.1%；农作物和林地覆盖区占该区总面积的 89.4%。

该区土壤类型涵盖 7 个亚类，即水稻土、棕色石灰土、潜育水稻土、黄褐土、中性粗骨土、漂洗水稻土、粗骨土。面积最大的土壤类型为水稻土，占 58.8%；其次为棕色石灰土，占 12.8%；再次为淹育水稻土，占 8.2%。

（3）土地利用

该区耕地面积为 197.37km²，占区域总面积的 79.54%；林地面积为 5.27km²，占区域总面积的 2.13%；草地面积为 7.57km²，占区域总面积的 3.05%；水域面积为 23.81km²，占区域总面积的 9.6%；建设用地面积为 14.05km²，占区域总面积的 5.66%；未利用地面积为 0.06km²，占区域总面积的 0.02%。

6.3.23.4　水生态功能

该区共有 25 条河段，其中生物多样性保护中功能比例最高，占区域总河段的 84%，其次为生物多样性保护低功能，占区域总河段的 8%，以及生物多样性保护低功能，占区域总河段的 8%；珍稀、濒危物种保护低功能比例最高，占区域总河段的 96%，其次为珍稀、濒危物种保护中功能，占区域总河段的 4%；敏感物种保护中功能比例最高，占区域总河段的 92%，其次为敏感物种保护低功能，占区域总河段的 4%，以及敏感物种保护低功能，占区域总河段的 4%；种质资源保护中功能比例最高，占区域总河段的 92%，其次为种质资源保护低功能，占区域总河段的 8%；水生物产卵索饵越冬中功能比例最高，占区域总河段的 96%，其次为水生物产卵索饵越冬低功能，占区域总河段的 4%；鱼类洄游通道中功能比例最高，占区域总河段的 56%，其次为鱼类洄游通道高功能，占区域总河段的 44%；湖滨带生态生境维持高功能比例最高，占区域总河段的 100%；涉水重要保护与服务中功能比例最高，占区域总河段的 100%；调节与循环中功能区比例最高，占区域总河段的 64%，其次为调节与循环高功能区，占区域总河段的 36%。

该区主导水生态功能为湖滨带生态生境维持功能，其高功能河段占区域总河段的 100%。

6.3.23.5　水生态保护目标

该区内现阶段鱼类保护种主要有圆尾斗鱼（*Macropodus chinensis*），其也属该区优势种，圆尾斗鱼（*Macropodus chinensis*）栖息于湖泊、池塘、沟渠、稻田等静水环境中。为保护上述敏感物种，

底栖动物物种数较低，优势种多为中等耐污种。调查发现有细蜾属、日本沼虾、圆顶珠蚌、无齿蚌、纹沼螺、长角涵螺等相对敏感种，但密度较低。

6.3.24　杭埠河下游平原农田型湿地生物多样性维持与水质净化功能区（LEⅡ$_{4-5}$）

6.3.24.1　位置与分布

该区主要河流有杭埠河、丰乐河、蒋口河等，所属二级区为 LEⅡ$_4$（图 6-33）。

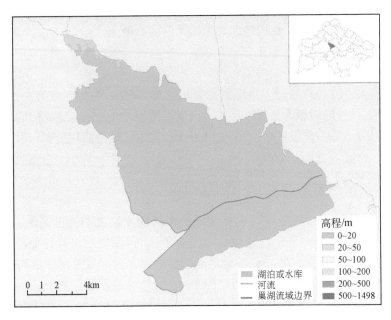

图 6-33　杭埠河下游平原农田型湿地生物多样性维持与水质净化功能区（LEⅡ$_{4-5}$）

6.3.24.2　河流生态系统特征

（1）水体生境特征

该区河段海拔最大值为 52.22m，最小值为 6.71m，平均值为 15.86m；河段坡度最大值为 2.94°，最小值为 1.04°，平均值为 1.36°；河段比降最大值为 0.74‰，最小值为 0‰，平均值为 0.14‰；河岸无植被覆盖。该分区水质较差，3 个监测点中 1 个为Ⅳ类，1 个为Ⅴ类，1 个为劣Ⅴ类。

（2）水生生物特征

该区共鉴定出浮游植物 18 种，总密度和总生物量分别为 7.01×10^{5}个/L 和 1.47 mg/L。密度优势种主要为梅尼小环藻、颗粒直链藻极狭变种和巨大色球藻，密度分别为 5.83×10^{5}个/L、2.23×10^{5}个/L 和 9.93×10^{4}个/L，密度优势种主要为偏中等耐污指示种。生物量优势种为梅尼小环藻、钝端菱形藻和肘状针杆藻及变种，生物量分别为 1.78mg/L、0.37mg/L 和 0.17mg/L。Margalef 丰富度指数为 0.46，Simpson 优势度指数为 0.30，Shannon-Wiener 多样性指数为 1.53，Pielou 均匀度指数为 0.83，表明该类型区浮游植物多样性不高。

该区共鉴定出着生硅藻 32 种，总密度和总生物量分别为 3.42×10^{4}个/cm^{2}和 0.17 mg/cm^2。密度优势种主要为钝脆杆藻、扁圆卵形藻和环状扇形藻，密度分别为 1.03×10^{4}个/cm^2、8.88×10^{3}个/cm^{2}和 7.52×10^{3}个/cm^2，密度优势种为偏中等耐污指示种。生物量优势种为普通内丝藻、扁圆卵形藻和近缘桥弯藻，生物量分别为 0.08mg/cm^2、0.07mg/cm^{2}和 0.06mg/cm^2。Margalef 丰富度指数为 1.14，Simpson 优势度指数为 0.18，Shannon-Wiener 多样性指数为 2.08，Pielou 均匀度指数为 0.89，表明该类型区着生硅藻多样性较高。

该区共鉴定出底栖动物 24 种，总密度和总生物量分别为 158 个/m² 和 138.15 g/m²。密度优势种主要为铜锈环棱螺、锯齿新米虾、尾蚬属、椭圆萝卜螺、淡水壳菜，密度分别为 52.8 个/m²、44.7 个/m²、13.3 个/m²、9.2 个/m²、8.9 个/m²，优势种多为中等耐污种。生物量优势种主要为铜锈环棱螺、锯齿新米虾、椭圆萝卜螺、淡水壳菜，生物量分别为 127.69g/m²、3.05g/m²、2.56g/m²、2.04g/m²。Margalef 丰富度指数为 2.47，Simpson 优势度指数为 0.78，Shannon-Wiener 多样性指数为 1.84，Pielou 均匀度指数为 0.72，表明该区底栖动物多样性中等偏高。

该区采集鱼类共 27 尾，计 7 种，隶属 2 目 4 科；其中，鲤科鱼类 5 种，占全部物种数的 62.50%。总体上，鲫（*Cyprinus carpio*）、鳘（*Hemiculter leucisculus*）、中华沙塘鳢（*Odontobutis sinensis*）、麦穗鱼（*Pseudorasbora parva*）、斑条鱊（*Acheilognathus taenianalis*）、间下鱵（*Hemirhamphodon intermedius*）、高体鳑鲏（*Rhodeus ocellatus*）的出现频率均大于 40%，且重要值指数也均大于 100%，属常见种及优势种。Margalef 丰富度指数为 1.82，Simpson 优势度指数为 0.81，Shannon-Wiener 多样性指数为 2.42，Pielou 均匀度指数为 0.86，鱼类群落多样性较低。

6.3.24.3　陆地特征

（1）地貌特征

该区地貌类型主要为平原，地势平缓，最高高程为 29m，平均高程为 9.0m。

（2）植被和土壤特征

该区植被覆被条件较好，主要为农业用地，有少量的林地覆盖。其中，水田作物为 112.22km²，有林地为 0.14 km²。农作物覆盖区总面积为 112.22 km²，占该区总面积的 86.4%；林地覆盖区总面积为 0.14 km²，占该区总面积的 0.1%；农作物和林地覆盖区占该区总面积的 86.5%。

该区土壤类型涵盖 1 个亚类，即水稻土。其面积占区域面积的 95.3%。

（3）土地利用

该区耕地面积为 93.76km²，占区域总面积的 72.18%；水域面积为 19.41km²，占区域总面积的 14.94%；建设用地面积为 16.74km²，占区域总面积的 12.88%。

6.3.24.4　水生态功能

该区共有 7 条河段，其中生物多样性保护中功能比例最高，占区域总河段的 85.71%，其次为生物多样性保护高功能；占区域总河段的 14.29%；珍稀、濒危物种保护低功能比例最高，占区域总河段的 100%；敏感物种保护高功能比例最高，占区域总河段的 57.14%，其次为敏感物种保护中功能，占区域总河段的 28.57%，再次为敏感物种保护低功能，占区域总河段的 14.29%；种质资源保护中功能比例最高，占区域总河段的 85.71%，其次为种质资源保护低功能，占区域总河段的 14.29%；水生物产卵索饵越冬中功能比例最高，占区域总河段的 85.71%，其次为水生物产卵索饵越冬低功能，占区域总河段的 14.29%；鱼类洄游通道高功能比例最高，占区域总河段的 71.43%，其次为鱼类洄游通道中功能，占区域总河段的 28.57%；湖滨带生态生境维持高功能比例最高，占区域总河段的85.71%，其次为湖滨带生态生境维持中功能，占区域总河段的14.29%；涉水重要保护与服务中功能比例最高，占区域总河段的100%；调节与循环高功能区比例最高，占区域总河段的57.14%，其次为调节与循环中功能区，占区域总河段的42.86%。

该区主导水生态功能为湖滨带生态生境维持、鱼类洄游通道、敏感物种保护和调节与循环等功能，它们的高功能河段分别占区域总河段的85.71%、71.43%、57.14%和57.14%。

6.3.24.5 水生态保护目标

该区内现阶段保护种主要有中华沙塘鳢（*Odontobutis sinensis*），属该区优势种，中华沙塘鳢（*Odontobutis sinensis*）为淡水小型底层鱼类，生活于湖泊、江河和河沟的底部，喜栖息于杂草和碎石相混杂的浅水区。行动缓慢，游泳力较弱。摄食小鱼、小虾、水蚯蚓、摇蚊幼虫、水生昆虫和甲壳类。

底栖动物优势种多中锯齿新米虾，喜集群于水草丛生、水流相对缓慢的近岸水域。调查发现有尾鳃属、细鳃属、背瘤丽蚌，不适宜栖息于富营养水体。背瘤丽蚌喜栖息于缓流或水流较急、水质澄清的水体中，底质喜上层为泥层、下层为沙底的生境。

6.3.25 杭埠河下游平原农田型湿地生物多样性维持与水质净化功能区（LE Ⅱ~4-6~）

6.3.25.1 位置与分布

该区主要河流有杭埠河、丰乐河、庐北分干渠等，所属二级区为 LE Ⅱ~4~（图6-34）。

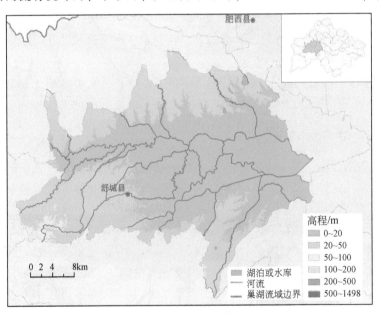

图6-34 杭丰河中游平原农田型河渠水源涵养与水质净化功能区（LE Ⅱ~4-6~）

6.3.25.2　河流生态系统特征

(1) 水体生境特征

该区河段海拔最大值为 47.6m，最小值为 8.76m，平均值为 21.91m；河段坡度最大值为 5.1°，最小值为 1.28°，平均值为 2.59°；河段比降最大值为 0.65‰，最小值为 0.04‰，平均值为 0.16‰；河岸植被覆盖度为 1.03%。该分区水质较差，主要为 V~劣 V 类。9 个监测点中 2 个 III 类，2 个为 IV 类，1 个为 V 类，4 个为劣 V 类。V~劣 V 类的比例为 55.6%。

(2) 水生生物特征

该区共鉴定出浮游植物 51 种，总密度和总生物量分别为 9.55×10^5 个/L 和 2.68 mg/L。密度优势种主要为奇异杆状藻、微小裂面藻和杂球藻，密度分别为 6.70×10^5 个/L、3.97×10^5 个/L 和 3.97×10^5 个/L，密度优势种主要为中等耐污指示种。生物量优势种为艾伦桥弯藻、奇异杆状藻和偏心圆筛藻，生物量分别为 4.45mg/L、2.39mg/L 和 1.95mg/L。Margalef 丰富度指数为 0.70，Simpson 优势度指数为 0.26，Shannon-Wiener 多样性指数为 1.82，Pielou 均匀度指数为 0.79，表明该类型区浮游植物多样性不高。

该区共鉴定出着生硅藻 44 种，总密度和总生物量分别为 6.69×10^4 个/cm^2 和 0.43 mg/cm^2。密度优势种主要为披针形曲壳藻、纤细异极藻和极细微曲壳藻，密度分别为 2.86×10^4 个/cm^2、2.77×10^4 个/cm^2 和 1.69×10^4 个/cm^2，密度优势种为偏耐污指示种。生物量优势种为胀大桥弯藻委内瑞拉变种、纤细异极藻和普通内丝藻，生物量分别为 0.48mg/cm^2、0.15mg/cm^2 和 0.04mg/cm^2。Margalef 丰富度指数为 1.06，Simpson 优势度指数为 0.27，Shannon-Wiener 多样性指数为 1.77，Pielou 均匀度指数为 0.78，表明该类型区着生硅藻多样性不高。

该区共鉴定出底栖动物 47 种，总密度和总生物量分别为 187 个/m^2 和 152.34 g/m^2。密度优势种主要为铜锈环棱螺、霍甫水丝蚓、锯齿新米虾、椭圆萝卜螺、宽身舌蛭、河蚬、小云多足摇蚊，密度分别为 72.4 个/m^2、29.4 个/m^2、16.0 个/m^2、10.5 个/m^2、9.7 个/m^2、6.4 个/m^2、5.5 个/m^2，优势种多为中等耐污种。生物量优势种主要为铜锈环棱螺、河蚬、圆顶珠蚌、圆背角无齿蚌、大沼螺，生物量分别为 111.08g/m^2、19.51g/m^2、4.59g/m^2、3.91g/m^2、3.77g/m^2。Margalef 丰富度指数为 2.36，Simpson 优势度指数为 0.63，Shannon-Wiener 多样性指数为 1.51，Pielou 均匀度指数为 0.61，表明该区底栖动物多样性处于中等水平。

该区采集鱼类共 277 尾，计 20 种，隶属 3 目 8 科；其中，鲤科鱼类 13 种，占全部物种数的 65.00%。总体上，鲤 (*Cyprinus carpio*)、鲫 (*Cyprinus carpio*)、鳘 (*Hemiculter leucisculus*)、斑条鱊 (*Acheilognathus taenianalis*)、高体鳑鲏 (*Rhodeus ocellatus*)、黑鳍鳈 (*Sarcocheilichthys nigripinnis*)、银鮈 (*Squalidus argentatus*) 的出现频率均大于 40%，且重要值指数也均大于 100%，属常见种及优势种。乌鳢 (*Channa argus*)、中华沙塘鳢 (*Odontobutis sinensis*)、中华刺鳅 (*Mastacembelus aculeatus*)、似鳊 (*Pseudobrama simoni*)、泥鳅 (*Misgurnus anguillicaudatus*)、宽鳍鱲 (*Zacco platypus*)、马口鱼 (*Opsarrichthys bidens*)、中华青鳉 (*Oryzias latipes sinensis*)、花 [鱼骨] (*Hemibarbus maculatus*)、福建小

鳟鮈（*Microphysogobio fukiensis*）10 种鱼类的出现频率为 10% ~ 40%，属于偶见种。Margalef 丰富度指数为 3.38，Simpson 优势度指数为 0.77，Shannon-Wiener 多样性指数为 2.91，Pielou 均匀度指数为 0.67，鱼类群落多样性较高。

6.3.25.3 陆地特征

（1）地貌特征

该区地貌类型主要为平原，地势平缓，南部地区地势较高，最高高程为 272m，平均高程为 21.8m。

（2）植被和土壤特征

该区植被覆被条件较好，主要为农业用地，有少量的林地覆盖。其中，水田作物为 876.01km²，旱地作物为 25.43 km²，有林地为 3.48 km²，灌木林地为 39.57 km²。农作物覆盖区总面积为 901.44 km²，占该区总面积的 86.8%；林地覆盖区总面积为 43.05 km²，占该区总面积的 4.2%；农作物和林地覆盖区占该区总面积的 91.0%。

该区土壤类型涵盖 11 个亚类，即水稻土、黄褐土、潮土、灰潮土、漂洗水稻土、淹育水稻土、黄棕壤、黏盘黄褐土、紫色土、暗黄棕壤、酸性石质土。面积最大的土壤类型为水稻土，占 88.3%；其次为黄褐土，占 3.8%；再次为潮土，占 2.7%。

（3）土地利用

该区耕地面积为 880.36km²，占区域总面积的 84.8%；林地面积为 15.3km²，占区域总面积的 1.47%；草地面积为 2.08km²，占区域总面积的 0.2%；水域面积为 32.77km²，占区域总面积的 3.16%；建设用地面积为 107.62km²，占区域总面积的 10.37%。

6.3.25.4 水生态功能

该区共有 129 条河段，其中生物多样性保护中功能比例最高，占区域总河段的 84.5%，其次为生物多样性保护低功能，占区域总河段的 9.3%，生物多样性保护高功能，占区域总河段的 6.2%；珍稀、濒危物种保护低功能比例最高，占区域总河段的 100%；敏感物种保护高功能比例最高，占区域总河段的 97.67%，其次为敏感物种保护中功能，占区域总河段的 2.33%；种质资源保护中功能比例最高，占区域总河段的 97.67%，其次为种质资源保护低功能，占区域总河段的 2.33%；水生物产卵索饵越冬中功能比例最高，占区域总河段的 97.67%，其次为水生物产卵索饵越冬低功能，占区域总河段的 2.33%；鱼类洄游通道高功能比例最高，占区域总河段的 79.07%，其次为鱼类洄游通道中功能，占区域总河段的 20.93%；湖滨带生态生境维持中功能比例最高，占区域总河段的 96.9%，其次为湖滨带生态生境维持高功能，占区域总河段的 3.1%；涉水重要保护与服务中功能比例最高，占区域总河段的 100%；调节与循环中功能区比例最高，占区域总河段的 72.09%，其次为调节与循环高功能区，占区域总河段的 27.91%。

该区主导水生态功能为敏感物种保护和鱼类洄游通道功能，它们的高功能河段分别占区域总河段的 97.67% 和 79.07%。

6.3.25.5 水生态保护目标

该区内现阶段鱼类保护种主要有中华青鳉（*Oryzias latipes sinensis*）、中华沙塘鳢

（*Odontobutis sinensis*）和马口鱼（*Opsarrichthys bidens*），其均是该区的偶见种，中华青鳉（*Oryzias latipes sinensis*）常成群地栖息于静水或缓流水的表层，中华沙塘鳢（*Odontobutis sinensis*）为淡水小型底层鱼类，生活于湖泊、江河和河沟的底部，喜栖息于杂草和碎石相混杂的浅水区；而马口鱼（*Opsarrichthys bidens*）是该区的偶见种。

底栖动物优势种多中锯齿新米虾，喜集群于水草丛生、水流相对缓慢的近岸水域。此外，还发现有宽基蜉属、毛翅目的短脉纹石蛾属（*Cheumatopsyche* sp.）和经石蛾属（*Ecnomus* sp.），其为敏感种，对水质要求高，喜栖息于流动清洁水体。双壳纲有射线裂脊蚌、圆顶珠蚌、无齿蚌，不适宜栖息于富营养水体。

6.3.26 白石天河上游平原农田型河渠水质净化与营养物循环功能区（LEⅡ₄₋₇）

6.3.26.1 位置与分布

该区主要河流有白石天河、罗埠河、金牛河等，所属二级区为 LEⅡ₄（图6-35）。

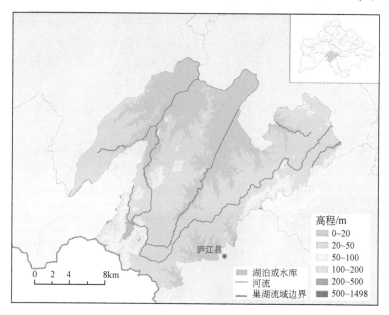

图6-35 白石天河上游平原农田型河渠水质净化与营养物循环功能区（LEⅡ₄₋₇）

6.3.26.2 河流生态系统特征

（1）水体生境特征

该区河段海拔最大值为98.63m，最小值为7.9m，平均值为15.13m；河段坡度最大值为12.65°，最小值为1.18°，平均值为3.24°；河段比降最大值为9.06‰，最小值为0‰，平均值为0.47‰；河岸植被覆盖度为5.19%。该分区水质较差，主要为Ⅴ~劣Ⅴ类。5个监测点中1个Ⅲ类，1个为Ⅳ类，1个为Ⅴ类，2个为劣Ⅴ类。Ⅴ~劣Ⅴ类的比例为60%。

（2）水生生物特征

该区共鉴定出浮游植物 30 种，总密度和总生物量分别为 1.61×10^6 个/L 和 1.96 mg/L。密度优势种主要为湖泊束毛藻、尖尾蓝隐藻和颗粒直链藻极狭变种，密度分别为 5.11×10^6 个/L、2.85×10^5 个/L 和 1.49×10^5 个/L，密度优势种多为耐污指示种。生物量优势种为冠盘藻、斯潘塞布纹藻和湖泊束毛藻，生物量分别为 3.90mg/L、2.34mg/L 和 0.31mg/L。Margalef 丰富度指数为 0.52，Simpson 优势度指数为 0.35，Shannon-Wiener 多样性指数为 1.47，Pielou 均匀度指数为 0.72，表明该类型区浮游植物多样性不高。

该区共鉴定出着生硅藻 45 种，总密度和总生物量分别为 6.36×10^4 个/cm² 和 0.32 mg/cm²。密度优势种主要为极细微曲壳藻、羽纹脆杆藻和钝脆杆藻，密度分别为 1.98×10^4 个/cm²、1.31×10^4 个/cm² 和 1.18×10^4 个/cm²，密度优势种主要为耐污指示种。生物量优势种为膨胀桥弯藻、近轴桥弯藻和近缘桥弯藻，生物量分别为 0.25mg/cm²、0.23mg/cm² 和 0.13mg/cm²。Margalef 丰富度指数为 1.15，Simpson 优势度指数为 0.24，Shannon-Wiener 多样性指数为 1.97，Pielou 均匀度指数为 0.80，表明该类型区着生硅藻多样性较高。

该区共鉴定出底栖动物 28 种，总密度和总生物量分别为 38 个/m² 和 42.75 g/m²。密度优势种主要为铜锈环棱螺、长角涵螺、医蛭属、椭圆萝卜螺，密度分别为 15.9 个/m²、4.5 个/m²、3.8 个/m²、3.0 个/m²，优势种多为中等耐污水平。生物量优势种主要为铜锈环棱螺、河蚬、圆顶珠蚌，生物量分别为 35.99g/m²、2.19g/m²、1.68g/m²。Margalef 丰富度指数为 2.69，Simpson 优势度指数为 0.68，Shannon-Wiener 多样性指数为 1.62，Pielou 均匀度指数为 0.70，表明该区底栖动物多样性中等。

该区采集鱼类共 222 尾，计 11 种，隶属 1 目 4 科；其中，鲤科鱼类 10 种，占全部物种数的 83.33%。总体上，鲫（*Carassius auratus*）、乌鳢（*Channa argus*）、鳘（*Hemiculter leucisculus*）、红鳍原鲌（*Cultrichthys erythropterus*）、似鳊（*Pseudobrama simoni*）、棒花鱼（*Abbottina rivularis*）的出现频率均大于 40%，且重要值指数也均大于 100%，属常见种及优势种。Margalef 丰富度指数为 1.85，Simpson 优势度指数为 0.59，Shannon-Wiener 多样性指数为 1.77，Pielou 均匀度指数为 0.51。

6.3.26.3　陆地特征

（1）地貌特征

该区地貌类型主要为平原，地势平缓，西南部和东南部地区地势较高，最高高程为 345m，平均高程为 30.8m。

（2）植被和土壤特征

该区植被覆被条件较好，主要为农业用地。其中，水田作物为 306.15km²，旱地作物为 54.87 km²，有林地为 39.34 km²，灌木林地为 3.29 km²。农作物覆盖区总面积为 361.01 km²，占该区总面积的 82.6%；林地覆盖区总面积为 42.63 km²，占该区总面积的 9.8%；农作物和林地覆盖区占该区总面积的 92.4%。

该区土壤类型涵盖 11 个亚类，即水稻土、潜育水稻土、漂洗水稻土、黄棕壤、黄褐土、棕色石灰土、酸性石质土、石灰（岩）土、黄棕壤性土、粗骨土、中性粗骨土。面积最大的土壤类型为水稻土，占 53.4%；其次为潜育水稻土，占 14.2%。

（3）土地利用

该区耕地面积为337.95km²，占区域总面积的77.31%；林地面积为27.04km²，占区域总面积的6.18%；草地面积为14.69km²，占区域总面积的3.36%；水域面积为8.48km²，占区域总面积的1.94%；建设用地面积为48.86km²，占区域总面积的11.18%；未利用地面积为0.12km²，占区域总面积的0.03%。

6.3.26.4 水生态功能

该区共有39条河段，其中生物多样性保护中功能比例最高，占区域总河段的71.80%，其次为生物多样性保护高功能，占区域总河段的20.51%，生物多样性保护低功能，占区域总河段的7.69%；珍稀、濒危物种保护低功能比例最高，占区域总河段的94.87%，其次为珍稀、濒危物种保护中功能，占区域总河段的5.13%；敏感物种保护中功能比例最高，占区域总河段的92.31%，其次为敏感物种保护高功能，占区域总河段的7.69%；种质资源保护中功能比例最高，占区域总河段的87.18%，其次为种质资源保护低功能，占区域总河段的12.82%；水生物产卵索饵越冬中功能比例最高，占区域总河段的89.74%，其次为水生物产卵索饵越冬低功能，占区域总河段的10.26%；鱼类洄游通道中功能比例最高，占区域总河段的84.62%，其次为鱼类洄游通道高功能，占区域总河段的15.38%；湖滨带生态生境维持中功能比例最高，占区域总河段的71.79%，其次为湖滨带生态生境维持高功能，占区域总河段的28.21%；涉水重要保护与服务中功能比例最高，占区域总河段的82.05%，其次为涉水重要保护与服务高功能，占区域总河段的17.95%；调节与循环中功能区比例最高，占区域总河段的84.62%，其次为调节与循环高功能区，占区域总河段的15.38%。

该区主导水生态功能为生物多样性保护、敏感物种保护、种质资源保护、水生物产卵索饵越冬、鱼类洄游通道、湖滨带生态生境维持、涉水重要保护与服务和调节与循环，它们的中功能河段分别占区域总河段的71.79%、92.31%、87.18%、89.74%、84.62%、71.79%、82.05%和84.62%。

6.3.26.5 水生态保护目标

鱼类优势种中多为广布性耐受性物种，调查中发现随着流域内工农业生产及城镇化的发展，鱼类多样性及渔业资源正面临多重威胁。中华鲟和刀鲚等较为常见的种类已近绝迹。青鱼、鳜等经济鱼类的数量严重减少。

该区现阶段底栖动物优势种多为中等耐污水平。调查发现有细蜾属、黄蜾属、中国尖嵴蚌、圆顶珠蚌、无齿蚌，对水质要求相对较高，不适宜栖息于富营养水体，但在区内密度较低。

6.3.27 黄陂湖上游丘陵农田型湖泊水质净化与营养物循环功能区（LEⅡ₄₋₈）

6.3.27.1 位置与分布

该区主要河流有西河、瓦洋河、黄泥河等，所属二级区为LEⅡ₄（图6-36）。

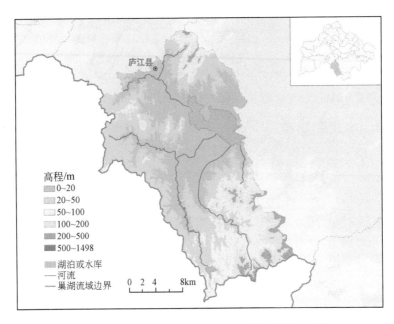

图 6-36 黄陂湖上游丘陵农田型湖泊水质净化与营养物循环功能区（LEⅡ$_{4-8}$）

6.3.27.2 河流生态系统特征

（1）水体生境特征

该区河段海拔最大值为 39.86m，最小值为 0m，平均值为 11.66m；河段坡度最大值为 1.58°，最小值为 1.58°，平均值为 1.58°；河段比降最大值为 0.17‰，最小值为 0.17‰，平均值为 0.17‰；河岸植被覆盖度为 8.09%。主要湖泊有黄陂湖。该区水质尚可，主要为Ⅲ～Ⅴ类。8 个监测点中 3 个Ⅲ类，1 个为Ⅳ类，3 个为Ⅴ类，1 个为劣Ⅴ类。Ⅲ～Ⅴ类的比例为 87.5%。

（2）水生生物特征

该区共鉴定出浮游植物 42 种，总密度和总生物量分别为 8.81×10^5 个/L 和 2.30 mg/L。密度优势种主要为变异直链藻、尖尾蓝隐藻和四球藻，密度分别为 1.44×10^6 个/L、3.47×10^5 个/L 和 1.99×10^5 个/L，密度优势种主要为中等耐污指示种。生物量优势种为变异直链藻、放射舟型藻和冠盘藻，生物量分别为 3.99mg/L、1.99mg/L 和 1.95mg/L。Margalef 丰富度指数为 0.63，Simpson 优势度指数为 0.24，Shannon-Wiener 多样性指数为 1.79，Pielou 均匀度指数为 0.85，表明该类型区浮游植物多样性不高。

该区共鉴定出着生硅藻 55 种，总密度和总生物量分别为 8.62×10^4 个/cm² 和 0.30mg/cm²。密度优势种主要为肘状针杆藻、爆裂针杆藻和环状扇形藻，密度分别为 2.02×10^4 个/cm²、1.92×10^4 个/cm² 和 1.76×10^4 个/cm²，密度优势种为中等耐污指示种。生物量优势种为扭转布纹藻原变种、胀大桥弯藻委内瑞拉变种和胡斯特桥弯藻，生物量分别为 0.20mg/cm²、0.18mg/cm² 和 0.13mg/cm²。Margalef 丰富度指数为 1.15，Simpson 优势度指数为 0.20，Shannon-Wiener 多样性指数为 2.06，Pielou 均匀度指数为 0.80，表明该类型区着生硅藻多样性较高。

该区共鉴定出底栖动物44种，总密度和总生物量分别为271个/m²和26.24 g/m²。密度优势种主要为霍甫水丝蚓、方格短沟蜷、铜锈环棱螺、近藤水摇蚊，密度分别为184.3个/m²、17.0个/m²、14.5个/m²、8.8个/m²，优势种多为耐污种。生物量优势种主要为铜锈环棱螺、圆顶珠蚌、方格短沟蜷，生物量分别为19.10g/m²、2.17g/m²、1.27g/m²。Margalef丰富度指数为2.00，Simpson优势度指数为0.55，Shannon-Wiener多样性指数为1.23，Pielou均匀度指数为0.54，表明该区底栖动物多样性处于中等水平。

该区采集鱼类共42尾，计8种，隶属1目4科；其中，鲤科鱼类6种，占全部物种数的66.67%。总体上，吻虾虎鱼（*Ctenogobius* spp.）、麦穗鱼（*Pseudorasbora parva*）、斑条鱊（*Acheilognathus taenianalis*）、似鳊（*Pseudobrama simoni*）、棒花鱼（*Abbottina rivularis*）、中华花鳅（*Cobitis sinensis*）、高体鳑鲏（*Rhodeus ocellatus*）、黄黝鱼（*Hypseleotris swinhonis*）的出现频率均大于40%，且重要值指数也均大于100%，属常见种及优势种。Margalef丰富度指数为1.87，Simpson优势度指数为0.79，Shannon-Wiener多样性指数为2.45，Pielou均匀度指数为0.82。

6.3.27.3　陆地特征

（1）地貌特征

该区地貌类型主要为平原，丘陵分布较少，地势较平缓，东南部和东北部地区地势较高，最高高程为459m，平均高程为46.8m。

（2）植被和土壤特征

该区植被覆被条件较好，主要为农业用地。其中，水田作物为224.16km²，旱地作物为104.51 km²，有林地为121.16 km²，灌木林地为55.09 km²，高盖度草地为1.08 km²。农作物覆盖区总面积为328.67 km²，占该区总面积的57.9%；林地覆盖区总面积为176.25 km²，占该区总面积的31.1%；农作物和林地覆盖区占该区总面积的90.0%。

该区土壤类型涵盖9个亚类，即水稻土、黄棕壤、黄褐土、黄棕壤性土、酸性石质土、粗骨土、潜育水稻土、紫色土、石灰（岩）土。面积最大的土壤类型为水稻土，占47.5%；其次为黄棕壤，占13.7%；再次为黄褐土，占12.2%。

（3）土地利用

该区耕地面积为357.6km²，占区域总面积的63.01%；林地面积为104.33km²，占区域总面积的18.38%；草地面积为32.97km²，占区域总面积的5.81%；水域面积为31.62km²，占区域总面积的5.57%；建设用地面积为41.02km²，占区域总面积的7.23%。

6.3.27.4　水生态功能

该区共有33条河段，其中生物多样性保护中功能比例最高，占区域总河段的66.67%，其次为生物多样性保护低功能，占区域总河段的27.27%，生物多样性保护高功能，占区域总河段的6.06%；珍稀、濒危物种保护中功能比例最高，占区域总河段的75.76%，其次为珍稀、濒危物种保护低功能，占区域总河段的24.24%；敏感物种保护高功能比例最高，占区域总河段的75.76%，其次为敏感物种保护中功能，占区域总河段的

24.24%；种质资源保护低功能比例最高，占区域总河段的100%；水生物产卵索饵越冬中功能比例最高，占区域总河段的75.76%，其次为水生物产卵索饵越冬低功能，占区域总河段的24.24%；鱼类洄游通道中功能比例最高，占区域总河段的100%；湖滨带生态生境维持中功能比例最高，占区域总河段的100%；涉水重要保护与服务高功能比例最高，占区域总河段的75.76%，其次为涉水重要保护与服务中功能，占区域总河段的24.24%；调节与循环中功能区比例最高，占区域总河段的100%。

该区主导水生态功能为敏感物种保护和涉水重要保护与服务等功能，它们的高功能河段均占区域总河段的75.76%。

6.3.27.5　水生态保护目标

该区内现阶段鱼类保护种主要有吻虾虎鱼（*Ctenogobius* spp.），属该区优势种，吻虾虎鱼主要生活于温带和热带地区，属于洄游性鱼类，其抗病虫能力超强，喜食水生昆虫或底栖性小鱼以及鱼卵。

6.3.28　巢湖湖泊生物多样性维持与水资源调控综合功能区（LEⅢ$_{1-1}$）

6.3.28.1　位置与分布

该区所属二级区为LEⅢ$_1$，如图6-37所示。

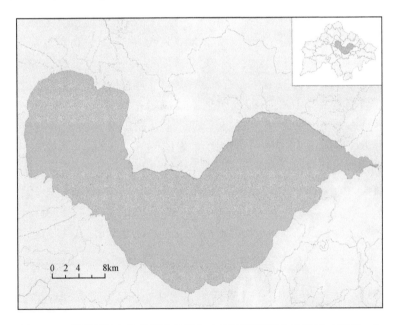

图6-37　巢湖湖泊生物多样性维持与水资源调控综合功能区（LEⅢ$_{1-1}$）

6.3.28.2　河流生态系统特征

（1）水体生境特征

巢湖湖体水质较差，主要为Ⅴ～劣Ⅴ类。34 个监测点中 5 个为Ⅳ类，11 个为Ⅴ类，18 个为劣Ⅴ类。Ⅴ～劣Ⅴ类的比例为 85.3%。

（2）水生生物特征

该区共鉴定出浮游植物 113 种，总密度和总生物量分别为 $7.74×10^6$ 个/L 和 3.25mg/L。密度优势种主要为微小微囊藻、水华鱼腥藻和铜绿微囊藻小型变种，密度分别为 $5.48×10^6$ 个/L、$4.79×10^6$ 个/L 和 $2.40×10^6$ 个/L，密度优势种为主要耐污型指示种，表明水体富营养化程度较为严重。生物量优势种为冠盘藻、偏心圆筛藻和尖尾裸藻，生物量分别为 3.90mg/L、3.11mg/L 和 1.83mg/L。Margalef 丰富度指数为 1.06，Simpson 优势度指数为 0.27，Shannon-Wiener 多样性指数为 1.94，Pielou 均匀度指数为 0.68，表明该类型区浮游植物多样性较高。

该区共鉴定出底栖动物 21 种，总密度和总生物量分别为 495 个/m² 和 18.07 g/m²。密度优势种主要为霍甫水丝蚓、红裸须摇蚊、菱跗摇蚊属、苏氏尾鳃蚓、中国长足摇蚊、多巴小摇蚊、寡鳃齿吻沙蚕、黄色羽摇蚊，密度分别为 191.5 个/m²、147.1 个/m²、37.6 个/m²、31.3 个/m²、21.4 个/m²、18.2 个/m²、17.8 个/m²、13.1 个/m²，优势种为耐污种，表明水体富营养化程度严重。生物量优势种主要为铜锈环棱螺、河蚬，生物量分别为 11.76g/m²、2.62g/m²。Margalef 丰富度指数为 0.78，Simpson 优势度指数为 0.53，Shannon-Wiener 多样性指数为 1.10，Pielou 均匀度指数为 0.65，表明该区底栖动物多样性低。

6.3.28.3　陆地特征

该区主要以湖面为主，伴有零星岛屿和小山，最高高程为 31m，平均高程为 5m。有少量的湖滨植物。

6.3.28.4　水生态功能

该区主导水生态功能为珍稀、濒危物种保护高功能、特有物种保护高功能、水生物产卵索饵越冬高功能、调节与循环高功能。

6.3.28.5　水生态保护目标

现阶段巢湖底栖动物优势种属寡毛类和摇蚊科幼虫，均为耐污种，适应能力强，无保护价值。根据 20 世纪 80 年代监测结果，河蚬、淡水壳菜、方格短沟蜷、纹沼螺、钩虾为巢湖的优势种。河蚬是重要的渔业资源，对水体富营养化较为敏感，富营养化和蓝藻水华暴发导致的底层缺氧环境不利于其存活，特别是在夏季高温水华严重的季节。此外，巢湖富营养化导致河蚬和环棱螺密度降低。因此，以上种类可列为该区的保护目标。应控制水体富营养化和蓝藻水华，削减外源氮磷输入。对西湖区底泥污染严重的区域进行生态疏浚，改善底质生境。对于东湖区，应保护和恢复水生植物群落，增加水体透明度，并提高栖息地多样性。

参 考 文 献

高斌友，仰礼信，宋超 . 2016. 巢湖治理与保护总体策略和创新实践 . 生态学杂志，32（2）：1-7.

高俊峰，高永年 . 2012. 太湖流域水生态功能分区研究 . 北京：中国环境科学出版社 .

高永年，高俊峰，陈炯峰，等 . 2012. 太湖流域水生态功能三级分区 . 地理研究，31（11）：1942-1951.

高永年，高俊峰 . 2010. 太湖流域水生态功能分区 . 地理研究，（1）：111-117.

Gao Y N，Gao J F，Chen J F，et al. 2011. Regionalizing aquatic ecosystems based on the river subbasin taxonomy concept and spatial clustering techniques. Inter J Env Res Pub Heal，8（11）：4367-4385.

第 7 章　河段水生态系统类型特征[①]

依据巢湖流域水生态系统特征，选取河流蜿蜒度、河流流速、河岸带类型三项指标，将巢湖流域河流分为 8 种类型，即缓流城镇岸带低蜿蜒度河流、缓流农田岸带低蜿蜒度河流、缓流农田岸带高蜿蜒度河流、缓流森林岸带低蜿蜒度河流、急流城镇岸带高蜿蜒度河流、急流农田岸带低蜿蜒度河流、急流森林岸带低蜿蜒度河流、急流森林岸带高蜿蜒度河流；按照湖库大小将面状水体分为三种类型，即水库、小型湖泊、大型湖泊。其中，缓流城镇岸带低蜿蜒度河流类型包含 10 个四级区，缓流农田岸带低蜿蜒度河流包含 25 个四级区，缓流农田岸带高蜿蜒度河流类型包含 5 个四级区，缓流森林岸带低蜿蜒度河流类型包含 1 个四级区，急流城镇岸带高蜿蜒度河流类型包含 1 个四级区，急流农田岸带低蜿蜒度河流类型包含 1 个四级区，急流森林岸带低蜿蜒度河流类型包含 4 个四级区，急流森林岸带高蜿蜒度河流类型包含 4 个四级区；水库包含 6 个四级区，小型湖泊包含 3 个四级区，大型湖泊包含 2 个四级区（图 7-1）。

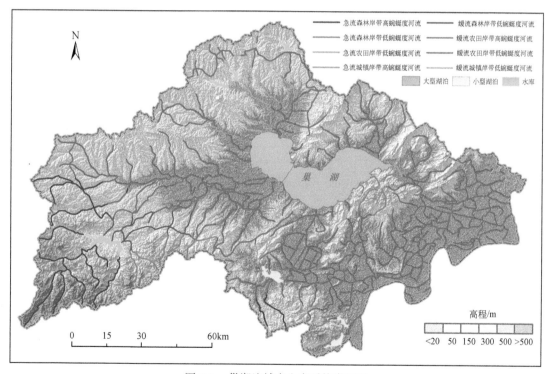

图 7-1　巢湖流域水生态系统类型区

[①] 本章由张志明、蔡永久、夏霆、严云志、温新利、刘坤等撰写，高俊峰统稿、定稿。

7.1 缓流城镇岸带低蜿蜒度河流

7.1.1 类型区地理位置与分布

该类型区分布在 8 个区县级行政区，分别为巢湖市、肥东县、肥西县、合肥市辖区、和县、庐江县、舒城县、长丰县，面积分别为 50.11km²、137.87km²、119.63km²、251.87km²、43.08km²、75.25km²、44.86km²、79.87km²；分布在南淝河流域、杭埠河流域、派河流域、十五里河流域、双桥河流域、裕溪河流域和兆河流域。该类型区包含 10 个水生态功能四级区，分别为 LE Ⅱ$_{1-1-1}$、LE Ⅱ$_{1-2-1}$、LE Ⅱ$_{1-3-1}$、LE Ⅱ$_{1-4-1}$、LE Ⅱ$_{1-5-1}$、LE Ⅱ$_{2-2-1}$、LE Ⅱ$_{3-2-1}$、LE Ⅱ$_{3-3-1}$、LE Ⅱ$_{4-6-1}$ 和 LE Ⅱ$_{4-8-1}$。

7.1.2 类型区陆域及水体特征

7.1.2.1 陆域特征

该类型区海拔最小值为 0m，最大值为 344m，平均值为 26.9m。坡度最小值为 0°，最大值为 33.7°，平均值为 1.3°。中低海拔平原的面积为 481.96km²，占 60.05%；低海拔丘陵的面积为 263.47km²，占 32.83%；小起伏低山的面积为 57.1km²，占 7.12%。耕地的面积为 324.76km²，占 40.47%；林地的面积为 17.76km²，占 2.21%；草地的面积为 7.64km²，占 0.95%；水域的面积为 12.08km²，占 1.50%；建设用地的面积为 438.72km²，占 54.67%；未利用地的面积为 1.57km²，占 0.2%。

7.1.2.2 水体生境特征

该类型区河段海拔最小值为 0m，最大值为 97m，平均值为 15.6m。河段坡度最小值为 0°，最大值为 14.87°，平均值为 0.97°。河岸带中耕地的面积为 91.69km²，占 47.12%；林地的面积为 1.93km²，占 0.99%；草地的面积为 2.65km²，占 1.36%；水域的面积为 10.23km²，占 5.26%；建设用地的面积为 88.1km²，占 45.27%。河段水体四月温度最小值为 13.6℃，最大值为 25.71℃，平均值为 20.23℃。pH 最小值为 7.1，最大值为 9.49，平均值为 7.92。溶解氧最小值为 0.85mg/L，最大值为 18.44mg/L，平均值为 7.57mg/L。悬浮物最小值为 37.8mg/L，最大值为 191.6mg/L，平均值为 80.42mg/L。总氮最小值为 1.08mg/L，最大值为 46.58mg/L，平均值为 17.04mg/L。总磷最小值为 0.06mg/L，最大值为 8.81mg/L，平均值为 2.62mg/L。

7.1.3 类型区内水生生物特征

7.1.3.1 浮游藻类特征

该类型区共鉴定出着生硅藻 76 种，总密度和总生物量分别为 $6.63×10^4$ 个/cm² 和 0.35mg/cm²。密度优势种主要为钝脆杆藻（*Fragilaria capucina*）、极细微曲壳藻（*Achnanthes minutissima*）和披针形曲壳藻可疑变种（*A. lanceolata* var. *dubia*），密度分别为 $1.96×10^4$ 个/cm²、$1.79×10^4$ 个/cm² 和 $1.76×10^4$ 个/cm²，表明水体受污染程度较为严重。生物量优势种主要为偏心圆筛藻（*Coscinodiscus excentricus*）、胀大桥弯藻委内瑞拉变种（*Cymbella turgidula* var. *Venezolana*）和放射舟型藻（*Navicula radiosa*），生物量分别为 0.11mg/cm²、0.09mg/cm² 和 0.08mg/cm²。Margalef 丰富度指数为 1.12，Simpson 优势度指数为 0.31，Shannon-Wiener 多样性指数为 1.91，Pielou 均匀度指数为 1.81，表明着生硅藻多样性不高。

该类型区共鉴定出浮游植物 79 种，总密度和总生物量分别为 $2.56×10^6$ 个/L 和 2.46mg/L。密度优势种主要为粗大微囊藻（*Microcystis robusta*）、水华鱼腥藻（*Anabaena flos-aquae*）和窗格粘球藻（*Gloeocapsa fenestralis*），密度分别为 $1.02×10^6$ 个/L、$0.79×10^6$ 个/L 和 $0.54×10^6$ 个/L，表明水体受污染程度较为严重。生物量优势种主要为尖尾裸藻（*Euglena oxyuris*）、艾伦桥弯藻（*Cymbella ehrenbergii*）和梭形裸藻（*Euglena acus*），生物量分别为 0.72mg/L、0.56mg/L 和 0.49 mg/L。Margalef 丰富度指数为 1.22，Simpson 优势度指数为 0.31，Shannon-Wiener 多样性指数为 1.66，Pielou 均匀度指数为 0.77，表明浮游植物多样性不高。

7.1.3.2 底栖动物特征

该类型区共鉴定出底栖动物 32 种，总密度和总生物量分别为 18 427 个/m² 和 142.48g/m²。密度优势种主要为霍甫水丝蚓、苏氏尾鳃蚓、黄色羽摇蚊、尖口圆扁螺、铜锈环棱螺，密度分别为 17 373 个/m²、676 个/m²、213 个/m²、96 个/m²、38 个/m²，霍甫水丝蚓在部分城市河道密度极高，可达 195 600 个/m²，表明水体污染程度严重。生物量优势种为铜锈环棱螺、霍甫水丝蚓和苏氏尾鳃蚓，生物量分别为 95.38g/m²、28.07g/m²、9.09g/m²。Margalef 丰富度指数为 0.80，Simpson 优势度指数为 0.24，Shannon-Wiener 多样性指数为 0.53，Pielou 均匀度指数为 0.29，底栖动物多样性较低。

7.1.3.3 鱼类特征

该类型区该类型区共鉴定出鱼类 12 种，其中生物量优势种主要为鲤（*Cyprinus carpio*）、鲫（*Carassius auratus*）和鰲（*Hemiculter leucisculus*），其值分别为 1687.46g、518.23g 和 174.36g。体长最长的鱼类为鲤（*Cyprinus carpio*），其次为鲫（*Carassius auratus*），接着是乌鳢（*Channa argus*），其值分别为 52.04cm、25.44cm 和 21.51cm。共采集鱼类 63 尾，其中尾数最多的鱼类为鲫（*Carassius auratus*），其次为高体鳑鲏（*Rhodeus ocellatus*），接着是鰲（*Hemiculter leucisculus*），其值分别为 21 尾、13 尾和 12 尾。鱼类调查点中，Margalef 丰富度指数最大值为 2.44，最小值为 0.07，平均值为 0.91。Simpson 优势度指数最大值为 0.43，最小值为 0.08，平均值为 0.3。Shannon-Wiener 多样性指数最大值为 2.13，最小值为 0.3，平均值为 1.21。Pielou 均匀度指数最大值为 0.63，最小值为 0.25，平均值为 0.44。该区域鱼类多样性中等。

7.1.4 水生态功能

该区域河段中珍稀、濒危物种保护低功能区比例最高，占区域总河段的 56.25%，其次为珍稀、濒危物种保护中功能区，占区域总河段的 28.13%，最后为珍稀、濒危物种保护高功能区，占区域总河段的 15.62%。敏感物种保护中功能区比例最高，占区域总河段的 50%，其次为敏感物种保护低功能区，占区域总河段的 46.78%，最后为敏感物种保护高功能区，占区域总河段的 3.13%。种质资源保护低功能区比例最高，占区域总河段的 93.75%，其次为种质资源保护中功能区，占区域总河段的 6.25%。水生物产卵索饵越冬低功能区比例最高，占区域总河段的 50%，其次为水生物产卵索饵越冬中功能区，占区域总河段的 34.37%，最后为水生物产卵索饵越冬高功能区，占区域总河段的 15.63%。鱼类洄游通道高功能区比例最高，占区域总河段的 46.88%，其次为鱼类洄游通道中功能区，占区域总河段的 34.37%，最后为鱼类洄游通道低功能区，占区域总河段的 18.75%。湖滨带生态生境维持中功能区比例最高，占区域总河段的 62.5%，其次为湖滨带生态生境维持高功能区，占区域总河段的 37.5%。涉水重要保护与服务中功能区比例最高，占总河段的 100%。调节与循环中功能区比例最高，占区域总河段的 53.13%，其次为调节与循环高功能区，占区域总河段的 46.87%。

7.1.5 水生态保护目标

该类型河段底栖动物特征空间差异较大，其中位于城市河道的河段一般污染严重，底栖动物以耐污种占据绝对优势，如南淝河以霍甫水丝蚓占据绝对优势，属典型耐污种，适宜栖息于有机污染严重的环境中，对低氧适应能力强，该类型河段现阶段底栖动物无保护价值，应改善生境质量、提升水质、削减氮磷，营造适应中等耐污种和清洁种的栖息环境。乡镇河道底栖动物多样性较高，含有较多蜻蜓目幼虫、双壳纲（如河蚬、圆顶珠蚌、无齿蚌属、棘裂嵴蚌等）、腹足纲（如长角涵螺、纹沼螺、方格短沟蜷）的种类，多样性相对较高。为保护这些物种，在保护原生境的基础上，应加强对乡镇河道的管理，控制污水排入河流，保护和修复河道湿地植物，提升栖息地多样性和河道水体自净能力。

该区现阶段水生生物优势种多为耐受性物种，仅有鲤科鱼类五种，水体污染程度严重。为保护以上现有物种，增加其种群数量，并增加耐受性物种，应加强对农业生态系统的管理，提高农业种植水平，治理农业面源污染，削减氮磷排入河流，改善河流水质。同时，应保护和修复河流湿地，提高其对河流水质的缓冲和净化能力，增加栖息地多样性。

7.2 缓流农田岸带低蜿蜒度河流

7.2.1 类型区地理位置与分布

该类型区分布在 12 个区县级行政区,分别为巢湖市、枞阳县、肥东县、肥西县、含山县、合肥市辖区、和县、六安市辖区、庐江县、舒城县、无为县、长丰县,面积分别为 1165.31km²、30.25km²、668.42km²、712.47km²、584.77km²、108.35km²、393.27km²、16.22km²、1602.86km²、478.1km²、2101.78km²、288.26km²;分布在白石天河流域、南淝河流域、杭埠河流域、派河流域、十五里河流域、双桥河流域、裕溪河流域、兆河流域、柘皋河流域。该类型区包含 25 个水生态功能四级区,分别为 LEⅠ$_{2-1-2}$、LEⅠ$_{2-3-2}$、LEⅠ$_{2-3-2}$、LEⅡ$_{1-1-2}$、LEⅡ$_{1-2-2}$、LEⅡ$_{1-3-2}$、LEⅡ$_{1-4-2}$、LEⅡ$_{1-4-2}$、LEⅡ$_{1-5-2}$、LEⅡ$_{1-5-2}$、LEⅡ$_{2-1-2}$、LEⅡ$_{2-2-2}$、LEⅡ$_{2-3-2}$、LEⅡ$_{2-4-2}$、LEⅡ$_{3-1-2}$、LEⅡ$_{3-2-2}$、LEⅡ$_{3-3-2}$、LEⅡ$_{4-1-2}$、LEⅡ$_{4-2-2}$、LEⅡ$_{4-3-2}$、LEⅡ$_{4-4-2}$、LEⅡ$_{4-5-2}$、LEⅡ$_{4-6-2}$、LEⅡ$_{4-7-2}$和 LEⅡ$_{4-8-2}$。

7.2.2 类型区陆域及水体特征

7.2.2.1 陆域特征

该类型区海拔最小值为 0m,最大值为 1022m,平均值为 32.1m。坡度最小值为 0°,最大值为 46.2°,平均值为 2.2°。中低海拔平原的面积为 3744.54km²,占 45.93%;低海拔丘陵的面积为 2446.79km²,占 30.01%;小起伏低山的面积为 1909.71km²,占 23.42%。中起伏低山的面积为 51.64km²,占 6.43%;耕地的面积为 6272.82km²,占 76.93%;林地的面积为 470.26km²,占 5.77%;草地的面积为 258.61km²,占 3.17%;水域的面积为 305.4km²,占 3.75%;建设用地的面积为 839.18km²,占 10.29%;未利用地的面积为 7.26km²,占 0.09%。

7.2.2.2 水体生境特征

该类型区河段海拔最小值为 0m,最大值为 533m,平均值为 13.94m。河段坡度最小值为 0°,最大值为 39.16°,平均值为 0.96°。河岸带中耕地的面积为 2620.27km²,占 79.23%;林地的面积为 87.93km²,占 2.66%;草地的面积为 57.92km²,占 1.75%;水域的面积为 293.57km²,占 8.88%;建设用地的面积为 246.93km²,占 7.47%;未利用地的面积为 0.30km²,占 0.01%。河段水体四月份温度最小值为 13.08℃,最大值为 25.89℃,平均值为 18.07℃。pH 最小值为 6.93,最大值为 8.56,平均值为 8.21。溶解氧最小值为 1.51mg/L,最大值为 21.44mg/L,平均值为 9.07mg/L。悬浮物最小值为 36.32mg/L,最大值为 191.8mg/L,平均值为 44.83mg/L。总氮最小值为 0.48mg/L,最大值为 53.49mg/L,平均值为 2.83mg/L。总磷最小值为 0.01mg/L,最大值为 2.66mg/L,平均值为 0.22mg/L。

7.2.3 类型区内水生生物特征

7.2.3.1 浮游藻类特征

该类型区共鉴定出着生硅藻 88 种，总密度和总生物量分别为 $6.59×10^4$ 个/cm² 和 0.37mg/cm²。密度优势种主要为弧形峨眉藻线性变种（*Ceratomneis arcus* var. *linearis* f. *recta*）、尖辐节藻（*Stauroneis acuta*）和两尖辐节藻（*Stauroneis amphioxys*），密度分别为 $1.91×10^4$ 个/cm²、$1.73×10^4$ 个/cm² 和 $1.33×10^4$ 个/cm²，表明水体受一定程度污染。生物量优势种主要为粗糙桥弯藻（*Cymbella aspera*）、尖辐节藻（*Stauroneis acuta*）和两尖辐节藻（*Stauroneis amphioxys*），生物量分别为 0.33mg/cm²、0.18mg/cm² 和 0.17mg/cm²。Margalef 丰富度指数为 1.42，Simpson 优势度指数为 0.20，Shannon-Wiener 多样性指数为 2.17，Pielou 均匀度指数为 0.83，表明着生硅藻多样性较高。

该类型区共鉴定出浮游植物 48 种，总密度和总生物量分别为 $2.14×10^6$ 个/L 和 3.55mg/L。密度优势种主要为水华鱼腥藻（*Anabaena flos-aquae*）、铜绿微囊藻小型变种（*Microcystis aeruginosa* var. *minor*）和水华束丝藻（*Aphanizomenon flos-aquae*），密度分别为 $1.08×10^6$ 个/L、$0.55×10^6$ 个/L 和 $0.31×10^6$ 个/L，表明水体受污染程度较为严重。生物量优势种主要为艾伦桥弯藻（*Cymbella ehrenbergii*）、圆形扁裸藻（*Phacus orbicularis*）和冠盘藻（*Stephnodiscus* sp.），生物量分别为 1.15mg/L、0.86mg/L 和 0.77mg/L。Margalef 丰富度指数为 0.89，Simpson 优势度指数为 0.33，Shannon-Wiener 多样性指数为 1.67，Pielou 均匀度指数为 0.79，表明浮游植物多样性不高。

7.2.3.2 底栖动物特征

该类型区共鉴定出底栖动物 133 种，物种丰富度高，其中水生昆虫 94 种，软体动物 24 种，共占总物种数的 88%。总密度和总生物量分别为 151 个/m² 和 100.50g/m²。密度优势种主要为铜锈环棱螺、长角涵螺、林间环足摇蚊，密度分别为 39 个/m²、20 个/m²、13 个/m²，优势种分属不同的分类门类，属中等耐污种和耐污种，表明水体受到中等程度污染。生物量优势种为铜锈环棱螺、长角涵螺、大沼螺，生物量分别为 68.67g/m²、2.97g/m² 和 2.69g/m²。Margalef 丰富度指数为 2.31，Simpson 优势度指数为 0.67，Shannon-Wiener 多样性指数为 1.56，Pielou 均匀度指数为 0.68，底栖动物多样性处于中等水平。

7.2.3.3 鱼类特征

该类型区共鉴定出鱼类 31 种，其中生物量优势种主要为鲫（*Carassius auratus*）、鲤（*Cyprinus carpio*）和鰲（*Hemiculter leucisculus*），其值分别为 10 539.61g、6268.99g 和 1327.45g。体长最长的鱼类为鲫（*Carassius auratus*），其次为鲤（*Cyprinus carpio*），接着是鰲（*Hemiculter leucisculus*），其值分别为 256.83cm、155.12cm 和 123.39cm。共采集鱼类 1225 尾，其中尾数最多的鱼类为鲫（*Carassius auratus*），其次为鰲（*Hemiculter leucisculus*），接着

是高体鳑鲏（*Rhodeus ocellatus*），其值分别为 553 尾、312 尾和 66 尾。鱼类调查点中，Margalef 丰富度指数最大值为 2.94，最小值为 0.04，平均值为 0.53。Simpson 优势度指数最大值为 0.58，最小值为 0，平均值为 0.19。Shannon- Wiener 多样性指数最大值为 3.2，最小值为 0.02，平均值为 0.72。Pielou 均匀度指数最大值为 0.95，最小值为 0.02，平均值为 0.31。该区域鱼类多样性低。

7.2.4　水生态功能

该区域河段中珍稀、濒危物种保护中功能区比例最高，占区域总河段的 47.23%，其次为珍稀、濒危物种保护低功能区，占区域总河段的 40.15%，最后为珍稀、濒危物种保护高功能区，占区域总河段的 12.62%。敏感物种保护中功能区比例最高，占区域总河段的 66.16%，其次为敏感物种保护低功能区，占区域总河段的 20.65%，最后为敏感物种保护高功能区，占区域总河段的 13.19%。种质资源保护低功能区比例最高，占区域总河段的 80.88%，其次为种质资源保护中功能区，占区域总河段的 18.74%，最后为种质资源保护高功能区，占区域总河段的 0.38%。水生物产卵索饵越冬中功能区比例最高，占区域总河段的 70.75%，其次为水生物产卵索饵越冬低功能区，占区域总河段的 15.87%，最后为水生物产卵索饵越冬高功能区，占区域总河段的 13.38%。鱼类洄游通道中功能区比例最高，占区域总河段的 59.08%，其次为鱼类洄游通道高功能区，占区域总河段的 35.95%，最后为鱼类洄游通道低功能区，占区域总河段的 4.97%。湖滨带生态生境维持中功能区比例最高，占区域总河段的 77.44%，其次为湖滨带生态生境维持高功能区，占区域总河段的 22.56%。涉水重要保护与服务中功能区比例最高，占区域总河段的 98.28%，其次为涉水重要保护与服务高功能区，占区域总河段的 1.72%。调节与循环中功能区比例最高，占区域总河段的 64.82%，其次为调节与循环高功能区，占区域总河段的 35.18%。

7.2.5　水生态保护目标

现阶段该河段类型的优势种主要属于中等耐污种和耐污种，但密度不高，说明受到中等污染。该河段类型出现较多清洁种类，如包括蜉蝣目的扁蜉属、蜉蝣属、宽基蜉属和毛翅目的异距枝石蛾属（*Anisocentropus* sp.）、短脉纹石蛾属（*Cheumatopsyche* sp.）、鳞石蛾属（*Lepidostoma* sp.），但密度较低，蜉蝣目和毛翅目种类对氧含量变化敏感，喜栖息于清洁水体，对水体富营养化敏感。此外，双壳纲物种丰富度较高，如河蚬、圆顶珠蚌、中国尖嵴蚌、背瘤丽蚌、射线裂脊蚌、无齿蚌属，但密度较低，其中背瘤丽蚌喜栖息于缓流或水流较急、水质澄清的水体中，底质喜上层为泥层、下层为沙底的生境。腹足纲螺类种类也较为丰富，如与水生植物关系密切的长角涵螺、纹沼螺、方格短沟蜷。为保护这些物种，在保护原生境的基础上，在农业生产实践中，应提高农业种植水平，削减农业氮磷面源污染，保护和修复受损河道湿地，提升栖息地多样性和河道水体自净能力，降低水体中的氮磷营养盐浓度，营造适宜清洁种栖息的生境环境。

该类型区现阶段保护种主要是是吻虾虎鱼（*Ctenogobius* spp.）、中华青鳉（*Oryzias latipes sinensis*）和翘嘴红鲌（*Erythroculter ilishaeformis*），其重要值指数都较低，属该区偶见种。吻虾虎鱼主要生活于温带和热带地区，属于洄游性鱼类。其抗病虫能力超强，喜食水生昆虫或底栖性小鱼以及鱼卵。中华青鳉（*Oryzias latipes sinensis*）常成群地栖息于静水或缓流水的表层。为保护上述物种，在保护原生境的基础上，对流域内的开发利用需合理规划，加强对森林生态系统的保护，流域开发应服从保护优先的原则，充分发挥森林对水源涵养作用，维持上游的清洁水质。对于河流，需维持河道的自然形态，尽量避免人类活动（如常见的采石、采砂）随意改变河床及河岸带形态，维持河道的流水环境。应加强对河流两岸植被带的保护，禁止开发植被岸带缓冲带，提高河岸带植被对河流水环境的缓冲和保护作用。

7.3 缓流农田岸带高蜿蜒度河流

7.3.1 类型区地理位置与分布

该类型区分布在 4 个区县级行政区，分别为肥东县、肥西县、合肥市辖区、六安市辖区，面积分别为 48.93km²、617.93km²、0.32km²、402km²；分布在南淝河流域、杭埠河流域和派河流域。该区域位于巢湖流域北部、东部和西部。该类型区包含 5 个水生态功能四级区，分别为 LE I_{2-1-3}、LE I_{2-1-3}、LE I_{2-2-3}、LE II_{1-1-3} 和 LE II_{1-3-3}。

7.3.2 类型区陆域及水体特征

7.3.2.1 陆域特征

该类型区海拔最小值为 2m，最大值为 203m，平均值为 45.1m。坡度最小值为 0°，最大值为 25.7°，平均值为 1.4°。中低海拔平原的面积为 280.23km²，占 26.21%；低海拔丘陵的面积为 788.95km²，占 73.79%。耕地的面积为 868.17km²，占 81.2%；林地的面积为 57.53km²，占 5.38%；草地的面积为 8.73km²，占 0.82%；水域的面积为 26.03km²，占 2.43%；建设用地的面积为 108.71km²，占 10.17%。

7.3.2.2 水体生境特征

该类型区河段海拔最小值为 0m，最大值为 81m，平均值为 29.66m。河段坡度最小值为 0°，最大值为 9.34°，平均值为 0.93°。河岸带中耕地的面积为 214.91km²，占 86.74%；林地的面积为 3.55km²，占 1.43%；草地的面积为 0.85km²，占 0.34%；水域的面积为 7.42km²，占 3.00%；建设用地的面积为 21.04km²，占 8.49%。河段水体四月温度最小值为 15.42℃，最大值为 26.48℃，平均值为 22.66℃。pH 最小值为 7.8，最大值为 10.16，平均值为 9.2。溶解氧最小值为 8.46mg/L，最大值为 18.22mg/L，平均值为

12.88mg/L。悬浮物最小值为37.48mg/L，最大值为41.56mg/L，平均值为39.27mg/L。总氮最小值为0.45mg/L，最大值为1.95mg/L，平均值为1.02mg/L。总磷最小值为0.03mg/L，最大值为0.15mg/L，平均值为0.06mg/L。

7.3.3　类型区内水生生物特征

7.3.3.1　浮游藻类特征

该类型区共鉴定出着生硅藻79种，总密度和总生物量分别为6.71×10^4个/cm^{2}和0.21mg/cm^2。密度优势种主要为钝脆杆藻（*Fragilaria capucina*）、极细微曲壳藻（*Achnanthes minutissima*）和披针形曲壳藻可疑变种（*A. lanceolata* var. *dubia*），密度分别为1.99×10^4个/cm^2、1.78×10^4个/cm^{2}和1.72×10^4个/cm^2，表明水体受污染程度较为严重。生物量优势种主要为偏心圆筛藻（*Coscinodiscus excentricus*）、胀大桥弯藻委内瑞拉变种（*Cymbella turgidula* var. *Venezolana*）和放射舟型藻（*Navicula radiosa*），生物量分别为0.09mg/cm^2、0.09mg/cm^{2}和0.06mg/cm^2。Margalef丰富度指数为1.12，Simpson优势度指数为0.32，Shannon-Wiener多样性指数为1.88，Pielou均匀度指数为0.78，表明着生硅藻多样性不高。

该类型区共鉴定出浮游植物80种，总密度和总生物量分别为2.61×10^6个/L和2.77mg/L。密度优势种主要为粗大微囊藻（*Microcystis robusta*）、水华鱼腥藻（*Anabaena flos-aquae*）和窗格粘球藻（*Gloeocapsa fenestralis*），密度分别为1.22×10^7个/L、0.49×10^6个/L和0.34×10^6个/L，表明水体受污染程度较为严重。生物量优势种主要为尖尾裸藻、艾伦桥弯藻和梭形裸藻，生物量分别为1.16mg/L、0.52mg/L和0.43mg/L。Margalef丰富度指数为0.63，Simpson优势度指数为0.29，Shannon-Wiener多样性指数为1.67，Pielou均匀度指数为0.77，表明浮游植物多样性不高。

7.3.3.2　底栖动物特征

该类型区共鉴定出底栖动物58种，总密度和总生物量分别为147个/m^{2}和107.01g/m^2。密度优势种主要为铜锈环棱螺、长角涵螺、方格短沟蜷、尖膀胱螺，密度分别为65个/m^2、10个/m^2、9.1个/m^2、8.0个/m^2，属于中等耐物种，表明水体富营养化程度处于中等水平。生物量优势种为铜锈环棱螺、圆顶珠蚌和河蚬，生物量分别为73.91g/m^2、10.63g/m^{2}和4.19g/m^2。Margalef丰富度指数为2.43，Simpson优势度指数为0.66，Shannon-Wiener多样性指数为1.53，Pielou均匀度指数为0.68，底栖动物多样性处于中等水平。

7.3.3.3　鱼类特征

该类型区共鉴定出鱼类16种，其中生物量优势种主要为鲫（*Carassius auratus*）、鲤（*Cyprinus carpio*）和花𩾃（*Hemibarbus maculatus*），其值分别为1620.88g、891.24g和294.07g。体长最长的鱼类为鲫（*Carassius auratus*），其次为鲤（*Hemibarbus maculatus*），

接着是切尾拟鲿（*Pseudobagrus truncatus*），其值分别为 23.3cm、22.24cm 和 19.15cm。共采集鱼类 107 尾，其中尾数最多的鱼类为短须鱊（*Acheilognathus barbatulus*），其次为鲫（*Carassius auratus*），接着是虾虎鱼属一种（*Ctenogobius.* sp1），其值分别为 27 尾、21 尾和 15 尾。鱼类调查点中，Margalef 丰富度指数最大值为 1.53，最小值为 0.21，平均值为 0.95。Simpson 优势度指数最大值为 0.69，最小值为 0.17，平均值为 0.4。Shannon-Wiener 多样性指数最大值为 3.02，最小值为 0.44，平均值为 1.39。Pielou 均匀度指数最大值为 0.94，最小值为 0.31，平均值为 0.6。该区域鱼类多样性中等。该区域鱼类多样性高。

7.3.4　水生态功能

该区域河段中珍稀、濒危物种保护低功能区比例最高，占区域总河段的 96.55%，其次为珍稀、濒危物种保护中功能区，占区域总河段的 3.45%。敏感物种保护高功能区比例最高，占区域总河段的 65.52%，其次为敏感物种保护低功能区，占区域总河段的 31.03%，最后为敏感物种保护中功能区，占区域总河段的 3.45%。种质资源保护中功能区比例最高，占区域总河段的 65.52%，其次为种质资源保护低功能区，占区域总河段的 34.48%。水生物产卵索饵越冬中功能区比例最高，占区域总河段的 68.97%，其次为水生物产卵索饵越冬低功能区，占区域总河段的 31.03%。鱼类洄游通道中功能区比例最高，占区域总河段的 65.52%，其次为鱼类洄游通道高功能区，占区域总河段的 34.48%。湖滨带生态生境维持中功能区比例最高，占区域总河段的 93.1%，其次为湖滨带生态生境维持高功能区，占区域总河段的 6.9%。涉水重要保护与服务中功能区比例最高，占区域总河段的 100%。调节与循环中功能区比例最高，占区域总河段的 62.07%，其次为调节与循环高功能区，占区域总河段的 37.93%。

7.3.5　水生态保护目标

该类型河段底栖动物总物种数较高，优势种主要为中等耐污种，表明受到一定的农业面源污染。该河段类型出现较多清洁种类，包括蜉蝣目四节蜉属、细蜉属、锯形蜉属、扁蜉属），蜉蝣目种类对氧含量变化敏感，喜栖息于清洁水体。此外，还出现较多的双壳纲（河蚬、圆顶珠蚌、中国尖嵴蚌、短褶矛蚌、无齿蚌属）和腹足纲（尖口圆扁螺、长角涵螺、纹沼螺、方格短沟蜷）的种类，双壳纲种类属中等耐污水平，腹足纲螺类喜栖息于水生植物丰富的生境中。为保护这些物种，在保护原生境的基础上，应加强对农田生态系统的管理，控制农业生产中产生的营养盐对河道的影响，保护和修复河道湿地植物，提升栖息地多样性和水体自净能力。

该区内河流现阶段保护种主要为吻虾虎鱼（*Ctenogobius* spp.），其主要生活于温带和热带地区，属于洄游性鱼类。其抗病虫能力超强，喜食水生昆虫或底栖性小鱼以及鱼卵。为保护现阶段的优势种，并恢复敏感物种的种群数量，鉴于为农田的主要分布区，应加强对农业生态系统的管理，提高农业种植水平，治理农业面源污染，削减氮磷排入河流，改善河流水质，营造敏感种适宜的水质。此外，保护和修复河流湿地，提高其对河流水质的缓冲和净化能力，并增加栖息地多样性。

7.4　缓流森林岸带低蜿蜒度河流

7.4.1　类型区地理位置与分布

该类型区分布在两个区县级行政区，分别为庐江县、舒城县，面积分别为 1.33km²、409.74km²；分布在杭埠河流域。该类型区包含 1 个水生态功能四级区，为 LEⅠ$_{1\text{-}2\text{-}4}$。

7.4.2　类型区陆域及水体特征

7.4.2.1　陆域特征

该类型区海拔最小值为 1m，最大值为 1022m，平均值为 72m。坡度最小值为 0°，最大值为 46.2°，平均值为 3.7°。中低海拔平原的面积为 0.96km²，占 0.23%；低海拔丘陵的面积为 57.17km²，占 13.91%；小起伏低山的面积为 352.93km²，占 85.86%。耕地的面积为 233.75km²，占 56.86%；林地的面积为 140.78km²，占 34.25%；草地的面积为 8.59km²，占 2.09%；水域的面积为 9.82km²，占 2.39%；建设用地的面积为 18.08km²，占 4.4%；未利用地的面积为 0.05km²，占 0.01%。

7.4.2.2　水体生境特征

该类型区河段海拔最小值为 0m，最大值为 277m，平均值为 51.66m。河段坡度最小值为 0°，最大值为 29.85°，平均值为 2.7°。河岸带中耕地的面积为 100.18km²，占 63.39%；林地的面积为 35.15km²，占 22.24%；草地的面积为 2.8km²，占 1.77%；水域的面积为 12.62km²，占 7.98%；建设用地的面积为 7.3km²，占 4.62%。河段水体四月份温度最小值为 18.99℃，最大值为 22.88℃，平均值为 20.51℃。pH 最小值为 7.78，最大值为 10.45，平均值为 9.13。溶解氧最小值为 10.25mg/L，最大值为 16.19mg/L，平均值为 12.78mg/L。悬浮物最小值 33.88mg/L，最大值为 37.08mg/L，平均值为 35.77mg/L。总氮最小值为 0.73mg/L，最大值为 2.41mg/L，平均值为 1.73mg/L。总磷最小值为 0.04mg/L，最大值为 0.04mg/L，平均值为 0.04mg/L。

7.4.3　类型区内水生生物特征

7.4.3.1　浮游藻类特征

该类型区共鉴定出着生硅藻 35 种，总密度和总生物量分别为 3.39×10⁴ 个/cm² 和

0.33mg/cm²。密度优势种主要为弧形峨眉藻线性变种（*Ceratomneis arcus* var. *linearis* f. *recta*）、尖辐节藻（*Stauroneis acuta*）和两尖辐节藻（*Stauroneis amphioxys*），密度分别为 1.22×10⁴个/cm²、1.03×10⁴个/cm² 和 0.53×10⁴个/cm²，表明水体受一定程度污染。生物量优势种主要为粗糙桥弯藻（*Cymbella aspera*）、尖辐节藻（*Stauroneis acuta*）和两尖辐节藻（*Stauroneis amphioxys*），生物量分别为 0.13mg/cm²、0.08mg/cm² 和 0.07mg/cm²。Margalef 丰富度指数为 1.35，Simpson 优势度指数为 0.22，Shannon-Wiener 多样性指数为 2.09，Pielou 均匀度指数为 0.79，表明着生硅藻多样性较高。

该类型区共鉴定出浮游植物 43 种，总密度和总生物量分别为 2.17×10⁶个/L 和 4.57mg/L。密度优势种主要为水华鱼腥藻（*Anabaena flos-aquae*）、铜绿微囊藻（*Microcystis aeruginosa*）和水华束丝藻（*Aphanizomenon flos-aquae*），密度分别为 0.94×10⁶个/L、0.75×10⁶个/L 和 0.13×10⁶个/L，表明水体受污染程度较为严重。生物量优势种主要为艾伦桥弯藻（*Cymbella ehrenbergii*）、圆形扁裸藻（*Phacus orbicularis*）和梅尼小环藻（*Cyclotella meneghinia*），生物量分别为 1.75mg/L、1.36mg/L 和 0.90mg/L。Margalef 丰富度指数为 0.77，Simpson 优势度指数为 0.35，Shannon-Wiener 多样性指数为 1.59，Pielou 均匀度指数为 0.78，表明浮游植物多样性不高。

7.4.3.2 底栖动物特征

该类型区共鉴定出底栖动物 48 种，总密度和总生物量分别为 358 个/m² 和 99.79g/m²。密度优势种主要为方格短沟蜷、铜锈环棱螺、椭圆萝卜螺、尖膀胱螺，密度分别为 77 个/m²、75 个/m²、41 个/m²、31 个/m²，优势种多为中等耐污水平，表明水质处于中等水平，受到一定污染。生物量优势种为铜锈环棱螺、方格短沟蜷、圆背角无齿蚌、椭圆萝卜螺，生物量分别为 49.79g/m²、10.74g/m²、10.45g/m²、5.93g/m²。Margalef 丰富度指数为 2.94，Simpson 优势度指数为 0.79，Shannon-Wiener 多样性指数为 1.92，Pielou 均匀度指数为 0.69，底栖动物多样性处于中等偏高水平。

7.4.3.3 鱼类特征

该类型区共鉴定出鱼类 5 种，其中生物量优势种主要为鲫（*Carassius auratus*）、棒花鱼（*Abbottina rivularis*）和沙塘鳢（*Odontobutis obscurus*），其值分别为 136.5g、16.72g 和 4.51g。体长最长的鱼类为鲫（*Carassius auratus*），其次为棒花鱼（*Abbottina rivularis*），接着是中华花鳅（*Cobitis sinensis*），其值分别为 9.76cm、8.49cm 和 8.18cm。共采集鱼类 10 尾，其中尾数最多的鱼类为虾虎鱼属一种（*Ctenogobius. sp1*），其次为鲫（*Carassius auratus*），接着是棒花鱼（*Abbottina rivularis*），其值分别为 4 尾、3 尾和 1 尾。鱼类调查点中，Margalef 丰富度指数最大值为 0.61，最小值为 0.61，平均值为 0.61。Simpson 优势度指数最大值为 0.09，最小值为 0.09，平均值为 0.09。Shannon-Wiener 多样性指数最大值为 0.41，最小值为 0.41，平均值为 0.41。Pielou 均匀度指数最大值为 0.16，最小值为 0.16，平均值为 0.16。该区域鱼类多样性低。

7.4.4　水生态功能

该区域河段中珍稀、濒危物种保护低功能区比例最高，占区域总河段的 100%。敏感物种保护高功能区比例最高，占区域总河段的 100%。种质资源保护中功能区比例最高，占区域总河段的 71.43%，其次为种质资源保护高功能区，占区域总河段的 28.57%。水生物产卵索饵越冬中功能区比例最高，占区域总河段的 100%。鱼类洄游通道中功能区比例最高，占区域总河段的 67.86%，其次为鱼类洄游通道高功能区，占区域总河段的 32.14%。湖滨带生态生境维持中功能区比例最高，占区域总河段的 100%。涉水重要保护与服务中功能区比例最高，占区域总河段的 100%。调节与循环中功能区比例最高，占区域总河段的 67.86%，其次为调节与循环高功能区，占区域总河段的 32.14%。

7.4.5　水生态保护目标

该类型区现阶段优势种多为中等耐污水平，并出现较多敏感种，如蜉蝣目的花翅蜉属、四节蜉属、细蜉属、锯形蜉属、蜉蝣属，毛翅目的短脉纹石蛾属（*Cheumatopsyche* sp.）、纹石蛾属（*Hydropsyche* sp.），但敏感种密度较低。软体动物敏感种有河蚬、圆顶珠蚌、中国尖嵴蚌、无齿蚌属及尖口圆扁螺，密度均较低。为保护这些物种，在保护原生境的基础上，应加强对河流两岸植被带的保护，禁止开发植被岸带缓冲带，对已受损植被岸带，应实施修复，提高河岸带植被对河流水环境的缓冲和保护作用。对于流域内的农业生产，应提高农业种植水平，削减农业氮磷面源污染，降低农业污染对水质的影响。同时，保护和修复河道湿地植物，提高栖息地多样性和水体自净能力，保护并改善敏感种栖息的生境。

该区内河流受人类干扰较小，生境质量较高，现阶段优势种主要为吻虾虎鱼（*Ctenogobius* spp.），其主要生活于温带和热带地区，属于洄游性鱼类。其抗病虫能力超强，喜食水生昆虫或底栖性小鱼以及鱼卵。为保护上述物种，在保护原生境的基础上，对流域内的开发利用需合理规划，加强对森林生态系统的保护，流域开发应服从保护优先的原则，充分发挥森林对水源涵养作用，维持上游的清洁水质。对于河流，需维持河道的自然形态，尽量避免人类活动（如常见的采石、采砂）随意改变河床及河岸带形态，维持河道的流水环境。应加强对河流两岸植被带的保护，禁止开发植被岸带缓冲带，提高河岸带植被对河流水环境的缓冲和保护作用。同时，保护河岸带湿地植物，提高其对河流水质的缓冲和净化能力，并增加栖息地多样性，营造适宜鱼类物种栖息的生境。

7.5　急流城镇岸带高蜿蜒度河流

7.5.1　类型区地理位置与分布

该类型区分布在 3 个区县级行政区，分别为肥西县、合肥市辖区、长丰县，面积分别为 0.84km²、82.27km²、0.55km²；分布在南淝河流域、派河流域和十五里河流域。该类型区包含 1 个水生态功能四级区，为 LEⅡ₁₋₄₋₅。

7.5.2 类型区陆域及水体特征

7.5.2.1 陆域特征

该类型区海拔最小值为 0m，最大值为 344m，平均值为 26.9m。坡度最小值为 0°，最大值为 33.7°，平均值为 1.3°。中低海拔平原的面积为 49.11km²，占 58.71%；低海拔丘陵的面积为 18.84km²，占 22.52%；小起伏低山的面积为 15.7km²，占 18.77%。耕地的面积为 24.74km²，占 29.58%；林地的面积为 3.05km²，占 3.65%；水域的面积为 2.16km²，占 2.58%；建设用地的面积为 53.7km²，占 64.19%。

7.5.2.2 水体生境特征

该类型区河段海拔最小值为 9m，最大值为 26m，平均值为 15.49m。河段坡度最小值为 0.11°，最大值为 2.88°，平均值为 1.17°。河岸带中耕地的面积为 3.87km²，占 26.97%；水域的面积为 0.76km²，占 5.3%；建设用地的面积为 9.72km²，占 67.73%。河段水体四月份温度为 22.57℃，pH 为 8.39，溶解氧为 10.13mg/L，悬浮物为 47.88mg/L，总氮为 17.87mg/L，总磷为 2.44mg/L。

7.5.3 类型区内水生生物特征

7.5.3.1 浮游藻类特征

该类型区共鉴定出着生硅藻 31 种，总密度和总生物量分别为 6.44×10^4 个/cm² 和 0.56mg/cm²。密度优势种主要为短小曲壳藻（*Achnanthes exigua*）、肘状针杆藻尖喙变种（*Synedra ulna* var. *oxyrhynchus*）和小型异极藻（*Gomphonema parvulum*），密度分别为 2.33×10^4 个/cm²、1.62×10^4 个/cm² 和 1.37×10^4 个/cm²，表明水体受到一定程度污染。生物量优势种主要为扭转布纹藻原变种（*Gyrosgma distortum*）、胡斯特桥弯藻（*Cymbella hustedtii*）和近箱型桥弯藻（*Cymbella subcistula*），生物量分别为 0.22mg/cm²、0.12mg/cm² 和 0.09mg/cm²。Margalef 丰富度指数为 1.42，Simpson 优势度指数为 0.23，Shannon-Wiener 多样性指数为 2.14，Pielou 均匀度指数为 0.85，表明着生硅藻多样性较高。

该类型区共鉴定出浮游植物 25 种，总密度和总生物量分别为 9.54×10^5 个/L 和 2.67mg/L。密度优势种主要为尖尾蓝隐藻（*Chroomonas acuta*）、四球藻（*Tetrachlorella alternans*）和啮蚀隐藻（*Cryptomonas erosa*），密度分别为 4.33×10^5 个/L、1.78×10^5 个/L 和 1.56×10^5 个/L，表明水体受到一定程度污染。生物量优势种主要为放射舟型藻（*Navicula radiosa*）、冠盘藻（*Stephnodiscus* sp.）和卵形硅藻（*Cocconeis* sp.），生物量分别为 0.98mg/L、0.75mg/L 和 0.37mg/L。Margalef 丰富度指数为 0.73，Simpson 优势度指数为

0.19，Shannon-Wiener 多样性指数为 1.97，Pielou 均匀度指数为 0.85，表明浮游植物多样性较高。

7.5.3.2　底栖动物特征

该类型区共鉴定出底栖动物 5 种，总密度和总生物量分别为 304 个/m² 和 15.79g/m²。优势种主要为尖口圆扁螺，密度为 293 个/m²，生物量为 14.93g/m²。Margalef 丰富度指数为 0.70，Simpson 优势度指数为 0.07，Shannon-Wiener 多样性指数为 0.21，Pielou 均匀度指数为 0.13，底栖动物多样性处于较低水平。

7.5.3.3　鱼类特征

该类型区共鉴定出鱼类 4 种，其中生物量优势种主要为鲫（*Carassius auratus*）、𩾃（*Hemiculter leucisculus*）和泥鳅（*Misgurnus anguillicaudatus*），其值分别为 176.68g、32.49g 和 21.15g。体长最长的鱼类为鲫（*Carassius auratus*），其次为𩾃（*Hemiculter leucisculus*），接着是泥鳅（*Misgurnus anguillicaudatus*），其值分别为 10.76cm、9.5cm 和 9.4cm。共采集鱼类 13 尾，其中尾数最多的鱼类为泥鳅（*Misgurnus anguillicaudatus*）和虾虎鱼属一种（*Ctenogobius. sp1*），其次为鲫（*Carassius auratus*），接着是𩾃（*Hemiculter leucisculus*），其值分别为 4 尾、3 尾和 2 尾。鱼类调查点中，Margalef 丰富度指数最大值为 0.3，最小值为 0.3，平均值为 0.3。Simpson 优势度指数最大值为 0.18，最小值为 0.18，平均值为 0.18。Shannon-Wiener 多样性指数最大值为 0.7，最小值为 0.7，平均值为 0.7。Pielou 均匀度指数最大值为 0.36，最小值为 0.36，平均值为 0.36。该区域鱼类多样性低。

7.5.4　水生态功能

该区域河段中珍稀、濒危物种保护低功能区比例最高，占区域总河段的 100%。敏感物种保护低功能区比例最高，占区域总河段的 100%。种质资源保护低功能区比例最高，占区域总河段的 100%。水生物产卵索饵越冬低功能区比例最高，占区域总河段的 100%。鱼类洄游通道高功能区比例最高，占区域总河段的 100%。湖滨带生态生境维持中功能区比例最高，占区域总河段的 100%。涉水重要保护与服务中功能区比例最高，占区域总河段的 100%。调节与循环高功能区比例最高，占区域总河段的 100%。

7.5.5　水生态保护目标

根据该类型河段的生境特征，推测其适宜蜻蜓目、河蚬、圆顶珠蚌、纹沼螺、长角涵螺等较清洁和中等耐污水平物种的栖息。为保护这些物种的栖息地，需维持河道的自然形态，严禁人类活动随意改变河床及河岸带形态，维持河道的流水环境，避免人类活动（如围堰、筑堤）导致河段变为静水环境。对周边地区的农业生产，应加强对农田生态系统的管理，降低农业生产中产生的营养盐对河道的影响，保护和修复河道湿地植物，提升栖息地多样性和河道水体自净能力。

该区内河流现阶段保护种主要为吻虾虎鱼（*Ctenogobius* spp.），其主要生活于温带和热带地区，属于洄游性鱼类。其抗病虫能力超强，喜食水生昆虫或底栖性小鱼以及鱼卵。水体富营养程度较为严重，调查发现的敏感种较小。为保护现阶段的优势种，并恢复敏感物种的种群数量，鉴于该区域有大量农田布区，应加强对农业生态系统的管理，提高农业种植水平，治理农业面源污染，削减氮磷排入河流，改善河流水质，营造敏感种适宜的水质。此外，保护和修复河流湿地，提高其对河流水质的缓冲和净化能力，并增加栖息地多样性。

7.6 急流农田岸带低蜿蜒度河流

7.6.1 类型区地理位置与分布

该类型区分布在 3 个区县级行政区，分别为巢湖市、肥西县、无为县，面积分别为 16km²、144.72km²、73.64km²；分布在杭埠河流域。该类型区包含两个水生态功能四级区，分别为 LE I$_{2-1-6}$ 和 LE II$_{3-4-6}$。

7.6.2 类型区陆域及水体特征

7.6.2.1 陆域特征

该类型区海拔最小值为 24m，最大值为 247m，平均值为 61.9m。坡度最小值为 0°，最大值为 25.7°，平均值为 2.7°。中低海拔丘陵的面积为 108.81km²，占 46.43%；小起伏低山的面积为 125.55km²，占 53.57%。耕地的面积为 120.02km²，占 51.21%；林地的面积为 42.2km²，占 18.01%；草地的面积为 53.07km²，占 22.64%；水域的面积为 4.66km²，占 1.99%；建设用地的面积为 14.42km²，占 6.15%。

7.6.2.2 水体生境特征

该类型区河段海拔最小值为 25m，最大值为 88m，平均值为 43.97m。河段坡度最小值为 0°，最大值为 10.62°，平均值为 1.46°。河岸带中耕地的面积为 22.97km²，占 72.01%；林地的面积为 1.65km²，占 5.17%；草地的面积为 2.3km²，占 7.21%；水域的面积为 2.18km²，占 6.83%；建设用地的面积为 2.8km²，占 8.78%。河段水体四月温度最小值为 14.73℃，最大值为 19.58℃，平均值为 17.16℃。pH 最小值为 7.94，最大值为 8.46，平均值为 8.2。溶解氧最小值为 10.2mg/L，最大值为 10.95mg/L，平均值为 10.58mg/L。悬浮物最小值为 37.4mg/L，最大值为 40.48mg/L，平均值为 38.94mg/L。总氮最小值为 0.89mg/L，最大值为 1.9mg/L，平均值为 1.39mg/L。总磷最小值为 0.02mg/L，最大值为 0.04mg/L，平均值为 0.03mg/L。

7.6.3 类型区内水生生物特征

7.6.3.1 浮游藻类特征

该类型区共鉴定出着生硅藻 46 种，总密度和总生物量分别为 $6.35×10^4$ 个/cm^2 和 $0.76mg/cm^2$。密度优势种主要为爆裂针杆藻（*Synedra rumpens*）、肘状针杆藻（*Synedra ulna*）和环状扇形藻（*Meridion circulare*），密度分别为 $3.44×10^4$ 个/cm^2、$1.72×10^4$ 个/cm^2 和 $0.76×10^4$ 个/cm^2，表明水体受一定程度污染。生物量优势种主要为胀大桥弯藻委内瑞拉变种（*Cymbella turgidula* var. *Venezolana*）、近棒形异极藻尖细变种（*Gomphonema subclavatum* var. *acuminatum*）和纤细异极藻（*Gomphonema gracile*），生物量分别为 $0.22mg/cm^2$、$0.15mg/cm^2$ 和 $0.09mg/cm^2$。Margalef 丰富度指数为 1.22，Simpson 优势度指数为 0.22，Shannon-Wiener 多样性指数为 2.11，Pielou 均匀度指数为 0.84，表明着生硅藻多样性较高。

该类型区共鉴定出浮游植物 33 种，总密度和总生物量分别为 $8.36×10^5$ 个/L 和 $2.07mg/L$。密度优势种主要为变异直链藻（*Melosira varians*）、网状空星藻（*Coelastrum reticulatum*）和披针形曲壳藻（*Achnanthes lanceolata*），密度分别为 $2.34×10^6$ 个/L、$1.99×10^5$ 个/L 和 $1.56×10^5$ 个/L，表明水体受污染程度较轻。生物量优势种主要为变异直链藻（*Melosira varians*）、普通内丝藻（*Encyonema vulgare*）和放射舟型藻（*Navicula radiosa*），生物量分别为 $0.94mg/L$、$0.81mg/L$ 和 $0.67mg/L$。Margalef 丰富度指数为 0.71，Simpson 优势度指数为 0.25，Shannon-Wiener 多样性指数为 1.56，Pielou 均匀度指数为 0.34，表明浮游植物多样性不高。

7.6.3.2 底栖动物特征

该类型区共鉴定出底栖动物 15 种，总密度和总生物量分别为 643 个/m^2 和 762.16g/m^2。优势种主要为铜锈环棱螺、方格短沟蜷和河蚬，密度分别为 340 个/m^2、180 个/m^2 和 52 个/m^2，生物量分别为 502.45g/m^2、71.22g/m^2 和 136.88g/m^2，优势种为中等耐污水平，表明水质处于中等水平，受到一定污染。Margalef 丰富度指数为 2.17，Simpson 优势度指数为 0.63，Shannon-Wiener 多样性指数为 1.35，Pielou 均匀度指数为 0.50，底栖动物多样性较高。

7.6.3.3 鱼类特征

该类型区共鉴定出鱼类 4 种，其中生物量优势种主要为鲫（*Carassius auratus*）、鲤（*Cyprinus carpio*）和鳌（*Hemiculter leucisculus*），其值分别为 2985.34g、1056.89g 和 800.95g。体长最长的鱼类为鲇（*Silurus asotus*），其次为鲤（*Cyprinus carpio*），接着是鲫（*Carassius auratus*），其值分别为 40.12cm、24.13cm 和 12.34cm。共采集鱼类 38 尾，其中尾数最多的鱼类为鲫（*Carassius auratus*），其次为鳌（*Hemiculter leucisculus*），接着是鲤（*Cyprinus carpio*），其值分别为 19 尾、15 尾和 2 尾。鱼类调查点中，Margalef 丰富度指数最大值为 0.12，最小值为 0.12，平均值为 0.12。Simpson 优势度指数最大值为 0.4，最小值为 0.4，平均值为 0.4。Shannon-Wiener 多样性指数最大值为 1.39，最小值为 1.39，平均值为 1.39。Pielou 均匀度指

数最大值为 0.72，最小值为 0.72，平均值为 0.72。该区域鱼类多样性中等。

7.6.4　水生态功能

该区域河段中珍稀、濒危物种保护低功能区比例最高，占区域总河段的 100%。敏感物种保护高功能区比例最高，占区域总河段的 100%。种质资源保护中功能区比例最高，占区域总河段的 100%。水生物产卵索饵越冬中功能区比例最高，占区域总河段的 100%。鱼类洄游通道中功能区比例最高，占区域总河段的 100%。湖滨带生态生境维持中功能区比例最高，占区域总河段的 100%。涉水重要保护与服务中功能区比例最高，占区域总河段的 100%。调节与循环中功能区比例最高，占区域总河段的 100%。

7.6.5　水生态保护目标

优势种河蚬可栖息于流水和静水环境，以滤食水体中有机颗粒物为食，对溶解氧变化较为敏感，因此不适宜栖息于重富营养水体。此外，调查还发现毛翅目的短脉纹石蛾属（*Cheumatopsyche* sp.）和经石蛾属（*Hydropsyche* sp.），均为敏感种，喜栖息于流水环境。腹足纲还发现椭圆萝卜螺和尖膀胱螺，可栖息于流水和静水环境，一般附着在水生植物、石块或其他基质上，属中等耐污种。为保护上述敏感物种，在保护原生境的基础上，维持河道的自然形态，避免人类活动（如常见的采石、采沙）随意改变河床及河岸带形态，维持河道的流水环境。应加强对河流两岸植被带的保护，禁止开发植被岸带缓冲带，对已受损植被岸带，应实施修复，提高河岸带植被对河流水环境的缓冲和保护作用。同时，保护和修复河道湿地植物，提高栖息地多样性和水体自净能力，保护并改善敏感种栖息的生境。

该区内现阶段保护种主要有吻虾虎鱼（*Ctenogobius* spp.），其也属该区优势种，吻虾虎鱼主要生活于温带和热带地区，属于洄游性鱼类，该区污染严重，其抗病虫能力超强，喜食水生昆虫或底栖性小鱼以及鱼卵。为保护上游下游物种，在保护原生境的基础上，对流域内的开发利用需合理规划，加强对森林生态系统的保护，流域开发应服从保护优先的原则，充分发挥森林对水源涵养作用，维持上游的清洁水质。对于下游城市河段，由于周边人口多，对河道的压力大，应提高城市污水的处理能力，降低排入河道污水的氮磷含量，条件允许的情况下可增加河道水体的流动性，构建人工湿地，提高水体自净能力，改善水质，提高鱼类物种数量。

7.7　急流森林岸带低蜿蜒度河流

7.7.1　类型区地理位置与分布

该类型区分布在 5 个区县级行政区，分别为巢湖市、枞阳县、庐江县、舒城县、无为县，面积分别为 116.11km²、124.24km²、79.01km²、252.11km²、35.34km²。该区域分布在白石天河流域、杭埠河流域、裕溪河流域和兆河流域。该类型区包含 3 个水生态功能四级区，分别为 LE I $_{1\text{-}2\text{-}7}$、LE II $_{3\text{-}3\text{-}7}$ 和 LE II $_{4\text{-}1\text{-}7}$。

7.7.2　类型区陆域及水体特征

7.7.2.1　陆域特征

该类型区海拔最小值为 0m，最大值为 1022m，平均值为 68.2m。坡度最小值为 0°，最大值为 46.2°，平均值为 4.4°。中低海拔平原的面积为 5.74km²，占 0.94%；低海拔丘陵的面积为 18.1km²，占 2.97%；小起伏低山的面积为 249.1km²，占 40.85%。中起伏低山的面积为 312.56km²，占 51.25%；中起伏中山的面积为 24.35km²，占 3.99%。耕地的面积为 170.96km²，占 28.03%；林地的面积为 278.6km²，占 45.68%；草地的面积为 133.32km²，占 21.86%；水域的面积为 3.75km²，占 0.62%；建设用地的面积为 23.22km²，占 3.81%。

7.7.2.2　水体生境特征

该类型区河段海拔最小值为 0m，最大值为 100m，平均值为 14.02m。河段坡度最小值为 0°，最大值为 16.57°，平均值为 1.54°。河岸带中耕地的面积为 5.23km²，占 59.43%；林地的面积为 2.18km²，占 24.77%；草地的面积为 0.38km²，占 4.32%；水域的面积为 0.28km²，占 3.18%；建设用地的面积为 0.73km²，占 8.3%。河段水体四月温度最小值为 12.53℃，最大值为 19.15℃，平均值为 15.79℃。pH 最小值为 7.81，最大值为 9.08，平均值为 8.23。溶解氧最小值为 10.06mg/L，最大值为 11.71mg/L，平均值为 10.71mg/L。悬浮物最小值为 35.92mg/L，最大值为 38.28mg/L，平均值为 36.64mg/L。总氮最小值为 2.1mg/L，最大值为 4.55mg/L，平均值为 3.13mg/L。总磷最小值为 0.02mg/L，最大值为 0.04mg/L，平均值为 0.03mg/L。

7.7.3　类型区内水生生物特征

7.7.3.1　浮游藻类特征

该类型区共鉴定出着生硅藻 22 种，总密度和总生物量分别为 6.66×10^4 个/cm² 和 0.37mg/cm²。密度优势种主要为近棒形异极藻尖细变种（*Gomphonema subclavatum* var. *acuminatum*）、小型异极藻（*Gomphonema parvulum*）和极细微曲壳藻（*Achnanthes minutissima*），密度分别为 2.13×10^4 个/cm²、1.61×10^4 个/cm² 和 1.35×10^4 个/cm²，表明水体受一定程度污染。生物量优势种主要为胀大桥弯藻委内瑞拉变种（*Cymbella turgidula* var. *Venezolana*）、放射舟型藻（*Navicula radiosa*）和近缘桥弯藻（*Cymbella affinis*），生物量分别为 0.10mg/cm²、0.09mg/cm² 和 0.08mg/cm²。Margalef 丰富度指数为 1.31，Simpson 优势度指数为 0.21，Shannon-Wiener 多样性指数为 2.21，Pielou 均匀度指数为 0.87，表明

着生硅藻多样性较高。

该类型区共鉴定出浮游植物 11 种，总密度和总生物量分别为 5.75×10^5 个/L 和 2.71mg/L。密度优势种主要为披针形舟型藻（*Navicula lanceolata*）、双对栅藻（*Scenedesmus bijuga*）和爆裂针杆藻（*Synedra rumpens*），密度分别为 1.35×10^5 个/L、9.93×10^4 个/L 和 2.70×10^4 个/L，表明水体受污染程度较轻。生物量优势种主要为艾伦桥弯藻（*Cymbella ehrenbergii*）、近棒形异极藻（*Gomphonema subclavatum*）和披针形舟型藻（*Navicula lanceolata*），生物量分别为 4.75mg/L、0.14mg/L 和 0.14mg/L。Margalef 丰富度指数为 0.25，Simpson 优势度指数为 0.41，Shannon-Wiener 多样性指数为 1.11，Pielou 均匀度指数为 0.80，表明浮游植物多样性较低。

7.7.3.2 底栖动物特征

该类型区共鉴定出底栖动物 31 种，总密度和总生物量分别为 67 个/m² 和 20.64g/m²。密度优势种主要为放逸短沟蜷、铜锈环棱螺、扁蜉属，密度分别为 13 个/m²、8.8 个/m² 和 10.2 个/m²，优势种多为中等耐污水平，表明水质处于中等水平，受到一定污染。生物量优势种为铜锈环棱螺、河蚬、放逸短沟蜷，生物量分别为 13.71g/m²、2.69g/m² 和 2.67g/m²。Margalef 丰富度指数为 2.48，Simpson 优势度指数为 0.73，Shannon-Wiener 多样性指数为 1.67，Pielou 均匀度指数为 0.70，底栖动物多样性处于中等水平。

7.7.3.3 鱼类特征

该类型区共鉴定出鱼类 9 种，其中生物量优势种主要为宽鳍鱲（*Zacco platypus*）、沙塘鳢（*Odontobutis obscurus*）和泥鳅（*Misgurnus anguillicaudatus*），其值分别为 335.54g、202.37g 和 74.18g。体长最长的鱼类为宽鳍鱲（*Zacco platypus*），其次为泥鳅（*Misgurnus anguillicaudatus*），接着是黑鳍鳈（*Sarcocheilichthys nigripinnis*），其值分别为 16.02cm、15.27cm 和 12.67cm。共采集鱼类 120 尾，其中尾数最多的鱼类为沙塘鳢（*Odontobutis obscurus*），其次为虾虎鱼属一种（*Ctenogobius. sp1*），接着是高体鳑鲏（*Rhodeus ocellatus*），其值分别为 53 尾、26 尾和 13 尾。鱼类调查点中，Margalef 丰富度指数最大值为 1.28，最小值为 0.35，平均值为 0.69。Simpson 优势度指数最大值为 0.41，最小值为 0.36，平均值为 0.39。Shannon-Wiener 多样性指数最大值为 1.14，最小值为 1.04，平均值为 1.1。Pielou 均匀度指数最大值为 0.86，最小值为 0.26，平均值为 0.57。该区域鱼类多样性中等。

7.7.4 水生态功能

该区域河段中珍稀、濒危物种保护低功能区比例最高，占区域总河段的 100%。敏感物种保护中功能区比例最高，占区域总河段的 100%。种质资源保护低功能区比例最高，占区域总河段的 100%。水生物产卵索饵越冬高功能区比例最高，占区域总河段的 100%。鱼类洄游通道中功能区比例最高，占区域总河段的 100%。湖滨带生态生境维持中功能区比例最高，占区域总河段的 100%。涉水重要保护与服务中功能区比例最高，占区域总河段的 100%。调节与循环中功能区比例最高，占区域总河段的 100%。

7.7.5　水生态保护目标

优势种中扁蜉属为敏感种，对水质要求高，喜栖息于流动清洁水体。河蚬可栖息于流水和静水环境，以滤食水体中有机颗粒物为食，对溶解氧变化较为敏感，因此不适宜栖息于重富营养水体。方格短沟蜷喜栖息于水草丰富的生境。此外，调查还发现毛翅目 *Hydropsyche* sp.，以及蜉蝣目的扁蜉属和宽基蜉属，但密度较低，这三个物种均为敏感种，喜栖息于流水环境，且对水中溶氧变化敏感。调查还发现较多的蜻蜓目幼虫和双壳纲的物种，如斑螅属、蝶蜓属、新叶春蜓属、红小蜻属、背瘤丽蚌、无齿蚌属，均适宜生活与流水环境，对水质要求较高。为保护敏感物种，在保护原生境的基础上，需维持河道的自然形态，严禁人类活动（如农业取水、采沙、采石）随意改变河床及河岸带形态，减少人类活动（如围堰、筑堤取水）导致河段变为静水环境，维持适宜清洁种栖息的流水环境。对周边地区的农业生产，鉴于周边农业生产强度较高，应加强对农业生态系统的管理，提高农业种植水平，削减农业氮磷面源污染。保护已有河岸带湿地，对受损河段，可修复和构建河岸带湿地植物，提升河岸带湿地对河道水质的缓冲和净化能力。

该区内现阶段保护种主要有吻虾虎鱼（*Ctenogobius* spp.）和中华沙塘鳢（*Odontobutis sinensis*），其也属该区优势种。吻虾虎鱼主要生活于温带和热带地区，属于洄游性鱼类，其抗病虫能力超强，喜食水生昆虫或底栖性小鱼以及鱼卵。中华沙塘鳢（*Odontobutis sinensis*）为淡水小型底层鱼类，生活于湖泊、江河和河沟的底部，喜栖息于杂草和碎石相混杂的浅水区，行动缓慢，游泳力较弱，摄食小鱼、小虾、水蚯蚓、摇蚊幼虫、水生昆虫和甲壳类。为保护以上物种，在保护原生境的基础上，应加强对区内农业生态系统的管理，提高农业种植水平，治理农业面源污染，削减氮磷排入河流，改善河流水质，营造更多鱼类物种适宜的水质。同时，应保护和修复河流湿地，提高其对河流水质的缓冲和净化能力，并增加栖息地多样性。

7.8　急流森林岸带高蜿蜒度河流

7.8.1　类型区地理位置与分布

该类型区分布在 6 个区县级行政区，分别为枞阳县、霍山县、六安市辖区、庐江县、舒城县、岳西县，面积分别为 4.66km²、53.31km²、493.51km²、187.78km²、863.3km²、149.69km²。该区域分布在杭埠河流域、裕溪河流域和兆河流域。该类型区包含 4 个水生态功能四级区，分别为 LE I$_{1-1-8}$、LE I$_{1-1-8}$、LE I$_{1-3-8}$ 和 LE II$_{4-8-8}$。

7.8.2　类型区陆域及水体特征

7.8.2.1　陆域特征

该类型区海拔最小值为 7m，最大值为 1498m，平均值为 263.1m。坡度最小值为 0°，最大值为 50.4°，平均值为 10.5°。低海拔平原的面积为 56.41km²，占 3.21%；低海拔丘陵的面积为 285.63km²，占 16.23%。小起伏低山的面积为 704.4km²，占 40.02%；中起伏低山的面积为 394.5km²，占 22.41%；中起伏中山的面积为 207.37km²，占 11.78%；大起伏中山的面积为 111.76km²，占 6.35%。耕地的面积为 469.7km²，占 26.69%；林地的面积为 1165.61km²，占 66.22%；草地的面积为 86.1km²，占 4.89%；水域的面积为 15.75km²，占 0.89%；建设用地的面积为 22.62km²，占 1.29%；未利用地的面积为 0.29km²，占 0.02%。

7.8.2.2 水体生境特征

该类型区河段海拔最小值为 0m，最大值为 1038m，平均值为 114.68m。河段坡度最小值为 0°，最大值为 43.41°，平均值为 5.36°。河岸带中耕地的面积为 173.82km²，占 45.69%；林地的面积为 172.14km²，占 45.25%；草地的面积为 15.74km²，占 4.14%；水域的面积为 10.85km²，占 2.85%；建设用地的面积为 7.87km²，占 2.07%。河段水体四月温度最小值为 10.96℃，最大值为 22.88℃，平均值为 16.83℃。pH 最小值为 7.31，最大值为 9.29，平均值为 7.95。溶解氧最小值为 1.46mg/L，最大值为 16.94mg/L，平均值为 10.67mg/L。悬浮物最小值为 35.48mg/L，最大值为 39.72mg/L，平均值为 37.2mg/L。总氮最小值为 0.53mg/L，最大值为 2.99mg/L，平均值为 1.52mg/L。总磷最小值为 0.02mg/L，最大值为 0.15mg/L，平均值为 0.05mg/L。

7.8.3 类型区内水生生物特征

7.8.3.1 浮游藻类特征

该类型区共鉴定出着生硅藻 109 种，总密度和总生物量分别为 5.62×10^4 个/cm² 和 0.51mg/cm²。密度优势种主要为披针形曲壳藻（*Achnanthes lanceolata*）、短小曲壳藻（*Achnanthes exigua*）和极细微曲壳藻（*Achnanthes minutissima*），密度分别为 2.15×10^4 个/cm²、2.01×10^4 个/cm² 和 0.78×10^4 个/cm²，表明水体受污染程度较重。生物量优势种主要为华彩双菱藻（*Surirella plendida*）、粗糙桥弯藻（*Cymbella aspera*）和尖布纹藻（*Gyrosgma acuminatum*），生物量分别为 0.26mg/cm²、0.14mg/cm² 和 0.11mg/cm²。Margalef 丰富度指数为 1.34，Simpson 优势度指数为 0.19，Shannon-Wiener 多样性指数为 2.17，Pielou 均匀度指数为 0.83，表明着生硅藻多样性较高。

该类型区共鉴定出浮游植物 169 种，总密度和总生物量分别为 1.71×10^6 个/L 和 2.83mg/L。密度优势种主要为水华鱼腥藻（*Anabaena flos-aquae*）、苍白微囊藻（*Microcystis pallida*）和水华微囊藻（*Microcystis flos-aquae*），密度分别为 0.92×10^6 个/L、0.35×10^6 个/L 和 0.22×10^6 个/L，表明水体受污染程度较为严重。生物量优势种主要为扭转布纹藻（*Gyrosgma distortum*）、冠盘藻（*Stephnodiscus* sp.）和艾伦桥弯藻（*Cymbella ehrenbergii*），生物量分别为 1.01mg/L、0.74mg/L 和 0.33mg/L。Margalef 丰富度指数为 0.72，Simpson 优势度指数为 0.24，Shannon-Wiener 多样性指数为 1.82，Pielou 均匀度指

数为 0.82，表明浮游植物多样性不高。

7.8.3.2　底栖动物特征

该类型区共鉴定出底栖动物 143 种，物种丰富度高，其中水生昆虫 114 种，软体动物 19 种，占总物种数的 93%。总密度和总生物量分别为 182 个/m² 和 30.53g/m²，密度优势种主要为扁蜉属、铜锈环棱螺、毛翅目 *Hydropsyche* sp.、椭圆萝卜螺，密度分别为 39 个/m²、12 个/m²、12 个/m² 和 9.9 个/m²，优势种多为清洁种，表明水质良好，受污染轻。生物量优势种为铜锈环棱螺、河蚬、中国圆田螺，生物量分别为 15.35g/m²、4.29g/m²、3.0g/m²。Margalef 丰富度指数为 3.30，Simpson 优势度指数为 0.74，Shannon-Wiener 多样性指数为 1.90，Pielou 均匀度指数为 0.70，底栖动物多样性高。

7.8.3.3　鱼类特征

该类型区共鉴定出鱼类 22 种，其中生物量优势种主要为鲫（*Carassius auratus*）、泥鳅（*Misgurnus anguillicaudatus*）和虾虎鱼属一种（*Ctenogobius.* sp1），其值分别为 221.6g、123.12g 和 102.99g。体长最长的鱼类为泥鳅（*Misgurnus anguillicaudatus*），其次为虾虎鱼属一种（*Ctenogobius.* sp1），接着是切尾拟鲿（*Pseudobagrus truncatus*），其值分别为 60.09cm、34.08cm 和 25.73cm。共采集鱼类 273 尾，其中尾数最多的鱼类为虾虎鱼属一种（*Ctenogobius.* sp1），其次为泥鳅（*Misgurnus anguillicaudatus*），接着是建德棒花鱼（*Abbottina tafangensis*），其值分别为 104 尾、28 尾和 27 尾。鱼类调查点中，Margalef 丰富度指数最大值为 2.77，最小值为 0.13，平均值为 1.24。Simpson 优势度指数最大值为 0.7，最小值为 0.08，平均值为 0.45。Shannon-Wiener 多样性指数最大值为 3.22，最小值为 0，平均值为 1.66。Pielou 均匀度指数最大值为 0.9，最小值为 0，平均值为 0.66。该区域鱼类多样性高。

7.8.4　水生态功能

该区域河段中珍稀、濒危物种保护低功能区比例最高，占区域总河段的 90.91%，其次为珍稀、濒危物种保护中功能区，占区域总河段的 9.09%。敏感物种保护高功能区比例最高，占区域总河段的 100%。种质资源保护高功能区比例最高，占区域总河段的 54.55%，其次为种质资源保护中功能区，占区域总河段的 36.36%，最后为种质资源保护低功能区，占区域总河段的 9.09%。水生物产卵索饵越冬低功能区比例最高，占区域总河段的 54.55%，其次为水生物产卵索饵越冬中功能区，占区域总河段的 45.45%。鱼类洄游通道低功能区比例最高，占区域总河段的 54.55%，其次为鱼类洄游通道中功能区，占区域总河段的 31.82%，最后为鱼类洄游通道高功能区，占区域总河段的 13.63%。湖滨带生态生境维持中功能区比例最高，占区域总河段的 100%。涉水重要保护与服务高功能区比例最高，占区域总河段的 59.09%，其次为涉水重要保护与服务中功能区，占区域总河段的 40.91%。调节与循环中功能区比例最高，占区域总河段的 81.82%，其次为调节与循环高功能区，占区域总河段的 18.18%。

7.8.5　水生态保护目标

该类型河段栖息地受人类干扰较小，生境质量较高，现阶段优势种中扁蜉属及毛翅目 *Hydropsyche* sp. 和 *Cheumatopsyche* sp. 为敏感种，对水质要求高，喜栖息于流动清洁水体。椭圆萝卜螺可栖息于流水和静水环境，一般附着在水生植物、石块或其他基质上，属中等耐污种。该类型河段底栖动物物种丰富，调查中发现蜉蝣目 15 种、毛翅目 20 种、襀翅目 5 种，均为敏感种，喜栖息于流水环境。并发现有腹足纲凸旋螺、尖口圆扁螺、大脐圆扁螺，喜栖息于水生植物丰富的生境，对水质要求较高。为保护上述敏感物种，在保护原生境的基础上，需维持河道的自然形态，避免人类活动（如常见的采石、采沙）随意改变河床及河岸带形态，维持河道的流水环境。应加强对河流两岸植被带的保护，禁止开发植被岸带缓冲带，提高河岸带植被对河流水环境的缓冲和保护作用。同时，保护河岸带湿地植物，提高其对河流水质的缓冲和净化能力，并增加栖息地多样性，营造适宜敏感种栖息的生境。

该区内现阶段保护种主要有吻虾虎鱼（*Ctenogobius* spp.），其也属该区优势种，吻虾虎鱼主要生活于温带和热带地区，属于洄游性鱼类，该区污染严重，其抗病虫能力超强，喜食水生昆虫或底栖性小鱼以及鱼卵。为保护上游下游物种，在保护原生境的基础上，对流域内的开发利用需合理规划，加强对森林生态系统的保护，流域开发应服从保护优先的原则，充分发挥森林对水源涵养作用，维持上游的清洁水质。对于下游城市河段，由于周边人口多，对河道的压力大，应提高城市污水的处理能力，降低排入河道污水的氮磷含量，条件允许的情况下可增加河道水体的流动性，构建人工湿地，提高水体自净能力，改善水质，提高鱼类物种数量。

7.9　水　　库

7.9.1　类型区地理位置与分布

该类型区分布在 4 个区县级行政区，分别为合肥市辖区、肥东县、舒城县、长丰县；面积分别为 23.85km² 、13.35km² 、44.99km² 、8.29km² 。该区域主要包括三个大（二）型水库，分别为龙河口水库、董铺水库和大房郢水库；三个中型水库，分别为蔡塘水库、张桥水库和众兴水库，分布在两个不同流域，即南淝河流域和杭埠河流域。包括 10 个水生态功能四级区，分别为 LE I$_{2\text{-}3\text{-}10\text{-}1}$ 、LE I$_{2\text{-}3\text{-}10\text{-}2}$ 、LE I$_{2\text{-}3\text{-}10\text{-}3}$ 、LE I$_{1\text{-}2\text{-}4}$ 、LE I$_{1\text{-}2\text{-}5}$ 、LE II$_{1\text{-}4\text{-}4}$ 、LE II$_{3\text{-}3\text{-}1}$ 、LE II$_{3\text{-}4\text{-}1}$ 、LE II$_{4\text{-}1\text{-}2}$ 和 LE II$_{4\text{-}7\text{-}1}$ 。

7.9.2　类型区水体特征

该类型区海拔最小值为 0m，最大值为 632m，平均值为 30.4m。水体四月温度为

21.03℃，pH 为 8.06，溶解氧为 8.51mg/L，悬浮物为 40.4mg/L，总氮为 0.76mg/L，总磷为 0.03mg/L。

7.9.3　类型区内水生生物特征

7.9.3.1　浮游藻类特征

该类型区共鉴定出着生硅藻 71 种，总密度和总生物量分别为 $1.22×10^5$ 个/cm^2 和 0.67mg/cm^2。密度优势种主要为卵圆双眉藻（*Amphora ovails*）、尖顶异极藻（*Gomphonema augur*）和拟短缝藻（*Eunotia fallax*），密度分别为 $7.35×10^4$ 个/cm^2、$3.15×10^4$ 个/cm^2 和 $2.96×10^4$ 个/cm^2，密度优势种为中等耐污指示种，表明水体存在一定程度污染。生物量优势种为膨胀桥弯藻（*Cymbella tumida*）、扭转布纹藻原变种（*Gyrosgma distortum*）和虹彩长蓖藻（*Neidium iridis*），生物量分别为 0.36mg/cm^2、0.18mg/cm^2 和 0.13mg/cm^2。Margalef 丰富度指数为 1.41，Simpson 优势度指数为 0.23，Shannon-Wiener 多样性指数为 2.31，Pielou 均匀度指数为 0.32，表明着生硅藻多样性较高。

该类型区共鉴定出浮游植物 78 种，总密度和总生物量分别为 $7.56×10^6$ 个/L 和 5.77mg/L。密度优势种主要为梅尼小环藻（*Cyclotella meneghiniana*）、变异直链藻（*Melosira varians*）和钝脆杆藻（*Fragilaria capucina*），密度分别为 $2.45×10^6$ 个/L、$1.35×10^6$ 个/L 和 $1.25×10^6$ 个/L，表明水体受污染程度较轻。生物量优势种主要为大宽带鼓藻（*Pleurotaenium maximum*）、斯潘塞布纹藻（*Gyrosgma spencerii*）和梅尼小环藻（*Cyclotella meneghiniana*），生物量分别为 1.27mg/L、0.798mg/L 和 0.66mg/L。Margalef 丰富度指数为 1.21，Simpson 优势度指数为 0.43，Shannon-Wiener 多样性指数为 1.78，Pielou 均匀度指数为 0.78，表明浮游植物多样性不高。

7.9.3.2　底栖动物特征

该类型区共鉴定出底栖动物 28 种，总密度和总生物量分别为 164 个/m^2 和 71.36g/m^2。密度优势种主要为长角涵螺、铜锈环棱螺、椭圆萝卜螺、尖膀胱螺、大沼螺、锯齿新米虾、纹沼螺、日本沼虾，密度分别为 57.0 个/m^2、44.9 个/m^2、15.6 个/m^2、8.3 个/m^2、6.8 个/m^2、5.9 个/m^2、5.9 个/m^2、5.2 个/m^2，优势种为中等耐污水平，表明表明水质处于中等水平，受到一定污染。生物量优势种主要为铜锈环棱螺、长角涵螺、大沼螺，生物量分别为 52.52g/m^2、7.25g/m^2、3.60g/m^2。Margalef 丰富度指数为 1.34，Simpson 优势度指数为 0.54，Shannon-Wiener 多样性指数为 1.12，Pielou 均匀度指数为 0.61，表明该区底栖动物多样性中等偏低。

7.9.4　水生态功能

本区大型水库主要包括龙河口水库、董铺水库、大房郢水库、张桥水库、蔡塘水库和众兴水库等。主导水生态功能为调节与循环功能、珍稀、濒危物种保护功能、特有物种保护功能。

7.9.5　水生态保护目标

该类型区为水库，现阶段优势种多为中等耐污水平，锯齿新米虾和日本沼虾喜栖息于水草丛生的生境中，氨氮和亚硝酸盐是胁迫其存活率的重要因子，不适宜生存于重富营养水体。长角涵螺、纹沼螺、尖膀胱螺为中等耐污种，喜栖息于水草丰富的生境。调查中还发现毛翅目 *Anisocentropus* sp. 为敏感种，对水质要求高，喜栖息于流动清洁水体。发现蜻蜓目幼虫 3 种，亦为中等偏敏感种。应加强对农业生态系统的管理，治理农业面源污染，削减氮磷排入河流，改善河流水质，营造敏感种适宜的水质。加强对河流两岸植被带的保护，禁止开发植被岸带缓冲带，提高河岸带植被对河流水环境的缓冲和保护作用。同时，保护和修复河流湿地，提高其对河流水质的缓冲和净化能力，并增加栖息地多样性，为甲壳纲和螺类提供更多的栖息地。

该区内现阶段保护种主要是吻虾虎鱼（*Ctenogobius* spp.），属该区优势种。该物种主要生活于温带和热带地区，属洄游性鱼类。

7.10　小　型　湖　泊

7.10.1　类型区地理位置与分布

该类型区分布在 3 个区县级行政区，分别为枞阳县、庐江县、无为县，面积分别为 15.91km²、26.94km²、13.12km²。该区域主要该类型区包含三个小型湖泊，分别为黄陂湖、枫沙湖和竹丝湖，分布在裕溪河流域。该类型区包含 3 个水生态功能四级区，分别为 LE II$_{4-1-11}$、LE II$_{4-1-11}$ 和 LE II$_{4-8-11}$。

7.10.2　类型区水体特征

该类型区海拔最小值为 0m，最大值为 632m，平均值为 30.4m。水体温度为 16.27℃，pH 为 8.11，溶解氧为 10.22mg/L，悬浮物为 48.12mg/L，总氮为 2.3mg/L，总磷为 0.06mg/L。

7.10.3　类型区内水生生物特征

7.10.3.1　浮游藻类特征

该类型区共鉴定出着生硅藻 25 种，总密度和总生物量分别为 6.00×10^4 个/cm² 和 0.30mg/cm²。密度优势种主要为近粘连菱形藻斯科舍变种（*Nitzschia subcohaerens* var. *scotica*)、微小内丝藻（*Encyonema minutum*）和爆裂针杆藻（*Synedra rumpens*），密度分别为 $1.82×10^4$ 个/cm^2、$1.64×10^4$ 个/cm^2 和 $1.47×10^4$ 个/cm^2，密度优势种为中等耐污指示种，表明水体存在一定程度污染。生物量优势种为膨胀桥弯藻（*Cymbella tumida*）、近缘桥弯藻（*Cymbella affinis*）和具球异极藻（*Gomphonema sphaerophrum*），生物量分别为 $0.17mg/cm^2$、$0.09mg/cm^2$ 和 $0.03mg/cm^2$。Margalef 丰富度指数为 1.07，Simpson 优势度指数为 0.18，Shannon-Wiener 多样性指数为 2.02，Pielou 均匀度指数为 0.88，表明着生硅藻多样性较高。

该类型区共鉴定出浮游植物 23 种，总密度和总生物量分别为 $1.32×10^6$ 个/L 和 9.71mg/L。密度优势种主要为极小隐杆藻（*Aphanothece minutissima*）、钝脆杆藻（*Fragilaria capucina*）和网状空星藻（*Coelastrum reticulatum*），密度分别为 $7.94×10^5$ 个/L、$2.61×10^5$ 个/L 和 $1.99×10^5$ 个/L，密度优势种为中等耐污指示种，表明水体存在一定程度污染。生物量优势种为大宽带鼓藻（*Pleurotaenium maximum*）、斯潘塞布纹藻（*Gyrosgma spencerii*）和变异直链藻（*Melosira varians*），生物量分别为 3.17mg/L、2.12mg/L 和 0.48mg/L。Margalef 丰富度指数为 0.86，Simpson 优势度指数为 0.18，Shannon-Wiener 多样性指数为 2.08，Pielou 均匀度指数为 0.81，表明浮游植物多样性较高。

7.10.3.2　底栖动物特征

共鉴定出底栖动物 5 种，总密度和总生物量分别为 190 个/m^2 和 353.54g/m^2。密度优势种主要为铜锈环棱螺和大沼螺，密度分别为 160 个/m^2 和 27 个/m^2，优势种为中等耐污水平。生物量优势种为铜锈环棱螺、大沼螺和圆顶珠蚌，生物量分别为 287.09g/m^2、35.39g/m^2 和 31.06g/m^2。Margalef 丰富度指数为 0.76，Simpson 优势度指数为 0.27，Shannon-Wiener 多样性指数为 0.51，Pielou 均匀度指数为 0.32，底栖动物多样性较低。

7.10.4　水生态功能

该区小型湖泊主要包括黄陂湖、枫沙湖和竹丝湖。主导水生态功能为调节与循环功能、珍稀和濒危物种保护功能、特有物种保护功能。

7.10.5　水生态保护目标

现阶段本类型区底栖动物物种丰富度较低，双壳类敏感种河蚬密度较低。小型湖泊面临的问题主要是渔业养殖压力较大，为营造适宜底栖动物栖息的生境，应优化养殖模式，控制养殖过程中的大量投饵，提高水环境质量。此外，在部分区域应该恢复原有的水生植物群落，提高栖息地生境多样性，进而恢复底栖动物多样性。

该区内河流现阶段保护种为吻虾虎鱼（*Ctenogobius* spp.），其主要生活于温带和热带地区，属于洄游性鱼类。其抗病虫能力超强，喜食水生昆虫或底栖性小鱼以及鱼卵。水体富营养程度较为严重，调查发现的敏感种较小。为保护现阶段的优势种，并恢复敏感物种的种群数量，鉴于其为农田的主要分布区，应加强对农业生态系统的管理，提高农业种植水平，治理农业面源污染，削减氮磷排入河流，改善河流水质，营造敏感种适宜的水质。此外，保护和修复河流湿地，提高其对河流水质的缓冲和净化能力，并增加栖息地多样性。

7.11 大型湖泊

7.11.1 类型区地理位置与分布

该类型区分布在 5 个区县级行政区，分别为巢湖市、肥东县、肥西县、合肥市辖区、庐江县，面积分别为 471.27km²、47.4km²、137.23km²、50.46km²、81.32km²。该区域内有一大型湖泊，为巢湖。该类型区包含两个水生态功能四级区，分别为 LE Ⅲ$_{1-1-12}$ 和 LE Ⅲ$_{1-1-12}$。

7.11.2 类型区水体特征

该类型区海拔最小值为 1m，最大值为 27m，平均值为 5m。水体四月温度最小值为 13.9℃，最大值为 23.25℃，平均值为 15.33℃。pH 最小值为 7.36，最大值为 8.34，平均值为 8.11。溶解氧最小值为 8.87mg/L，最大值为 20.51mg/L，平均值为 10.39mg/L。悬浮物最小值为 39.6mg/L，最大值为 192.2mg/L，平均值为 100.15mg/L。总氮最小值为 1.25mg/L，最大值为 5.28mg/L，平均值为 2.45mg/L。总磷最小值为 0.05mg/L，最大值为 0.28mg/L，平均值为 0.14mg/L。

7.11.3 类型区内水生生物特征

7.11.3.1 浮游藻类特征

该类型区共鉴定出浮游植物 113 种，总密度和总生物量分别为 7.74×10⁶ 个/L 和 3.25mg/L。密度优势种主要为微小微囊藻（*Microcystis minutissima*）、水华鱼腥藻（*Anabaena flos-aquae*）和铜绿微囊藻小型变种（*Microcystis aeruginosa* var. *minor*），密度分别为 2.48×10⁶ 个/L、1.79×10⁶ 个/L 和 2.40×10⁶ 个/L，密度优势种为主要耐污型指示种，表明水体富营养化程度较为严重。生物量优势种为冠盘藻（*Stephnodiscus* sp.）、偏心圆筛藻（*Coscinodiscus excentricus*）和尖尾裸藻（*Euglena oxyuris*），生物量分别为 1.90mg/L、1.11mg/L 和 0.83mg/L。Margalef 丰富度指数为 1.06，Simpson 优势度指数为 0.27，Shannon-Wiener 多样性指数为 1.94，Pielou 均匀度指数为 0.68，表明浮游植物多样性较高。

7.11.3.2 底栖动物特征

该类型区共鉴定出底栖动物 21 种，总密度和总生物量分别为 495 个/m² 和 18.07g/m²。

密度优势种主要为霍甫水丝蚓、红裸须摇蚊、苏氏尾鳃蚓、中国长足摇蚊、多巴小摇蚊，密度分别为 192 个/m²、147 个/m²、31 个/m²、21 个/m²、18 个/m²，表明水体富营养化程度严重。生物量优势种为铜锈环棱螺、河蚬、苏氏尾鳃蚓、霍甫水丝蚓、红裸须摇蚊，生物量分别为 11.76g/m²、2.62g/m²、0.86g/m²、0.83g/m²、0.81g/m²。Margalef 丰富度指数为 0.78，Simpson 优势度指数为 0.53，Shannon-Wiener 多样性指数为 1.10，Pielou 均匀度指数为 0.65，表明底栖动物多样性偏低。

7.11.4 水生态功能

该区为巢湖湖体。主导水生态功能为珍稀、濒危物种保护功能、特有物种保护功能、水生物产卵索饵越冬功能、调节与循环功能。

7.11.5 水生态保护目标

现阶段该区底栖动物优势种属寡毛类和摇蚊科幼虫，均为耐污种，适应能力强，无保护价值。根据 20 世纪 80 年代监测结果，河蚬、淡水壳菜、钩虾为该区域当时的优势种，河蚬在 1981 年密度可达 210 个/m²。河蚬是重要的渔业资源，对水体富营养化较为敏感，富营养化和蓝藻水华爆发导致的底层缺氧环境不利于其存活，特别是在夏季高温水华严重的季节，可列为该区的保护目标。应控制水体富营养化和蓝藻水华，削减外源氮磷输入。条件允许时，可在河口构建湿地，净化入湖水质。对底泥污染严重的区域，可进行生态疏浚，改善底质生境。

第8章 基于水生态功能分区的生态服务功能[①]

生态系统能提供直接或间接的产品和服务，如食物供给、气候调节和空气净化等。这种提供产品和服务的功能是人类和其他生物的生存和发展的基础（Costanza et al.，1997）。然而，由于人类活动和气候变化引起的土地利用变化导致生态系统服务遭受改变、削弱或毁坏等一系列的影响（Vitousek et al.，1997；Johnson et al.，2009）。随着人口的不断增长，到2050年年底，全球的食物需求量将会翻番（Watanabe and Ortega，2014）。在此情况下，如果不能缓解土地利用变化对生态系统服务的影响，不断增加的土地生产压力，将会使生态系统服务供给与需求量之间的不平衡关系进一步加剧（Zhang et al.，2015）。

人们开发了许多的方法用于评估土地利用变化对生态系统服务的影响。自从20世纪90年代开始，这些方法在不同尺度上得到了广泛应用，如全球尺度（Xie et al.，2008；Carreño et al.，2012；Lawler et al.，2014）、区域尺度（Liu et al.，2012；Zorrilla-Miras et al.，2014）和流域尺度（Wang et al.，2011；Chen et al.，2014；Zhang et al.，2015）等。在土地利用变化背景下，评估生态系统服务有助于决策者和相关利益方监测土地利用变化以及理解这种土地利用变化对社会需求产生的影响（Carreño et al.，2012）。结合土地利用数据，大量的研究集中在估算生态系统服务功能的变化。例如，过去的30年中，由于土地利用变化导致小三江平原的生态系统服务功能减少了290亿元（Chen et al.，2014）。类似的结果也发生在欧洲海岸生态系统中，生态系统服务功能年净损失量为200亿欧元（Roebeling et al.，2013）。1964~2004年，德国莱比锡地区11%的土地利用变化导致了23%的生态系统服务功能减少（Lautenbach et al.，2011）。上述研究有助于理解由土地利用变化引起的生态系统服务功能改变。

本章基于巢湖流域水生态功能三级分区，采用生态系统服务功能评估方法，分别计算了1985~2010年各分区的生态系统服务功能，列出了各年份不同类型服务功能价值的排序。评估结果能够用于比较各区生态系统服务功能的变化状况、定位主导服务功能类别、确定服务功能价值量、服务于环境管理和相关利益方决策支持。

8.1 评 估 方 法

自20世纪70年代以来，很多方法被用于估算生态系统服务价值。其中比较有代表性的是Costanza等在1997年提出的效益转移法（Costanza et al.，1997）。该方法将全球生态系统划分为16种类型和17种生态系统服务功能，并成功估算出每种生态系统类型的生态系统服务价值。尽管方法在评估生态系统服务价值上面还存在争议，但是该方法仍然是一

---

① 本章由张志明撰写，高俊峰统稿、定稿。

种在全球范围内得到认可的方法（Heal，2000；Wilson and Howarth，2002）。谢高地等在 Costanza 等出的评价模型基础上，结合中国实际情况，在 2002 年和 2006 年先后对国内 700 位生态学者进行问卷调查，得到新的生态系统服务评估单价体系（谢高地等，2008）。根据谢高地等对生态系统服务价值的区域修正系数，确定安徽省为 1.17（谢高地等，2005），并由此制定巢湖流域不同土地利用类型生态系统服务价值当量因子表（表 8-1）。

表 8-1　巢湖流域不同土地利用类型单位面积生态系统服务价值

（单位：元/hm²）

一级类型	二级类型	耕地	林地	草地	水域	未利用地	建设用地
调节服务	气体调节	378.3	2 269.9	788.2	268.0	0	0
	气候调节	509.7	2 138.6	819.7	1 082.4	0	0
	水文调节	404.6	2 149.0	798.7	9 862.6	36.8	0
	废物处理	730.4	903.8	693.6	7 802.9	136.6	0
支持服务	保持土壤	772.4	2 112.3	1 177.0	215.4	89.3	0
	维持生物多样性	536.0	2 369.8	982.6	1 802.3	210.2	0
供给服务	食物生产	525.4	173.4	225.9	278.5	10.5	0
	原材料生产	204.9	1 565.8	189.2	183.9	0	0
文化服务	提供美学景观	89.3	1 092.9	457.1	2 333.0	126.1	0
合计		4 151.0	14 775.6	6 132.0	23 829.0	609.5	0

在制定巢湖流域不同土地利用类型生态系统服务价值当量因子表之后，根据下列公式计算各土地利用类型的服务价值、各服务功能类型的价值、生态系统服务总价值（谢高地等，2003，2005，2008；郑江坤等，2010；Li et al. 2010，2012；Liu et al. 2011，2012；王友生等，2012；Chen et al. 2014）。

$$\mathrm{ESV_{LU}} = \sum_f \left(A_k \times \mathrm{VC}_{kf} \right) \tag{8-1}$$

$$\mathrm{ESV_{SF}} = \sum_k \left(A_k \times \mathrm{VC}_{kf} \right) \tag{8-2}$$

$$\mathrm{ESV_T} = \sum_k \sum_f \left(A_k \times \mathrm{VC}_{kf} \right) \tag{8-3}$$

式中，$\mathrm{ESV_{LU}}$、$\mathrm{ESV_{SF}}$ 和 $\mathrm{ESV_T}$ 分别为土地利用类型 k 的服务价值、服务功能类型 f 的价值和总的服务价值（元）。A_k 为土地利用类型 k 的面积（hm²），VC_{kf} 为土地利用类型 k 服务功能类型 f 的单位面积服务价值（元/hm²）。

8.2　评估结果

根据巢湖流域不同土地利用类型生态系统服务价值当量因子（表 8-1）和 1985 年、1995 年、2005 年和 2010 年四个时期土地利用类型及其面积（表 3-15），可以计算出的生态系统服务价值，包括每种类型的生态系统服务价值和总的生态系统服务价值。结果显示，巢湖流域 1985 年、1995 年、2005 年和 2010 年四个时期的生态系统服务价值总量分别为 101.62 亿元、101.34 亿元、102.90 亿元和 101.62 亿元（表 8-2）。1985 ~ 2010 年，巢湖流域生态系统服务价值总量减少了 41.60 万元。在此期间，巢湖流域主导生态服务功能为水文调节功能，超过总生态服务功能的 20%，其次为废物处理，超过总生态服务功能的 18%，接下来依次为维持生物多样性、保持土壤、气候调节、气体调节、提供美学景观、原材料生产和食物生产。

表 8-2 巢湖流域 1985 年、1995 年、2000 年和 2010 年生态系统服务价值

年份	项目	气体调节	气候调节	水文调节	废物处理	保持土壤	维持生物多样性	食物生产	原材料生产	提供美学景观	总计
1985	ESV/亿元	9.12	11.03	20.50	18.30	12.55	12.71	5.64	5.57	6.20	101.62
	百分比/%	8.97	10.85	20.17	18.00	12.35	12.51	8.97	10.85	20.17	100
1995	ESV/亿元	9.08	10.98	20.52	18.27	12.48	12.67	5.59	5.49	6.21	101.34
	百分比/%	8.96	10.83	20.24	18.03	12.31	12.50	8.96	10.83	20.24	100
2005	ESV/亿元	9.06	11.01	21.33	18.85	12.38	12.76	5.40	5.44	6.41	102.90
	百分比/%	8.81	10.70	20.74	18.32	12.04	12.40	8.81	10.70	20.74	100
2010	ESV/亿元	8.95	10.85	21.27	18.62	12.11	12.59	5.33	5.50	6.40	101.62
	百分比/%	8.81	10.67	20.93	18.32	11.91	12.39	8.81	10.67	20.93	100

巢湖流域水生态功能三级分区中，1985 ~ 1995 年，生态服务功能增加的区域主要分布在派河上游、柘皋河流域和巢湖湖体，但增加幅度较小。其中，生态服务功能增加范围在 0 ~ 500 万元的水生态功能区为 LE II$_{2-2}$、LE II$_{2-4}$ 和 LE III$_{1-1}$；生态服务功能增加范围在 500 万 ~ 1000 万元的水生态功能区为 LE II$_{2-3}$。生态服务功能减少的区域主要分布在裕溪河流域、杭埠河流域、白石天河流域、兆河流域派河流域以及南淝河流域等区域，减小幅度也较小。其中，生态服务功能减小范围在 0 ~ 500 万元的水生态功能区为 LE I$_{1-1}$、LE I$_{1-2}$、LE I$_{1-3}$、LE I$_{2-3}$、LE II$_{1-1}$、LE II$_{2-1}$、LE II$_{3-4}$、LE II$_{4-1}$、LE II$_{4-3}$、LE II$_{4-4}$、LE II$_{4-5}$、LE II$_{4-8}$、LE II$_{1-2}$、LE II$_{1-5}$、LE II$_{2-1}$、LE II$_{4-6}$、LE II$_{4-7}$、LE II$_{1-3}$、LE II$_{2-2}$、LE II$_{3-2}$、LE II$_{3-3}$、LE II$_{1-4}$ 和 LE II$_{4-2}$；生态服务功能减小范围在 500 万 ~ 1000 万元的水生态功能区为 LE II$_{3-1}$（图 8-1）。

1995 ~ 2005 年，巢湖流域生态服务功能增加的区域主要分布在杭埠河流域、南淝河流域、柘皋河流域、兆河流域和裕溪河流域，增加幅度变化较明显。其中，生态服务功能增加范围在 0 ~ 500 万元的水生态功能区为 LE I$_{1-2}$、LE I$_{1-3}$、LE II$_{1-1}$、LE II$_{1-3}$、LE II$_{1-4}$、LE II$_{1-5}$、LE II$_{2-1}$、LE II$_{2-4}$、LE II$_{3-1}$、LE II$_{3-2}$、LE II$_{3-4}$、LE II$_{4-3}$、LE II$_{4-4}$、LE II$_{4-5}$ 和 LE III$_{1-1}$；生态服务功能增加范围在 500 万 ~ 1000 万元的水生态功能区为 LE I$_{2-1}$、LE I$_{2-2}$、LE II$_{2-3}$、LE II$_{4-1}$、LE II$_{4-6}$ 和 LE II$_{4-8}$；生态服务功能增加范围在 1000 万 ~ 2000 万元的水生态功能区为 LE II$_{4-2}$；生态服务功能增加范围在 2000 万 ~ 5000 万元的水生态功能区为 LE II$_{2-3}$；生态服务功能增加范围 5000 万 ~ 6000 万元的水生态功能区为 LE I$_{1-1}$。生态服务功能减小的区域主要分布在白石天河、裕溪河上游、南淝河下游以及双桥河流域，减少幅度较小。其中，生态服务功能减少范围在 0 ~ 500 万元的水生态功能区为 LE II$_{1-2}$、LE

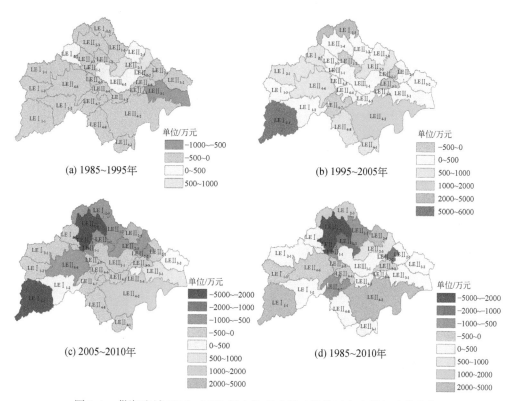

图 8-1　巢湖流域 1985～2010 年水生态功能三级分区生态服务功能变化

Ⅱ$_{2-2}$、LEⅡ$_{3-3}$ 和 LEⅡ$_{4-7}$。

2005～2010 年，巢湖流域生态服务功能增加的区域主要分布在裕溪河流域、柘皋河上游和杭埠河中游等区域，增加幅度比较明显。其中，生态服务功能增加范围在 0～500 万元的水生态功能区为 LEⅠ$_{1-2}$、LEⅡ$_{3-2}$ 和 LEⅡ$_{3-4}$；生态服务功能增加范围在 500 万～1000 万元的水生态功能区为 LEⅡ$_{3-1}$；生态服务功能增加范围在 1000 万～2000 万元的水生态功能区为 LEⅡ$_{4-2}$；生态服务功能增加范围在 2000 万～5000 万元的水生态功能区为 LEⅡ$_{2-4}$。生态服务功能减少的区域主要分布在南淝河流域、杭埠河流域、白石天河流域、派河流域、十五里河流域等区域，减少幅度变化明显。其中，生态服务功能减少范围在 0～500 万元的水生态功能区为 LEⅠ$_{1-3}$、LEⅠ$_{2-1}$、LEⅡ$_{2-2}$、LEⅡ$_{2-1}$、LEⅡ$_{3-3}$、LEⅡ$_{4-1}$、LEⅡ$_{4-3}$、LEⅡ$_{4-4}$、LEⅡ$_{4-5}$、LEⅡ$_{4-7}$、LEⅡ$_{4-8}$ 和 LEⅢ$_{1-1}$；生态服务功能减少范围在 500 万～1000 万元的水生态功能区为 LEⅡ$_{1-2}$、LEⅠ$_{2-3}$、LEⅡ$_{1-1}$、LEⅡ$_{1-3}$、LEⅡ$_{2-2}$、LEⅡ$_{2-3}$ 和 LEⅡ$_{4-6}$；生态服务功能减少范围在 2000 万～5000 万元的水生态功能区为 LEⅠ$_{1-1}$、LEⅡ$_{1-4}$ 和 LEⅡ$_{1-5}$。

1985～2010 年，巢湖流域生态服务功能增加的区域主要分布在杭埠河上游、兆河流域、裕溪河流域、南淝河上游、柘皋河上游和派河上游，增加幅度变化较明显。其中，生态服务功能增加范围在 0～500 万元的水生态功能区为 LEⅠ$_{1-2}$、LEⅠ$_{2-1}$、LEⅡ$_{2-1}$、LEⅠ$_{2-2}$、LEⅡ$_{3-1}$、LEⅡ$_{3-2}$、LEⅡ$_{3-4}$、LEⅡ$_{4-1}$、LEⅡ$_{4-3}$、LEⅡ$_{4-8}$ 和 LEⅢ$_{1-1}$；生态服务功能增加范围在 500 万～1000 万元的水生态功能区为 LEⅡ$_{2-3}$；生态服务功能增加范围在 1000

万~2000万元的水生态功能区为 LE I $_{2-3}$；生态服务功能增加范围在 2000 万~5000 万元的水生态功能区为 LE I $_{1-1}$、LE II $_{2-4}$ 和 LE II $_{4-2}$。生态服务功能减少的区域主要分布在南淝河中下游、双桥河流域、白石天河流域等区域，减少幅度较大。其中，生态服务功能减少范围在 0~500 万元的水生态功能区为 LE I $_{1-3}$、LE II $_{3-3}$、LE II $_{4-4}$、LE II $_{4-5}$ 和 LE II $_{4-6}$；生态服务功能减少范围在 500 万~1000 万元的水生态功能区为 LE II $_{1-1}$、LE II $_{1-3}$、和 LE II $_{4-7}$；生态服务功能减少范围在 1000 万~2000 万元的水生态功能区为 LE II $_{1-2}$ 和 LE II $_{2-2}$；生态服务功能减少范围在 2000 万~5000 万元的水生态功能区为 LE II $_{1-4}$ 和 LE II $_{1-5}$。

8.2.1 三级区 LE I $_{1-1}$ 生态服务功能

该水生态功能三级区生态服务功能最大值是 2005 年，为 15.13 亿元；第二大的值是 2010 年，为 14.81 亿元；第三大的值是 1985 年；为 14.58 亿元；最小的值是 1995 年，为 14.57 亿元（图 8-2）。

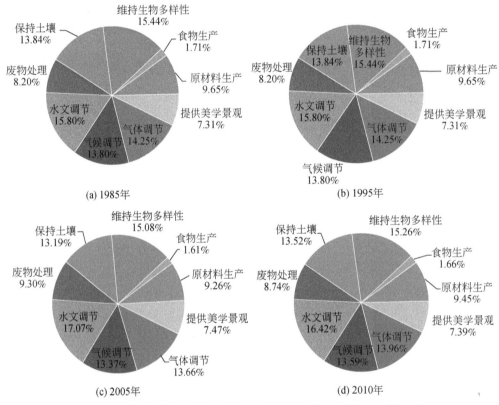

图 8-2 巢湖流域水生态功能三级区 LE I $_{1-1}$ 历年生态服务功能组成

该水生态功能三级区历年生态服务功能类型中最大的（主导生态服务功能）是水文调节，其次是维持生物多样性，再次是气体调节，最小的是食物生产。

8.2.2　三级区 LEⅠ$_{1-2}$ 生态服务功能

该水生态功能三级区生态服务功能最大值是 2010 年，为 7.16 亿元；生态服务功能第二大的值是 1985 年，为 7.14 亿元；生态服务功能第三大的值是 2005 年；为 7.13 亿元；生态服务功能最小的值是 1995 年，为 7.12 亿元（图 8-3）。

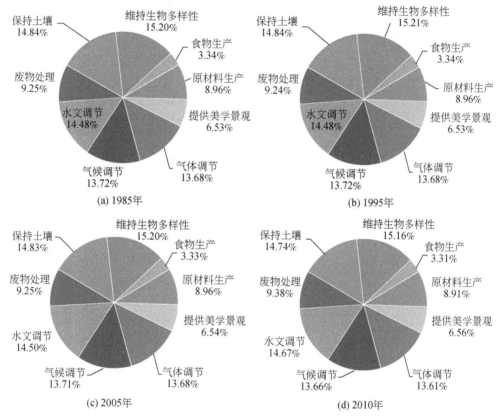

图 8-3　巢湖流域水生态功能三级区 LEⅠ$_{1-2}$ 历年生态服务功能组成

该水生态功能三级区历年生态服务功能类型中最大的是维持生物多样性，其次是保持土壤，最小的是食物生产。

8.2.3　三级区 LEⅠ$_{1-3}$ 生态服务功能

该水生态功能三级区生态服务功能最大值是 1985 年，为 4.77 亿元；生态服务功能第二大的值是 2005 年，为 4.76 亿元；生态服务功能第三大的值是 1995 年；为 4.75 亿元；生态服务功能最小的值是 2010 年，为 4.74 亿元（图 8-4）。

该水生态功能三级区生态服务功能类型中最大的是维持生物多样性，其次是保持土壤，最小的是食物生产。

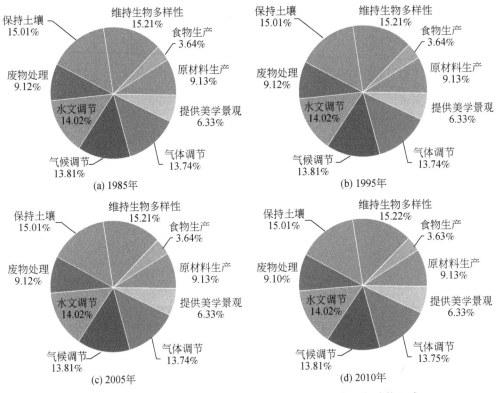

图 8-4　巢湖流域水生态功能三级区 LE I$_{1-3}$ 历年生态服务功能组成

8.2.4　三级区 LE I$_{2-1}$ 生态服务功能

该水生态功能三级区生态服务功能最大值是 2005 年，为 4.38 亿元；生态服务功能第二大的值是 2010 年，为 4.37 亿元；生态服务功能第三大的值是 1985 年；为 4.33 亿元；生态服务功能最小的值是 1995 年，为 4.32 亿元（图 8-5）。

该水生态功能三级区历年生态服务功能类型中最大的是保持土壤，其次是废物处理，最小的是提供美学景观。

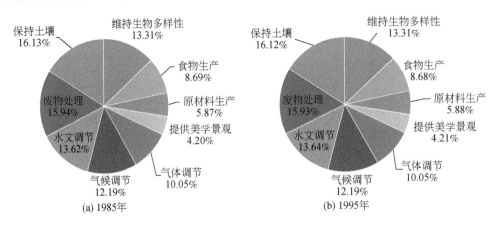

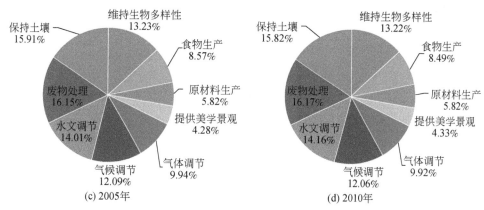

图 8-5 巢湖流域水生态功能三级区 LE I $_{2-1}$ 历年生态服务功能组成

8.2.5 三级区 LE I $_{2-2}$ 生态服务功能

该水生态功能三级区生态服务功能最大值是 2005 年，为 1.60 亿元；生态服务功能第二大的值是 2010 年，为 1.57 亿元；生态服务功能第三大的值是 1995 年；为 1.53 亿元；生态服务功能最小的值是 1985 年，为 1.52 亿元（图 8-6）。

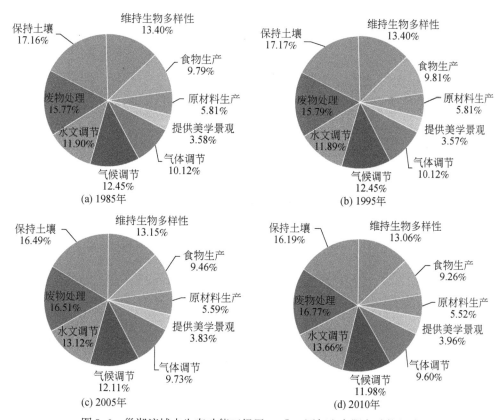

图 8-6 巢湖流域水生态功能三级区 LE I $_{2-2}$ 历年生态服务功能组成

该水生态功能三级区生态服务功能类型中最大的是保持土壤，其次是废物处理，最小的是提供美学景观。

8.2.6 三级区 LEⅠ$_{2-3}$生态服务功能

该水生态功能三级区生态服务功能最大值是 2005 年，为 2.43 亿元；生态服务功能第二大的值是 2010 年，为 2.38 亿元；生态服务功能第三大的值是 1985 年；为 2.18 亿元；生态服务功能最小的值是 1995 年，为 2.17 亿元（图 8-7）。

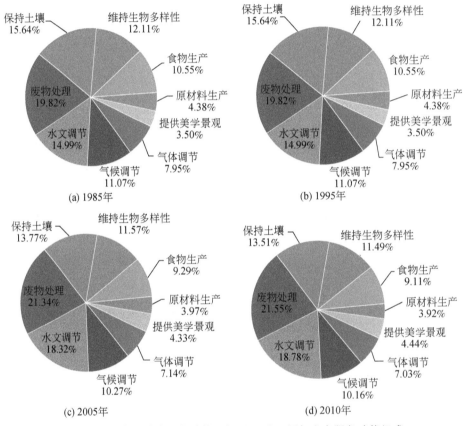

图 8-7　巢湖流域水生态功能三级区 LEⅠ$_{2-3}$历年生态服务功能组成

该水生态功能三级区生态服务功能类型中最大的是废物处理，其次是水文调节和保持土壤，最小的是原材料生产和提供美学景观。

8.2.7 三级区 LEⅡ$_{1-1}$生态服务功能

该水生态功能三级区生态服务功能最大值是 2005 年，为 0.59 亿元；生态服务功能第二大的值是 1985 年，为 0.57 亿元；生态服务功能第三大的值是 1995 年；为 0.56 亿元；生态服务功能最小的值是 2010 年，为 0.53 亿元（图 8-8）。

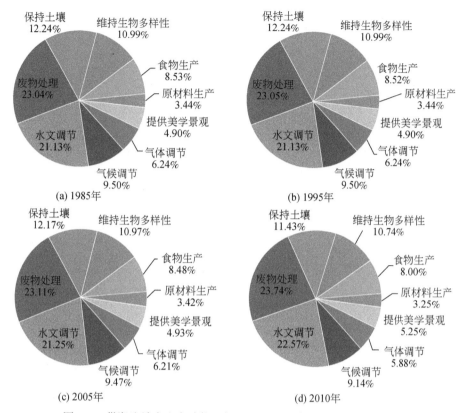

图 8-8　巢湖流域水生态功能三级区 LEⅡ$_{1\text{-}1}$ 历年生态服务功能组成

该水生态功能三级区生态服务功能类型中最大的是废物处理，其次是水文调节，最小的是原材料生产。

8.2.8　三级区 LEⅡ$_{1\text{-}2}$ 生态服务功能

该水生态功能三级区生态服务功能最大值是 1985 年，为 0.98 亿元；生态服务功能第二大的值是 1995 年，为 0.97 亿元；生态服务功能第三大的值是 2005 年；为 0.96 亿元；生态服务功能最小的值是 2010 年，为 0.89 亿元（图 8-9）。

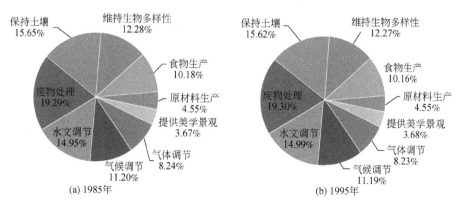

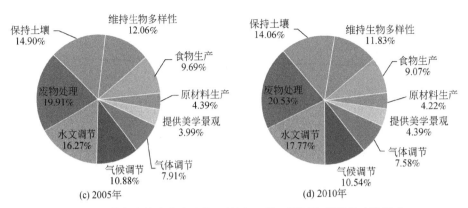

图 8-9　巢湖流域水生态功能三级区 LEⅡ$_{1\text{-}2}$历年生态服务功能组成

该水生态功能三级区生态服务功能类型中最大的是废物处理，其次是保持土壤和水文调节，最小的是提供美学景观。

8.2.9　三级区 LEⅡ$_{1\text{-}3}$生态服务功能

该水生态功能三级区生态服务功能最大值是 2005 年，为 1.91 亿元；生态服务功能第二大的值是 1985 年，为 1.90 亿元；生态服务功能第三大的值是 1995 年；为 1.89 亿元；生态服务功能最小的值是 2010 年，为 1.86 亿元（图 8-10）。

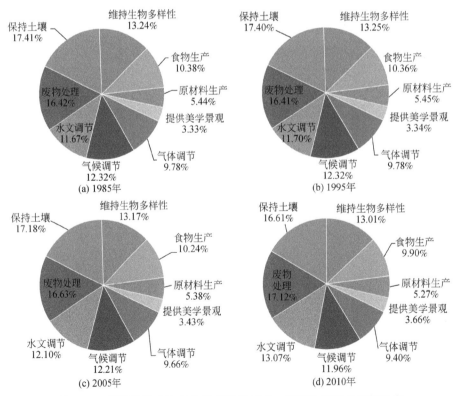

图 8-10　巢湖流域水生态功能三级区 LEⅡ$_{1\text{-}3}$历年生态服务功能组成

该水生态功能三级区生态服务功能类型中最大的是保持土壤，其次是废物处理，最小的是提供美学景观。

8.2.10　三级区 LEⅡ$_{1-4}$生态服务功能

该水生态功能三级区生态服务功能最大值是 2005 年，为 2.19 亿元；生态服务功能第二大的值是 1985 年，为 2.15 亿元；生态服务功能第三大的值是 1995 年；为 2.11 亿元；生态服务功能最小的值是 2010 年，为 1.86 亿元（图 8-11）。

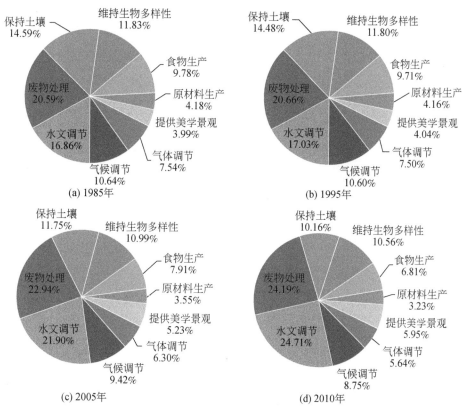

图 8-11　巢湖流域水生态功能三级区 LEⅡ$_{1-4}$历年生态服务功能组成

该水生态功能三级区生态服务功能类型中最大的是废物处理，其次是水文调节，最小的是原材料生产。

8.2.11　三级区 LEⅡ$_{1-5}$生态服务功能

该水生态功能三级区生态服务功能最大值是 2005 年，为 0.97 亿元；生态服务功能第二大的值是 1985 年，为 0.98 亿元；生态服务功能第三大的值是 1995 年；为 0.95 亿元；生态服务功能最小的值是 2010 年，为 0.64 亿元（图 8-12）。

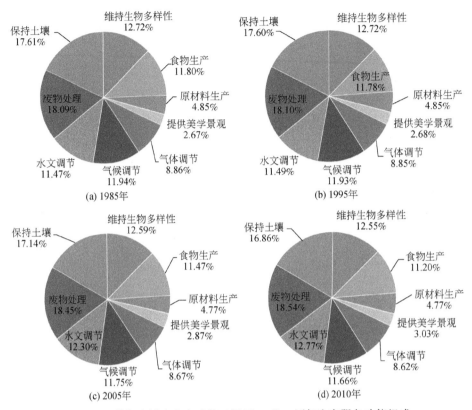

图 8-12　巢湖流域水生态功能三级区 LEⅡ$_{1-5}$ 历年生态服务功能组成

该水生态功能三级区生态服务功能类型中最大的是废物处理，其次是保持土壤，最小的是提供美学景观。

8.2.12　三级区 LEⅡ$_{2-1}$ 生态服务功能

该水生态功能三级区生态服务功能最大值是 2005 年，为 1.71 亿元；生态服务功能第二大的值是 2010 年，为 1.70 亿元；生态服务功能第三大的值是 1985 年；为 1.69 亿元；生态服务功能最小的值是 1995 年，为 1.68 亿元（图 8-13）。

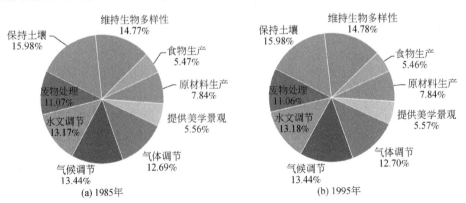

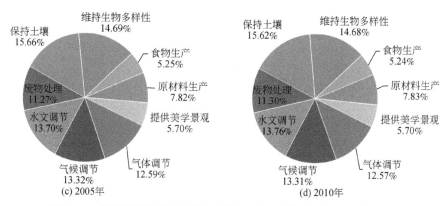

图 8-13　巢湖流域水生态功能三级区 LE Ⅱ$_{2-1}$ 历年生态服务功能组成

该水生态功能三级区生态服务功能类型中最大的是保持土壤，其次是维持生物多样性，最小的是食物生产。

8.2.13　三级区 LE Ⅱ$_{2-2}$ 生态服务功能

该水生态功能三级区生态服务功能最大值是 1985 年，为 0.72 亿元；生态服务功能第二大的值是 1995 年，为 0.70 亿元；生态服务功能第三大的值是 2005 年；为 0.67 亿元；生态服务功能最小的值是 2010 年，为 0.62 亿元（图 8-14）。

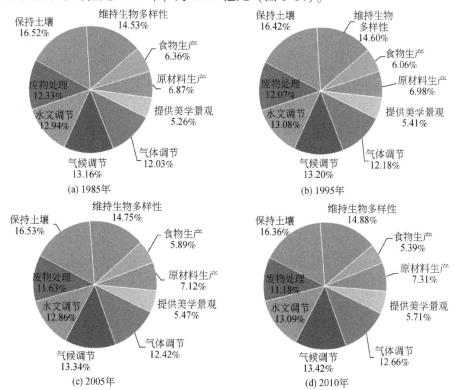

图 8-14　巢湖流域水生态功能三级区 LE Ⅱ$_{2-2}$ 历年生态服务功能组成

该水生态功能三级区生态服务功能类型中最大的是保持土壤，其次是维持生物多样性，最小的是提供美学景观。

8.2.14 三级区 LEⅡ$_{2-3}$生态服务功能

该水生态功能三级区生态服务功能最大值是 2005 年，为 2.49 亿元；生态服务功能第二大的值是 2010 年，为 2.43 亿元；生态服务功能第三大的值是 1995 年；为 2.42 亿元；生态服务功能最小的值是 1985 年，为 2.35 亿元（图 8-15）。

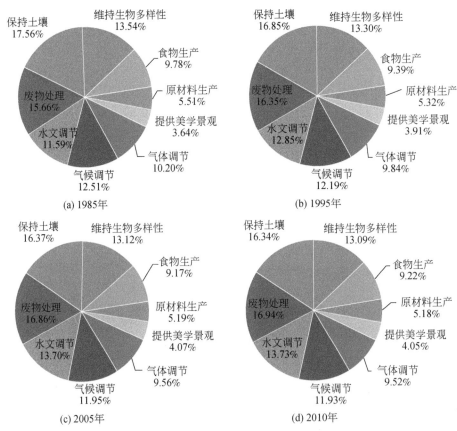

图 8-15 巢湖流域水生态功能三级区 LEⅡ$_{2-3}$历年生态服务功能组成

该水生态功能三级区生态服务功能类型中最大的是废物处理和保持土壤，其次是维持生物多样性和水文调节，最小的是提供美学景观。

8.2.15 三级区 LEⅡ$_{2-4}$生态服务功能

该水生态功能三级区生态服务功能最大值是 2010 年，为 1.63 亿元；生态服务功能第二大的值是 2005 年，为 1.38 亿元；生态服务功能第三大的值是 1995 年；为 1.36 亿元；生态服务功能最小的值是 1985 年，为 1.35 亿元。（图 8-16）。

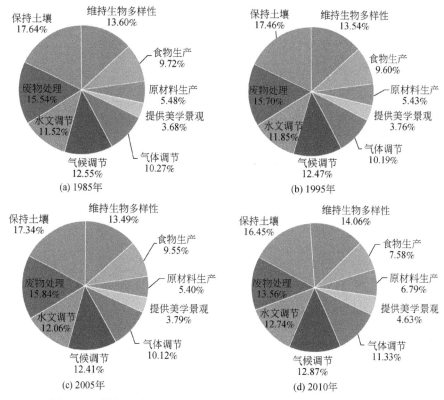

图 8-16　巢湖流域水生态功能三级区 LE Ⅱ$_{2-4}$ 历年生态服务功能组成

该水生态功能三级区生态服务功能类型中最大的是保持土壤，其次是废物处理，最小的是提供美学景观。

8.2.16　三级区 LE Ⅱ$_{3-1}$ 生态服务功能

该水生态功能三级区生态服务功能最大值是 2010 年，为 4.02 亿元；生态服务功能第二大的值是 1985 年，为 3.99 亿元；生态服务功能第三大的值是 2005 年；为 3.96 亿元；生态服务功能最小的值是 1995 年，为 3.94 亿元（图 8-17）。

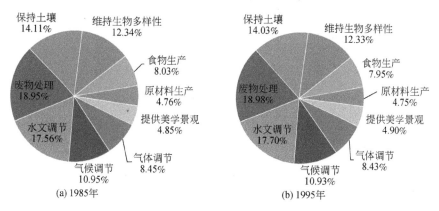

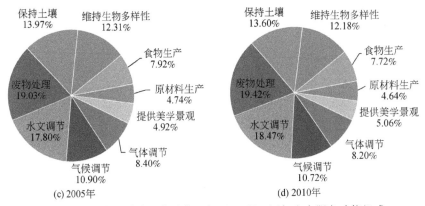

图 8-17　巢湖流域水生态功能三级区 LEⅡ$_{3-1}$历年生态服务功能组成

该水生态功能三级区生态服务功能类型中最大的是废物处理，其次是水文调节，最小的是原材料生产。

8.2.17　三级区 LEⅡ$_{3-2}$生态服务功能

该水生态功能三级区生态服务功能最大值是 2010 年，为 2.62 亿元；生态服务功能第二大的值是 1985 年，为 2.60 亿元；生态服务功能第三大的值是 2005 年；为 2.59 亿元；生态服务功能最小的值是 1995 年，为 2.58 亿元（图 8-18）。

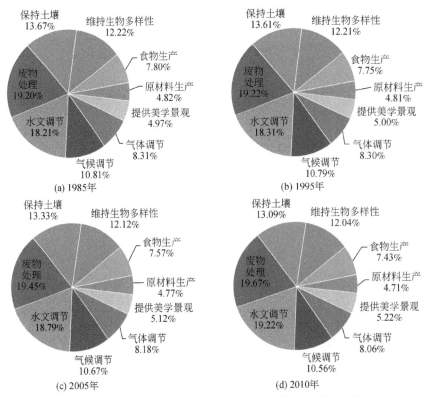

图 8-18　巢湖流域水生态功能三级区 LEⅡ$_{3-2}$历年生态服务功能组成

该水生态功能三级区生态服务功能类型中最大的是废物处理，其次是水文调节，最小的是原材料生产。

8.2.18　三级区 LE II₃₋₃ 生态服务功能

该水生态功能三级区生态服务功能最大值是 1985 年，为 1.35 亿元；生态服务功能第二大的值是 1995 年，为 1.33 亿元；生态服务功能第三大的值是 2005 年；为 1.31 亿元；生态服务功能最小的值是 2010 年，为 1.31 亿元（图 8-19）。

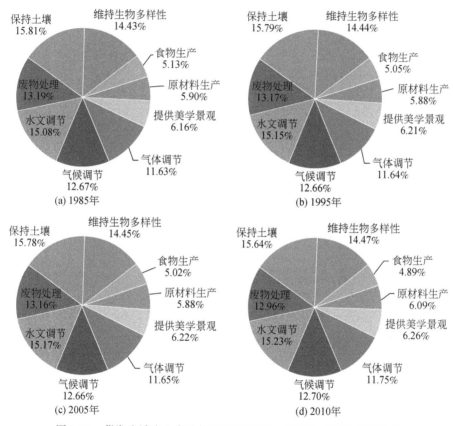

图 8-19　巢湖流域水生态功能三级区 LE II₃₋₃ 历年生态服务功能组成

该水生态功能三级区生态服务功能类型中最大的是保持土壤，其次是水文调节，最小的是食物生产。

8.2.19　三级区 LE II₃₋₄ 生态服务功能

该水生态功能三级区生态服务功能最大值是 2010 年，为 0.60 亿元；生态服务功能第二大的值是 2005 年，为 0.59 亿元；生态服务功能第三大的值是 1985 年；为 0.57 亿元；生态服务功能最小的值是 1995 年，为 0.56 亿元（图 8-20）。

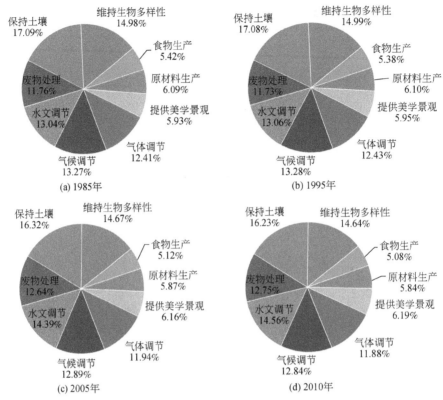

图 8-20　巢湖流域水生态功能三级区 LE Ⅱ$_{3-4}$ 历年生态服务功能组成

该水生态功能三级区生态服务功能类型中最大的是保持土壤，其次是维持生物多样性，最小的是食物生产。

8.2.20　三级区 LE Ⅱ$_{4-1}$ 生态服务功能

该水生态功能三级区生态服务功能最大值是 2005 年，为 2.51 亿元；生态服务功能第二大的值是 2010 年，为 2.50 亿元；生态服务功能第三大的值是 1985 年；为 2.45 亿元；生态服务功能最小的值是 1995 年，为 2.44 亿元（图 8-21）。

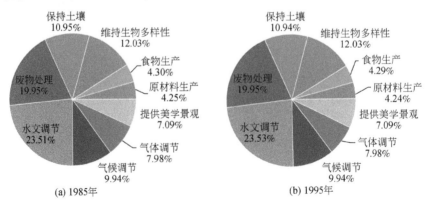

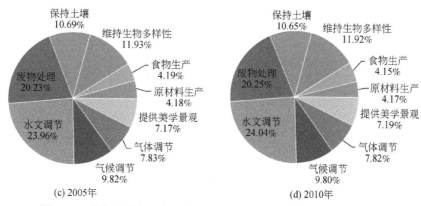

图 8-21 巢湖流域水生态功能三级区 LE II$_{4-1}$ 历年生态服务功能组成

该水生态功能三级区生态服务功能类型中最大的是水文调节，其次是废物处理，最小的是食物生产。

8.2.21 三级区 LE II$_{4-2}$生态服务功能

该水生态功能三级区生态服务功能最大值是 2010 年，为 11.31 亿元；生态服务功能第二大的值是 2005 年，为 11.19 亿元；生态服务功能第三大的值是 1985 年；为 11.08 亿元；生态服务功能最小的值是 1995 年，为 11.04 亿元（图 8-22）。

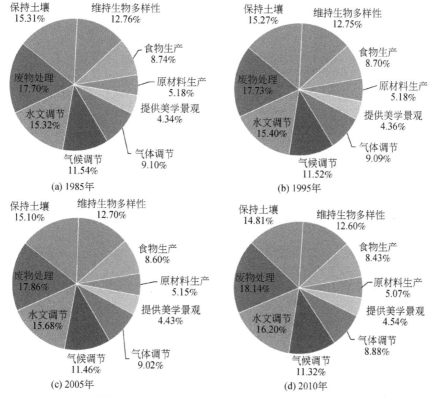

图 8-22 巢湖流域水生态功能三级区 LE II$_{4-2}$ 历年生态服务功能组成

271

该水生态功能三级区生态服务功能类型中最大的是废物处理，其次是水文调节，最小的是提供美学景观。

8.2.22　三级区 LEⅡ₄₋₃生态服务功能

该水生态功能三级区生态服务功能最大值是2005年，为1.11亿元；生态服务功能第二大的值是2010年，为1.10亿元；生态服务功能第三大的值是1985年；为1.08亿元；生态服务功能最小的值是1995年，为1.07亿元（图8-23）。

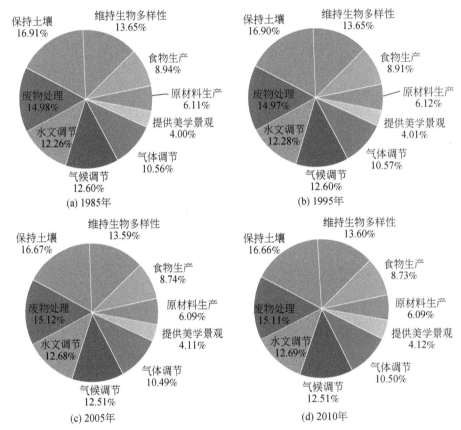

图8-23　巢湖流域水生态功能三级区 LEⅡ₄₋₃历年生态服务功能组成

该水生态功能三级区生态服务功能类型中最大的是保持土壤，其次是废物处理，最小的是提供美学景观。

8.2.23　三级区 LEⅡ₄₋₄生态服务功能

该水生态功能三级区生态服务功能最大值是2005年，为1.53亿元；生态服务功能第二大的值是1985年，为1.52亿元；生态服务功能第三大的值是1995年；为1.51亿元；生态服务功能最小的值是2010年，为1.50亿元（图8-24）。

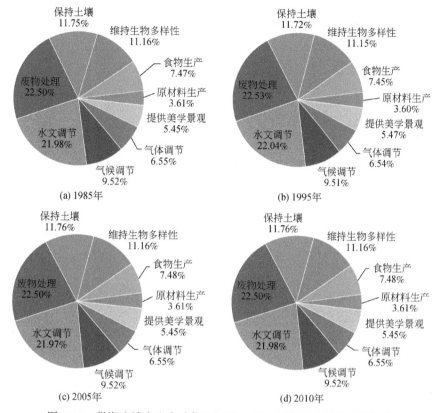

图 8-24　巢湖流域水生态功能三级区 LEⅡ₄₋₄ 历年生态服务功能组成

　　该水生态功能三级区生态服务功能类型中最大的是废物处理，其次是水文调节，最小的是原材料生产。

8.2.24　三级区 LEⅡ₄₋₅ 生态服务功能

　　该水生态功能三级区生态服务功能最大值是 2005 年，为 0.89 亿元；生态服务功能第二大的值是 1985 年，为 0.88 亿元；生态服务功能第三大的值是 1995 年；为 0.87 亿元；生态服务功能最小的值是 2010 年，为 0.86 亿元（图 8-25）。

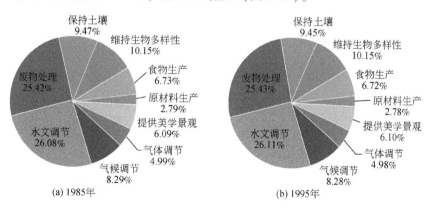

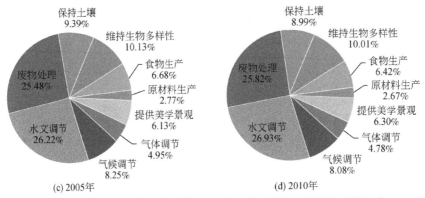

图 8-25 巢湖流域水生态功能三级区 LEⅡ$_{4-5}$历年生态服务功能组成

该水生态功能三级区生态服务功能类型中最大的是水文调节，其次是废物处理，最小的是原材料生产。

8.2.25 三级区 LEⅡ$_{4-6}$生态服务功能

该水生态功能三级区生态服务功能最大值是 2005 年，为 4.79 亿元；生态服务功能第二大的值是 2010 年，为 4.74 亿元；生态服务功能第三大的值是 1985 年；4.73 亿元；生态服务功能最小的值是 1995 年，为 4.72 亿元（图 8-26）。

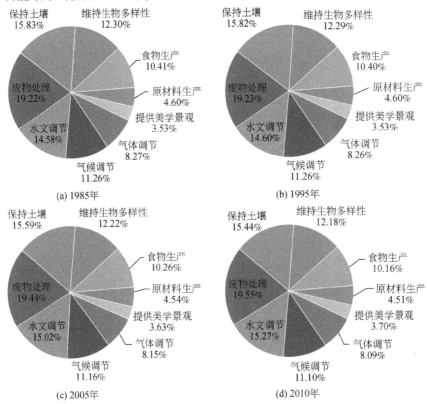

图 8-26 巢湖流域水生态功能三级区 LEⅡ$_{4-6}$历年生态服务功能组成

该水生态功能三级区生态服务功能类型中最大的是废物处理，其次是保持土壤，最小的是提供美学景观。

8.2.26　三级区 LEⅡ$_{4-7}$生态服务功能

该水生态功能三级区生态服务功能最大值是 1985 年，为 2.17 亿元；生态服务功能第二大的值是 1995 年，为 2.16 亿元；生态服务功能第三大的值是 2005 年；为 2.15 亿元；生态服务功能最小的值是 2010 年，为 2.12 亿元（图 8-27）。

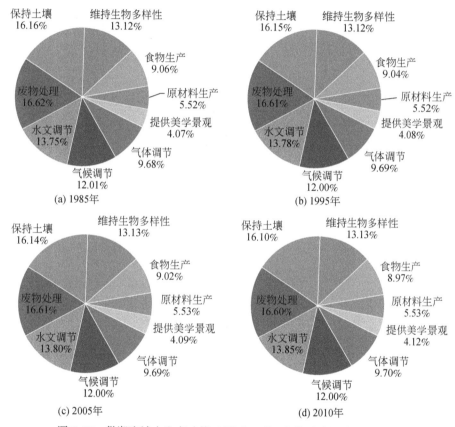

图 8-27　巢湖流域水生态功能三级区 LEⅡ$_{4-7}$历年生态服务功能组成

该水生态功能三级区生态服务功能类型中最大的是废物处理，其次是保持土壤，最小的是提供美学景观。

8.2.27　三级区 LEⅡ$_{4-8}$生态服务功能

该水生态功能三级区生态服务功能最大值是 2005 年，为 4.03 亿元；生态服务功能第二大的值是 2010 年，为 4.01 亿元；生态服务功能第三大的值是 1985 年；为 3.97 亿元；生态服务功能最小的值是 1995 年，为 3.96 亿元（图 8-28）。

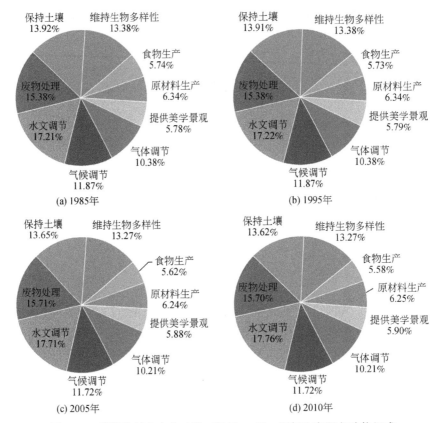

图8-28 巢湖流域水生态功能三级区 LE II_{4-8} 历年生态服务功能组成

该水生态功能三级区生态服务功能类型中最大的是水文调节，其次是废物处理，最小的是食物生产。

8.2.28 三级区 LE III_{1-1} 生态服务功能

该水生态功能三级区生态服务功能最大值是 2005 年，为 18.6 亿元；生态服务功能第二大的值是 2010 年，为 18.58 亿元；生态服务功能第三大的值是 1995 年；为 18.58 亿元；生态服务功能最小的值是 1985 年，为 18.57 亿元（图8-29）。

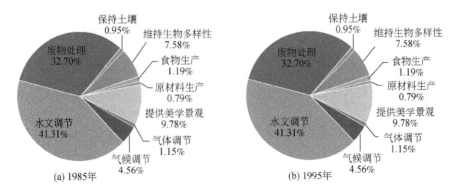

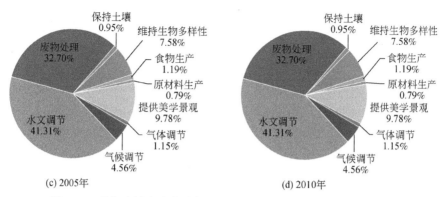

图 8-29　巢湖流域水生态功能三级区 LE Ⅲ₁₋₁ 历年生态服务功能组成

该水生态功能三级区生态服务功能类型中最大的是水文调节，其次是废物处理，最小的是原材料生产。

8.3　结论与讨论

1985～2010 年，巢湖流域生态系统服务呈现出先减少后增加在减少的变化趋势，且变化幅度较小。1985～1995 年，巢湖流域生态系统服务减少的主要原因是由于耕地面积减少 97.67km²，使生态系统服务减少了 0.41 亿元，尽管由于水域面积增加，生态系统服务增加了 0.14 亿元，但巢湖流域总的生态系统服务减少 0.22 亿元。1995～2005 年，巢湖流域生态系统服务增加的主要原因是由于水域面积增加了 88.65km²，使生态系统服务增加了 2.11 亿元，尽管由于耕地面积减少，生态系统服务减少了 0.59 亿元，但巢湖流域总的生态系统服务增加了 1.59 亿元。2005～2010 年，巢湖流域生态系统服务减少的主要原因是由于耕地面积减少 402.93km²，使生态系统服务减少了 1.67 亿元，尽管由于水域面积增加，生态系统服务增加了 0.15 亿元，但巢湖流域总的生态系统服务减少 1.06 亿元。

总的来说，1985～2010 年，巢湖流域生态系统服务增加的主要原因是由于水域和林地面积分别增加了 100.50km² 和 31.94km²，使生态系统服务增加了 2.87 亿元，尽管由于耕地和林地面积减少，生态系统服务减少了 2.88 亿元，考虑未利用地生态系统服务，巢湖流域总的生态系统服务减少 41.56 万元。

巢湖流域历年来生态系统服务总量变化较小，主要的原因是高生态系统服务价值当量的用地类型面积增加而引起的生态系统服务的增加抵消了由于较低生态系统服务价值当量（单位面积生态系统服务价值）的用地类型面积减少而引起的生态系统服务的减少。例如，水域面积和林地（高生态系统服务价值当量）面积的增加，耕地面积的减少。

此外，从不同生态系统服务类型来看，1985～2010 年，巢湖流域生态系统调节功能和文化功能分别增加了 0.75 亿元和 0.20 亿元，而支持功能和供给功能分别减少了 0.57 亿元和 0.38 亿元，说明巢湖流域人类活动导致的土地利用变化已经引起了生态系统服务功能和结构的变化，致使可从自然界获取的部分生态系统服务受到了影响。尽管在 1995～2005 年，只有供给功能出现减少（减少了 0.06 亿元），但更严重的情况出现在 1985～

1995 年和 2005～2010 年，前者只有文化功能少量增加（增加了 0.004 亿元），后者调节功能、支持功能、供给功能和文化功能均出现不同程度的减少。因此，分析生态系统服务变化，从不同生态系统服务类型功能变化角度可以获取更多信息。

针对水水生态功能三级区内不同生态系统服务类型功能变化，可以看出，不同三级区主导生态系统服务功能随着时间可能发生改变。例如，水生态功能三级区 LE I$_{2-1}$，该区主导生态系统服务功能 1985～1995 年为保持土壤，占生态系统服务总量超过 16%，而从 2005 年开始，主导生态系统服务功能从保持土壤变为废物处理，前者所占比例降到 16% 以下，后者所占比例升到 16% 以上（图 8-5）。主要原因在于 1995～2005 年，该三级区耕地面积少量增加，而水域面积增加的幅度大于耕地面积，并且水域面积的废物处理功能价值当量远远高于保持土壤功能的价值当量。类似的三级区还有 LE I$_{2-2}$、LE II$_{1-3}$、LE II$_{1-4}$ 和 LE II$_{2-3}$，这些区域主要分布在巢湖流域西北部，南淝河流域、柘皋河流域西部和杭埠河流域北部等区域。另外，三级区主导生态系统服务功能随时间的变化基本保持不变的区域占主导的三级区有 23 个。

参 考 文 献

廖静秋，黄艺. 2013. 应用生物完整性值指标评价水生态系统健康的研究进展，应用生态学报，24（1）：295-302.

王友生，余新晓，贺康宁，等. 2012. 基于土地利用变化的怀柔水库流域生态服务价值研究. 农业工程学报，28（5）：246-251.

谢高地，鲁春霞，冷允法，等. 2003. 青藏高原生态资产的价值评估. 自然资源学报，18：189-196.

谢高地，肖玉，甄霖，等. 2005. 我国粮食生产的生态服务价值研究. 中国生态农业学报，13（3）：10-13.

谢高地，甄霖，鲁春霞，等. 2008. 一个基于专家知识的生态系统服务价值化方法. 自然资源学报，23（9）：911-919.

张志明，高俊峰，闫人华. 2015. 基于水生态功能区的巢湖环湖带生态服务功能评价. 长江流域资源与环境，24（7）：1110-1118.

郑江坤，余新晓，贾国栋，等. 2010. 密云水库集水区基于 LUCC 的生态服务价值动态演变. 农业工程学报，26（9）：315-320.

Carreño L, Frank F C, Viglizzo E F. 2012. Tradeoffs between economic and ecosystem services in Argentina during 50 years of land-use change. Agr Ecosyst Environ, 154：68-77.

Chen J, Sun B M, Chen D, et al. 2014. Land use changes and their effects on the value of ecosystem services in the small Sanjiang Plain in China. Scientific World Journal, （1）：1-7.

Costanza R, d'Arge R, de Groot R, et al. 1997. The value of the world's ecosystem services and natural capital. Nature, 387：253-260.

Gao Y N, Gao J F, Chen J F, et al. 2011. Regionalizing aquatic ecosystems based on the river subbasin taxonomy concept and spatial clustering techniques. Inter J Env Res Pub Heal, 8（11）：4367-4385.

Hao F H, Lai X H, Ouyang W, et al. 2012. Effects of land use changes on the ecosystem service values of a reclamation farm in Northeast China. Environ Manage, 50：888-899.

Heal G. 2000. Valuing ecosystem services. Ecosystems, 3（1）：24-30.

Huang J, Zhan J Y, Yan H M, et al. 2013. Evaluation of the impacts of land use on water quality：a case study in the Chaohu Lake Basin. Scientific World Journal, (1): 1-7.

Jiang T T, Huo SL, Xi B D, et al. 2014. The influences of land-use changes on the absorbed nitrogen and phosphorus loadings in the drainage basin of Lake Chaohu, China. Environ Earth Sci, 71 (9): 4165-4176.

Johnson A C, Acreman M C, Dunbar M J, et al. 2009. The British river of the future: How climate change and human activity might affect two contrasting river ecosystems in England. Sci Total Environ, 407 (17): 4787-4798.

Kreuter U P, Harris H G, Matlock M D, et al. 2001. Change in ecosystem service values in the San Antonio area, Texas. Ecol Econ, 39 (3): 333-346.

Lautenbach S, Kugel C, Lausch A, et al. 2011. Analysis of historic changes in regional ecosystem service provisioning using land use data. Ecol Indic, 11: 676-687.

Lawler J J, Lewis D J, Nelson E, et al. 2014. Projected land-use change impacts on ecosystem services in the United States. PNAS, 111 (20): 7492-7497.

Li J H, Jiao S M, Gao R Q, et al. 2012. Differential effects of legume species on the recovery of soll microbial communities, and carbon and nitrogn contents, in abandoned fields of the Loess Plateau, China. Environmental management, 50 (6): 1193-1203.

Li T H, Li W K, Qian Z H. 2010. Variations in ecosystem service value in response to land use changes in Shenzhen. Ecol Econ, 69 (7): 1427-1435.

Liu J Y, Zhang Z X, Xu X L, et al. 2010. Spatial patterns and driving forces of land use change in China during the early 21st century. J Geogr Sci, 20: 483-494.

Liu Y, Li J C, Zhang H. 2012. An ecosystem service valuation of land use change in Taiyuan City, China. Ecol Model, 225: 127-132.

Liu Y G, Zeng X X, Xu L, et al. 2011. Impacts of land-use change on ecosystem service value in Changsha, China. J Cent South Univ T, 18 (2): 420-428.

Lin Y P, Hong N M, Chiang L C, et al. 2012. Adaptation of land-use demands to the impact of climate change on the hydrological processes of an urbanized watershed. International journal of environmental research and public health, 9 (11): 4083-4102.

Roebeling P, Costa L, Magalhães-Filho L, et al. 2013. Ecosystem service value losses from coastal erosion in Europe: historical trends and future projections, J Coast Conserv, 17 (3): 389-395.

Sawut M, Eziz M, Tiyip T. 2013. The effects of land-use change on ecosystem service value of desert oasis: a case study in Ugan-Kuqa River Delta Oasis, China. Can J Soil Sci, 93 (1): 99-108.

Su C H, Fu B J, He C S, et al. 2012. Variation of ecosystem services and human activities: a case study in the Yanhe Watershed of China. Acta Oecol, 44: 46-57.

Tang W Z, Ao L, Zhang H, et al. 2014. Accumulation and risk of heavy metals in relation to agricultural intensification in the river sediments of agricultural regions. Environ Earth Sci, 71 (9): 3945-3951.

Vitousek P M, Mooney H A, Lubchenco J, et al. 1997. Human domination of Earth's ecosystems. Science, 277: 494-499.

Wang X, Kannan N, Santhi C, et al. 2011. Integrating APEX output for cultivated cropland with SWAT simulation for regional modeling. Trans. ASABE, 54 (4): 1281-1298.

Wang Z M, Zhang B, Zhang S Q, et al. 2006. Changes of land use and of ecosystem service values in Sanjiang Plain, northeast China. Environ Monit Assess, 112 (1-3): 69-91.

Watanabe M D B, Ortega E. 2014. Dynamic emergy accounting of water and carbon ecosystem services: A model to simulate the impacts of land-use change. Ecol Model, 271: 113-131.

Wilson M A, Howarth R. 2002. Discourse based valuation of ecosystem services: establishing fair outcomes through group deliberation. Ecol Econ, 41 (3): 431-443.

Xie X, Wang X, Zhang Q, et al. 2008. Multi-scale geochemical mapping in China. Geochemistry: Exploration, Environment, Analysis, 8 (3-4): 333-341.

Zhang Z M, Gao J F. 2016. Linking landscape structures and ecosystem service value using multivariate regression analysis: A case study of the Chaohu Lake Basin, China. Environ Earth Sci, 76 (1): 1-16.

Zhang Z M, Gao J F, Gao Y N. 2015. The influences of land use changes on the value of ecosystem services in Chaohu Lake Basin, China. Environ Earth Sci, 74 (1): 385-395.

Zheng Z M, Fu B J, Hu H T, et al. 2014. A method to identify the variable ecosystem services relationship across time: a case study on Yanhe Basin, China. Landscape Ecol, 29: 1689-1696.

Zorrilla-Miras P, Palomo I, Gómez-Baggethun E, et al. 2014. Effects of land-use change on wetland ecosystem services: a case study in the Doñana marshes (SW Spain). Landscape Urban Plan, 122: 160-174.

第9章 基于水生态功能分区的 水生态健康评价[①]

9.1 评 价 方 法

20世纪70年代以来，从水生态系统健康角度进行流域水环境综合管理的研究与实践不断发展，并逐渐成为当前国际水环境管理的主流趋势。我国目前的水环境管理仍主要依托水质评价方法，而且监测单元或断面主要基于行政区边界，评价方法上缺少从生态系统健康角度构建的评价指标体系，评价单元上割裂了流域边界，难以从流域层面进行统筹管理。因此，构建基于水生态功能分区的水生态健康评价对于我国水环境健康综合管理具有重要的理论与实践意义（孟伟等，2014；高俊峰等，2016）。

指示生物法和指标体系法是两种常用的生态系统健康评价方法，其中指示物种法是指采用一类指示种群，利用其丰富度、多样性、结构组成、生态特征等参数来评价水生态系统健康（Karr，1991；Huang et al，2015）。由 Karr 等 1981 年提出的生物完整性指数（index of biological integrity，IBI）是目前指示生物方法中应用最广泛的方法之一（Karr，1981）。综合指标体系法是指根据水生态系统的物理、化学和生物特征，构建综合指标体系，有些甚至加入服务功能等指标，通过计算指标得分状况，结合指标权重，最终计算得到综合得分并进行等级划分和评定的方法（廖静秋等，2014；黄琪等，2016）。这两种方法各具优势，应根据评价的目的和要求综合应用。为构建恰当的水生态健康评价指标体系必须对一系列健康评价指标进行检测，确保健康评价指标的响应与预期保持一致（高俊峰等，2016）。

在巢湖流域前期水生态系统评价指标体系筛选和基于样点评价的基础上（高俊峰等，2016），本章基于水生态功能分区进行巢湖流域水生态健康评价。评价指标体系由目标层、系统层、状态层和指标层所组成的巢湖流域河流和湖泊水生态健康综合评价 4 级指标体系框架，其中河流水生态健康评价指标体系框架包括 5 个状态因子、12 个指标因子（表9-1），湖泊水生态健康评价指标体系框架包括 5 个状态因子、12 个指标因子（表9-2）。各个指标的阈值标准的确定按照国家标准（GB 3838—2002）、已有文献研究成果、试点数据及专家建议四个方面确定（Whittier et al，2007；高俊峰等，2016）。

---

① 本章由黄琪撰写，高俊峰统稿、定稿。

表 9-1 河流水生态系统健康评价指标期望值与阈值

指标类型	指标	适用范围	期望值	阈值
水质理化	溶解氧（DO）	所有样点	7.5mg/L	2mg/L
	电导率（EC）	所有样点	100μs/cm	400μs/cm
	高锰酸盐指数（COD$_{Mn}$）	所有样点	2mg/L	10mg/L
营养盐	总氮（TN）	所有样点	0.5mg/L	2mg/L
	总磷（TP）	所有样点	0.02mg/L	0.3mg/L
藻类	分类单元数（藻类 S）	所有样点	28	2
	优势度指数（藻类 BP）	所有样点	0.14	1
底栖动物	分类单元数（底栖 S）	山丘区	28	4
		平原	19	2
	FBI 指数（底栖动物 FBI）	山丘区	1.82	7.00
		平原	4.18	9.36
	优势度指数（底栖动物 BP）	山丘区	0.19	0.70
		平原	0.25	0.90
鱼类	分类单元数（鱼类 S）	所有样点	8	0
	优势度指数（鱼类 BP）	所有样点	0.29	1

表 9-2 湖泊水生态系统健康评价指标期望值与阈值

指标类型	评价指标	适用范围	期望值	阈值
水质理化	溶解氧（DO）	所有样点	7.5mg/L	2mg/L
	电导率（EC）	所有样点	100μs/cm	400μs/cm
	高锰酸盐指数（COD$_{Mn}$）	所有样点	2mg/L	10mg/L
营养盐	富营养指数（TSI）	所有样点	50	70
浮游藻类	分类单元数（藻类 S）	所有样点	22	7
	优势度指数（藻类 BP）	所有样点	0.19	0.76
	蓝藻密度比例（蓝藻比例）	所有样点	0	0.86
底栖动物	分类单元数（底栖动物 S）	所有样点	11	2
	FBI 指数	所有样点	6.00	9.00
	FBI 指数（底栖动物 FBI）	所有样点	0.16	0.96
鱼类	分类单元数（鱼类 S）	所有样点	5	0
	优势度指数（鱼类 BP）	所有样点	0.4	1

以上各个评价指标指标计算结果通过综合后得到水生态系统的健康综合得分，参考国际国内对于指标评价结果的等级划分方法，采用等分法将水生态系统健康状况得分分为五个等级，包括优、良、中、差和劣（表 9-3）。

表 9-3　水生态健康等级划分

等级	优	良	中	差	劣
得分	[0.8, 1.0]	[0.6, 0.8)	[0.4, 0.6)	[0.2, 0.4)	[0, 0.2)
表达颜色					

9.2　评价结果

9.2.1　龙河口水库上游山地森林型水库生物多样性维持与水源涵养功能区 LEI$_{1-1}$

9.2.1.1　水质理化评价

该区 DO 浓度在 8.77～16.94mg/L，平均浓度为 11.06mg/L，评价得分 1.00，其中"优"达到样点总数的 100.00%。EC 在 33.00～203.00μS/cm，平均值为 71.46μS/cm，评价得分 0.96，其中"优"和"良"的比例分别为 92.31% 和 7.69%。COD$_{Mn}$ 浓度在 1.95～9.56mg/L，平均浓度为 3.08mg/L，评价得分 0.86，其中"优"和"良"的比例分别为 84.62% 和 7.69%，"劣"的比例分别占 7.69%。水质理化综合评价得分为 0.94，评价等级为"优"（图 9-1）。

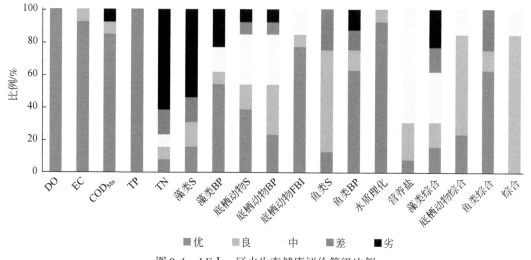

图 9-1　LEI$_{1-1}$ 区水生态健康评价等级比例

9.2.1.2　营养盐评价

该区 TP 浓度在 0.02～0.06mg/L，平均浓度为 0.04mg/L，评价得分 0.94，其中"优"

的比例为100.00%。TN浓度在0.72~2.99mg/L，平均浓度1.97mg/L，评价得分0.19，其中"优"和"良"的比例分别为7.69%和7.69%，而"中"、"差"的比例均为7.69%和15.38%，"劣"的比例为61.54%，超过样点总数的60.00%。营养盐综合评价得分为0.57，评价等级为"中"（图9-1）。

9.2.1.3 藻类评价

该区藻类分类单元数在1~35，平均值为11.08，评价得分0.33，其中"优"和"良"的比例分别为15.38%和15.38%，"差"及"劣"的比例分别为15.38%和53.85%。BP指数的范围在0.1~1，平均值为0.45，评价得分0.63，其中"优"和"良"的比例分别为53.85%和7.69%，"中"、"劣"的比例分别为15.38%和23.08%。藻类综合评价得分为0.48，评价等级为"中"（图9-1）。

9.2.1.4 底栖动物评价

该区底栖动物分类单元数在7~28，平均为19.62，"优"和"良"的比例38.46%和15.38%；"中"和"差"的比例为30.77%和7.69%，"劣"的比例为7.69%。BP指数范围在0.19~0.62，均值为0.38；其中"优"和"良"的比例23.08%和30.77%，"中"和"差"的比例为30.77%和7.69%，"劣"的比例为7.69%。FBI在1.74~5.37，均值为3.13；其中"优"比例占76.92%，"良"和"中"比例为7.69%和15.38%。底栖动物综合评价得分为0.72，评价等级为"良"，底栖动物多属于清洁物种，多样性也较高（图9-1）。

9.2.1.5 鱼类评价

该区鱼类各样点分类单元数在2~8，平均为5.25，"优"和"良"的比例12.50%和62.50%，"差"的比例为25.00%。BP指数范围在0.28~0.88，均值为0.52；其中"优"和"良"的比例62.50%和12.50%，"差"和"劣"的比例为12.50%。鱼类综合评价得分为0.67，评价结果为"良"，是流域鱼类种群的保育重点区域（图9-1）。

9.2.1.6 综合评价

该区综合评价平均得分0.67，除该区东南个别样点处于"中"等级外，其余样点都达到"良"等级（图9-1）。

9.2.2 杭埠河山地森林型河溪水源涵养与生物多样性维持功能区LEⅠ$_{1-2}$

9.2.2.1 水质理化评价

该区DO浓度在10.06~16.19mg/L，平均浓度为11.80mg/L，评价得分1.00，"优"的比例为100%。EC在51.00~147.00μS/cm，平均值为79.50μS/cm，评价得分0.98，

"优"的比例为100%。COD_{Mn}浓度在$1.76\sim9.56mg/L$，平均浓度为$3.51mg/L$，评价得分0.80，其中"优"的比例为75.00%，"中"、"劣"的比例分别占12.50%和12.50%。水质理化综合评价得分为0.93，评价等级为"优"（图9-2）。

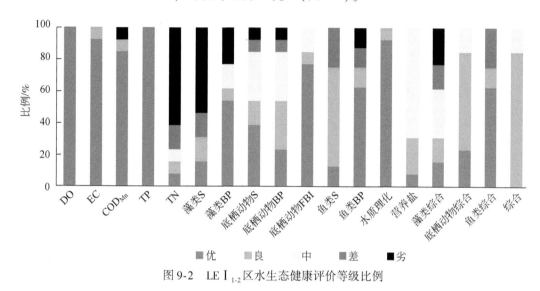

图9-2　LE I$_{1-2}$区水生态健康评价等级比例

9.2.2.2　营养盐评价

该区TP浓度在$0.02\sim0.04mg/L$，平均浓度为$0.04mg/L$，评价得分0.94，其中"优"的比例为100.00%。TN浓度在$0.73\sim4.55mg/L$，平均浓度$2.46mg/L$，评价得分0.15，"优"的比例为12.50%，"差"的比例为12.50%，"劣"的比例为75.00%。营养盐指标综合评价得分为0.55，评价等级为"中"（图9-2）。

9.2.2.3　藻类评价

该区藻类分类单元数在$5\sim25$，平均值为10.88，评价得分0.34，"优"的比例为12.50%，"中"的比例为12.50%，"差"及"劣"的比例为37.50%和37.50%。BP指数的范围在$0.14\sim0.59$，平均值为0.36，评价得分0.74，其中"优"和"良"的比例分别为50.00%和12.50%，"中"的比例为37.50%。藻类综合评价得分为0.54，评价等级为"中"（图9-2）。

9.2.2.4　底栖动物评价

该区底栖动物分类单元数在$8\sim20$，平均为13.63，"良"的比例为12.50%，"中"和"差"的比例为25.00%和50.00%，"劣"的比例为12.50%。BP指数在$0.14\sim0.37$，均值为0.32；其中"优"和"良"的比例12.50%和87.50%。FBI在$1.74\sim7.57$，均值为3.76；其中"优"的比例占37.50%，"良"和"中"级别比例均为37.50%和25.00%。底栖动物综合评价得分为0.63，评价等级为"良"。该区底栖动物多样性较高，清洁物种较多（图9-2）。

9.2.2.5 鱼类评价

该区鱼类分类单元数在 3 ~ 5，平均为 4.00，"良"、"中"和"差"的比例均为 33.33%。BP 指数范围在 0.40 ~ 0.73，均值为 0.56；其中"优"、"良"和"差"的比例为 33.33%。鱼类综合评价得分为 0.56，评价结果为"中"，需要采取保护措施防止资源及多样性退化（图9-2）。

9.2.2.6 综合评价

该区综合评价平均得分 0.65，水生态系统健康整体处于"良"等级。该区东南部有两个点位只达到"中"等级，其他都达到了"良"或以上等级（图9-2）。

9.2.3 丰乐河上游山地森林型河溪水源涵养与生物多样性维持功能区 LE I₁₋₃

9.2.3.1 水质理化评价

该区 DO 浓度在 1.46 ~ 16.94mg/L，平均浓度为 10.76mg/L，评价得分 0.83，其中"优"达到样点总数的 80.00%，"劣"等级占 20.00%。EC 在之间 88.00 ~ 312.00μS/cm，平均值为 187.83μS/cm，评价得分 0.70，其中"优"和"良"的比例分别为 40.00% 和 20.00%，"中"和"差"点比例均为 20.00%。COD_{Mn} 浓度在之间 2.73 ~ 7.22mg/L，平均浓度为 4.94mg/L，评价得分 0.63，其中"优"和"良"的比例分别为 20.00% 和 40.00%，"中"和"差"的比例均占 20.00%。水质理化综合评价得分为 0.72，评价等级为"良"（图9-3）。

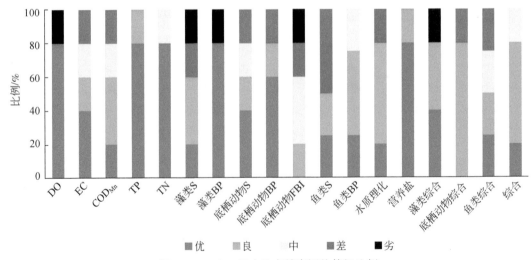

图 9-3　LE I₁₋₃区水生态健康评价等级比例

9.2.3.2 营养盐评价

该区 TP 浓度在 0.03~0.08mg/L，平均浓度为 0.05，评价得分 0.89，其中"优"和"良"的比例分别为 80.00% 和 20.00%。TN 浓度在 0.53~1.13mg/L，平均浓度 0.69mg/L，评价得分 0.87，良的比例为 80.00%，"中"的比例为 20.00%。营养盐综合评价得分为 0.88，评价等级为"优"（图 9-3）。

9.2.3.3 藻类评价

该区藻类分类单元数在 1~27，平均值为 14.17，评价得分 0.47，其中"优"和"良"的比例分别为 20.00% 和 40.00%，"差"及"劣"的比例均为 20.00%。BP 指数的范围在 0.12~1，平均值为 0.35，评价得分 0.75，"优"的比例分别为 80.00%，"劣"的比例为 20.00%。藻类综合评价得分为 0.61，评价等级为"良"（图 9-3）。

9.2.3.4 底栖动物评价

该区河底栖动物分类单元数在 9~27，平均为 20.00，评价得分 0.67，"优"和"良"的比例为 40.00% 和 20.00%，"中"和"差"的比例为 20.00% 和 20.00%。BP 指数范围在 0.21~0.54，均值为 0.34，指标平均得分 0.73，"优"和"良"的比例为 60.00% 和 20.00%，"差"的比例为 20.00%。FBI 范围在 4.01~6.96，均值为 5.69，指标平均得分 0.40；"良""差"和"劣"的比例均为 20.00%，"中"的比例为 40.00%。该区底栖动物综合评价得分为 0.60，综合评价等级为"良"（图 9-3）。

9.2.3.5 鱼类评价

该区鱼类各样点分类单元数在 2~7，平均为 4.25，参数平均得分 0.53，"优"和"良"的比例 25.00% 和 25.00%，"差"的比例 50.00%。BP 指数范围在 0.39~0.67，均值为 0.51，参数平均得分 0.69；其中"优"和"良"的比例 25.00% 和 50.00%；"中"的比例为 25.00%。鱼类综合评价得分为 0.61，评价等级为"良"（图 9-3）。

9.2.3.6 综合评价

该区综合评价平均得分 0.70，说明该区河流水生态系统健康整体较好，评价结果的空间分布特征显示除个别点位评价结果为"中"以外，其他点位都达到"良"以上（图 9-3）。

9.2.4 丰乐河上游丘陵农田型河溪水源涵养与营养物质循环功能区 LE I$_{2-1}$

9.2.4.1 水质理化评价

该区 DO 浓度在 8.46~18.22mg/L，平均浓度为 12.91mg/L，评价得分 1.00，其中优的比例为 100%。EC 在 130.00~287.00μS/cm，平均值为 178.17μS/cm，评价得分 0.74，

其中"优"和"良"的比例分别为 50.00% 和 25.00%，"中""差"的比例分别为 12.50%，12.50%。COD$_{Mn}$浓度在之间 1.95～10.34mg/L，平均浓度为 5.87mg/L，评价得分 0.52，其中"优"和"良"的比例分别为 25.00% 和 12.50%，"中""差"的比例分别占 50%，12.5%。水质理化综合评价得分为 0.75，评价等级为"良"（图 9-4）。

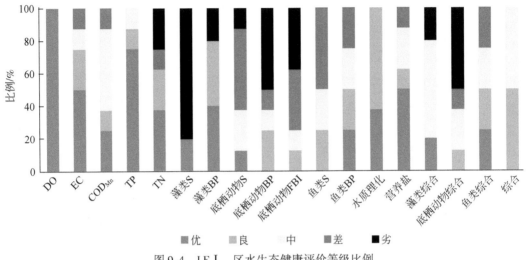

图 9-4　LE I$_{2\text{-}1}$区水生态健康评价等级比例

9.2.4.2　营养盐评价

该区 TP 浓度在 0.03～0.30mg/L，平均浓度为 0.08mg/L，评价，得分 0.79，其中"优"和"良"的比例分别为 75.00% 和 12.50%，"中"为 12.5%。TN 浓度在 0.45～4.30mg/L，平均浓度 1.23mg/L，评价得分 0.64，其中"优"和"良"的比例分别为 37.50% 和 25.00%，"差"和"劣"的比例分别为 12.50% 和 25.00%。营养盐综合评价得分为 0.71，评价等级为"良"（图 9-4）。

9.2.4.3　藻类评价

该区藻类分类单元数在 1～25，平均值为 12.00，评价得分为 0.35，其中"优"的比例为 20%，"劣"的比例为和 80%。BP 指数的范围在 0.14～1，平均值为 0.47，评价得分 0.66，其中"优"和"良"的比例分别为 40% 和 40%，"劣"的比例为 20%。藻类综合评价得分为 0.51，评价结果等级为"良"（图 9-4）。

9.2.4.4　底栖动物评价

该区底栖动物分类单元数在 6～27，平均为 12.67，评价得分为 0.36，其中"优"的比例为 12.50%，"中""差"和"劣"的比例分别为 25.00%、50.00% 和 12.50%。BP 指数范围在 0.32～0.71，平均得分为 0.37，良的比例为 25.00%，"中""差"和"劣"的比例分别为 12.50%，12.50% 和 50.00%。FBI 范围在 4.40～7.75，均值为 6.16，平均得分 0.30，良的比例为 12.5%，"中""差"和"劣"的比例分别占 12.5%，37.5% 和 37.5%。底栖动物综合评价得分为 0.34，评价等级为"差"（图 9-4）。

9.2.4.5 鱼类评价

该区鱼类分类单元数在 2~9，平均为 5.71；平均得分为 0.68，"良"的比例为 25%，"中"和"差"和"劣"的比例分别为 25% 和 50%。BP 指数范围在 0.25~0.82，均值为 0.49，平均得分 0.72，其中"优"和"良"的比例分别为 25% 和 25%，"中""差"的比例分别为 25%、25%。鱼类综合评价得分为 0.70，评价等级为"良"（图9-4）。

9.2.4.6 综合评价

该区河流综合评价平均得分 0.60（0.595），等级为"中"，西部山丘区源头区样点基本达到"良"等级，而中下游样点处于"中"等级（图9-4）。

9.2.5 派河上游丘陵农田型河溪水源涵养与营养物质循环功能区 LE I$_{2\text{-}2}$

9.2.5.1 水质理化评价

该区 DO 平均浓度为 11.17mg/L，评价得分为 0.95，其中"优"的比例为 93.75%，"劣"的比例为 6.25%。EC 为 265μS/cm，评价平均得分 0.64，其中"优"和"良"的比例分别为 31.25% 和 25%，"中""差"和"劣"的比例分别为 25%，12.5% 和 6.25%。COD$_{Mn}$浓度为 4.68mg/L，评价得分 0.48，其中"优"和"良"的比例分别为 12.5% 和 18.75%，"中"、"差"的比例分别占 37.5%、31.25%。水质理化综合评价得分为 0.69，评价等级为"良"（图9-5）。

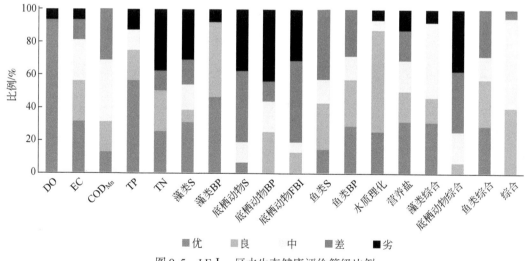

图 9-5　LE I$_{2\text{-}2}$区水生态健康评价等级比例

9.2.5.2 营养盐评价

该区 TP 浓度为 0.10mg/L，评价，得分为 0.57，其中"优"和"良"的比例分别为

56.25%和18.75%，"中"和"劣"的比例分别为12.5%和12.5%。TN浓度为1.63mg/L，评价得分0.57，其中"优"和"良"的比例分别为25%和25%，"差"和"劣"的比例分别为12.5%和37.5%。营养盐综合评价得分为0.57，评价等级为"中"（图9-5）。

9.2.5.3 藻类评价

该区藻类分类单元数为23，评价得分为0.57，其中"优"和"良"的比例分别为30.77%和7.69%，"中""差"和"劣"的比例分别为15.38%，15.38%和30.77%。BP指数为0.18，评价得分0.57，其中"优"和"良"的比例分别为46.15%和46.15%，"劣"的比例为7.69%。藻类综合评价得分为0.57，评价等级为"中"（图9-5）。

9.2.5.4 底栖动物评价

该区底栖动物分类单元数为5，得分为0.28，其中"优"的比例为6.25%，"中"、"差"和"劣"的比例分别为12.5%，43.75%和37.5%。BP指数平均得分0.38，其中良的比例为25%，"中""差"和"劣"的比例分别为18.75%，12.5%和43.75%。FBI为6.55；平均得分0.3，其中"良"的比例为12.5%，"中""差"和"劣"的比例分别占6.25%，50%和31.25%。底栖动物综合评价得分为0.32，评价等级为"差"（图9-5）。

9.2.5.5 鱼类评价

该区鱼类分类单元数为4.72，得分为0.68，其中"优"和"良"的比例分别为14.29%和28.57%，"中""差"的比例分别为14.29%、42.86%。BP指数范围在0~1，平均得分0.69，其中"优"和"良"的比例分别为28.57%和28.57%，"中""差"的比例分别为14.29%和28.57%。鱼类综合评价得分为0.68，评价等级为"良"。综合来看，该区河流鱼类生物多样性较高，评价结果整体良好，但仍需要保持并进一步恢复（图9-5）。

9.2.5.6 综合评价

该区综合评价平均得分为0.57，评价等级为"中"（图9-5）。

9.2.6 南淝河上游丘陵农田型水库水源涵养与水资源调蓄功能区 LEI$_{2-3}$

9.2.6.1 水质理化评价

该区DO浓度在1.79~13.84mg/L，平均浓度为8.60mg/L，评价得分0.86，其中"优"的比例为85.71%，"劣"的比例为14.29%。EC在134.00~616.00μS/cm，平均值为281.86μS/cm，评价得分0.50，其中"优"和"良"的比例分别为14.29%和28.57%，"中""差"和"劣"的比例分别为28.57%，14.29%和14.29%。COD$_{Mn}$浓度在4.10~8.00mg/L，平均浓度为6.80mg/L，评价得分0.40，其中"优"的比例为

14.29%，"中"和"差"的比例分别为 28.57% 和 57.14%。水质理化综合评价得分为 0.58，评价等级为"中"（图9-6）。

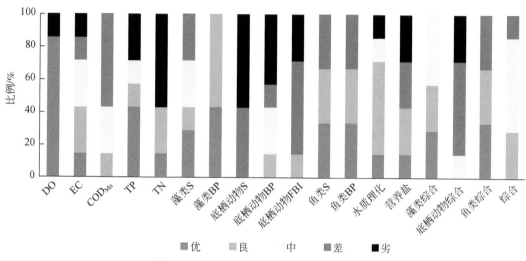

图9-6　LE I$_{2-3}$区水生态健康评价等级比例

9.2.6.2　营养盐评价

该区 TP 浓度在 0.04～0.34mg/L，平均浓度为 0.15mg/L，评价得分为 0.43，其中"优"和"良"的比例分别为 42.86% 和 14.29%，"中"和"劣"的比例分别为 14.29% 和 28.57%。TN 浓度在 0.73～3.13mg/L，平均浓度为 1.86mg/L，评价得分为 0.32，其中"优"和"良"的比例分别为 14.29% 和 28.57%，"劣"的比例 57.14%。营养盐综合评价得分为 0.55，评价等级为"中"（图9-6）。

9.2.6.3　藻类评价

该区藻类分类单元数在 9～28，平均值为 17.14，评价得分为 0.80，其中"优"和"良"的比例分别为 28.57% 和 14.29%，"中"和"差"和"劣"的比例分别为 28.57%、28.57%、。BP 指数的范围在 0.17～0.43，平均得分为 0.69，其中"优"和"良"的比例分别为 42.86% 和 57.14%。藻类综合评价得分为 0.58，评价等级为"中"（图9-6）。

9.2.6.4　底栖动物评价

该区底栖动物分类单元数在 3～11，平均为 7.71；平均得分为 0.16，"差"和"劣"的比例为 42.86% 和 57.14%。BP 指数范围在 0.33～0.89，均值为 0.36；其中"良"的比例为 14.29%；"中""差"和"劣"的比例分别为 28.57%，14.29% 和 42.86%。FBI 范围在 4.69～7.08，均值为 6.08；平均得分 0.32，"良"比例仅占 14.29%，"差"和"劣"的比例分别为 57.14% 和 28.57%。底栖动物综合评价得分为 0.28 评价等级为"差"（图9-6）。

9.2.6.5　鱼类评价

该区鱼类分类单元数在 3 ~ 13，平均为 7.00；平均得分为 0.67，"优""良"和"差"的比例均为 33.33%。BP 指数范围在 0.28 ~ 0.85，均值为 0.56；评价平均得分 0.62，"优""良"和"差"的比例均为 33.33%。鱼类综合评价得分为 0.64，评价等级处于"良"（图 9-6）。

9.2.6.6　综合评价

该区河流综合评价平均得分为 0.51，评价等级为"中"（图 9-6）。

9.2.7　派河下游平原农田型湿地水质净化与营养物循环功能区 LE II$_{1-1}$

9.2.7.1　水质理化评价

该区 DO 浓度在 10.28 ~ 18.44mg/L，平均浓度为 14.36mg/L，评价得分 1.00，其中"优"的比例为 100%。EC 在 184.00 ~ 350.00μS/cm，平均值为 267.00μS/cm，评价得分 0.44，其中"良"和"劣"的比例各占 50%。COD$_{Mn}$ 浓度在 7.61 ~ 8.20mg/L，平均浓度为 7.90mg/L，评价得分 0.26，其中"差"的比例达 100%。水质理化综合评价得分为 0.57，评价等级为"中"（图 9-7）。

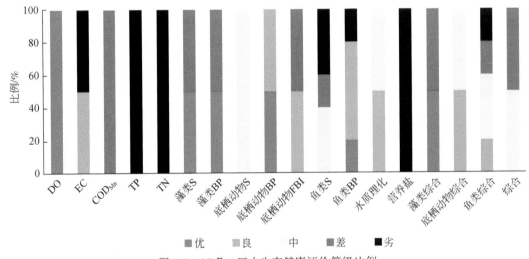

图 9-7　LE II$_{1-1}$ 区水生态健康评价等级比例

9.2.7.2　营养盐评价

该区 TP 浓度在 0.81 ~ 0.89mg/L，平均浓度为 0.85mg/L，评价得分为 0，其中"劣"的比例为 100%。TN 浓度在 2.01 ~ 6.65mg/L，平均浓度为 4.33mg/L；通过 TN 分级评价得分 0，"劣"的比例为 100%。营养盐综合评价得分为 0.00，评价等级为"劣"（图 9-7）。

9.2.7.3　藻类评价

该区藻类分类单元数在 12 ~ 26，平均值为 19.00，评价得分为 0.65，其中"优"的比例为 50%，达到样点总数的 50%，"差"的比例为 50%。BP 指数的范围在 0.24 ~ 0.71，平均值为 0.48；通过 BP 指数分级评价结果显示，BP 指数平均得分 0.61，"优"的比例为 50%，达到样点总数的 50%，"差"的比例为 50%。通过该区藻类分级评价的结果显示，藻类综合评价得分为 0.63，评价等级为"良"（图 9-7）。

9.2.7.4　底栖动物评价

该区底栖动物分类单元数在 11 ~ 12，平均为 11.50；平均得分为 0.56，通过分级评价显示，"中"的比例为 100%。该区各样点 BP 指数范围在 0.28 ~ 0.39，均值为 0.34，平均得分 0.87；其中"优"和"良"的比例分别为 50% 和 50%，达到样点总数的 100%。FBI 范围在 5.58 ~ 7.89，均值为 6.74，平均得分 0.45，其中"优"的比例为 50%，而"差"的比例占 50%。底栖动物综合评价得分为 0.63，评价等级为"中"（图 9-7）。

9.2.7.5　鱼类评价

该区鱼类分类单元数在 0 ~ 13，平均为 4.72，平均得分为 0.3；通过分级评价显示，"中""差"和"劣"的比例分别为 40%、20% 和 40%。该区各样点 BP 指数范围在 0 ~ 1，均值为 0.55，平均得分 0.58，其中"优"和"良"的比例分别为 20% 和 60%，达到样点总数的 80%，而"劣"的比例为 20%。鱼类综合评价得分为 0.44，评价等级为"中"（图 9-7）。

9.2.7.6　综合评价

该区综合评价平均得分为 0.46，评价等级为"中"（图 9-7）。

9.2.8　南淝河下游平原农田型湿地水质净化与营养物循环功能区 LEⅡ$_{1-2}$

9.2.8.1　水质理化评价

该区 DO 浓度在 1.51 ~ 11.14mg/L，平均浓度为 4.66mg/L，评价得分为 0.38，其中"优"的比例为 28.57%，达到样点总数的 28.00%。"差"和"劣"的比例分别为 42.86% 和 28.57%。EC 在 173.00 ~ 576.00μS/cm，平均值为 408.00μS/cm，评价得分 0.18，其中"良"的比例为 28.57%，"劣"的比例为 71.43%。COD$_{Mn}$ 浓度在 3.32 ~ 10.34mg/L，平均浓度为 7.41mg/L，评价得分为 0.33，其中"优"的比例为 28.57%，而"中""差"和"劣"的比例分别占 14.29%、14.29% 和 42.85%。水质理化综合评价得分为 0.30，评价等级为"差"（图 9-8）。

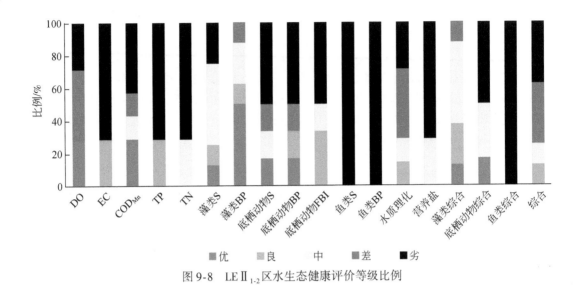

图9-8 LEⅡ₁₋₂区水生态健康评价等级比例

9.2.8.2 营养盐评价

该区 TP 浓度在 0.11~6.84mg/L，平均浓度为 2.44mg/L（1.81mg/L，除去极大值 6.84mg/L），评价得分为 0.17，其中"良"的比例为 28.57%，达到样点总数的 28.57%，"劣"的比例为 71.43%。TN 浓度在 1.30~26.63mg/L，平均浓度为 14.45mg/L；通过 TN 分级评价得分 0.11，"中"和"劣"的比例分别为 28.57% 和 71.43%。营养盐综合评价得分为 0.14，评价等级为"劣"（图9-8）。

9.2.8.3 藻类评价

该区藻类分类单元数在 7~31，平均值为 17.00，评价得分为 0.49，其中"优"和"良"的比例分别为 12.5% 和 12.5%，达到样点总数的 25%，"中"和"劣"的比例分别为 50% 和 25%。BP 指数的范围在 0.22~0.80，平均值为 0.46；通过 BP 指数分级评价结果显示，BP 指数平均得分 0.68，其中"优"和"良"的比例分别为 50% 和 12.5%，达到样点总数的 62.5%，而"中""差"和"劣"的比例分别为 25%，12.5% 和 0。藻类综合评价得分为 0.59，评价等级为"中"（图9-8）。

9.2.8.4 底栖动物评价

该区底栖动物分类单元数为 2~20，均值为 7.33；指标平均得分为 0.30，其中"优"和"良"的比例分别为 16.67% 和 0，达到样点总数的 16.67%，"中""差"和"劣"的比例分别为 16.67%、16.67% 和 50%。该区各样点 BP 指数范围在 0.34~1.00，均值为 0.71，平均得分 0.33，其中"优"和"良"的比例分别为 16.67% 和 16.67%，达到样点总数的 33.33%，而"差"和"劣"的比例分别为 16.67% 和 50%。FBI 范围在 5.10~9.40，均值为 7.39，平均得分 0.35，其中"优"的比例为 16.67%，超过样点总数的 16.67%，而"中"和"劣"的比例分别占 33.33% 和 50%。底栖动物综合评价得分为

0.33，评价等级为"差"（图9-8）。

9.2.8.5 鱼类评价

该区鱼类分类单元数为1；平均得分为0.13，通过分级评价显示，"劣"的比例为100%。该区各样点BP指数为1，得分为0，"劣"的比例为100%。鱼类综合评价得分为0.06，评价等级为"劣"（图9-8）。

9.2.8.6 综合评价

该区河流综合评价平均得分为0.33，评价等级为"差"（图9-8）。

9.2.9 店埠河平原农田型河渠营养物循环与水质净化功能区 LEII$_{1-3}$

9.2.9.1 水质理化评价

该区DO浓度在0.85～9.25mg/L，平均浓度为6.67mg/L，评价得分为0.75，其中"优"的比例为75%，达到样点总数的75%，"劣"的比例为25%。EC在290.00～1238.00μS/cm，平均值为613.25μS/cm，评价得分0.10，其"差"和"劣"的比例分别为25%和75%。COD$_{Mn}$浓度在6.05～9.37mg/L，平均浓度为7.66mg/L，评价得分为0.29，其中"中""差"和"劣"的比例分别占25%、50%和25%。水质理化综合评价得分为0.38，评价等级为"差"（图9-9）。

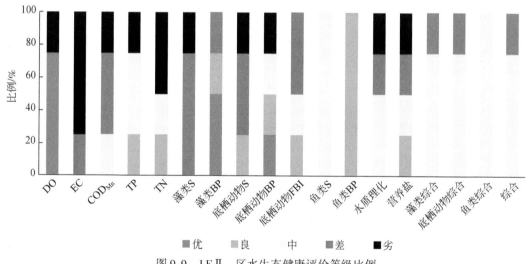

图9-9 LEII$_{1-3}$区水生态健康评价等级比例

9.2.9.2 营养盐评价

该区TP浓度在0.10～0.35mg/L，平均浓度为0.19mg/L，评价得分为0.43，其中"优"和"良"的比例分别为0和25%，达到样点总数的25%，"中"和"劣"的比例分别为50%和25%。TN浓度在1.05～53.49mg/L，平均浓度为14.61mg/L（1.65mg/L，去除最极值 53.49）；通过 TN 分级评价得分为 0.3，其中 "优" 和 "良" 的比例分别为 0 和 25%，达到样点总数的 25%，而 "中" "差" 和 "劣" 的比例分别为 25%、0 和 50%。营养盐综合评价得分为 0.36，评价等级为 "差"（图 9-9）。

9.2.9.3 藻类评价

该区藻类分类单元数在 7~11，平均值为 9.25，评价得分为 0.28，"差" 和 "劣" 的比例分别为 75% 和 25%。BP 指数的范围在 0.10~0.35，平均值为 0.19；通过 BP 指数分级评价结果显示，BP 指数平均得分为 0.7，其中 "优" 和 "良" 的比例分别为 50% 和 25%，达到样点总数的 75%，而 "差" 的比例为 25%。藻类综合评价得分为 0.49，评价等级为 "差"（图 9-9）。

9.2.9.4 底栖动物评价

该区底栖动物分类单元数在 3~13，平均为 7.25；平均得分为 0.31，其中 "良" 的比例为 25%，达到样点总数的 25%，"差" 和 "劣" 的比例分别为 50% 和 25%。该区各样点 BP 指数范围在 0.33~0.87，均值为 0.57；平均得分为 0.5，其中 "优" 和 "良" 的比例分别为 25% 和 25%，达到样点总数的 50%，而 "中" 和 "劣" 的比例分别为 25% 和 25%。FBI 范围在 5.83~7.77，均值为 6.71；平均得分为 0.46，而 "中" 和 "差" 的比例分别占 75% 和 25%。底栖动物综合评价得分为 0.42，评价等级为 "中"（图 9-9）。

9.2.9.5 鱼类评价

该区鱼类分类单元数为 4，平均得分为 0.50，其中 "中" 比例为 100%。该区各样点 BP 指数为 0.55；平均得分 0.64，其中 "良" 的比例为 100%，达到样点总数的 100%。鱼类综合评价得分为 0.57，评价等级为 "中"（图 9-9）。

9.2.9.6 综合评价

该区河流综合评价平均得分为 0.43，评价等级为 "中"（图 9-9）。

9.2.10 董大水库城市森林型水库水资源调控与水质净化功能区 LE II$_{1-4}$

9.2.10.1 水质理化评价

该区 DO 浓度在 1.05~13.23mg/L，平均浓度为 7.50mg/L，评价得分为 0.80，其中 "优" 的比例为 80%，达到样点总数的 80%，"差" 和 "劣" 的比例分别为 0 和 20%。EC 在 152.00~663.00μS/cm，平均值为 378.80μS/cm，评价得分 0.45，其中 "优" 的比例为 40%，达到样点总数的 40%，而 "中" 和 "劣" 的比例分别为 20% 和 40%。COD$_{Mn}$ 浓度在 1.76~68.29mg/L，平均浓度为 17.99mg/L，评价得分 0.45，其中 "优" 和 "良" 的比例分别为 40% 和 0，达到样点总数的 40%，而 "差" 和 "劣" 的比例分别占 20% 和

40%。水质理化综合评价得分为0.57，评价等级为"中"（图9-10）。

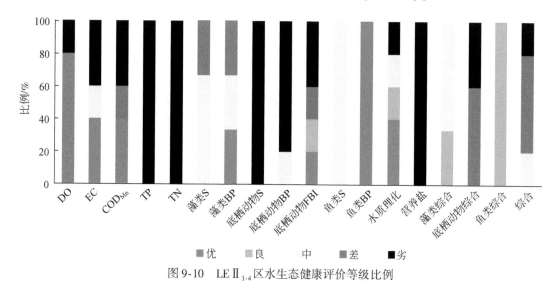

图9-10 LE II_{1-4}区水生态健康评价等级比例

9.2.10.2 营养盐评价

该区TP浓度在1.42~8.81mg/L，平均浓度为3.57mg/L，评价得分0，其中评价等级都为"劣"。TN浓度在14.99~46.58mg/L，平均浓度为24.82mg/L；通过TN分级评价得分0，其中"劣"的比例为100%。营养盐综合评价得分为0，评价等级为"劣"（图9-10）。

9.2.10.3 藻类评价

该区藻类分类单元数在11~16，平均值为14，评价得分为0.46，其中"中"的比例为66.67%，而"差"的比例为33.33%。BP指数的范围在0.21~0.7，平均值为0.57，其中"优"的比例为33.33%，达样点总数的三分之一，而"中""差"的比例为33.33%和33.33%。藻类综合评价得分为0.51，评价结果为"中"（图9-10）。

9.2.10.4 底栖动物评价

该区底栖动物分类单元数在1~5，平均为3.40，指标平均得分为0.09；通过分级评价显示，"劣"的比例达到了100%。该区各样点BP指数范围在0.52~1.00，均值为0.88，指标平均得分为0.12；其中"中"和"劣"的比例为20.00%和80.00%。FBI范围在5.00~9.39，均值为7.32，指标平均得分为0.37；其中"差"和"劣"的比例为60%和40%。底栖动物综合评价得分为0.19，评价等级为"劣"（图9-10）。

9.2.10.5 鱼类评价

该区鱼类分类单元数分类单元数为4，得分为0.5；通过分级评价显示，"中"的比例为100%。该区各样点BP指数为0.33，得分0.94；其中"优"的比例100%。鱼类评价得分为 0.72，评价等级为 "良"（图 9-10）。

9.2.10.6 综合评价

该区河流综合评价平均得分为 0.30，评价等级为 "差"（图 9-10）。

9.2.11 派河城市农田型河渠水质净化与营养物循环功能区 LEⅡ₁₋₅

9.2.11.1 水质理化评价

该区 DO 浓度在 5.31 ~ 9.86mg/L，平均浓度为 6.62mg/L，评价得分 0.75，其中 "优" 和 "良" 的比例分别为 20% 和 80%，达到样点总数的 100%。EC 在 160 ~ 280μS/cm，平均值为 212.8μS/cm，评价得分 0.62，其中 "优" 和 "良" 的比例分别为 40% 和 20%，达到样点总数的 60%，而 "中" 的比例分别为 40%。COD_{Mn} 浓度在 5.27 ~ 9.76mg/L，平均浓度为 7.84mg/L，评价得分 0.27，其中 "优" 和 "良" 的比例都为 0，而 "中" "差" 和 "劣" 的比例分别占 20%、40% 和 40%。水质理化综合评价得分为 0.55，评价等级为 "中"（图 9-11）。

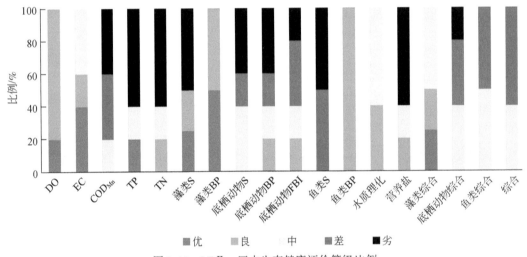

图 9-11 LEⅡ₁₋₅ 区水生态健康评价等级比例

9.2.11.2 营养盐评价

该区 TP 浓度在 0.07 ~ 1.10mg/L，平均浓度为 0.51mg/L，评价得分为 0.25，其中 "优" 的比例为 20%，达到样点总数的 20%，"中" 和 "劣" 的比例分别为 20% 和 60%。TN 浓度在 1.02 ~ 14.75mg/L，平均浓度 6.29mg/L；通过 TN 分级评价得分 0.22，其中 "良" 的比例为 20%，达到样点总数的 20%，而 "中" 和 "劣" 的比例分别为 20% 和 60%。营养盐综合评价得分为 0.23，评价等级为 "差"（图 9-11）。

9.2.11.3　藻类评价

该区藻类分类单元数在 7~31，平均值为 19，评价得分 0.46，其中"优"和"良"的比例分别为 25% 和 25%，达到样点总数的 50%，"劣"的比例为 50%。BP 指数的范围在 0.2~0.42，平均值为 0.33；通过 BP 指数分级评价结果显示，BP 指数平均得分为 0.84，其中"优"和"良"的比例分别为 50% 和 50%，达到样点总数的 100%。藻类综合评价得分为 0.65，评价等级为"中"（图 9-11）。

9.2.11.4　底栖动物评价

该区底栖动物分类单元数在 4~10，平均为 7，平均得分为 0.29，分级评价显示"差"和"劣"的比例分别为 40%、20% 和 40%。该区各样点 BP 指数范围在 0.5~0.96，均值为 0.72，平均得分为 0.29，其中"优"和"良"的比例分别为 0 和 20%，达到样点总数的 20%，而"中""差"和"劣"的比例分别为 20%、20% 和 40%。FBI 范围在 5.45~9.36，均值为 7.19，平均得分为 0.38，其中"良""中""差"和"劣"的比例分别占 20%、20%、40% 和 20%。底栖动物综合评价得分为 0.32，评价等级为"差"（图 9-11）。

9.2.11.5　鱼类评价

该区鱼类分类单元数为 3，指标平均得分为 0.19，其中"差"和"劣"的比例分别为 50% 和 50%。该区各样点 BP 指数范围在 0.53~0.56，均值为 0.54，指标平均得分 0.64，其中"良"的比例为 100%，达到样点总数的 100%，而"中""差"和"劣"的比例均为 0。鱼类综合评价得分为 0.42，评价等级为"中"（图 9-11）。

9.2.11.6　综合评价

该区综合评价平均得分为 0.43，评价等级为"中"（图 9-11）。

9.2.12　裕溪河平原农田型河渠水质净化与生物多样性维持区 LE II₂₋₁

9.2.12.1　水质理化评价

该区 DO 浓度在 5.51~8.98mg/L，平均浓度为 6.9mg/L，评价得分 0.80，其中"优"和"良"的比例分别为 33.33% 和 66.67%，达到样点总数的 100%。EC 在 142~194μS/cm，平均值为 175.67μS/cm，评价得分 0.75，其中"优"和"良"的比例分别为 33.33% 和 66.67%，达到样点总数的 100%。COD_{Mn} 浓度在 4.10~5.85mg/L，平均浓度为 5.20mg/L，评价得分 0.60，其中"良"的比例为 33.33%，而"中"的比例占 66.67%。水质理化综合评价得分为 0.72，评价等级为"良"（图 9-12）。

9.2.12.2　营养盐评价

该区 TP 浓度在 0.06~0.12mg/L，平均浓度为 0.09mg/L，评价得分为 0.76，其中

"优"和"良"的比例分别为33.33%和66.67%，达到样点总数的100%。TN浓度在0.68~1.40mg/L之间，平均浓度为1.09mg/L；通过TN分级评价得分0.61，其中"优"的比例为33.33%，达到样点总数的33.33%，而"中"和"差"的比例分别为33.33%和33.33%。营养盐综合评价得分为0.68，评价等级为"良"（图9-12）。

9.2.12.3 藻类评价

该区藻类分类单元数在10~19，平均值为13.33，评价得分为0.44，其中"良"的比例为33.33%，达到样点总数的33.33%，"差"的比例为66.67%。BP指数的范围在0.23~0.29，平均值为0.25；通过BP指数分级评价结果显示，BP指数平均得分为0.88，其中"优"的比例为100%，达到样点总数的100%。藻类综合评价得分为0.66，评价等级为"良"（图9-12）。

9.2.12.4 底栖动物评价

该区底栖动物分类单元数在8~15，平均为11.33；指标平均得分为0.55，其中"良""中"和"差"各占1/3。该区各样点BP指数范围在0.19~0.45，均值为0.32；平均得分为0.87，其中"优"和"良"的比例分别为66.67%和33.33%，达到样点总数的100%。FBI范围在4.18~5.88内，均值为4.86，指标平均得分0.83，其中"优"和"良"的比例分别为33.33%和66.67%，达到样点总数的100%。底栖动物综合评价得分为0.75，评价等级为"良"（图9-12）。

9.2.12.5 鱼类评价

该区鱼类分类单元数在0~13，平均为4.72，平均得分为0.54，其中"良""中"和"差"各占1/3。该区各样点BP指数范围在0~1，均值为0.55，平均得分0.47，其中"良""中"和"差"各占1/3。鱼类综合评价得分为0.51，评价等级为"中"（图9-12）。

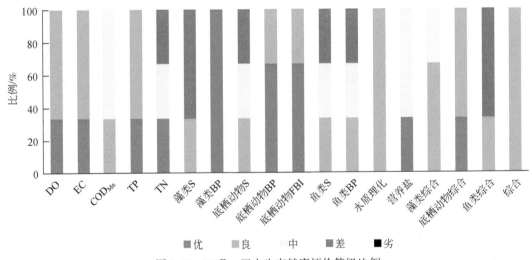

图9-12 LE II₂₋₁区水生态健康评价等级比例

9.2.12.6　综合评价

该区河流综合评价指标综合平均得分为 0.70，评价等级为"良"（图9-12）。

9.2.13　双桥河城市农田型河渠水质净化与营养物循环功能区 LE Ⅱ₂₋₂

9.2.13.1　水质理化评价

该区 DO 浓度在 2.02～14.37mg/L，平均浓度为 6.55mg/L，评价得分 0.65，其中"优"和"良"的比例分别为 41.67% 和 16.67%，达到样点总数的 58.34%，"中""差"和"劣"的比例分别为 16.67%、8.32% 和 16.67%。EC 在 67.00～577.00μS/cm，平均值为 244.92μS/cm，评价得分 0.56，其中"优"和"良"的比例分别为 16.67% 和 33.33%，达到样点总数的 50%，而"中""差"和"劣"的比例分别为 16.67%，25% 和 8.33%。COD_Mn 浓度在 4.10～9.17mg/L，平均浓度为 6.21mg/L，评价得分为 0.47，其中"良"的比例为 25%，达到样点总数的 25%，而"中"、"差"和"劣"的比例分别占 50%，16.67% 和 8.33%。水质理化综合评价得分为 0.56，评价等级为"中"（图9-13）。

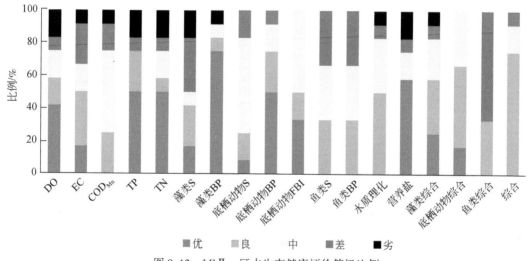

图 9-13　LE Ⅱ₂₋₂ 区水生态健康评价等级比例

9.2.13.2　营养盐评价

该区 TP 浓度在 0.03～0.47mg/L，平均浓度为 0.13mg/L，评价得分为 0.67，其中"优"和"良"的比例分别为 50% 和 25%，达到样点总数的 75%，"差"和"劣"的比例分别为 8.33% 和 16.67%。TN 浓度在 0.48～4.47mg/L，平均浓度为 1.28mg/L（2.98mg/L，去除前三最极值）；通过 TN 分级评价得分 0.63，其中"优"和"良"的比例分别为 50% 和 8.33%，达到样点总数的 58.33%，而"中""差"和"劣"的比例分别为

16.67%、8.33%和16.67%。营养盐综合评价得分为0.65，评价等级为"良"（图9-13）。

9.2.13.3 藻类评价

该区藻类分类单元数在1～39，平均值为14.38，评价得分0.46，其中"优"和"良"的比例分别为16.67%和25%，达到样点总数的41.67%，"中""差"和"劣"的比例分别为8.33%、33.33%和16.67%。BP指数的范围在0.16～1，平均值为0.33；通过BP指数分级评价结果显示，平均得分0.79，其中"优"和"良"的比例分别为75%和8.33%，达到样点总数的83.33%，而"中"和"劣"的比例分别为8.33%和8.34%。藻类综合评价得分为0.62，评价等级为"中"（图9-13）。

9.2.13.4 底栖动物评价

该区底栖动物分类单元数在7～17，平均为11.50，平均得分为0.56，其中"优"和"良"的比例分别为8.33%和16.67%，达到样点总数的25%，"差"和"劣"的比例分别为58.33%、16.67%和0。该区各样点BP指数范围在0.19～0.66，均值为0.39，平均得分为0.78，其中"优"和"良"的比例分别为50%和25%，达到样点总数的75%，而"中"和"差"的比例分别为16.67%和8.33%。FBI指数范围为4.18～6.84，均值为5.63，平均得分为0.67，其中"优"和"良"的比例分别为33.33%和16.67%，达到样点总数的一半，而"中"的比例占50%。底栖动物综合评价得分为0.67，评价等级为"良"（图9-13）。

9.2.13.5 鱼类评价

该区鱼类分类单元数在3～6，平均为4.33，平均得分为0.54，其中。该区各样点BP指数范围为0.5～0.79，均值为0.67，平均得分为0.47，其中，"良""中"和"差"的比例各占1/3。鱼类综合评价得分为0.51，评价等级为"中"（图9-13）。

9.2.13.6 综合评价

该区河流指标综合平均得分为0.62，评价等级为"良"（图9-13）。

9.2.14 柘皋河下游平原农田型河渠水质净化与营养物循环功能区 LE II$_{2-3}$

9.2.14.1 水质理化评价

该区DO浓度在2.02～14.37mg/L，平均浓度为6.44mg/L，评价得分为0.5，其中"优"的比例为42.86%，达到样点总数的42.85%，"中""差"和"劣"的比例分别为28.57%、14.29%和14.29%。EC在202.00～577.00μS/cm，平均值为303.57μS/cm，评价得分0.48，其中"良"的比例为14.29%，达到样点总数的14.29%，而"中"、"差"和"劣"的比例分别为28.57%、42.85%和14.29%。COD$_{Mn}$浓度在4.88～9.17mg/L，平

均浓度为 6.19mg/L，评价得分 0.41，其中"良"的比例为 28.57%，达到样点总数的 28.57%，而"中"和"劣"的比例分别占 57.14% 和 14.29%。水质理化综合评价得分为 0.61，评价等级为"良"（图 9-14）。

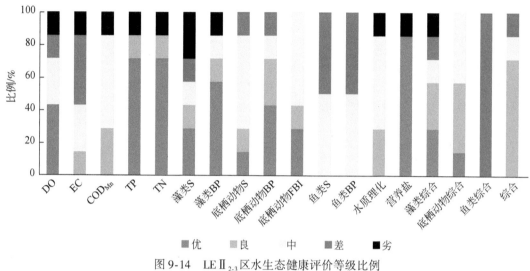

图 9-14　LEⅡ$_{2-3}$区水生态健康评价等级比例

9.2.14.2　营养盐评价

该区 TP 浓度在 0.03 ~ 0.47mg/L，平均浓度为 0.11mg/L，评价得分为 0.76，其中"优"和"良"的比例分别为 71.42% 和 14.29%，达到样点总数的 85.71%，"劣"的比例为 14.29%。TN 浓度在 0.48 ~ 4.47mg/L，平均浓度 1.22mg/L；通过 TN 分级评价得分 0.75，其中"优"和"良"的比例分别为 71.42% 和 14.29%，达到样点总数的 85.71%，而"劣"的比例为 14.29%。营养盐综合评价平均得分为 0.75，评价等级为"良"（图 9-14）。

9.2.14.3　藻类评价

该区藻类分类单元数在 1 ~ 39，平均值为 15.29，平均得分为 0.46，其中"优"和"良"的比例分别为 28.56% 和 14.29%，达到样点总数的 42.85%，"中""差"和"劣"的比例分别为 14.29%、14.29% 和 28.57%。BP 指数的范围在 0.16 ~ 1，平均值为 0.38；通过 BP 指数分级评价结果显示，BP 指数平均得分 0.72，其中"优"和"良"的比例分别为 57.13% 和 14.29%，达到样点总数的 71.42%，而"中"和"劣"的比例分别为 14.29% 和 14.29%。藻类综合评价得分为 0.59，评价等级为"中"（图 9-14）。

9.2.14.4　底栖动物评价

该区底栖动物分类单元数在 7 ~ 17，平均为 11.86，平均得分为 0.58，其中"优"和"良"的比例分别为 14.29% 和 14.29%，"中""差"的比例分别为 57.13% 和 14.29%。该区各样点 BP 指数范围在 0.25 ~ 0.66，均值为 0.41，平均得分为 0.75，其中"优"和"良"的比例分别为 42.86% 和 28.57%，达到样点总数的 71.43%，而"中""差"和

"劣"的比例分别为 14.29%、14.29% 和 0。FBI 范围在 4.63~6.37，均值为 5.74，平均得分 0.65，其中"优"和"良"的比例分别为 28.57% 和 14.29%，达到样点总数的 42.86%，而"中"的比例占 57.14%。底栖动物综合评价得分为 0.66，评价等级为"良"（图 9-14）。

9.2.14.5 鱼类评价

该区鱼类分类单元数在 3~4，平均为 3.50，平均得分为 0.44，其中"中"和"差"的比例分别为 50% 和 50%。该区各样点 BP 指数范围在 0.71~0.79，均值为 0.75，平均得分 0.35，其中"中"和"差"的比例分别为 50% 和 50%。鱼类综合评价得分为 0.39，评价等级为"差"（图 9-14）。

9.2.14.6 综合评价

该区河流综合评价指标综合平均得分为 0.61，评价等级为"良"（图 9-14）。

9.2.15 柘皋河上游平原农田型河溪水质净化与营养物循环功能区 LE II$_{2-4}$

9.2.15.1 水质理化评价

该区 DO 浓度在 2.91~9.89mg/L，平均浓度为 6.40mg/L，评价得分 0.58，其中"优"的比例为 50%，达到样点总数的 50%，"劣"的比例为 50%。EC 在 76.00~211.00μS/cm，平均值为 143.50μS/cm，评价得分 0.82，其中"优"和"良"的比例分别为 50% 和 50%，达到样点总数的 100%。COD$_{Mn}$ 浓度在 7.41~8.20mg/L，平均浓度为 7.80mg/L，评价得分 0.27，其中"差"的比例占 100%。水质理化综合评价得分为 0.56，评价等级为"中"（图 9-15）。

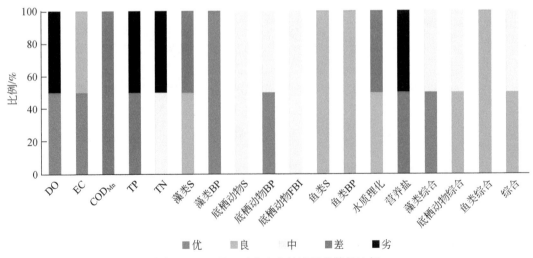

图 9-15 LE II$_{2-4}$ 区水生态健康评价等级比例

9.2.15.2　营养盐评价

该区 TP 浓度在 0.22～0.26mg/L，平均浓度为 0.24mg/L，评价得分为 0.21，其中"差"和"劣"的比例分别为 50% 和 50%。TN 浓度在 1.22～2.36mg/L，平均浓度为 1.79mg/L；通过 TN 分级评价得分 0.26，其中"中"和"劣"的比例分别为 50% 和 50%。营养盐综合评价得分为 0.24，评价等级为"差"（图9-15）。

9.2.15.3　藻类评价

该区藻类分类单元数在 9～22，平均值为 15.50，平均得分为 0.52，其中"良"的比例为 50%，达到样点总数的 50%，"差"的比例为 50% 和 0%。BP 指数的范围在 0.20～0.31，平均值为 0.26；通过 BP 指数分级评价结果显示，BP 指数平均得分 0.87，其中"优"的比例为 100%，达到样点总数的 100%。藻类综合评价得分为 0.69，评价等级为"中"（图9-15）。

9.2.15.4　底栖动物评价

该区底栖动物分类单元数在 10～11，平均为 10.50，指标平均得分为 0.5，其中"中"的比例为 100%。该区各样点 BP 指数范围在 0.29～0.56，均值为 0.43，平均得分为 0.73，其中"优"的比例分别为 50%，达到样点总数的 50%，而"中"的比例分别为 50%。FBI 范围为 6.01～6.84，均值为 6.43，指标平均得分 0.51，其中"中"的比例为 100%。底栖动物综合评价得分为 0.58，评价等级为"中"（图9-15）。

9.2.15.5　鱼类评价

该区鱼类分类单元数为 6，平均得分为 0.75，其中"良"的比例为 100%，达到样点总数的 100%。该区各样点 BP 指数为 0.50，平均得分 0.71，其中"良"的比例为 100%，达到样点总数的 100%。鱼类综合评价结果显示，平均得分为 0.73，评价等级为"良"（图9-15）。

9.2.15.6　综合评价

该区河流综合评价平均得分为 0.53，评价等级为"中"（图9-15）。

9.2.16　裕溪河平原农田型河渠水质净化与洪水调蓄功能区 LEII$_{3-1}$

9.2.16.1　水质理化评价

该区 DO 浓度在 6.12～16.25mg/L，平均浓度为 10.64mg/L，评价得分 0.97，其中"优"和"良"的比例分别为 87.5% 和 12.5%，达到样点总数的 100%。EC 在 100～257μS/cm，平均值为 188.88μS/cm，评价得分 0.7，其中"优"和"良"的比例分别为 25% 和 62.5%，达到样点总数的 87.5%，而"中"的比例分别为 12.5%。COD$_{Mn}$ 浓度在

3.51～19.32mg/L，平均浓度为6.98mg/L，评价得分为0.52，其中"优"和"良"的比例分别为12.5%和50%，达到样点总数的62.5%，而"中"和"劣"的比例分别占12.5%和25%。水质理化综合评价得分为0.73，评价等级为"良"（图9-16）。

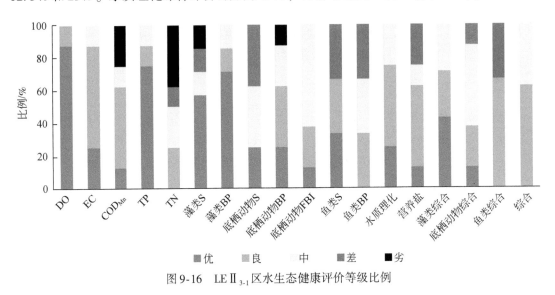

图9-16　LE Ⅱ$_{3-1}$区水生态健康评价等级比例

9.2.16.2　营养盐评价

该区TP浓度在0.03～0.17mg/L，平均浓度为0.07mg/L，评价得分为0.82，其中"优"和"良"的比例分别为75%和12.5%，达到样点总数的87.5%，"中"的比例为12.5%。TN浓度在0.82～2.38mg/L，平均浓度为1.55mg/L；通过TN分级评价得分0.36，其中"良"的比例为25%，达到样点总数的25%，而"中"、"差"和"劣"的比例分别为25%、12.5%和37.5%。营养盐综合评价得分为0.59，评价等级为"中"（图9-16）。

9.2.16.3　藻类评价

该区藻类分类单元数在7～31，平均值为20.57，评价得分为0.69，其中"优"的比例为57.13%，达到样点总数的57.14%，"中""差"和"劣"的比例分别为14.29%、14.29%和14.29%。BP指数的范围在0.15～0.54，平均值为0.28；通过BP指数分级评价结果显示，BP指数平均得分0.84，其中"优"和"良"的比例分别为71.42%和14.29%，达到样点总数的85.71%，而"中"的比例为14.29%。藻类综合评价得分为0.77，评价等级为"良"（图9-16）。

9.2.16.4　底栖动物评价

该区底栖动物分类单元数在6～22，平均为11.63，指标平均得分为0.54，其中"优"的比例为25%，达到样点总数的25%，"中"和"差"的比例分别为37.5%和37.5%。该区各样点BP指数范围在0.34～0.93，均值为0.51，指标平均得分为0.61，其中"优"

和"良"的比例分别为 25% 和 37.5%，达到样点总数的 62.5%，而"中"和"劣"的比例分别为 25% 和 12.5%。FBI 范围在 2.78 ~ 7.00，均值为 5.91，平均得分为 0.59，其中"优"和"良"的比例分别为 12.5% 和 25%，达到样点总数的 37.5%，而"中"的比例占 62.5%。底栖动物综合评价得分为 0.58，评价等级为"中"（图 9-16）。

9.2.16.5　鱼类评价

该区鱼类分类单元数在 3 ~ 8，平均为 5.33，指标平均得分为 0.67，其中"优""良"和"差"的比例各占 1/3。该区各样点 BP 指数范围在 0.55 ~ 0.73，均值为 0.63，平均得分为 0.52，其中"良""中"和"差"的比例各占 1/3。鱼类综合评价得分为 0.59，评价等级为"中"（图 9-16）。

9.2.16.6　综合评价

该区河流指标综合平均得分为 0.65，评价等级为"良"（图 9-16）。

9.2.17　牛屯河平原农田型河渠水质净化与洪水调蓄功能区 LEII$_{3-2}$

9.2.17.1　水质理化评价

该区 DO 浓度在 9.53 ~ 11.40mg/L，平均浓度为 10.29mg/L，评价得分 1，其中"优"的比例为 100%，达到样点总数的 100%。EC 在 224.00 ~ 288.00μS/cm，平均值为 252.00μS/cm，评价得分 0.49，其中"中"和"差"的比例为 66.67% 和 33.33%。COD$_{Mn}$浓度在 4.88 ~ 5.27mg/L，平均浓度为 5.01mg/L，评价得分为 0.62，其中"良"的比例为 66.67%，达到样点总数的 66.67%，而"中"的比例占 33.33%。水质理化综合评价得分为 0.71，评价等级为"良"（图 9-17）。

9.2.17.2　营养盐评价

该区 TP 浓度在 0.04 ~ 0.06mg/L，平均浓度为 0.05mg/L，评价得分为 0.90，其中"优"的比例为 100%，达到样点总数的 100%。TN 浓度在 0.98 ~ 1.10mg/L，平均浓度为 1.05mg/L；通过 TN 分级评价得分 0.63，其中"良"的比例为 66.67%，达到样点总数的 66.67%，而"中"的比例为 33.33%。营养盐综合评价得分为 0.77，评价等级为"良"（图 9-17）。

9.2.17.3　藻类评价

该区藻类分类单元数在 14 ~ 26，平均值为 21.33，指标平均得分为 0.74，其中"优"的比例为 66.67%，达到样点总数的 66.67%，"中"的比例为 33.33%。BP 指数的范围在 0.17 ~ 0.33，平均值为 0.26，指标平均得分为 0.86，其中"优"和"良"的比例分别为 66.67% 和 33.33%，达到样点总数的 100%。藻类综合评价得分为 0.8，评价等级为"良"（图 9-17）。

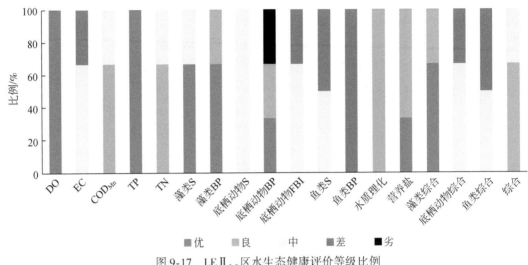

图 9-17　LEⅡ₃₋₂区水生态健康评价等级比例

9.2.17.4　底栖动物评价

该区底栖动物分类单元数在 9 ~ 10，平均为 9.67，平均得分为 0.45，其中"中"的比例为 100%。该区各样点 BP 指数范围在 0.37 ~ 0.90，均值为 0.58，平均得分为 0.49，其中"优"和"良"的比例分别为 33.33% 和 33.33%，达到样点总数的 66.67%，而"劣"的比例为 33.33%。FBI 范围在 6.46 ~ 7.50，均值为 6.92，平均得分为 0.42，其中"中"和"差"的比例分别占 66.67% 和 33.33%。底栖动物综合评价得分为 0.45，评价等级为"中"（图 9-17）。

9.2.17.5　鱼类评价

该区鱼类分类单元数在 3 ~ 4，平均为 3.50，指标平均得分为 0.44，其中"中"和"差"的比例分别为 50% 和 50%。该区各样点 BP 指数范围在 0.75 ~ 0.83，均值为 0.79，指标平均得分为 0.29，其中"差"的比例为 100%。鱼类综合评价得分为 0.37，评价结果等级为"差"（图 9-17）。

9.2.17.6　综合评价

该区河流指标综合平均得分为 0.64，评价等级为"良"（图 9-17）。

9.2.18　裕溪河山地森林型河溪生物多样性维持与水质净化功能区 LEⅡ₃₋₃

9.2.18.1　水质理化评价

该区 DO 浓度在 8.32 ~ 10.21mg/L，平均浓度为 9.29mg/L，评价得分 1，其中"优"

的比例为 100%，达到样点总数的 100%。EC 在 197.00 ~ 340.00μS/cm，平均值为 256.50μS/cm，评价得分为 0.48，其中"良"的比例为 25%，达到样点总数的 25%，而"中"和"差"的比例分别为 50% 和 25%。COD_{Mn} 浓度在 2.54 ~ 8.98mg/L，平均浓度为 4.98mg/L，评价得分为 0.63，其中"优"和"良"的比例分别为 25% 和 50%，达到样点总数的 75%，而"劣"的比例占 25%。水质理化综合评价平均得分为 0.7，其中"优"和"良"的比例分别为 25% 和 50%，达到样点总数的 75%，而"中"的比例占 25%，该区水质理化分级评价结果等级为"良"（图 9-18）。

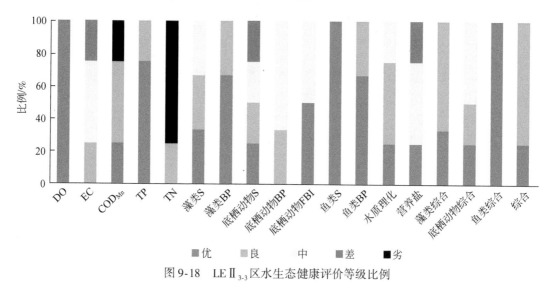

图 9-18　LE Ⅱ₃.₃ 区水生态健康评价等级比例

9.2.18.2　营养盐评价

该区 TP 浓度在 0.01 ~ 0.11mg/L，平均浓度为 0.05mg/L，评价得分为 0.88，其中"优"和"良"的比例分别为 75% 和 25%，达到样点总数的 100%，"差"和"劣"的比例均为 0。TN 浓度在 0.99 ~ 2.88mg/L，平均浓度 1.86mg/L；通过 TN 分级评价得分 0.24，其中"良"的比例为 25%，达到样点总数的 25%，而"劣"的比例为 75%。营养盐综合评价得分为 0.56，评价等级为"中"（图 9-18）。

9.2.18.3　藻类评价

该区藻类分类单元数在 13 ~ 24，平均值为 18.33，评价结果显示，指标平均得分为 0.63，其中"优""良"和"中"的比例各占三分之一。BP 指数的范围在 0.20 ~ 0.44，平均值为 0.31，指标平均得分 0.81，其中"优"和"良"的比例分别为 66.67% 和 33.33%，达到样点总数的 100%，而"中""差"和"劣"的比例均为 0。通过该区着生藻类分级评价的结果显示，藻类综合评价平均得分为 0.72，其中"优"和"良"的比例分别为 33.33% 和 66.67%，超过样点总数的 100%，为评价结果等级为"良"（图 9-18）。

9.2.18.4 底栖动物评价

该区底栖动物分类单元数在 7 ~ 21，平均为 13.25，平均得分为 0.63，其中"优"和"良"的比例分别为 25% 和 25%，达到样点总数的 50%，"中"和"差"的比例分别为 25% 和 25%。该区各样点 BP 指数范围在 0.25 ~ 0.61，均值为 0.46，平均得分为 0.67，其中"良"和"中"的比例分别为 33.33% 和 66.67%。FBI 范围在 3.81 ~ 6.62，均值为 5.27，平均得分为 0.74，其中"优"和"中"的比例各占 50%。底栖动物综合评价得分为 0.68，评价等级为"良"（图 9-18）。

9.2.18.5 鱼类评价

该区鱼类分类单元数在 8 ~ 9，平均为 8.33，指标平均得分为 1，其中"优"的比例为 100%，达到样点总数的 100%。该区各样点 BP 指数范围在 0.32 ~ 0.45，均值为 0.40，平均得分为 0.85，其中"优"和"良"的比例分别为 66.67% 和 33.33%，达到样点总数的 100%。鱼类综合评价得分为 0.93，评价等级为"优"（图 9-18）。

9.2.18.6 综合评价

该区河流指标综合平均得分为 0.70，评价等级为"良"（图 9-18）。

9.2.19 永安河上游山地森林型河溪生物多样性维持与水质净化功能区 LE II 3-4

9.2.19.1 水质理化评价

该区 DO 浓度在 6.12 ~ 16.25mg/L，平均浓度为 10.21，其中"优"和"良"的比例分别为 93.75% 和 6.25%，达到样点总数的 100%。EC 在 100.00 ~ 340.00μS/cm，平均值为 217.38μS/cm，评价得分为 0.61，其中"优"和"良"的比例分别为 12.5% 和 43.75%，达到样点总数的 56.25%，而"中"和"差"的比例分别为 31.25% 和 12.5%。COD_{Mn} 浓度在 2.54 ~ 19.32mg/L，平均浓度为 6.22mg/L，评价得分为 0.55，其中"优"和"良"的比例分别为 12.50% 和 50%，达到样点总数的 62.5%，而"中"和"劣"的比例分别占 12.50% 和 25.00%。水质理化综合评价得分为 0.71，其中"优"和"良"的比例分别为 18.75% 和 62.5%，达到样点总数的 81.25%，而"中"的比例占 18.75%，该区水质理化分级评价结果等级为"良"（图 9-19）。

9.2.19.2 营养盐评价

该区 TP 浓度在 0.01 ~ 0.17mg/L，平均浓度为 0.06mg/L，评价得分为 0.86，其中"优"和"良"的比例分别为 81.25% 和 12.5%，达到样点总数的 93.75%，"中"的比例为 6.25%。TN 浓度在 0.82 ~ 21.88mg/L，平均浓度为 1.56mg/L；通过 TN 分级评价得分 0.36，其中"良"的比例为 31.25%，达到样点总数的 31.25%，而"中""差"和"劣"

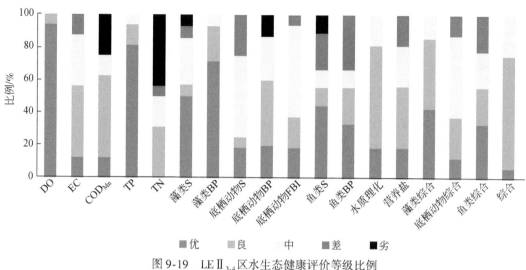

图 9-19　LE Ⅱ₃₋₄ 区水生态健康评价等级比例

的比例分别为 18.75%、6.25% 和 43.75%。营养盐综合评价得分为 0.61，评价等级为"良"（图 9-19）。

9.2.19.3　藻类评价

该区藻类分类单元数在 7~31，平均值为 19.86，指标平均得分为 0.68，其中"优"和"良"的比例分别为 50% 和 7.14%，达到样点总数的 57.14%，"中""差"和"劣"的比例分别为 28.58%、7.14% 和 7.14%。BP 指数的范围在 0.15~0.54，平均值为 0.27，指标平均得分 0.85，其中"优"和"良"的比例分别为 71.43% 和 21.43%，达到样点总数的 92.86%，而"中"的比例为 7.14%。通过该区着生藻类分级评价的结果显示，藻类综合评价平均得分 0.76，其中"优"和"良"的比例分别为 42.86% 和 42.86%，超过样点总数的 85.71%，而"中"的比例占 14.28%，评价结果等级为"良"（图 9-19）。

9.2.19.4　底栖动物评价

该区底栖动物分类单元数在 6~22，平均为 11.69，指标平均得分为 0.55，其中"优"和"良"的比例分别为 18.75% 和 6.25%，达到样点总数的 25%，"中"和"差"的比例分别为 50% 和 25%。该区各样点 BP 指数范围在 0.25~0.93，均值为 0.51，平均得分为 0.6，其中"优"和"良"的比例分别为 20% 和 40%，达到样点总数的 60%，而"中"和"劣"的比例分别为 26.67% 和 13.33%。FBI 范围在 2.78~7.50，均值为 5.89，平均得分为 0.61，其中"优"和"良"的比例分别为 12.5% 和 25%，达到样点总数的 37.5%，而"中"和"差"的比例分别占 56.25% 和 6.25%。底栖动物综合评价得分为 0.59，评价等级为"中"（图 9-19）。

9.2.19.5　鱼类评价

该区鱼类分类单元数在 3~9，平均为 6.00，指标平均得分为 0.65，其中"优"和

"良"的比例分别为44.44%和11.11%，达到样点总数的55.56%，"中""差"和"劣"的比例分别为11.11%、22.22%和11.11%。该区各样点BP指数范围在0.32~0.83，均值为0.58，平均得分0.63，其中"优"和"良"的比例分别为33.33%和22.22%，达到样点总数的55.56%，而"中"和"差"的比例分别为11.12%和33.33%。鱼类综合评价得分为0.64，评价等级为"良"（图9-19）。

9.2.19.6 综合评价

该区河流指标综合平均得分为0.66，评价结果等级为"良"（图9-19）。

9.2.20 丝枫湖山地森林型湖泊生物多样性维持与水资源调控功能区LEⅡ$_{4-1}$

9.2.20.1 水质理化评价

该区DO浓度在3.22~21.44mg/L，平均浓度为10.08，其中"优"和"良"的比例分别为88.24%和5.88%，达到样点总数的94.12%，"差"和"劣"的比例分别为3.92%和1.96%。EC在69.00~361.00μS/cm，平均值为192.16μS/cm，评价得分为0.69，其中"优"和"良"的比例分别为33.33%和37.25%，达到样点总数的70.58%，而"中""差"和"劣"的比例分别为15.69%、7.85%和5.88%。COD$_{Mn}$浓度在1.76~10.73mg/L，平均浓度为5.02mg/L，评价得分0.62，其中"优"和"良"的比例分别为31.37%和29.41%，达到样点总数的60.78%，而"中"、"差"和"劣"的比例分别占25.49%、9.8%和3.93%。水质理化综合评价得分为0.75，其中"优"和"良"的比例分别为41.18%和47.06%，达到样点总数的88.24%，而"中"和"差"的比例分别占5.88%和5.88%，该区水质理化分级评价结果等级为"良"（图9-20）。

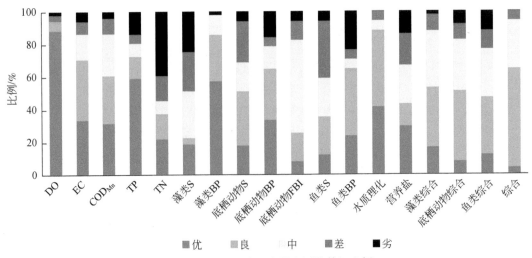

图9-20 Ⅱ$_{4-1}$区水生态健康评价等级比例

9.2.20.2　营养盐评价

该区 TP 浓度在 0.02 ~ 1.44mg/L，平均浓度为 0.17mg/L（0.11mg/L，去除两个极大值），评价得分为 0.66，其中"优"和"良"的比例分别为 58.82% 和 13.73%，达到样点总数的 72.55%，"中""差"和"劣"的比例分别为 7.84%、5.88% 和 13.73%。TN浓度在 0.51 ~ 4.97mg/L，平均浓度为 1.79mg/L TN 的平均得分 0.38，其中"优"和"良"的比例分别为 21.57% 和 15.69%。而"中""差"和"劣"的比例分别为 7.84%、15.69% 和 39.21%。营养盐综合评价得分为 0.52，评价等级为"中"（图 9-20）。

9.2.20.3　藻类评价

该区藻类分类单元数在 2 ~ 37，平均值为 14.53，指标平均得分为 0.45，其中，"优"和"良"的比例分别为 18.37% 和 4.08%，达到样点总数的 22.45%，"中""差"和"劣"的比例分别为 28.57%、24.49% 和 24.49%。BP 指数的范围在 0.12 ~ 0.64，平均值为 0.29，指标平均得分 0.83，其中"优"和"良"的比例分别为 57.14% 和 28.57%，达到样点总数的 85.71%，而"中"和"劣"的比例分别为 12.24% 和 2.04%。藻类综合评价得分为 0.64，评价等级为"良"（图 9-20）。

9.2.20.4　底栖动物评价

该区底栖动物分类单元数在 2 ~ 22，平均为 12.00，平均得分为 0.58，其中"优"和"良"的比例分别 17.65% 和 33.33%，达到样点总数的 50.98%，"中""差"和"劣"的比例分别为 17.65%、25.49% 和 5.88%。该区各样点 BP 指数范围在 0.18 ~ 0.89，均值为 0.46，平均得分为 0.68，其中"优"和"良"的比例分别为 33.33% 和 31.37%，达到样点总数的 64.71%，而"中"、"差"和"劣"的比例分别为 13.73%、5.88% 和 15.69%。FBI 范围在 4.25 ~ 9.21，均值为 6.47，指标平均得分 0.51，其中"优"和"良"的比例分别为 7.84% 和 43.14%，达到样点总数的 50.98%，而"中"、"差"和"劣"的比例分别占 31.37%、9.8% 和 7.84%。底栖动物综合评价得分为 0.59，评价等级为"中"（图 9-20）。

9.2.20.5　鱼类评价

该区鱼类分类单元数在 2 ~ 7，平均为 5.93，指标平均得分为 0.49，其中"优"和"良"的比例分别为 11.76% 和 23.53%，达到样点总数的 35.29%，"中""差"和"劣"的比例分别为 23.53%、35.29% 和 5.88%。该区各样点 BP 指数范围在 0.25 ~ 0.92，均值为 0.57，平均得分 0.6，其中"优"和"良"的比例分别为 23.53% 和 41.18%，达到样点总数的 64.71%，而"中"、"差"和"劣"的比例分别为 5.88%、5.88% 和 23.53%。鱼类综合评价得分为 0.54，评价等级为"中"（图 9-20）。

9.2.20.6　综合评价

该区河流指标综合平均得分为 0.61，评价等级为"良"（图 9-20）。

9.2.21　西兆河平原农田型河渠水质净化与水资源调控功能区 LEⅡ₄₋₂

9.2.21.1　水质理化评价

该区 DO 浓度在 3.29～21.44mg/L，平均浓度为 10.07mg/L，评价得分为 0.96，其中"优"的比例为 95%，达到样点总数的 95%，"差"的比例为 5%。EC 在 76.00～290μS/cm，平均值为 195.35μS/cm，EC 的平均得分为 0.68，其中"优"和"良"的比例分别为 20% 和 55%，达到样点总数的 75%，而"中"和"差"的比例分别为 20% 和 5%。COD$_{Mn}$浓度在 1.76～67.80mg/L，平均浓度为 4.91mg/L，评价得分为 0.64，其中"优"和良"的比例分别为 20% 和 35%，达到样点总数的 55%，而"中"和"差"的比例分别占 35% 和 10%。水质理化综合评价得分为 0.76，其中"优"和"良"的比例分别为 25% 和 65%，达到样点总数的 90%，而"中"的比例占 10%，该区水质理化分级评价结果等级为"良"（图 9-21）。

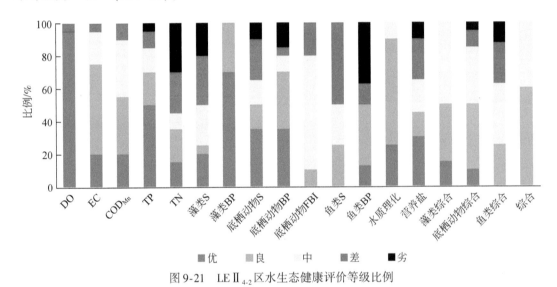

图 9-21　LEⅡ₄₋₂区水生态健康评价等级比例

9.2.21.2　营养盐评价

该区 TP 浓度在 0.03～0.30mg/L，平均浓度为 0.10mg/L，评价得分为 0.70，其中"优"和"良"的比例分别为 50% 和 20%，达到样点总数的 70%，"中""差"和"劣"的比例分别为 15%、10% 和 5%。TN 浓度在 0.61～3.78mg/L，平均浓度为 1.61mg/L；通过 TN 分级评价得分 0.4，其中"优"和"良"的比例分别为 15% 和 20%，达到样点总数的 35%，而"中""差"和"劣"的比例分别为 10%、25% 和 30%。营养盐综合评价得分为 0.55，评价等级为"中"（图 9-21）。

9.2.21.3　藻类评价

该区藻类分类单元数在 5~37，平均值为 15.05，指标平均得分为 0.46，其中"优"和"良"的比例分别为 20% 和 5%，达到样点总数的 25%，"中""差"和"劣"的比例分别为 25%、30% 和 20%。BP 指数的范围在 0.12~0.44，平均值为 0.26，指标平均得分 0.86，其中"优"和"良"的比例分别为 70% 和 30%，达到样点总数的 100%。藻类综合评价得分为 0.66，评价等级为"良"（图 9-21）。

9.2.21.4　底栖动物评价

该区底栖动物分类单元数在 2~22，平均为 11.90；平均得分为 0.57，其中"优"和"良"的比例分别为 35% 和 15%，达到样点总数的 50%，"中""差"和"劣"的比例分别为 15%、25% 和 10%。该区各样点 BP 指数范围在 0.18~0.87，均值为 0.46；平均得分 0.68，其中"优"和"良"的比例分别为 35% 和 35%，达到样点总数的 70%，而"中"、"差"和"劣"的比例分别为 10%、5% 和 15%。FBI 范围在 5.42~7.83，均值为 6.60；平均得分 0.48，其中"良"的比例为 10%，达到样点总数的 10%，而"中"和"差"的比例分别占 70% 和 20%。底栖动物综合评价得分为 0.58，评价等级为"中"（图 9-21）。

9.2.21.5　鱼类评价

该区鱼类分类单元数在 2~6，平均为 3.75，指标平均得分为 0.47，其中"良"的比例为 25%，达到样点总数的 25%，"中"和"差"的比例分别为 25% 和 50%。该区各样点 BP 指数范围在 0.42~0.92，均值为 0.67，指标平均得分 0.46，其中"优"和"良"的比例分别为 12.5% 和 37.5%，达到样点总数的 50%，而"差"和"劣"的比例分别为 12.5% 和 37.5%。鱼类综合评价得分为 0.46，评价等级为"中"（图 9-21）。

9.2.21.6　综合评价

该区河流指标综合平均得分为 0.62，评价等级为"良"（图 9-21）。

9.2.22　兆河下游平原农田型河口水质净化与营养物循环功能区 LE II$_{4-3}$

9.2.22.1　水质理化评价

该区 DO 浓度在 3.22~11.21mg/L，平均浓度为 10.07mg/L，评价得分为 0.61，其中"优"的比例为 50%，达到样点总数的 50%，"差"的比例为 50%。EC 在 82.00~323.00μS/cm，平均值为 202.50μS/cm，评价得分 0.63，其中"优"的比例为 50%，达到样点总数的 50%，而"差"的比例为 50%。COD$_{Mn}$ 浓度在 2.73~6.05mg/L，平均浓度为 4.39mg/L，评价得分为 0.7，其中"优"的比例为 50%，达到样点总数的 50%，而

"中"的比例占50%。水质理化综合评价平均得分为0.65，其中"优"的比例为50%，达到样点总数的50%，而"差"的比例占50%，该区水质理化分级评价结果等级为"良"（图9-22）。

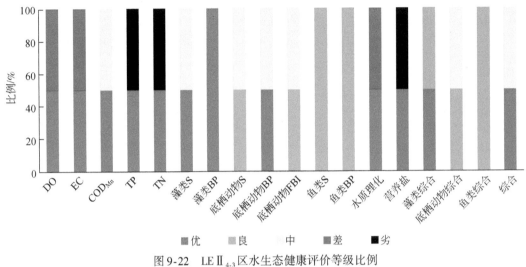

图9-22　LEⅡ4-3区水生态健康评价等级比例

9.2.22.2　营养盐评价

该区TP浓度在0.02～0.34mg/L，平均浓度为0.18mg/L，评价得分为0.5，其中"优"和"良"的比例分别为50%和0，达到样点总数的50%，"劣"的比例为50%。TN浓度在0.60～4.97mg/L，平均浓度为2.78mg/L；通过TN分级评价得分为0.47，其中"优"的比例为50%，达到样点总数的50%，而"劣"的比例为50%。营养盐综合评价得分为0.48，评价等级为"中"（图9-22）。

9.2.22.3　藻类评价

该区藻类分类单元数在14～30，平均值为22，指标平均得分为0.73，其中"优"的比例为50%，达到样点总数的50%，"中"的比例为50%。BP指数的范围在0.22～0.24，平均值为0.23，指标平均得分0.9，其中"优"的比例为100%，达到样点总数的100%。藻类综合评价得分为0.82，评价等级为"良"（图9-22）。

9.2.22.4　底栖动物评价

该区底栖动物分类单元数在9～15，平均为12，指标平均得分为0.59，其中"良"的比例为50%，达到样点总数的50%，"中"的比例为50%。通过分级评价显示，"优"和"良"的比例为14.86%和16.89%；"中"和"差"的比例为27.03%和25.68%，值得注意的是，"劣"的比例达到了15.54%。该区各样点BP指数范围在0.25～0.63，均值为0.44，指标平均得分为0.7，其中"优"和"良"的比例分别为50%和0，达到样点总数的50%，而"中""差"和"劣"的比例分别为50%、0和0。FBI范围在5.99～6.24，均值为

6.11，指标平均得分为 0.58，其中"优"和"良"的比例分别为 0 和 50%，达到样点总数的 50%，而"中"的比例占 50%。底栖动物综合评价得分为 0.62，评价等级为"良"（图 9-22）。

9.2.22.5　鱼类评价

该区鱼类分类单元数为 5，指标平均得分为 0.63，其中"良"的比例分别为 100%，达到样点总数的 100%。该区各样点 BP 指数为 0.46，指标平均得分 0.77，其中"良"的比例分别为 100%，达到样点总数的 100%。鱼类综合评价得分为 0.70，评价等级为"良"（图 9-22）。

9.2.22.6　综合评价

该区河流综合评价平均得分 0.58，评价等级为"中"（图 9-22）。

9.2.23　白石天河下游平原农田型湿地生物多样性维持与水质净化功能区 LE II₄₋₄

9.2.23.1　水质理化评价

该区 DO 浓度在 8.78 ~ 10.67mg/L，平均浓度为 9.87mg/L，评价得分 1，其中"优"的比例为 100%，达到样点总数的 100%。EC 在 172.00 ~ 221.00μS/cm，平均值为 200.00μS/cm，评价得分为 0.67，其中"优"和"良"的比例分别为 0 和 75%，达到样点总数的 75%，而"中"的比例分别为 25%。COD_{Mn} 浓度在 4.68 ~ 6.83mg/L，平均浓度为 5.71mg/L，评价得分为 0.54，其中"良"的比例为 25%，达到样点总数的 25%，而"中"和"差"的比例分别占 50% 和 25%。水质理化综合评价平均得分 0.73，其中"良"的比例为 100%，达到样点总数的 100%，该区水质理化分级评价结果等级为"良"（图 9-23）。

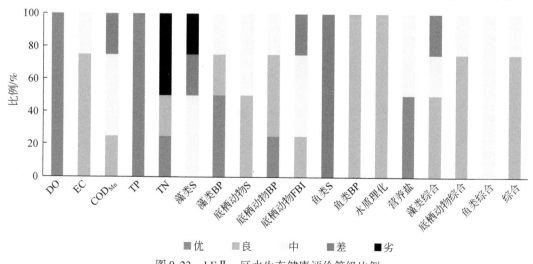

图 9-23　LE II₄₋₄区水生态健康评价等级比例

9.2.23.2　营养盐评价

该区 TP 浓度在 0.03~0.07mg/L，平均浓度为 0.05mg/L，评价得分为 0.88，其中"优"的比例分别为 100%，达到样点总数的 100%。TN 浓度在 0.71~3.02mg/L，平均浓度为 1.65mg/L；通过 TN 分级评价得分 0.4，其中"优"和"良"的比例分别为 25% 和 25%，达到样点总数的 50%，而"劣"的比例为 50%。营养盐综合评价得分为 0.64，评价等级为"良"（图 9-23）。

9.2.23.3　藻类评价

该区藻类分类单元数在 3~16，平均值为 11.75，指标平均得分为 0.38，其中"中""差"和"劣"的比例分别为 50%、25% 和 25%。BP 指数的范围在 0.18~0.50，平均值为 0.31；通过 BP 指数分级评价结果显示，指标平均得分为 0.81，其中"优"和"良"的比例分别为 50% 和 25%，达到样点总数的 75%，而"中"的比例为 25%。藻类综合评价得分为 0.59，评价结果等级为"良"（图 9-23）。

9.2.23.4　底栖动物评价

该区底栖动物分类单元数在 9~14，平均为 12，指标平均得分为 0.59，其中"良"的比例为 50%，达到样点总数的 50%，"中"的比例为 50%。该区各样点 BP 指数范围在 0.25~0.57，均值为 0.43，指标平均得分为 0.72，其中"优"和"良"的比例分别为 25% 和 50%，达到样点总数的 75%，而"中"的比例为 25%。底栖动物 FBI 范围在 5.12~7.14，均值为 6.40，指标平均得分为 0.52，其中"良"的比例为 75%，达到样点总数的 75%，而"中"的比例占 25%。底栖动物综合评价得分为 0.61，评价等级为"良"（图 9-23）。

9.2.23.5　鱼类评价

该区鱼类分类单元数为 3，指标平均得分为 0.38，评价等级为"差"。该区各样点 BP 指数为 0.61，评价等级为"良"。鱼类评价得分为 0.49，评价等级为"中"（图 9-23）。

9.2.23.6　综合评价

该区河流指标综合平均得分为 0.64，评价等级为"良"（图 9-23）。

9.2.24　杭埠河下游平原农田型湿地生物多样性维持与水质净化功能区 LE II$_{4-5}$

9.2.24.1　水质理化评价

该区 DO 浓度在 8.78~10.30mg/L，平均浓度为 9.62mg/L，评价得分 1，其中"优"的比例为 100%。EC 在 126~221.00μS/cm，平均值为 173.67.00μS/cm，评价得分 0.75，其中"优"和"良"的比例分别为 33.33% 和 33.33%，达到样点总数的 66.66%，而

"中"的比例为 33.33%。COD_{Mn} 浓度在 2.54~5.27mg/L，平均浓度为 3.71mg/L，评价得分为 0.79，其中"优"的比例为 66.67%，达到样点总数的 66.67%，而"中"的比例占 33.33%。水质理化综合评价得分为 0.85，其中"优"的比例为 100%，该区水质理化分级评价结果等级为"优"（图 9-24）。

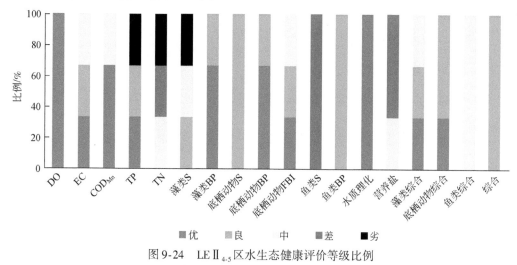

图 9-24 LE II$_{4-5}$ 区水生态健康评价等级比例

9.2.24.2 营养盐评价

该区 TP 浓度在 0.06~0.34mg/L，平均浓度为 0.16mg/L，评价得分为 0.53，其中"优"和"良"的比例各占三分之一，达到样点总数的三分之一，"差"和"劣"的比例分别为 0、0 和 33.33%。TN 浓度在 1.37~2.08mg/L，平均浓度为 1.69mg/L；通过 TN 分级评价得分 0.22，其中"中""差"和"劣"的比例各占三分之一。营养盐综合评价得分为 0.38，评价等级为"差"（图 9-24）。

9.2.24.3 藻类评价

该区藻类分类单元数在 3~20，平均值为 13，指标平均得分为 0.42，其中"优"和"良"的比例分别为 0 和 33.33%，达到样点总数的 33.33%，"差"和"劣"的比例分别为 33.33%、0 和 33.33%。BP 指数的范围在 0.20~0.33，平均值为 0.25，指标平均得分为 0.88，其中"优"和"良"的比例分别为 66.67% 和 33.33%，达到样点总数的 100%。藻类综合评价得分为 0.65，评价等级为"良"（图 9-24）。

9.2.24.4 底栖动物评价

该区底栖动物分类单元数为 13，指标平均得分为 0.65，其中"良"的比例为 100%，达到样点总数的 100%。该区各样点 BP 指数范围在 0.22~0.42，均值为 0.31，指标平均得分 0.89，其中"优"和"良"的比例分别为 66.67% 和 33.33%，达到样点总数的 100%。FBI 范围在 4.25~6.29，均值为 5.25，指标平均得分为 0.75，其中"优"和"良"的比例分别为 33.33% 和 66.67%，达到样点总数的 100%。底栖动物综合评价得分

0.76，评价等级为"良"（图9-24）。

9.2.24.5 鱼类评价

该区鱼类分类单元数为为2，指标平均得分为0.25，其中"差"的比例为100%。该区各样点BP指数为0.50，指标平均得分为0.71，其中"良"的比例为100%，达到样点总数的100%。鱼类综合评价得分为0.48，评价等级为"中"（图9-24）。

9.2.24.6 综合评价

该区河流指标综合平均得分为0.65，评价等级为"良"（图9-24）。

9.2.25 杭丰河中游平原农田型河渠水源涵养与水质净化功能区 LE II $_{4-6}$

9.2.25.1 水质理化评价

该区DO浓度在5.92～18.22mg/L，平均浓度为10.97mg/L，评价得分0.93，其中"优"和"良"的比例分别为77.78%和22.22%，达到样点总数的100%。EC在69.00～361.00μS/cm，平均值为185.44.00μS/cm，评价得分0.7，其中"优"和"良"的比例分别为55.56%和11.11%，达到样点总数的66.67%，而"中""差"和"劣"的比例分别为11.11%、11.11%和11.11%。COD$_{Mn}$浓度在2.15～10.73mg/L，平均浓度为5.55mg/L，评价得分0.57，其中"优"和"良"的比例分别为22.22%和44.44%，达到样点总数的66.67%，而"中""差"和"劣"的比例分别占0、11.11%和22.22%。水质理化综合评价平均得分为0.73，其中"优"和"良"的比例分别为55.56%和22.22%，达到样点总数的77.78%，而"中""差"和"劣"的比例分别占11.11%、11.11%和0，该区水质理化综合评价结果等级为"良"（图9-25）。

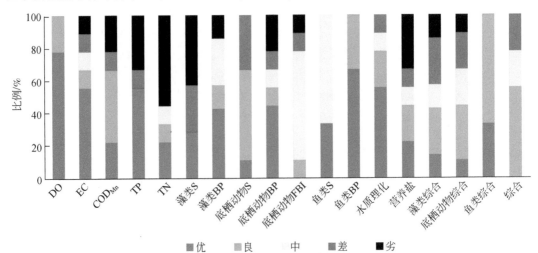

图9-25 LE II $_{4-6}$ 区水生态健康评价等级比例

9.2.25.2　营养盐评价

该区 TP 浓度在 0.03～1.44mg/L，平均浓度为 0.38mg/L，评价得分为 0.54，其中"优"的比例为 55.56%，达到样点总数的 55.56%，"差"和"劣"的比例分别为 11.11% 和 33.33%。TN 浓度在 0.51～4.64mg/L，平均浓度为 2.08mg/L；通过 TN 分级评价得分 0.36，其中"优"和"良"的比例分别为 22.22% 和 11.11%，达到样点总数的 33.33%，而"中"和"劣"的比例分别为 11.11% 和 55.56%。营养盐综合评价得分为 0.45，评价等级为"中"（图 9-25）。

9.2.25.3　藻类评价

该区藻类分类单元数在 2～26，平均值为 13，指标平均得分为 0.42，其中"优"的比例分别为 28.57%，达到样点总数的 28.57%，"差"和"劣"的比例分别为 28.57% 和 42.86%。BP 指数的范围在 0.22～0.64，平均值为 0.41，指标平均得分为 0.69，其中"优"和"良"的比例分别为 42.86% 和 14.29%，达到样点总数的 57.14%，而"中"和"劣"的比例分别为 28.57% 和 14.29%。藻类综合评价得分为 0.56，评价等级为"良"（图 9-25）。

9.2.25.4　底栖动物评价

该区底栖动物分类单元数在 6～17，平均为 11.89，指标平均得分为 0.58，其中"优"和"良"的比例分别为 11.11% 和 55.56%，达到样点总数的 66.67%，"差"的比例为 33.33%。该区各样点 BP 指数范围在 0.23～0.89，均值为 0.51，指标平均得分 0.59，其中"优"和"良"的比例分别为 44.44% 和 11.11%，达到样点总数的 55.56%，而"中"、"差"和"劣"的比例分别为 11.11%、11.11% 和 22.22%。FBI 范围在 5.30～9.21，均值为 6.71，指标平均得分为 0.46，其中"良"的比例为 11.11%，而"中"、"差"和"劣"的比例分别占 66.67%、11.11% 和 11.11%。底栖动物综合评价得分为 0.54，评价等级为"中"（图 9-25）。

9.2.25.5　鱼类评价

该区鱼类分类单元数在 4～7，平均为 5，指标平均得分为 0.63，其中"优"的比例为 33.33%，达到样点总数的 33.33%，"中"的比例为 66.67%。该区各样点 BP 指数范围在 0.25～0.48，均值为 0.37，指标平均得分为 0.87，其中"优"和"良"的比例分别为 66.67% 和 33.33%，达到样点总数的 100%。鱼类综合评价得分为 0.75，评价等级为"良"（图 9-25）。

9.2.25.6　综合评价

该区河流指标综合平均得分为 0.57，评价等级为"中"（图 9-25）。

9.2.26 白石天河上游平原农田型河渠水质净化与营养物循环功能区 LEⅡ₄₋₇

9.2.26.1 水质理化评价

该区 DO 浓度在 8.84～12.44mg/L，平均浓度为 10.59mg/L，评价得分 1，其中"优"的比例为 100%。EC 在 76.00～240.00μS/cm，平均值为 152.20.00μS/cm，评价得分 0.8，其中"优"和"良"的比例分别为 60% 和 20%，达到样点总数的 80%，而"中"的比例分别为 20% CODₘₙ浓度在 2.54～7.41mg/L，平均浓度为 4.64mg/L，评价得分 0.67，其中"优"和"良"的比例分别为 40% 和 20%，达到样点总数的 60%，而"中"和"差"的比例分别占 20% 和 20%。水质理化综合评价得分为 0.82，其中"优"和"良"的比例分别为 60% 和 40%，达到样点总数的 100%，而"中"、"差"和"劣"的比例均为 0，该区水质理化分级评价结果等级为"优"（图 9-26）。

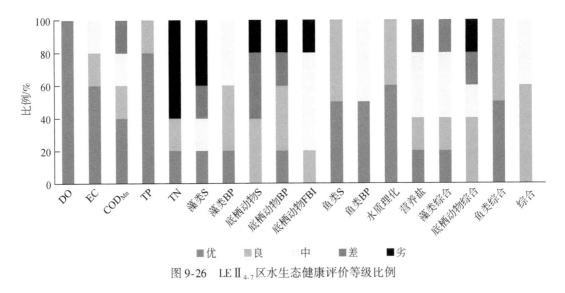

图 9-26 LEⅡ₄₋₇区水生态健康评价等级比例

9.2.26.2 营养盐评价

该区 TP 浓度在 0.02～0.08mg/L，平均浓度为 0.04mg/L，评价得分为 0.92，其中"优"和"良"的比例分别为 80% 和 20%，达到样点总数的 100%。TN 浓度在 0.68～5.55mg/L 之间，平均浓度为 2.34mg/L；通过 TN 分级评价得分 0.33，其中"优"和"良"的比例分别为 20% 和 20%，达到样点总数的 40%，而"劣"的比例为 60%。营养盐综合评价得分为 0.62，评价等级为"良"（图 9-26）。

9.2.26.3 藻类评价

该区藻类分类单元数在 6～28，平均值为 13.80，指标平均得分为 0.45，其中"优"

的比例为20%，达到样点总数的20%，"中""差"和"劣"的比例分别为20%，20%和40%。BP指数的范围在0.21~0.59，平均值为0.42，指标平均得分为0.68，其中"优"和"良"的比例分别为20%和40%，达到样点总数的60%，而"中"的比例为40%。藻类综合评价得分为0.61，评价等级为"良"（图9-26）。

9.2.26.4　底栖动物评价

该区底栖动物分类单元数在2~15，平均为9，指标平均得分为0.41，其中"优"和"良"的比例分别为0和40%，达到样点总数的40%，"差"和"劣"的比例分别为0、40%和20%。该区各样点BP指数范围在0.35~1.00，均值为0.59，指标平均得分0.5，其中"优"和"良"的比例分别为20%和40%，达到样点总数的60%，而"中"、"差"和"劣"的比例分别为0、20%和20%。FBI范围在5.78~9.40，均值为6.94，指标平均得分0.43，其中"良"的比例为20%，达到样点总数的20%，而"中"和"劣"的比例分别占60%和20%。底栖动物综合评价得分为0.45，评价等级为"中"（图9-26）。

9.2.26.5　鱼类评价

该区鱼类分类单元数在6~7，平均为6.5，指标平均得分为0.81，其中"优"和"良"的比例分别为50%和50%，达到样点总数的100%。该区各样点BP指数在范围0.38~0.58，均值为0.48，指标平均得分为0.74，其中"优"的比例为50%，达到样点总数的50%，而"中"的比例为50%。鱼类综合评价得分为0.59，评价等级为"良"（图9-26）。

9.2.26.6　综合评价

该区河流综合指标平均得分为0.64，评价等级为"良"（图9-26）。

9.2.27　黄陂湖上游丘陵农田型湖泊水质净化与营养物循环功能区 LE II$_{4\text{-}8}$

9.2.27.1　水质理化评价

该区DO浓度在2.37~13.27mg/L，平均浓度为8.70mg/L，评价得分0.84，其中"优"和"良"的比例分别为75%和12.5%，达到样点总数的87.5%，"劣"的比例为12.5%。EC在36.00~3158.00μS/cm，平均值为565.63.00μS/cm，评价得分为0.57，其中"优"和"良"的比例分别为37.5%和25%，达到样点总数的62.5%，而"差"和"劣"的比例分别为12.5%和25.00%。COD$_{Mn}$浓度在2.73~5.46mg/L，平均浓度为3.73mg/L，评价得分为0.78，其中"优"和"良"的比例分别为62.5%和25%，达到样点总数的87.5%，而"中"的比例占12.5%。水质理化综合评价得分为0.73，其中"优"和"良"的比例分别为50%和37.5%，达到样点总数的87.5%，而"差"的比例占12.5%，该区水质理化分级评价结果等级为"良"（图9-27）。

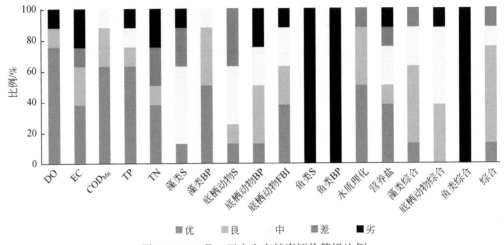

图9-27　LEⅡ₄₋₈区水生态健康评价等级比例

9.2.27.2　营养盐评价

该区 TP 浓度在 0.03~3mg/L，平均浓度为 0.43mg/L，评价得分为 0.74，其中"优"和"良"的比例分别为 62.5% 和 12.5%，达到样点总数的 75%，"中"和"劣"的比例分别为 12.5% 和 12.5%。TN 浓度在 0.61~20.67mg/L，平均浓度为 3.60mg/L；通过 TN 分级评价得分 0.49，其中"优"和"良"的比例分别为 37.5% 和 12.5%，达到样点总数的 50%，而"差"和"劣"的比例分别为 25% 和 25%。营养盐综合评价得分为 0.62，评价等级为"良"（图9-27）。

9.2.27.3　藻类评价

该区藻类分类单元数在 7~26，平均值为 14，指标平均得分为 0.46，其中"优"的比例为 12.5%，达到样点总数的 12.5%，"差"和"劣"的比例分别为 50%、25% 和 12.5%。BP 指数的范围在 0.22~0.50，平均值为 0.36，指标平均得分 0.75，其中"优"和"良"的比例分别为 50% 和 37.5%，达到样点总数的 87.5%，而"中"的比例为 12.5%。藻类综合评价得分为 0.61，评价等级为"良"（图9-27）。

9.2.27.4　底栖动物评价

该区底栖动物分类单元数在 6~16，平均为 9.75，指标平均得分为 0.46，其中"优"和"良"的比例为 12.5% 和 12.5%，达到样点总数的 25%，"中"和"差"的比例分别为 37.5% 和 37.5%。该区各样点 BP 指数范围在 0.29~0.97，均值为 0.58，指标平均得分为 0.50，其中"优"和"良"的比例分别为 12.5% 和 37.5%，达到样点总数的 50%，而"中"和"劣"的比例分别为 25% 和 25%。FBI 范围在 1.90~9.37，均值为 5.61，指标平均得分为 0.62，其中"优"和"良"的比例分别为 0 和 37.5%，达到样点总数的 37.5%，而"中"和"劣"的比例分别占 50% 和 12.5%。底栖动物综合评价得分为 0.53，评价等级为"中"（图9-27）。

9.2.27.5 鱼类评价

该区鱼类分类单元数为 1，指标平均得分为 0.13，等级为"劣"。该区各样点 BP 指数为 1，指标平均得分 0，等级为"劣"。鱼类评价得分为 0.06，评价等级为"劣"（图9-27）。

9.2.27.6 综合评价

该区河流指标综合平均得分为 0.60，评价等级为"良"（图9-27）。

9.2.28 巢湖湖泊生物多样性维持与水资源调控综合功能区 LE III_{1-1}

9.2.28.1 水质理化评价

该区 DO 浓度在 8.87 ~ 20.51mg/L，平均浓度为 10.39mg/L，评价得分 1.00，其中"优"的比例为 100%。EC 在 167.00 ~ 880.00μS/cm，平均值为 215.24μS/cm，评价得分 0.66，其中"优"和"良"的比例分别为 0 和 82.35%，超过样点总数的 80%，而"中"、"差"和"劣"的比例分别为 8.82%、2.94% 和 5.88%。通过湖泊理化指标分级评价的结果显示，水质理化综合评价平均得分为 0.83，评价等级为"优"（图9-28）。

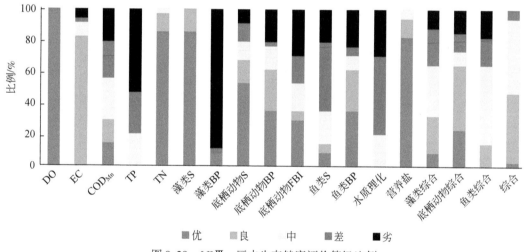

图 9-28　LE III_{1-1} 区水生态健康评价等级比例

9.2.28.2 营养盐评价

该区 TP 浓度在 0.05 ~ 0.14mg/L，平均浓度为 0.14mg/L；通过 TSI 指标分级评价得分 0.46，其中"优"和"良"的比例分别为 14.71% 和 14.71%，不及样点总数的 30.00%。"中"、"差"和"劣"的比例分别为 26.47%、23.52% 和 20.59%。TN 浓度在 1.25 ~ 5.28mg/L，平均浓度为 2.45mg/L；通过 TSI 指标分级评价，得分为 0.22，其中"中"、"差"和"劣"的比例为 20.59%、26.47% 和 52.94%，COD$_{Mn}$ 浓度在 2.93 ~ 5.56mg/L，平均浓度为 5.48mg/L；COD$_{Mn}$ 评价分级结果显示，通过 COD$_{Mn}$ 分级评价，得分为 0.94，

其中"优"和"良"的比例分别为85.29%和11.76%，超过样点总数的95%，而"中"比例为2.95%。叶绿素a浓度在2.23～19.90μg/L，平均浓度为10.81μg/L，叶绿素a评估平均得分0.91，叶绿素a评价结果显示，"优"和"良"的比例分别为82.29%和11.76%，"中"的比例2.94%；透明度范围在0.10～1.00m，平均为0.27m，指标平均得分0.17，透明度评价结果（SD）显示，"优"的比例为8.82%，"差"和"劣"的比例分别为2.94%和88.24%。营养盐综合评价得分为0.49，评价等级为"中"（图9-28）。

9.2.28.3　藻类评价

该区浮游藻类分类单元数在7～26，平均值为17.55，评价得分0.67，其中"优"和"良"的比例分别为52.94%和14.71%，超过样点总数的65%，而"中"、"差"的比例均为11.76%，"劣"为8.83%。BP指数的范围在0.1～0.89，平均值为0.44；BP指数分级评价结果显示，BP指数平均得分0.51，其中"优"和"良"的比例分别为38.24%和26.47%，而"中"、"差"和"劣"的比例分别为14.71%、2.94%和17.65%。蓝藻比例指数范围在0.00～0.90，平均值为0.44；蓝藻比例指数分级评价结果显示，蓝藻比例指数平均得分0.51，其中"优"和"良"的比例分别为32.35%和5.88%，超过样点总数的35%，而"中"、"差"和"劣"的比例分别占17.65%、17.65%和26.47%。浮游藻类综合评价得分为0.60，评价等级为"良"（图9-28）。

9.2.28.4　底栖动物评价

该区底栖动物分类单元数在2～12，平均为5.42，得分0.37；通过分级评价显示，"优"和"良"的比例分别为8.82%和5.88%；"中"和"差"的比例为20.59%和44.12%，"劣"的比例达到了20.59%。BP指数范围在0.16～0.99，均值为0.47，得分0.62；其中"优"和"良"的比例35.29%和26.47%；"中"和"差"的比例为8.83%和5.88%，"劣"的比例为23.53%。FBI指数范围在7.54～9.41，均值为8.48，得分0.28；其中"中"比例为20.59%，"差"和"劣"的比例分别为50.00%和29.41%，可见湖泊清洁指示种比例较小，导致该项评估指标总体较差。底栖动物综合评价得分为0.42，评价等级为"中"（图9-28）。

9.2.28.5　综合评价

该区综合评估平均得分0.59，评价等级为"中"（图9-28）。

9.2.29　评价结果总结

9.2.29.1　水质理化

水质理化综合评价结果显示，有5个分区达到"优"等级，其空间分布为西南部杭埠河流域上中游及下游等级为"优"，巢湖湖体达到"优"；有14个分区达到"良"等级，主要分布在流域西部和东南部；西北部和北部的分区处于"中"或"差"等级。主要原因是杭埠河源头、上中游及下游的水流流速较快，水体溶解氧充足，且污染物浓度较低有关；而西北部和北部的分区人口密集，水体流动性差，溶解氧等相对不足（图 9-29）。

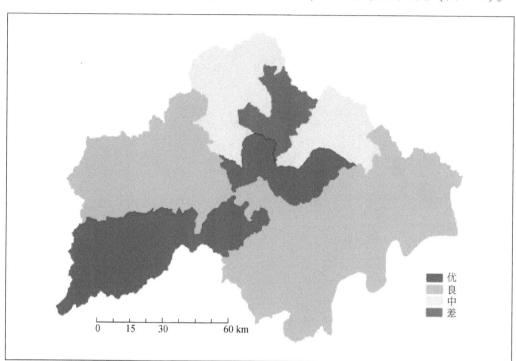

图 9-29　分区水质评价结果

9.2.29.2　营养盐

营养盐综合评价结果显示，有 1 个分区达到"优"等级，位于流域西南部；有 10 个分区达到"良"等级，主要分布在流域西部、东北部和南部（丰乐河上游、派河上游）；西南部、东南部和北部的分区处于"中"等级；巢湖西半湖入湖河流（南淝河、十五里河）所在的分区处于"差"和"劣"等级。相比于水质评价结果，流域西南部杭埠河源头区域（两个分区）的评价结果处于"良"，主要是总氮评价结果处于"劣"等级，与杭埠河上游农业和城镇的氮流失较多有关。评价为"良"等级的区域多分布在流域河流的源头区域，评价等级为"中"的分区面积总量最大。而流域西北部受到城市生活污水、工农业废水等多重因素影响，亟待治理和恢复（图 9-30）。

9.2.29.3　藻类

藻类综合评价结果显示，有 2 个分区达到"优"等级，位于流域东北部和巢湖湖体南部；有 16 个分区达到"良"等级，主要分布在流域东南部、西北部等区域，包括巢湖湖体；西南部和北部分区等级多为"中"。结合水质及营养盐评价结果，说明藻类可以综合表征上述指标（图 9-31）。

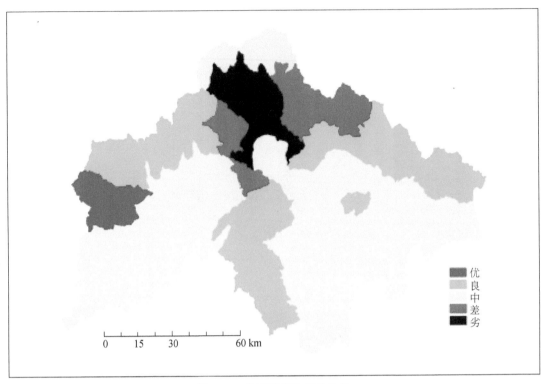

图 9-30 分区营养盐评价结果

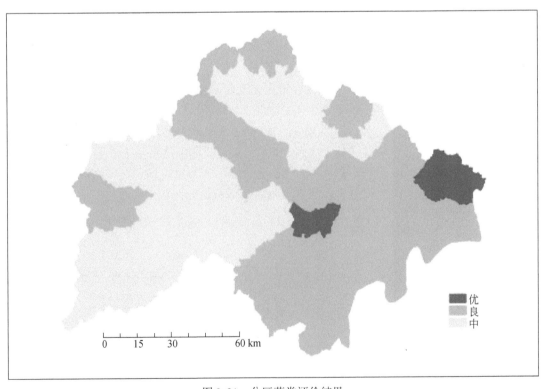

图 9-31 分区藻类评价结果

9.2.29.4　底栖动物

底栖动物综合评价结果显示，有 10 个分区达到"良"等级，主要是流域西南部和环巢湖的分区；有 11 个分区达到"中"等级，主要分布在除西北部以外的剩余区域，包括巢湖湖体；西北部分区等级多为"差"和"劣"。主要原因可能与源头干扰较少，而环巢湖恢复力更强有关；而西北部和北部的分区人口密集，水体与沉积物长期遭受污染有关（图 9-32）。

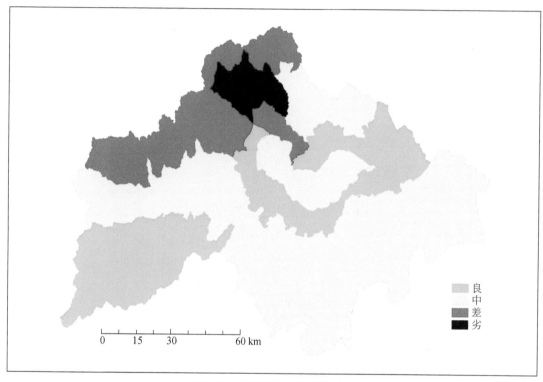

图 9-32　分区底栖动物评价结果

9.2.29.5　鱼类

鱼类综合评价结果显示，有 1 个分区达到"优"等级，位于巢湖湖体东南沿岸分区；有 11 个分区达到"良"等级，主要分布流域西部区域和巢湖南部；北部、南部及东部分区的评价等级为"差"和"劣"（图 9-33）。

9.2.29.6　综合评价

综合评价结果显示，有 17 个分区达到"良"等级，主要位于东部和南部；而西北部的分区评价等级为"差"。由于综合评价结果综合了多类指标，综合反映了各个分区遭受的人类活动干扰状况，其中尤其以西北部的南淝河受到的干扰尤为严重，巢湖湖体也受到了中等程度的干扰（图 9-34）。

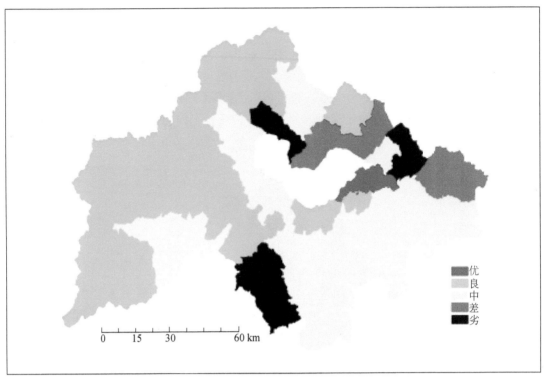

图 9-33　分区鱼类评价结果

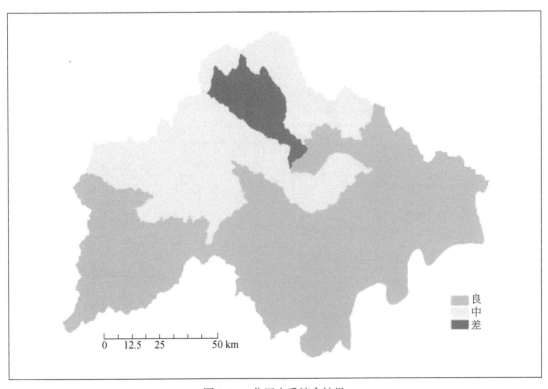

图 9-34　分区水质综合结果

参 考 文 献

高俊峰，蔡永久，夏霆，等.2016.巢湖流域水生态健康研究.北京：科学出版社.

国家环境保护总局《水和废水监测分析方法》编委会.2002.水和废水监测分析方法.第四版.北京：中国环境科学出版社.

黄琪，高俊峰，张艳会，等.2016.长江中下游四大淡水湖水生态系统完整性评价.生态学报，36（1）：118-126.

廖静秋，曹晓峰，汪杰，等.2014.基于化学与生物复合指标的流域水生态系统健康评价——以滇池为例.环境科学学报，34（7）：1845-1852.

孟伟，张远，张楠，等.2013.流域水生态功能区概念，特点与实施策略.环境科学研究，26（5）：465-471.

Huang Q，Gao J F，Cai Y J，Yin H B，et al. 2015. Development and application of benthic macroinvertebrate-based multimetric indices for the assessment of streams and rivers in the Taihu Basin，China. Ecological Indicators，48（1）：649-659.

Karr J R. 1991. Biological integrity：a long- neglected aspect of water resource management. Ecological Applications，1（1）：66-84.

Karr J R. 1981. Assessment of biotic integrity using fish communities. Fisheries，6（6）：21-27.

Whittier T R，Stoddard J L，Larsen D P，et al. 2007. Selecting reference sites for stream biological assessments：best professional judgment or objective criteria. Journal of the North American Benthological Society，26（2）：349-360.

第10章 大型底栖动物完整性评价①

10.1 评价方法

10.1.1 生物完整性指数概述

生物完整性指数（index of biological integrity，IBI）最初由 Karr（1981）提出，是目前流域水生态系统健康指示生物方法应用最广泛的指标之一。生物完整性指数由一类生物的多个参数（metric）构成，通过比较参数值与参照状态的数值来计算单个参数的得分，再依据分级系统评价生态系统的健康状况。由于不同参数对于干扰的敏感程度有所差异，综合参数则可以更准确和全面地反映系统受干扰强度和受损状况。因此，基于多个生物指标的综合参数即 IBI 指数得到了快速的发展和广泛的应用。

随着研究的深入和扩展，生物完整性指数由最初的鱼类逐渐扩大至大型底栖无脊椎动物、着生藻类、浮游藻类、浮游动物、沉水植物等水生生物类群，取得了大量研究成果。由于大部分底栖动物生活在水体底部，且运动能力相对较差，因而可以综合表征河湖水质、底质和小生境等的受损状况；此外底栖动物生命周期相对适中，种类丰富，对不同干扰的敏感性具有差异；而且在采集、保存和鉴定方面的方法比较成熟。因此，可采用大型底栖动物作为巢湖流域水生态系统健康评价的指示生物。

虽然我国自 20 世纪 80 年代就开始了生物指标评价方法的探索和研究，特别是在 2005年后在全国范围内对辽河流域、太湖流域和东江流域等多个流域进行了 B-IBI 指标的研究，但由于地理环境和生物区系的差异，构建的 B-IBI 指数均有所差异，无法直接应用于其他区域。此外太湖流域 B-IBI 指数的研究表明，流域内不同区域的 B-IBI 指数的参数组成及其阈值也有明显差异（Huang et al.，2015;）。因此，开发巢湖流域大型地栖动物完整性指数（B-IBI），评价巢湖流域水生态系统健康状况，具有重要的理论和实践意义（高俊峰等，2016）。开发流域 B-IBI 的方法是：首先需要构建适当的参照状态，由于巢湖流域山丘区与平原区具有较大的自然差异，因此需要分别建立差异化的参照状态；其次要建立合适预选参数库，确保涵盖丰富度、个体数量组成、多样性、耐污特征和功能摄食类群等主要参数，参数对干扰具有敏感性；再次要有科学合理的筛选和验证方法；最后对指标进行综合并分级（高俊峰等，2016）。

---

① 本章由黄琪、张又分别撰写山丘区和平原区部分内容，高俊峰、蔡永久负责统稿、定稿。

10.1.2 B-IBI 评价方法

10.1.2.1 参照状态的确定

参照点位是基于点位尺度的水生态系统健康评价的关键步骤。理想的参照状态应该是完全没有人类干扰的自然本底状态，是相对于已经遭受到人类活动干扰点位提出的（Hughes et al.，1986）。而现实中河流水体或多或少地受到了人类活动的影响，特别是人类活动历史悠久的流域，理想的参照状态并不存在（Whittier et al.，2007，Herlihy et al.，2008）。

常见的参照状态确定方法主要有 4 种，即极少受干扰系统法、干扰程度最小系统法、历史系统法和最容易实现系统法。其中，干扰程度最小系统法是在相同分区或分类的条件下，选择人类活动干扰最小的样点替代理想参照状态的点位（Stoddard et al.，2006）。本研究运用干扰程度最小系统法确定巢湖流域的参照点位。

最少干扰状态是通过定量评价调查样点周边非生物指标来确定，主要包括对水生态系统健康状况有重要影响的水质指标、栖息地状况指数和土地利用状况。基于巢湖流域河流所处的地形状况，为确保参照点位和评价指标核心参数筛选的合理性，依据巢湖流域一级水生态功能分区和地形，将流域河流分为山丘区和平原区两类。相应的调查点位分为山丘区河流调查点位（简称山丘区）和平原区河流调查点位（简称平原区），不同区域的需要分别建立参照点位以确保可比性（表 10-1）（高俊峰等，2016）。

表 10-1 巢湖流域水生态调查点位参照状态筛选标准

项目	山丘区	平原区
水质状况	EC<200μS/cm，$NH_4^+-N<0.50mg/L$，$COD_{Mn}<$ 6mg/L 及 pH<9	DO>6mg/L，$COD_{Mn}<6mg/L$，EC<500μS/cm 及 $NH_4^+-N<1.00mg/L$
栖息地状况	河岸、河床及滨岸带无明显人工干扰	栖境多样性指数>7
土地利用状况	河岸带无农田、无采矿；集水区上游建设用地小于 5% 且林地和草地总面积大于 60%	500m 缓冲区内无工厂或居民直接排污口

根据以上参照状态的筛选标准，山丘区筛选出 24 个参照样点，其余 30 个样点为受损样点；平原区 28 个参照样点，其余 41 个样点为受损样点（图 10-1）。其中山丘区参照点位主要分布在杭埠河源头区域，而平原区参照样点主要分布在巢湖流域的西南部和东南部，主要为杭埠河水系和裕溪河水系的样点。

10.1.2.2 备选参数集

底栖动物备选参数主要是为了评估底栖动物群落结构对人为干扰的响应。根据北美和欧洲地区底栖动物完整性指标参数及国内河流底栖动物评价已有成果，从物种丰富度、个体组成结构、耐污指数、多样性指数、功能摄食类群五个方面筛选山区（表 10-2）和平原区（表 10-3）的候选参数。

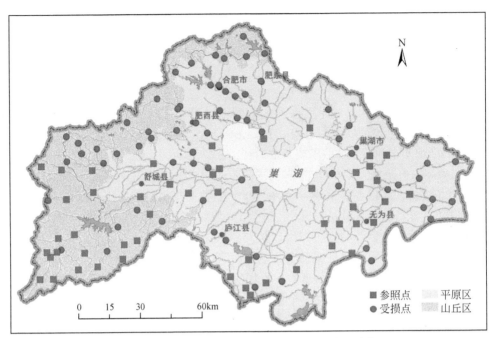

图 10-1　巢湖流域河流参照样点和受损样点的分布

表 10-2　山丘区 B-IBI 指数参数筛选结果

类别	参数	对干扰的反应	中值		p 值	IQ 值	筛选结果
			参照点	受损点			
	总分类单元数 total number of taxa	降低	18	11	0.001	2	保留
	水生昆虫物种数 No. of Aquatic insect taxa	降低	14	4	0	2	冗余
	双壳纲分类单元数 No. of Bivalvia taxa	降低	0	1	0	0	分布范围小
	摇蚊幼虫分类单元数 No. of Chironomidae taxa	不定	3	2	0.056	0	差异不显著
	甲壳纲分类单元数 No. of Crustacea taxa	降低	0	1	0.953	0	分布范围小
	双翅目分类单元数 No. of Diptera taxa	不定	4	2	0.031	1	不敏感
	腹足纲分类单元数 No. of Gastropoda taxa	降低	4	0	0	2	冗余
	软体动物门分类单元数 No. of Mollusca taxa	降低	2	4	0	0	差异不显著
物种丰富度	蜻蜓目分类单元数 No. of Odonata taxa	降低	2	5	0.18	0	差异不显著
	蜉蝣目分类单元数 No. of Ephemeroptera taxa	降低	1	1	0.006	0	分布范围小
	襀翅目分类单元数 No. of Plecoptera taxa	降低	0	0	1	1	分布范围小
	毛翅目分类单元数 No. of Trichoptera taxa	降低	3	0	0.001	2	冗余
	ET 昆虫分类单元数 No. of ET taxa	降低	7	0	0	2	冗余
	EPT 昆虫分类单元数 No. of EPT taxa	降低	7	0	0	2	冗余
	ETO 昆虫分类单元数 No. of ETO taxa	降低	8	2	0	2	冗余
	清洁分类单元种类数 No. of Intolerant taxa	降低	10	4	0	2	冗余
	耐污分类单元种类数 No. of Tolerant taxa	升高	8	7	0.034	0	不敏感

类别	参数	对干扰的反应	中值 参照点	中值 受损点	p 值	IQ 值	筛选结果
个体组成结构	水生昆虫百分比 % Aquatic insect	降低	0.84	0.17	0.008	2	保留
	双壳纲百分比 % Bivalvia	降低	0	0.01	0.5	0	分布范围小
	摇蚊科幼虫百分比 % Chironomidae	升高	0.04	0.02	0.698		差异不显著
	甲壳纲百分比 % Crustacea	降低	0	0.01	0.777	0	分布范围小
	双翅目百分比 % Diptera	升高	0.07	0.02	0.693	1	差异不显著
	腹足纲百分比 % Gastropoda	降低	0.36	0	0	2	冗余
	软体动物门百分比 % Mollusca	降低	0.12	0.60	0.109	0	差异不显著
	蜻蜓目百分比 % Odonata	降低	0.15	0.74	0.12	0	差异不显著
	蜉蝣目百分比 % Ephemeroptera	降低	0.01	0	0.025	0	分布范围小
	襀翅目百分比 % Plecoptera	降低	0	0	1	1	分布范围小
	毛翅目百分比 % Trichoptera	降低	0.20	0	0.001	2	冗余
	ET 昆虫百分比 % ET	降低	0.67	0	0	2	冗余
	EPT 昆虫百分比 % EPT	降低	0.69	0	0	2	冗余
	ETO 昆虫百分比 % ETO	降低	0.71	0.03	0	2	冗余
	前三种优势种百分比 % three most dominant taxa	升高	0.70	0.82	0.007	2	不敏感
	清洁物种百分比 % intolerant	降低	0.75	0.28	0	2	冗余
	耐污物种百分比 % tolerant	升高	0.25	0.72	0	0	不敏感
	BPI 指数	升高	0.29	0.35	0.204	0	差异不显著
	Goodnight 指数	降低	0	0	0.226	0	分布范围小
耐污指数	BMWP 指数	降低	111	48	0	2	冗余
	ASPT 指数	升高	5.86	4.05	0.001	0	不敏感
	Family biotic index 指数	升高	1.92	6.59	0.001	2	冗余
	Biotic index 指数	升高	2.98	5.97	0	2	保留
多样性指数	Simpson 指数	降低	0.78	0.67	0.011	2	保留
	Shannon-Wiener 指数	降低	1.96	1.42	0.003	2	冗余
	Pielou 指数	降低	0.7	0.61	0.192	1	差异不显著
	Margalef 指数	降低	3.53	2.11	0.001	2	冗余
	Berger-Parke 指数	升高	0.38	0.48	0.026	0	不敏感
功能摄食类群 %	收集者百分比 % Gatherers	升高	0.03	0.01	0.71	1	差异不显著
	滤食者百分比 % Filterers	降低	0.46	0.06	0.005	2	保留
	刮食者百分比 % Scrapers	降低	0.38	0.60	0.141	0	差异不显著
	撕食者百分比 % Shredders	降低	0.05	0.08	0.314	0	差异不显著
	捕食者百分比 % Predators	降低	0.03	0.03	0.051	0	差异不显著

表 10-3 平原区 B-IBI 指数参数筛选结果

类别	参数	对干扰的反应	中值 参照点	中值 受损点	*p* 值	IQ 值	筛选结果
物种丰富度	总分类单元数 total number of taxa	降低	13.5	7	0	2	保留
	水生昆虫物种数 No. of Aquatic insect taxa	降低	4.5	2	0.001	2	冗余
	双壳纲分类单元数 No. of Bivalvia taxa	降低	1.5	0	0	2	冗余
	摇蚊幼虫分类单元数 No. of Chironomidae taxa	不定	3	1	0.001	2	冗余
	甲壳纲分类单元数 No. of Crustacea taxa	降低	0	0	0.248	1	分布范围小
	双翅目分类单元数 No. of Diptera taxa	不定	3	1	0	2	冗余
	腹足纲分类单元数 No. of Gastropoda taxa	降低	5	3	0	2	冗余
	软体动物门分类单元数 No. of Mollusca taxa	降低	6	3	0	2	冗余
	蜻蜓目分类单元数 No. of Odonata taxa	降低	1	0	0.001	2	冗余
	蜉蝣目分类单元数 No. of Ephemeroptera taxa	降低	0	0	0.785	1	分布范围小
	襀翅目分类单元数 No. of Plecoptera taxa	降低	0	0	1	1	分布范围小
	毛翅目分类单元数 No. of Trichoptera taxa	降低	0	0	0.785	1	分布范围小
	ET 昆虫分类单元数 No. of ET taxa	降低	0	0	0.695	1	分布范围小
	EPT 昆虫分类单元数 No. of EPT taxa	降低	0	0	0.695	1	分布范围小
	ETO 昆虫分类单元数 No. of ETO taxa	降低	1	0	0.001	1	冗余
	清洁分类单元种类数 No. of Intolerant taxa	降低	3	1	0	2	冗余
	耐污分类单元种类数 No. of Tolerant taxa	升高	11	6	0	2	冗余
个体组成结构	水生昆虫百分比 % Aquatic insect	降低	0.13	0.14	0.366	0	差异不显著
	双壳纲百分比 % Bivalvia	降低	0.03	0	0	2	冗余
	摇蚊科幼虫百分比 % Chironomidae	不定	3	0.03	0.154	0	差异不显著
	甲壳纲百分比 % Crustacea	降低	0	0	0.567	1	分布范围小
	双翅目百分比 % Diptera	不定	3	0.05	0.22	0	差异不显著
	腹足纲百分比 % Gastropoda	降低	0.66	0.52	0.482	0	差异不显著
	软体动物门百分比 % Mollusca	降低	0.74	0.52	0.215	0	差异不显著
	蜻蜓目百分比 % Odonata	降低	0.01	0	0.006		不敏感
	蜉蝣目百分比 % Ephemeroptera	降低	0	0	0.801	1	分布范围小
	襀翅目百分比 % Plecoptera	降低	0	0	1	1	分布范围小
	毛翅目百分比 % Trichoptera	降低	0	0	0.769	1	分布范围小
	ET 昆虫百分比 % ET	降低	0	0	0.695	1	分布范围小
	EPT 昆虫百分比 % EPT	降低	0	0	0.695	1	分布范围小
	ETO 昆虫百分比 % ETO	降低	0.01	0	0.004	1	不敏感
	前三种优势种百分比 % three most dominant taxa	升高	0.72	0.91	0	0	不敏感

续表

类别	参数	对干扰的反应	中值		p 值	IQ 值	筛选结果
			参照点	受损点			
个体组成结构	清洁物种百分比 % intolerant	降低	0.12	0.01	0	2	保留
	耐污物种百分比 % tolerant	升高	0.88	0.99	0	0	不敏感
	BPI 指数	升高	0.47	0.49	0.427	0	差异不显著
	Goodnight 指数	降低	0.01	0.03	0.277	0	差异不显著
耐污指数	BMWP 指数	升高	49	24	0	2	冗余
	ASPT 指数	升高	3.58	3.4	0.116	1	差异不显著
	Familybiotic index 指数	升高	6.84	6.96	0.022	2	冗余
	Biotic index 指数	升高	6.23	6.8	0	2	保留
多样性指数	Simpson 指数	降低	0.76	0.58	0	2	保留
	Shannon-Wiener 指数	降低	1.85	1.06	0	2	冗余
	Pielou 指数	降低	0.7	0.6	0.007	1	不敏感
	Margalef 指数	降低	2.84	1.53	0	2	冗余
	Berger-Parke 指数	升高	0.38	0.57	0	2	不敏感
功能摄食类群百分比	收集者百分比 % Gatherers	升高	0.02	0.04	0.319	0	差异不显著
	滤食者百分比 % Filterers	降低	0.06	0.01	0.002	2	保留
	刮食者百分比 % Scrapers	降低	0.66	0.52	0.475	0	差异不显著
	撕食者百分比 % Shredders	降低	0.09	0.06	0.201	0	差异不显著
	捕食者百分比 % Predators	降低	0.04	0	0.002	1	不敏感

10.1.2.3　参数筛选方法

在对河流生态系统进行分类的基础上，分别采用候选参数分布范围检验、差异显著性检验、敏感性分析和参数冗余检验四个步骤进行大型底栖动物完整性指标（B-IBI）筛选（Barbour et al.，1999，Stoddard et al.，2008，Huang et al.，2015）。具体步骤如下：

第一步，分布范围检验。候选参数分布范围检验是为了避免参数值分布范围过小，不利于参照样点和受损样点的区分，具体做法为剔除参照样点和受损样点的中值均为 0 的参数。

第二步，差异显著性检验。根据参数筛选标准，筛选出参照样点和受损样点的参数值应具有显著差异的参数。若参数值具有正态分布则选用参数检验，否则选用非参数检验。

第三步，敏感性分析。采用箱线图法（box and whisker plots tests），分析各参数值在参照样点和受损样点之间的分布情况。根据（Barbour et al.，1996）的评价法，比较参照点和受损点的 25% 至 75% 分位数范围即箱体 IQ（inter quartile ranges）的重叠情况，分别赋予不同的值。没有重叠，IQ 等于 3；部分重叠，但各自中位数值都在对方箱体范围之外，IQ 为 2；只有一个中位数值在对方箱体范围之内，IQ 等于 1；各自中位数值都在对方箱体范围之内，IQ 为 0。只有 IQ 值大于等于 2 的指数才作进一步分析。

第四，参数冗余检验。通过 Pearson 相关性分析，得到参数两两之间的相关系数值。若 $|r| > 0.7$、$p > 0.05$，则表明两个指数间反映的信息大部分重叠，存在冗余。对于此类包含相似信息的参数，同一类型仅保留一个参数（Stoddard et al.，2008）。

经过以上步骤进行巢湖流域底栖动物物种丰富度、个体组成结构、耐污指数、多样性指数和功能摄食类群等五大类参数进行筛选。

山丘区 50 个参数中，有 9 个参数未通过分布范围检验，排除这些参数。非参数检验排除了 13 个无法通过显著性检验的参数，箱线图分析进一步排除了 6 个不敏感的参数。剩余的 22 个参数中，有 6 个与总分类单元数显著相关（$r > 0.70$，$p < 0.01$），由于总分类单元数能够保留最大的信息量，因此排除这些参数，并且排除分类单元数大类中的 4 个其他参数。而在摄食功能类群中，滤食者百分比（% Filterers）是唯一的参数，故保留，并且排除与其显著相关的指标——% 清洁物种（$r > 0.70$，$p < 0.01$）。多样性参数中 Simpson 指数是唯一参数，故保留。生物指数中 BI（biotie index）指数与 FBI（family biotic index）指数显著相关，因 BI 指数与已经选择的核心参数相关性更小，所以排除 FBI 指数。在 6 个组成百分比参数中，有三个与 BI 指数高度相关（$r > 0.70$，$p < 0.01$），而蜉蝣目%，襀翅目% 相对水生昆虫% 信息量较少，所以保留水生昆虫%。综合以上筛选结果，得到总分类单元数、水生昆虫% 和 BI 指数、前三位优势度指数和滤食者五个核心参数作为 B-IBI 的组成参数（表 10-4，图 10-2）。

表 10-4　山丘区底栖动物完整性评价指标的期望值和阈值

评价指标	期望值	阈值
总分类单元数	23	8
水生昆虫百分比	0.90	0.00
BI 指数	2.12	6.60
滤食者百分比	0.57	0.00
Simpson 指数	0.82	0.56

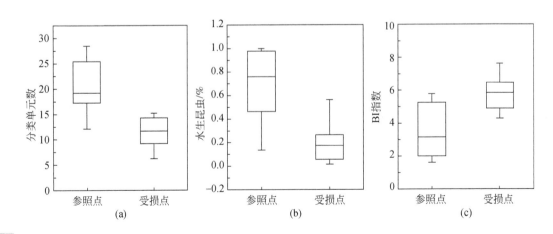

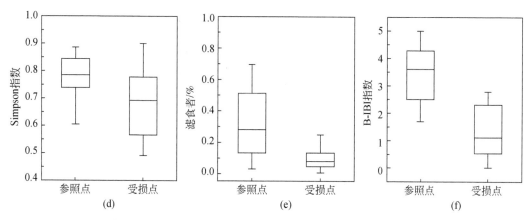

图 10-2　巢湖流域山丘区河流的指标筛选箱线图

平原区有 12 个参数未通过分布范围检验，差异显著性检验删除了 11 个参数。通过箱线图分析，又删除了 7 个不敏感的参数（IQ<2）。对于剩下的 20 个参数，冗余检验显示有 8 个参数与总分类单元数高度相关（$r>0.70$，$p<0.01$），有 6 个参数与总分类单元数相关（$r>0.50$，$p<0.01$）。保留总分类单元数，删除与其相关的参数。生物指数类别的剩余参数中，因为 BMWP 与总分类单元数高度相关（$r=0.954$，$p<0.01$），因此保留 BI 指数。污染状况类别的剩余参数中，因为% Tolerant 与 BI 相关（$r=0.551$，$p<0.01$），而清洁分类单元种类数和耐污分类单元种类数与总分类单元数高度相关（$r>0.7$，$p<0.01$），因此保留了清洁种百分比（% Intolerant）。剩余的三个多样性指数中，Shannon-Wiener 指数（$r=0.78$，$p<0.01$）和 Margalef 指数（$r=0.87$，$p<0.01$）与总分类单元数高度相关，因此保留了 Simpson 指数。滤食者百分比（% Filterers）也被保留了，因为与已保留的其他 4 个参数均不相关。经过以上步骤，最终筛选出五个 B-IBI 核心参数（表 10-5），分别为总分类单元数、清洁种百分比、滤食者百分比、BI 指数和 Simpson 指数（图 10-3）。

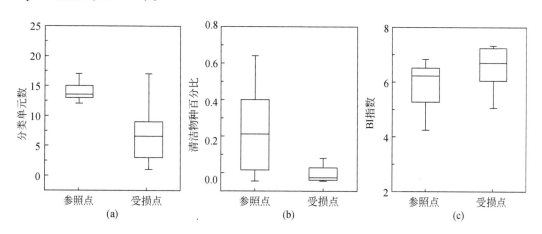

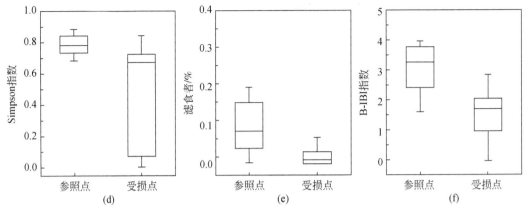

图 10-3　巢湖流域平原区河流的指标筛选箱线图

表 10-5　平原区底栖动物完整性评价指标的期望值和阈值

评价指标	期望值	阈值
总分类单元数	18	3
清洁物种百分比	0.42	0.00
BI 指数	5.20	9.40
滤食者百分比	0.18	0.00
Simpson 指数	0.87	0.10

10.1.2.4　完整性指数记分标准

完整性指数期望值和临界阈值的确定需要大量基础资料和调查研究，且不同类型生态系统完整性指数的阈值存在差异。由于河流调查点位数量丰富，可以反映不同人类活动干扰梯度，因此采用最小干扰状态作为参照来计算大型底栖动物完整性参数期望值和阈值。

为消除不同量纲之间的差异，对评价参数采用标准化处理，统一量纲，并根据指标对人为活动干扰反映的不同，对指标进行标准化，通过确定指标期望值（指标等级最好状态值）和阈值（指标等级最差状态值）对各类指标进行标准化。标准化方法：采用标准化公式对分项指标进行计算，结果分布范围为 0~1，小于 0 的值记为 0，大于 1 的值记为 1。

$$S = 1 - （|T-X|）/（|T-B|）\times 100\% \tag{10-1}$$

式中，S 为评价指标的标准化计算值；T 为参照值；B 为临界值；X 为实测值。参照值为未受到人为干扰活动下评价参数的取值，指完整性的最佳状况；临界值指受到人类活动干扰后，生态系统面临崩溃的取值，此时完整性状态为最差状态。

各参数的期望值和阈值见表 10-3 和表 10-4。每一个参数的最终得分均为一个介于 0~1 之间的数值。

将 5 个评价指标的最终得分相加，得到最终的底栖动物完整性指数（B-IBI 指数）。B-IBI 指数是一个介于 0~5 的数值，参考欧盟"水政策管理框架"中关于水生态系统健康评价等级的划分标准，将 B-IBI 评价得分划分为 5 个等级，分别为优 [4，5]，良 [3，4)，中 [2，3)，差 [1，2)，劣 (0，1)。

10.1.2.5　完整性指数验证方法

核心参数指标可以通过以下步骤进行验证：首先是正确分类的百分比，即通过计算样点完整性指标得分，根据判断值判断得分是否对应于参照点或受损点，将这一结果与调查确定的参照点或受损点进行比对，从而得到正确分类的百分比，依据区域状况采用所有参照点得分的分位数（如 25%）作为判断值；其次，计算箱线图 IQ 值。通过以上方法分析，以上筛选方法得到的核心参数能够通过检验，因此适合作为巢湖流域大型底栖动物完整性指数的核心参数。

10.2　IBI 评价结果

10.2.1　山丘区

基于山丘区完整性指数计算得到山丘区 54 个样点的平均得分为 2.29，所处等级为中，其中最低得分为 0，最高为 5。等级为优的有 10 个，为良的有 7 个，为中的有 14 个，为差的点位有 12 个，为劣的点位有 11 个，该结果表明部分巢湖流域山区溪流水生态系统完整性仍受到了人类活动的较强干扰，评价等级为劣和差的点位数量超过评价等级为良和优的点位。评价点位的空间分布状况（图 10-4）显示，西南部溪流评价结果明显优于西部和

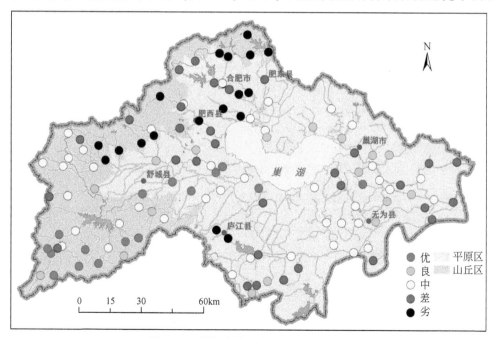

图 10-4　巢湖流域河流 B-IBI 评价结果

西北部，在巢湖流域西部总体呈现出评价等级由南部至北部依次下降的趋势，这表明巢湖流域西部和西北部山区溪流水生态系统健康状况受到人类活动的较强干扰。

10.2.2 平原区

基于平原区底栖动物完整性评价指标体系，对巢湖流域平原区的 69 个样点进行评价，评价结果表明：有 6 个样点（占比 8.7%）处于"优"等级，10 个样点（占比 14.5%）处于"良"等级，27 个样点（占比 39.1%）处于"中"等级，19 个样点（占比 27.5%）处于"差"等级，7 个样点（占比 10.2%）处于"劣"等级。

巢湖流域平原区河流的健康状况具有明显的空间差异。从评价结果的空间分布图（图 10-4）可以看出，巢湖西南部入湖河流的健康状况较好，而西北部入湖河流的健康状况最差，东部入湖河流和出湖河流的健康状况基本处于"良"、"中"和"差"。评价等级为"优"的样点为是杭埠河（5 个）和白石天河（1 个），均为参照样点。评价等级为"劣"的样点分别为南淝河（2 个）、十五里河（2 个）、兆河（2 个）和派河（1 个），这些样点多为城市河道，污染较为严重，寡毛纲（特别是霍甫水丝蚓）大量孳生，底栖动物种类单一。

10.3 与水质因子相关分析

10.3.1 西部丘陵区评价结果

在对 pH、EC（电导率）、SS（固体悬浮物）、DO（溶解氧）、TN 和 TP 等 16 项水质指标进行主成分分析的基础上，提取与主成分相关性大于 0.7 的指标，并且进一步通过相关分析删除相关性较高的指标，得到 pH、EC、SS、ALK（碱度）、DO、TN 和 TP 共计 7 项水质指标，用于进一步分析其与 B-IBI 指标的相关性。

Pearson 相关分析结果表明，山丘区 B-IBI 指数与 pH、EC、SS、ALK 及 TP 水质指标具有较好的相关性，且都是负相关。相关系数最大的是 EC 指标，达到 -0.494（$p<0.01$），最小的是 pH 指标，为 -0.315（$p<0.05$）。值得关注的是，TN 与 B-IBI 几乎不相关，且与 TP 的相关系数也不高，反映出山丘区底栖动物完整性主要受水质理化状况的影响，而 DO 含量饱和，现阶段的营养盐水平较低，不是该区影响底栖动物完整性的主要因素（表 10-6）。

表 10-6 山丘区底栖动物完整指数与环境因子的相关分析

	pH	EC	SS	ALK	DO	TN	TP
B-IBI	-0.315^{*}	-0.494^{**}	-0.466^{**}	-0.420^{**}	0.002	0.172	-0.363^{**}

$**\,p<0.01$；$*\,p<0.05$。

10.3.2 东部平原区评价结果

平原区 B-IBI 指数与水质理化因子的 Pearson 相关分析结果表明：TP、PO_4^{3-}-P、TN、

NH_4^+-N、叶绿素 a（Chl-a）、COD_{Mn} 与 B-IBI 指数显著负相关，而 DO、栖境多样性、河道变化、交通状况、河岸带土地利用、底质组成与 B-IBI 指数显著正相关（表 10-7）。

表 10-7　平原区底栖动物完整性指数与环境因子的相关分析

	TP	TN	NH_4^+-N	Chl-a	COD_{Mn}	DO
B-IBI	-0.525**	-0.461**	-0.588**	-0.382**	-0.266*	0.254*

**$p<0.01$；*$p<0.05$。

10.4　分类回归分析

分类回归树（classification and regression tree，CART）分析是 Breiman 于 1984 年提出的一种决策树构建算法。其基本原理是通过对由测试变量和目标变量构成的训练数据集的循环二分形成二叉树形式的决策树结构，用于分类或连续变量的预测。其基本原理是根节点包含所用样本，一定的分割规则下根节点被分割为两个子节点，这个过程又在子节点上重复进行，成为一个回归过程，直至不可再分为叶节点为止。采用 CART 方法分析 B-IBI 的评价结果等级，确定不同评价等级的关键水质理化限制因素。

10.4.1　山丘区

若将样点分为等级达到优（B-IBI≥4）和未达优两类，进行关键环境因子建模识别，结果显示固体悬浮物（SS）小于等于 36.6mg/L 时，44.4% 的样点（8/18）都达到优等级；SS 大于 36.6mg/L 时，94.4% 的样点（34/36）达不到优（图 10-5）。因此，优等级的首要水化限制因素为悬浮物浓度。

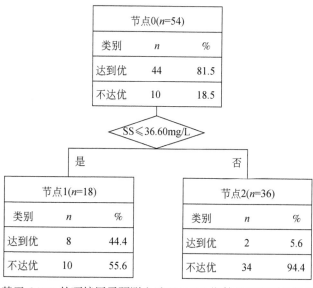

图 10-5　基于 CART 的环境因子预测山丘区 B-IBI 指数是否达到优等级的结果图

　　若将样点分为等级达到良（B-IBI≥3）和未达到良两类，进行关键环境因子建模识别，结果显示电导率小于等于 72.5μS/cm 时，80% 的样点（12/15）都达到良等级；电导率（EC）大于 72.50μS/cm 时，12.8% 的样点（8/39）达到良，反之，有 87.2% 的样点达不到良（图 10-6）。因此，良等级的首要水化限制因素为电导率。

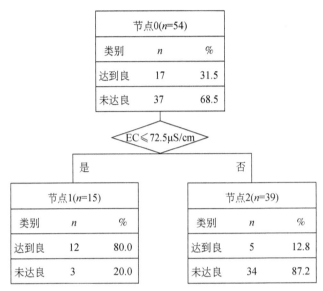

图 10-6　基于 CART 的环境因子预测山丘区 B-IBI 指数是否达到良等级的结果图

　　若将样点分为等级达到中（B-IBI≥2）和未达中两类，进行关键环境因子建模识别，结果显示 SS 小于等于 36.6mg/L 时，94.4% 的样点（17/18）都达到中等级；相反，SS 大于 36.6mg/L 时，有 61.1% 的样点都达不到中等级。因此，中等级的首要水化限制因素为悬浮物浓度（图 10-7）。

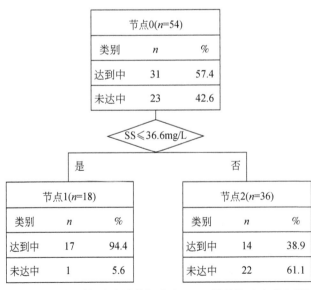

图 10-7　基于 CART 的环境因子预测山丘区 B-IBI 指数是否达到中等级的结果图

若将样点分为等级处于劣（B-IBI≥1）和优于劣（即达到差或以上）两类，进行关键环境因子建模识别，结果显示碱度（ALK）小于等于 32.51mg/L 时，100% 的样点优于劣（26/26），而碱度大于 32.51mg/L 时，有 9 个样点处于劣等级（39.3%），因此，劣等级的首要水化限制因素为碱度（图 10-8）。

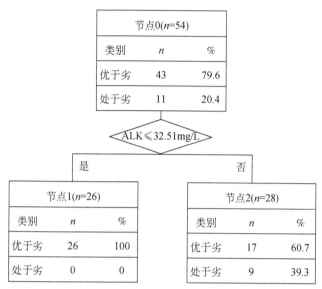

图 10-8　基于 CART 的环境因子预测山丘区 B-IBI 指数是否优于劣等级的结果图

10.4.2　平原区

将样点分为等级达到优和未达到优两类，进行关键环境因子的建模识别，结果显示高锰酸盐指数大于等于 3mg/L 时，有 59 个样点都达不到优等级（98.33%），高锰酸盐指数（COD_{Mn}）小于 3mg/L 时，有 5 个样点达到优等级（55.56%），模型精度达到 92.75%。因此，优等级的首要水化限制因素为高锰酸盐指数（图 10-9）。

将样点分为等级达到良和未达到良两类，进行关键环境因子的建模识别，结果显示碱度大于等于 58mg/L 时（以 $CaCO_3$ 计），有 52 个样点都达不到良等级（83.87%），碱度小于 58mg/L（以 $CaCO_3$ 计）时，有 6 个样点达到良等级（85.71%），模型精度达到 84.06%。因此，良等级的首要水化限制因素为碱度（图 10-10）。

将样点分为等级达到中和未达到中两类，进行关键环境因子的建模识别，结果显示氨氮（NH_4^+–N）大于等于 1.4mg/L 时，有 16 个样点都达不到中等级（76.19%），氨氮小于 1.4mg/L 时，有 38 个样点达到中等级（79.17%），模型精度达到 78.26%。因此，中等级的首要水化限制因素为氨氮（图 10-11）。

将样点分为等级优于劣和劣等级两类，进行关键环境因子的建模识别，结果显示磷酸盐（PO_4^{3-}–P）大于等于 0.67mg/L 时，有 6 个样点处于劣等级（66.67%），磷酸盐小于 0.67mg/L 时，有 59 个样点优于劣等级（98.33%），模型精度达到 94.20%。因此，优于劣等级的首要水化限制因素为磷酸盐（图 10-12）。

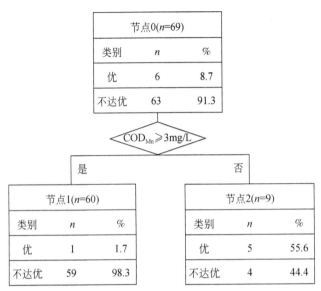

图 10-9　基于 CART 的环境因子预测平原区 B-IBI 指数是否达到优等级的结果图

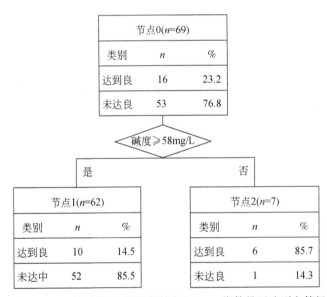

图 10-10　基于 CART 的环境因子预测平原区 B-IBI 指数是否达到良等级的结果图

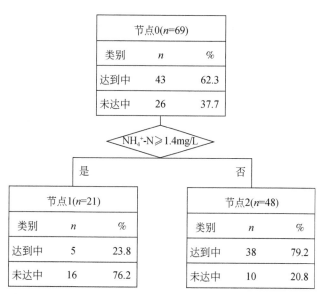

图 10-11　基于 CART 的环境因子预测平原区 B-IBI 指数是否达到中等级的结果图

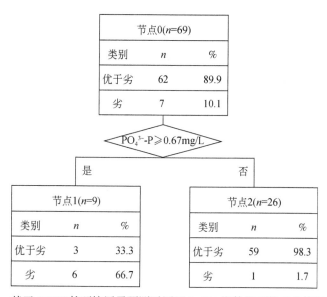

图 10-12　基于 CART 的环境因子预测平原区 B-IBI 指数是否优于劣等级的结果图

参 考 文 献

高俊峰，蔡永久，夏霆，等．2016．巢湖流域水生态健康研究．北京：科学出版社．

高俊峰，蒋志刚．2012．中国五大淡水湖保护与发展．北京：科学出版社．

黄琪．2015．太湖流域水生态系统健康评价．北京：中国科学院大学博士学位论文．

张志明，高俊峰，闫人华．2015．基于水生态功能区的巢湖环湖带生态服务功能评价．长江流域资源与环境，24（7）：1110-1118．

Barbour M T, Gerritsen J, Griffith G E, et al. 1996. A framework for biological criteria for Florida streams using benthic macroinvertebrates. Journal of the North American Benthological Society, 15: 185-211.

Barbour M T, Gerritsen J, Snyder B, et al. 1999. Rapid bioassessment protocols for use in streams and wadeable rivers. Periphyton, Benthic Macroinvertebrates, and Fish, U. S. Environmental Protection Agency, Office of Water, Washington, DC, USA.

Herlihy A T, Paulsen S G, Sickle J V, et al. 2008. Striving for consistency in a national assessment: the challenges of applying a reference- condition approach at a continental scale. Journal of the North American Benthological Society, 27 (4): 860-877.

Huang Q, Gao J F, Cai Y J, et al. 2015. Development and application of benthic macroinvertebrate- based multimetric indices for the assessment of streams and rivers in the Taihu Basin, China. Ecological Indicators, 48: 649-659.

Huang Q, Gao J F, Cai Y J, et al. 2014. Development of a macroinvertebrate multimetric index for the assessment of streams in the Chaohu Basin, China. Nanjing: The 9th International Conference on Ecological Informatics ICEI 2014.

Hughes R M, Larsen D P, Omernik J M. 1986. Regional reference sites: a method for assessing stream potentials. Environmental Management, 10 (5): 639-635.

Karr J R. 1981. Assessment of biotic integrity using fish communities. Fisheries, 6 (6): 21-27.

Stoddard J L, Herlihy A T, et al. 2008. A process for creating multimetric indices for large- scale aquatic surveys. Journal of the North American Benthological Society, 27 (4): 878-891.

Stoddard J L, Larsen D P, Hawkins C P, et al. 2006. Setting expectations for the ecological condition of streams: the concept of reference condition. Ecological Applications, 16 (4): 1267-1276.

Whittier T R, Stoddard J L, Larsen D P, et al. 2007. Selecting reference sites for stream biological assessments: best professional judgment or objective criteria. Journal of the North American Benthological Society, 26 (2): 349-360.